AutoCAD 2014

机械设计 从入门到精通

李波 编著

U0229814

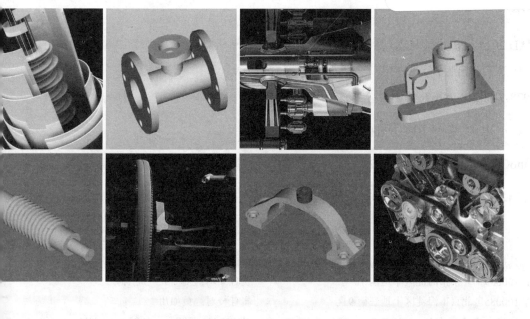

轻松
入门

灵活
实用

快速
精通

兵器工业出版社

北京希望电子出版社
Beijing Hope Electronic Press
www.bhp.com.cn

内 容 简 介

本书介绍利用 AutoCAD 2014 进行机械设计的全过程。

全书共 15 章，分别讲解 AutoCAD 2014 机械设计基础，机械制图标准及视图的表达方法，螺栓、螺柱、螺母和螺钉的绘制，轴承和轴套的绘制，润滑件和法兰的绘制，管接头和型钢的绘制，弹簧、垫圈和挡圈的绘制，减速器和减速机的绘制，操作件、紧固件和组合件的绘制，模具零件图的绘制，机械轴测图的绘制，机械零件模型图的创建，机械装配图的绘制等。对本书中所有的零件图，既介绍了图样的画法，又对零件的材料、技术要求及形位公差等进行了说明。

本书内容全面、条理清晰、实例丰富、讲解详细、图文并茂，可作为广大工程技术人员的 AutoCAD 自学教程和参考书，也可作为大、中专院校学生和各类培训学校学员的 CAD/CAM 课程上课及上机练习教材。

本书配套光盘内容为部分实例的视频文件以及素材文件、案例文件和模板文件。

图书在版编目（CIP）数据

AutoCAD 2014 机械设计从入门到精通 / 李波编著.

—北京：兵器工业出版社，2013.9

ISBN 978-7-80248-946-2

Ⅰ. ①A⋯ Ⅱ. ①李⋯ Ⅲ. ①机械设计－计算机辅助

设计－AutoCAD 软件 Ⅳ. ①TH122

中国版本图书馆 CIP 数据核字（2013）第 165206 号

出版发行：兵器工业出版社 北京希望电子出版社	封面设计：深度文化	
邮编社址：100089 北京市海淀区车道沟 10 号	责任编辑：刘 立 周凤明	
100085 北京市海淀区上地三街 9 号	责任校对：黄如川	
嘉华大厦 C 座 611	开　本：787mm×1092mm 1/16	
电　　话：(010) 82702660（发行）(010) 82702675（邮购）	印　张：27	
经　　销：各地新华书店 软件连锁店	印　数：1－3500	
印　　刷：北京市四季青双青印刷厂	字　数：622 千字	
版　　次：2013 年 9 月第 1 版第 1 次印刷	定　价：58.00 元（配 1 张 DVD 光盘）	

前　言

AutoCAD是由美国Autodesk公司在20世纪80年代初为微机上应用CAD技术（Computer Aided Design，计算机辅助设计）而开发的绘图程序软件包，2013年4月推出最新版本AutoCAD 2014。经过不断完善，现已成为国际上广为流行的绘图工具，被广泛应用于机械、建筑、电子、航天、造船、石油化工、木土工程、冶金、地质、气象、纺织、轻工和商业等领域。

✔ 本书特点

本书内容丰富，结构清晰，语言简练，实例丰富，叙述深入浅出，具有很强的实用性，可作为初、中级用户，以及对机械制图比较了解的技术人员的参考读物，帮助用户在较短的时间内快速掌握使用中文版AutoCAD 2014绘制各种各样机械制图的方法与技巧，并提高机械制图的设计质量。

✔ 本书内容

第1章：AutoCAD 2014机械设计基础入门。介绍AutoCAD的应用、新增功能、启动与退出方法、工作界面，讲解图形文件的管理、辅助绘图功能的设置、图形对象的选择方法、图层与图形特性控制方法、AutoCAD坐标系统、命令的基本输入方法等。

第2章：机械制图标准及视图的表达方法。讲解机械制图的基本规定、绘图工具的应用、各种视图的表示方法、机件的简化画法和机件表达方法的综合应用，并介绍制作机械样板文件的方法。

第3章：螺栓和螺柱的绘制。讲解螺栓和螺柱的概念，介绍通过AutoCAD软件绘制六角六螺栓、其他螺栓、双头螺柱、焊接螺柱等实例的方法。

第4章：螺母和螺钉的绘制。讲解螺母和螺钉的概念，介绍通过AutoCAD软件绘制六角螺母、六角锁紧螺母、六角开槽螺母、圆螺母、滚花螺母、圆柱头螺钉、紧定螺钉、定位螺钉、十字槽螺钉、木螺钉、自攻螺钉等实例的方法。

第5章：轴承和轴套的绘制。讲解轴承和轴套的概念，介绍通过AutoCAD软件绘制向心球轴承、圆柱滚子轴承、推力球轴承、滚针轴承、球面滚子轴承、圆锥滚子轴承、角接触球轴承、三点和四点接触球轴承等实例的方法。

第6章：销和键的绘制。讲解销和键的概念，介绍通过AutoCAD软件绘制圆柱销、圆锥销、其他销、平键、楔键、半圆键等实例的方法。

第7章：润滑件和法兰的绘制。讲解润滑件和法兰的概念，介绍通过AutoCAD软件绘制油杯、油标、整体法兰、螺纹法兰、对焊法兰等实例的方法。

第8章：管接头和型钢的绘制。讲解管接头和型钢的概念，介绍通过AutoCAD软件绘制通用管接头、液压用管接头、热轧工字钢、热轧普通槽钢、热轧等边角钢、热轧不等边角钢等实例的方法。

第9章：弹簧、垫圈和挡圈的绘制。讲解弹簧、垫圈和挡圈的概念，介绍通过AutoCAD软件绘制圆形卡圈、弹簧卡圈、弹性挡圈、异形垫圈、锁紧挡圈、圆柱螺旋弹簧、碟型弹簧、其他弹簧等实例的方法。

第10章：减速器和减速机的绘制。讲解减速器和减速机的概念，介绍通过AutoCAD软件绘制ZD型圆柱齿轮减速器、涡轮减速机、摆线针式形轮减速机等实例的方法。

第11章：操作件、紧固件和组合件的绘制。讲解操作件和紧固件的概念，介绍通过AutoCAD软件绘制手柄、把手、螺栓或螺钉和平垫圈组合件等实例的方法。

第12章：模具零件图的绘制。讲解模具的分析和结构组成，介绍通过AutoCAD软件绘制模具的螺丝、冲头、销、导柱、套筒、模柄、镶块等实例的方法。

第13章：机械零件轴测图的绘制。讲解轴测图的绘制方法和技巧，介绍通过AutoCAD软件绘制轴测图样板文件、轴测图中直线、轴测图中平行线、轴测图中圆和圆弧、根据二维视图绘制轴测图、绘制螺纹等轴测图、绘制轴测剖视图、轴测图的尺寸标注等的方法。

第14章：机械零件模型图的绘制。讲解机械零件模型图的概念，介绍通过AutoCAD软件绘制各式各样的机械零件模型图，包括轴套类、盘盖类、叉架类、箱体类等模型图的方法。

第15章：机械装配图的绘制。讲解机械装配图的内容、表达方法、尺寸标注、绘制方法和步骤等，讲解在AutoCAD软件中机械二维图的装配与分解、弯曲模具装配图的绘制、机械三维图的装配与分解。

✓ 附书光盘内容

为了广大读者朋友能更方便、更快捷地学习和使用本书，随书附有DVD光盘1张，包含书中部分实例的视频和实例源文件等。

光盘内容如下：

"案例"目录下存放的是本书所有原始源文件、图形的最终效果、图块对象等。

"视频"目录下存放的是本书所有案例的视频教学文件。

✓ 其他声明

本书由李波编著，冯燕、师天锐、徐作华、郝德全、王利、刘冰、王敬艳、王洪令、姜先菊、李友、李松林、张进、荆月鹏等也参与了整理与编写工作。由于编者水平有限，书中难免有疏漏与不足之处，敬请专家与读者批评指正，我们的邮箱是helpkj@163.com。

Contents 目录

第1章 AutoCAD 2014机械设计基础入门

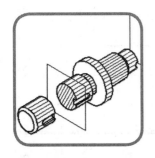

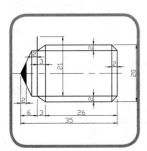

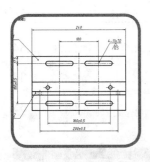

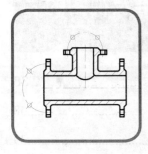

第2章　CAD机械制图标准及视图的表达方法

第3章　螺栓和螺柱的绘制

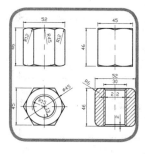

第4章　螺母和螺钉的绘制

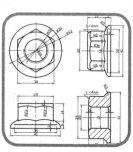

第5章　轴承和轴套的绘制

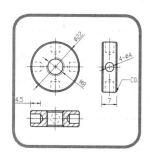

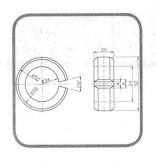

第6章　销和键的绘制

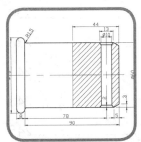

第7章　润滑件和法兰的绘制

第8章　管接头和型钢的绘制

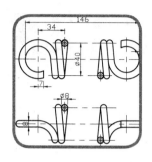

第9章 弹簧、垫圈和挡圈的绘制

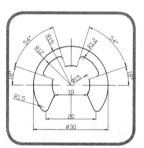

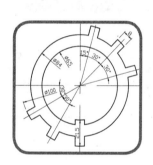

第10章 减速器和减速机的绘制

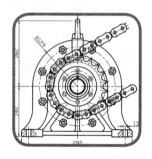

第11章 操作件、紧固件和组合件的绘制

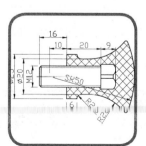

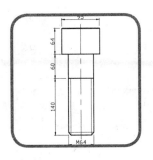

第12章　模具零件的绘制

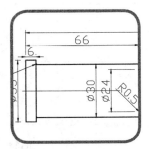
第13章　机械零件轴测图的绘制

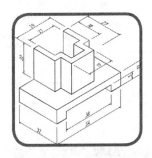
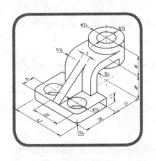
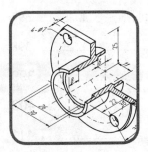

第1章

AutoCAD 2014 机械设计基础入门

随着计算机辅助绘图技术的不断普及和发展，用计算机绘图全面代替手工绘图将成为必然趋势，只有熟练地掌握计算机图形的生成技术才能够灵活自如地在计算机上表现自己的设计才能和天赋。

本章讲解AutoCAD 2014的新增功能及操作界面，图形文件的新建、打开、保存、输入与输出等操作，AutoCAD的绘图辅助功能、图形对象的选择、图层与图形特性控制、坐标系统等，AutoCAD中命令的执行方法等，使读者能够初步掌握AutoCAD 2014软件的基础。

主要内容

- ✓ AutoCAD在机械方面的应用与新增功能
- ✓ AutoCAD 2014图形文件的基本操作方法
- ✓ AutoCAD中绘图辅助功能的设置
- ✓ AutoCAD中图形对象的选择方法
- ✓ AutoCAD中图层与图形特性的控制方法
- ✓ AutoCAD中命令的基本输入

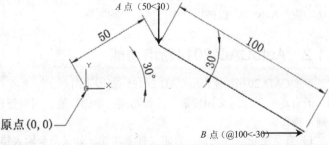

1.1 初步认识AutoCAD 2014

AutoCAD软件是美国Autodesk公司开发的产品，是目前世界上应用最广泛的CAD软件之一。它已经在机械、建筑、航天、造船、电子、化工等领域得到了广泛的应用，并且取得了丰硕的成果和巨大的经济效益。目前，AutoCAD的最新版本为AutoCAD 2014。

1.1.1 AutoCAD在机械方面的应用

在机械设计中，从开始的设计思想到图纸绘制，再到最后的加工完成，设计占了很重要的一部分，也是指导生产的一个重要依据。在机械绘图设计中，AutoCAD软件早就替代了传统的纸和笔，成为现代绘制的首选工具。总之，学好AutoCAD软件，可以帮助用户快速学习机械设计绘图。

AutoCAD 2014在机械方面的应用主要有以下几个特点。

1）可以方便快捷地绘制直线、圆、圆弧、矩形、正多边形等基本的机械图形对象，并且可以对图形对象进行编辑操作，从而完成复杂机械图的绘制。

2）当用户在一张图纸上需要绘制多个相同的图形对象时，利用AutoCAD自身附带的复制、镜像、阵列、偏移等功能，可以快速地从已有的图形绘制其他的图形。

3）当用户需要调整图形中对象的线型、线宽、文字样式、标注样式时，可利用AutoCAD快捷地完成这些操作。

4）提供了非常实用的动态块功能，可以快速有效地创建机械常用件和标准件的图块。比如，轴承、键、螺栓、螺母、齿轮、扳手和钳子等，可以直接从中提取数据，当需要绘制这些图形时，可以将图块直接插入到当前图形的相应位置，通过参数、动作来修改图块的值，而不必重复绘制图形。

5）可以方便地将零件图组装成装配图，就像实际装配零件一样，从而检验零件尺寸是否正确，零件之间是否会出现干涉等装配问题。相反，也可使用AutoCAD的复制与粘贴等功能，很方便地从装配图中拆分出零件图。

6）当用户设计部分产品时，可以方便地通过已有的图形修改派生出新的图形。

7）设计复杂图形时，可以创建单个的图形或管理整个图形集，通过Web共享设计信息到创建帮助，制作将机械产品推向市场的极具吸引力的图形演示，AutoCAD利用CAD生产中的新标准能够帮助用户获得更大的成功。

8）AutoCAD使信息的连接变得简单易行。在设计制造流程中开展协作化的产品开发时，能够与企业内的任何员工、扩展的团队以及有需要的用户安全地共享和管理2D、3D设计数据，支持与其他用户的文件交换，使业务流程实现从创建到完成的平稳动作。

9）AutoCAD通过其网站提供的Start at Point A栏目，为用户提供了机械行业新闻和资源、可搜索的数据库、支持文档、产品提示、讨论组、在线培训、工作簿以及更多的其他功能，用户需要的一切均能在AutoCAD机械设计中得到最佳的实现。

1.1.2 AutoCAD 2014新增功能

AutoCAD 2014相比AutoCAD 2013，新增了图形文件选项卡、支持地理位置、自定义搜索等功能，而自动更正、同义词搜索、注释功能、绘图功能、图层管理、点云等功能在AutoCAD 2014中得到了增强。

1）自动更正、同义词、自定义搜索功能。如果命令输入错误，不会再显示"未知命令"，而是会自动更正成最接近且有效的AutoCAD命令。

例如，如果输入了TABEL，那就会自动启动TABLE命令。

用户还可以自定义自动更正和同义词条目：在"管理"选项卡中，如图1-1所示通过选择"编辑自动更正列表"或者"编辑同义词列表"，来设定适合自己拼写与更正的词汇。

若要自定义搜索内容，可以在命令行右击鼠标，在弹出的快捷菜单中，如图1-2所示选择"输入搜索选项"命令，弹出"输入搜索选项"对话框，如图1-3所示，会发现AutoCAD 2014在命令行中新增了块、图层、图案填充、文字样式、标注样式、视觉样式等搜索内容。

图1-1　编辑自动更正

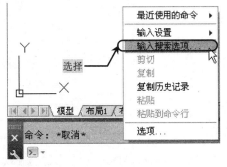

图1-2　设置搜索选项

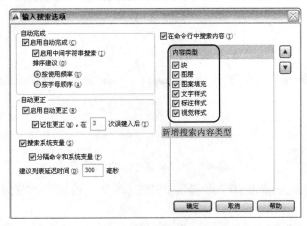

图1-3　新增搜索类型

例如，在命令行中输入"CROSS"，在同义词搜索中，将会看到图案填充的样例名"图案填充：CROSS"，选择该命令，即可通过命令行来对图形进行填充操作，如图1-4所示。

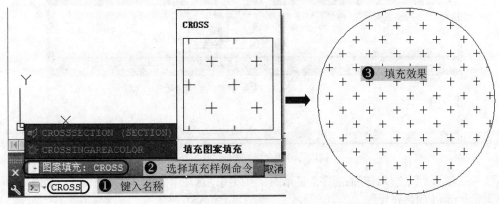

图1-4　应用命令行填充

2）绘图增强。AutoCAD 2014包含了大量的绘图增强功能，帮助用户更高效地完成绘图。

◆ 圆弧：按住Ctrl键可切换要绘制的圆弧的方向，这样可以轻松地绘制不同方向的圆弧，如图1-5所示。

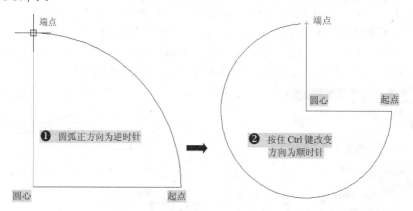

图1-5 应用命令行填充

◆ 多段线：在AutoCAD 2014中，多段线可以通过圆角命令来创建封闭的多段线，如图1-6所示，而在AutoCAD 2014以前的版本中，对未封闭多段线进行圆角或倒角时，会提示"无效"。

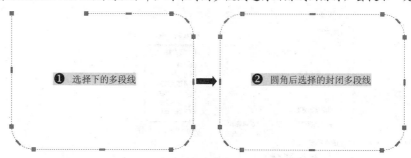

图1-6 圆角方式创建封闭多段线

3）图形文件选项卡。AutoCAD 2014提供了图形选项卡，在打开的图形间切换或创建新图形非常方便。

可以使用"视图"功能区中的"图形选项卡"控件来打开或关闭图形选项卡工具条，当文件选项卡打开后，在图形区域上方会显示所有已经打开的图形选项卡，如图1-7所示。

图1-7 启用"图形选项工具条"

文件选项卡是以文件打开的顺序来显示的，可以拖动选项卡来更改图形的位置，如图1-8所示为拖动图形1到中间位置效果。

图1-8　拖动图形1

　　如果打开的图形过多，已经没有足够的空间来显示所有的文件选项卡，此时会在其右端出现一个浮动菜单来访问更多打开的文件，如图1-9所示。

　　如果选项卡上有一个锁定的图标，表明该文件是以只读的方式打开的，如果有冒号图标，则表明自上一次保存后此文件被修改过。当光标移动到文件标签上时，可以预览该图形的模型和布局。当把光标移到预览图形上时，相对应的模型或布局就会在图形区域临时显示出来。并且打印和发布工具在预览图中也是可用的。

　　在"文件选项卡"工具条上单击鼠标右键，将弹出快捷菜单，可以新建、打开或关闭文件，包括关闭除所单击文件外的其他所有已打开的文件，但不关闭软件程序，如图1-10所示。也可以复制文件的全路径到剪贴板上，或打开资源管理器并定位到该文件所在的目录。

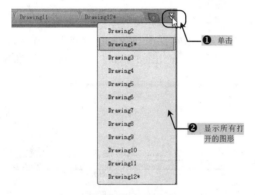

图1-9　访问隐藏的图形

图1-10　右键快捷菜单

　　图形右边的加号 图标可以更方便地新建图形，在图形新建后，其选项卡会自动添加进来。

　　4）图层的排序与合并功能。显示功能区上的图层数量增加了。图层是以自然排序方式显示的。例如，图层名称是1、4、25、6、21、2、10，现在的排序法是1、2、4、6、10、21、25，而不像以前的1、10、2、21、25、4、6。

　　在图层管理器上新增了合并选择功能，它可以从图层列表中选择一个或多个图层，并将这些层上的对象合并到另外的图层上去，被合并的图层将会自动被清理掉。

　　5）地理位置。AutoCAD 2014在支持地理位置方面有较大的增强，首先必须如图1-11所示地登录Autodesk 360，才能将"实时地图数据"添加到所绘制的图形中。

　　当在地理参考图形中插入地理参考图片或块时，它们会按照正确的比例自动地安放在正确的位置上。例如，由多名设计师分开操作同一个大型的设计项目时，如建筑项目大楼。如果每个设计师都使用同样的坐标系，当这些图纸合并为一个单一文件时，这些图会插入到合适的位置。你可以在图中感兴趣的地方做特殊标记，了解这些点对应的逻辑地理位置。同时，如果你的计算机上有GPS装置，就可以看到图纸中你当前的位置，并且还可以对你走的路线作位置标记。还可以在"插入"功能区选项卡上选择"设置位置"工具，在图形中设置地理位置。可选择从一个地图中设置位置或通过选择一个KML或KMZ文件来完成。

　　当你登录到Autodesk账户时，实时地图数据在AutoCAD 2014中将自动变成可用状态。当要从地图中指定地理位置时，你可以搜索一个地址或经纬度。如果发现多个结果，你可以在结果列表中点开

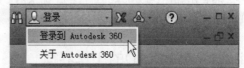

图1-11　登录Autodesk 360

每一个搜索结果来查看相应的地图，还可以显示这个地图的道路或航拍资料。

6）AutoCAD点云支持。点云功能在AutoCAD 2014中得到增强，除了以前版本支持的PCG和ISD格式外，还支持插入由Autodesk ReCap产生的点云投影（RCP）和扫描（RCS）文件。

使用从"插入"功能区选项卡的点云面板上的"附着"工具来选择点云文件。

在点云附着后，与此被选点云上下文关联的选项卡将会显示，使得操作点云更为容易。可以基于以下几种方式来改变点云的风格（着色）：在原有扫描颜色（扫描仪捕捉到的色彩）的基础上，或对象彩色（指定给对象的颜色），或普通（基于点的法线方向着色）或强度（点的反射值）。如果普通或强度数据没有被扫描捕获，那这些格式就是无效。除此之外，更多的裁剪工具显示在功能区上，使它更容易操作点云。

1.1.3 AutoCAD 2014的启动与退出

要使用AutoCAD 2014应用软件，首先要在电脑上安装相应的应用软件，然后进行启动。

1. 启动AutoCAD

成功安装好AutoCAD 2014软件后，可以通过以下任意一种方法来启动AutoCAD 2014软件。

◆ 依次选择"开始｜程序｜Autodesk｜AutoCAD 2014–Simplified Chinese｜AutoCAD 2014"命令，如图1-12所示。

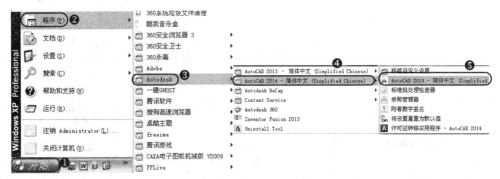

图1-12　通过"开始"菜单方式

◆ 双击桌面上的AutoCAD 2014图标。
◆ 在AutoCAD 2014的安装文件夹中双击acad.exe图标可执行文件。
◆ 打开任意一个扩展名为dwg的图形文件。

2. 退出AutoCAD

可以通过以下任意一种方法退出AutoCAD 2014软件。

◆ 在命令行输入"Exit"或"Quit"命令后，再按Enter（回车）键。
◆ 在键盘上按Alt+F4或Ctrl+Q组合键。
◆ 在AutoCAD 2014软件界面中单击右上角的"关闭"按钮。

在退出AutoCAD 2014时，如果没有保存当前图形文件，将弹出如图1-13所示的对话框，提示用户是否对当前的图形文件进行保存操作。

图1-13　提示是否保存文件对话框

1.1.4 AutoCAD的工作界面

当用户启动了AutoCAD 2014软件时，系统将以"草图与注释"的工作空间模式进行启动，

"草图与注释"空间界面如图1-14所示。

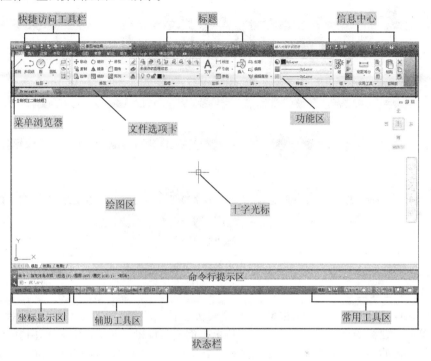

图1-14 AutoCAD 2014的工作界面

在AutoCAD 2014中，还包含"AutoCAD经典"、"三维基础"、"三维建模"等工作空间。由于AutoCAD的"三维建模"、"三维基础"工作空间模式是针对AutoCAD三维设计部分，所以这里讲解其中最常用的"草图与注释"工作空间的各个部分。

1. 标题栏

标题栏包括"菜单浏览器"按钮、"快速访问"工具栏（包括新建、打开、保存、另存为、打印、放弃、重做等按钮）、软件名称、标题名称、"搜索"框、"登录"按钮、窗口控制区（即"最小化"按钮、"最大化"按钮和"关闭"按钮），如图1-15所示。

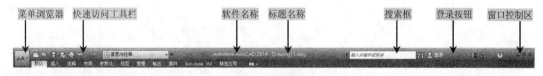

图1-15 标题栏

2. 标签与面板

在标题栏的下侧是标签，每个标签下包括有许多面板。例如"默认"标签中包括绘图、修改、图层、注释、块、特性、组、实用工具、剪贴板等面板，如图1-16所示。

图1-16 标签与面板

在标签栏的名称最右侧显示了一个倒三角，用户单击此按钮 时，将弹出一个快捷菜单，在其中可以进行相应的单项选择，如图1-17所示。

图1-17　标签与面板

3. 菜单栏和工具栏

在AutoCAD 2014的"草图与注释"工作空间状态下，菜单栏和工具栏处于隐藏状态。如果要显示菜单栏，在标题栏的"工作空间"右侧单击倒三角按钮（即"自定义快速访问工具栏"列表），从弹出的列表框中选择"显示菜单栏"，即可显示AutoCAD的常规菜单栏，如图1-18所示。

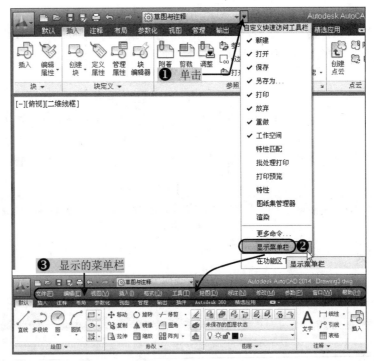

图1-18　显示菜单栏

如果要将AutoCAD的常规工具栏显示出来，选择"工具 | 工具栏"菜单命令，从弹出的下级菜单中选择相应的工具栏即可，如图1-19所示。

❶ 选择要显示的工具栏

标注工具栏　　　　　　　修改工具栏　　　　❷ 调出的工具栏

图1-19　显示工具栏

4. 菜单浏览器和快捷菜单

窗口的左上角的"A"按钮为"菜单浏览器"按钮，单击该按钮会出现下拉菜单，如"新建"、"打开"、"保存"、"另存为"、"输出"、"打印"和"发布"等。另外，AutoCAD 2014还新增了很多新项目，如"最近使用的文档"、"打开文档"、"选项"和"退出AutoCAD"按钮，如图1-20所示。

AutoCAD 2014的快捷菜单通常会出现在用户右击绘图区、状态栏、工具栏、模型或布局选项卡时，此时系统会弹出一个快捷菜单，该菜单中显示的命令与右击对象及当前状态相关，会根据不同的情况出现不同的快捷菜单命令，如图1-21所示。

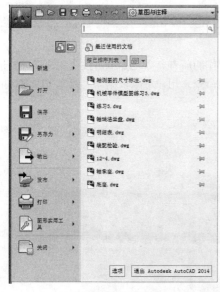

图1-20　菜单浏览器

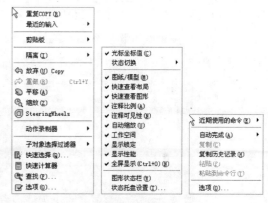

图1-21　快捷菜单

5. 绘图区

在AutoCAD 2014中，绘图窗口是用户绘图的工作区域，所有的绘图结果都反映在这个窗口中。用户可以根据需要关闭一些"工具栏"，以扩大绘图的空间。如果图纸比较大，需要查看未显示的部分时，可以单击窗口右边与下边滚动条上的箭头，或拖动滚条上的滑块来移动图纸。在绘图窗口中，除了显示当前的绘图结果外，还显示了当前使用的坐标系类型及坐标原点、X轴、Y轴、Z轴的方向等。

默认情况下，坐标系为世界坐标系（WCS），绘图窗口的下方有"模型"和"布局"选项卡，单击其选项卡可以在模型空间或图纸空间之间来切换，如图1-22所示。

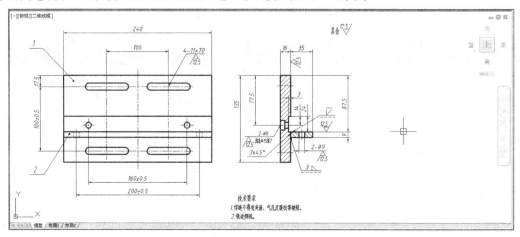

图1-22　绘图区域

6.命令行

命令行与文本窗口位于绘图窗口的下方，用于显示提示信息和输入数据，如命令、绘图模式、变量名、坐标值和角度值等，如图1-23所示。

图1-23　命令行

文本窗口也称为专业命令窗口。用于记录在窗口中操作的所有命令，如单击按钮和选择菜单选项等。在此窗口中输入命令，然后按Enter键可执行相应的命令。用户可以根据需要改变文本窗口的大小，也可以将其拖动为浮动窗口，如图1-24所示。

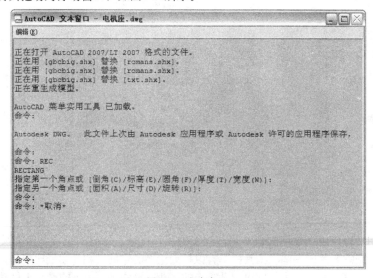

图1-24　文本窗口

7. 状态栏

状态栏位于AutoCAD 2014窗口的最下方，用于显示当前光标的状态，如*X*、*Y*、*Z*的坐标值。包括"推断约束"、"捕捉模式"、"栅格显示"、"正交模式"、"极轴追踪"、"对象捕捉"、"三维对象捕捉"、"对象捕捉追踪"、"允许/禁止动态UCS"、"动态输入"、"显示/隐藏线宽"、"显示/隐藏透明度"、"快捷特性"、"选择循环"等按钮，以及"模型"、"快速查看布局"、"快速查看图形"、"注释比例"、"注释可见性"、"切换空间"、"锁定"、"硬件加速关"、"隔离对象"、"全屏显示"等按钮，如图1-25所示。

图1-25　状态栏

1.2　图形文件的管理

在AutoCAD 2014中，图形文件的管理能够快速对图形文件进行创建、打开、保存、关闭等操作。

1.2.1　创建新的图形文件

在绘制图形之前，首先要创建新图的绘图环境和图形文件，可使用以下方法。

◆　执行"文件 | 新建（New）"菜单命令。
◆　单击"快速访问"工具栏中的"新建"按钮 。
◆　按Ctrl+N组合键。
◆　在命令行输入New命令并按Enter键。

以上任意一种方法都可以创建新的图形文件，此时将打开"选择样板"对话框，单击"打开"按钮，从中选择相应的样板文件来创建新图形，在右侧的"预览框"将显示出该样板的预览图形，如图1-26所示。

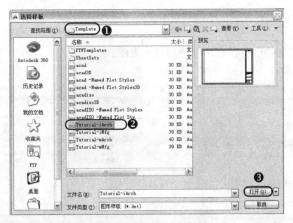

图1-26　"选择样板"对话框

利用样板创建新图形可以避免每次绘制新图时进行的有关绘图设置的重复操作，不仅可以提高绘图效率，而且保证了图形的一致性。样板文件中通常含有与绘图相关的一些通用设置，如图层、线性、文字样式、尺寸标注样式、标题栏和图幅框等。

第1章
第2章
第3章
第4章
第5章

1.2.2 打开图形文件

要将已存在的图形文件打开，可使用以下方法。

◆ 执行"文件｜打开（Open）"菜单命令。

◆ 单击"快速访问"工具栏中的"打开"按钮 📂。

◆ 按Ctrl+O组合键。

◆ 在命令行中输入Open命令并按Enter键。

以上任意一种方法都可打开已存在的图形文件，将弹出"选择文件"对话框，选择指定路径下的指定文件，则在右侧的"预览"栏中显出该文件的预览图像，然后单击"打开"按钮，将所选择的图形文件打开，步骤如图1-27所示。

单击"打开"按钮右侧的倒三角按钮 ▾，将显示打开文件的4种方式，如图1-28所示。

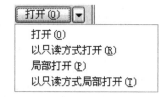

图1-27 "选择文件"对话框　　　　　　　　图1-28 打开方式

若选择"局部打开"方式，用户可以有选择地打开自己所需要的图形内容，加快文件装载的速度。特别是针对大型工程项目，一个工程师通常只负责一小部分的设计，使用局部打开功能，能够减少屏幕上显示的实体数量，大大提高工作效率。

1.2.3 保存图形文件

要将当前视图中的文件进行保存，可使用以下方法。

◆ 执行"文件｜保存（Save）"菜单命令。

◆ 单击"快速访问"工具栏中的"保存"按钮 🖫。

◆ 按Ctrl+S组合键。

◆ 在命令行中输入Save命令并按Enter键。

通过以上任意一种方法，将以当前使用的文件名保存图形。如果选择"文件｜另存为"命令，则要求用户将当前图形文件以另外一个新的文件名称进行保存，步骤如图1-29所示。

图1-29 "图形另存为"对话框

TIP

在绘制图形时，可以设置自动定时保存图形。选择"工具｜选项"菜单命令，在打开的"选项"对话框中选择"打开和保存"选项卡，勾选"自动保存"复选框，然后在"保存间隔分钟数"文本框中输入一个定时保存的时间（分钟），如图1-30所示。

图1-30　自动定时保存图形文件

1.2.4　输入与输出图形文件

AutoCAD 2014提供了图形的输入和输出接口，不仅可以将在其他应用程序中处理好的数据传送给AutoCAD，以显示其图形；还可以导出其他格式的图形文件，或者把它们的信息传送给其他应用程序。

1. 输出图形文件

在AutoCAD 2014中，除了可以打开并绘制.dwg或.dwt的图形文件外，还可以将图形对象输出为其他类型，如.dwf、.wmf、.bmp等文件。

单击"菜单浏览器"按钮 📥，选择"输出｜其他格式"命令，弹出"输出数据"对话框，选择输出路径、类型（如.wmf）和保存的文件名，再单击"保存"按钮，然后根据系统提示，框选图形区域要输出的对象即可。输出以后用户可以使用"画图"等程序打开输出的图形对象进行观看、修改等操作，如图1-31所示。

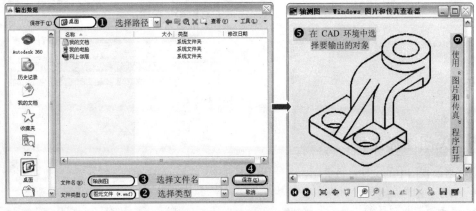

图1-31　输出的图形对象

2. 输入图形文件

在AutoCAD 2014中，同样可以将外部的其他类型文件输入到AutoCAD中，以前面输出的文件为例：在启动AutoCAD 2014后，执行"文件｜输入"菜单命令，将弹出"输入文件"对话框，从中选择需要输入到AutoCAD 2014中的文件名或文件类型，然后单击"打开"按钮即可，如图1-32所示。

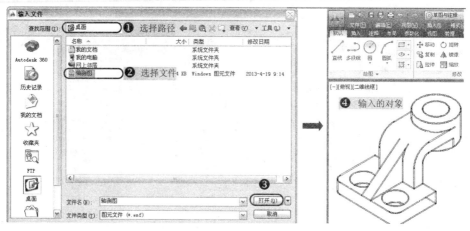

图1-32　输入图形文件

3. 插入OLE对象

在AutoCAD 2014中，用户可以将其他的对象插入到当前的图形文件中。在"插入"选项卡中，单击"插入 | OLE对象"按钮，将弹出"插入对象"对话框，在"对象类型"列表框中选择相应的对象类型，此时将启动相应的程序，并根据该程序的操作方法输入相应的数据及内容后关闭并返回，则在AutoCAD环境中显示该对象的内容，如图1-33所示。

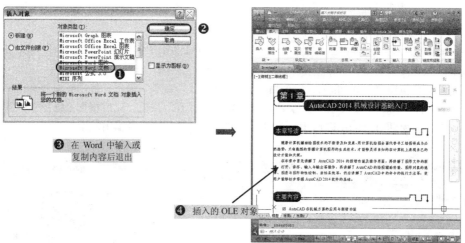

图1-33　插入的OLE对象

1.2.5　关闭图形文件

要将当前视图中的文件进行关闭，可使用以下方法。

◆ 执行"文件 | 关闭（Close）"菜单命令。

◆ 单击窗口控制区的"关闭"按钮。

◆ 按Ctrl+Q组合键。

◆ 在命令行中输入Quit命令或Exit命令并按Enter键。

通过以上任意一种方法，将可对当前图形文件进行关闭操作。如果当前图形修改后没有存盘，系统将打开AutoCAD警告对话框，询问是否保存图形文件，如图1-34所示。

单击"是（Y）"按钮或按Enter键，可以保存当前图形文件并将其关闭；单击"否（N）"按钮，可以关闭当前图形文件但不存盘；单击"取消"按钮，取消关闭当前图形文件的操作，既不保存也不关闭。如果当前编辑的图形文件没有命名，单击"是（Y）"按钮后，AutoCAD会打开"图形另存为"对话框，要求用户确定图形文件存放的位置和名称。

图1-34　AutoCAD警告窗口

1.3　设置绘图辅助功能

在实际绘图时，用鼠标定位虽然方便快捷，但精度不高，绘制的图形很不精确，远不能满足制图的要求，这时可以使用系统提供的绘图辅助功能。

用户可采用以下方法打开"草图设置"对话框。

◆ 菜单栏：执行"工具│绘图设置"菜单命令。

◆ 快捷键：在命令行输入快捷键SE。

1.3.1　设置捕捉和栅格

"捕捉"用于设置鼠标光标移动的间距，"栅格"是一些标定位置的小点，使用它可以提供直观的距离和位置参照。

在"草图设置"对话框的"捕捉和栅格"选项卡中，可以启动或关闭"捕捉"和"栅格"功能，并设置"捕捉"和"栅格"的间距与类型，如图1-35所示。

 TIP ▶▶　在状态栏中右击"捕捉模式"按钮■或"栅格显示"按钮■，在弹出的快捷菜单中选择"设置"命令，也可打开"草图设置"对话框。

在"捕捉和栅格"选项卡中，各选项的含义如下。

◆ "启用捕捉"复选框：用于打开或关闭捕捉方式。

◆ "捕捉间距"文本框：用于设置X轴和Y轴的捕捉间距。

◆ "启用栅格"复选框：用于打开或关闭栅格的显示。

◆ "栅格样式"选项组：用于设置在二维模型空间、块编辑器、图纸/布局位置中显示点栅格。

◆ "栅格间距"选项组：用于设置X轴和Y轴的栅格间距，以及每条主线之间的栅格数量。

图1-35　"草图设置"对话框

◆ "栅格行为"选项组：设置栅格的相应规则。

　　● "自适应栅格"复选框：用于限制缩放时栅格的密度。缩小时，限制栅格的密度。

- "允许以小于栅格间距的间距再拆分"复选框：放大时，生成更多间距更小的栅格线。主栅格线的频率确定这些栅格线的频率。只有勾选"自适应栅格"复选框时，此选项才有效。
- "显示超出界限的栅格"复选框：用于确定是否显示图形界限之外的栅格。
- "遵循动态UCS"复选框：随着动态UCS的XY平面而改变栅格平面。

1.3.2　设置正交模式

"正交"是指在绘制图形时指定第一个点后，连续光标和起点的直线总是平行于X轴或Y轴。若捕捉设置为等轴测模式时，正交还迫使直线平行于第三个轴中的一个。在"正交"模式下，使用光标只能绘制水平直线或垂直直线，此时只要输入直线的长度即可。

用户可通过以下方法打开或关闭"正交"模式。

- 状态栏：单击"正交"按钮 。
- 快捷键：按"F8"键。
- 命令行：在命令行输入或动态输入"Ortho"命令，然后按Enter键。

1.3.3　设置对象的捕捉方式

在实际绘图过程中，经常需要找到已有图形的特殊点，如圆心点、切点、中点、象限点等，这时可以启动对象捕捉功能。

对象捕捉与捕捉的区别："对象捕捉"是把光标锁定在已有图形的特殊点上，它不是独立的命令，是在执行命令过程中结合使用的模式。而"捕捉"是将光标锁定在可见或不可见的栅格点上，是可以单独执行的命令。

在"草图设置"对话框中选择"对象捕捉"选项卡，分别勾选要设置的捕捉模式即可，如图1-36所示。

设置好捕捉选项后，在状态栏激活"对象捕捉"对话框 ，或按F3键，或者按Ctrl+F组合键即可在绘图过程中启用捕捉选项。

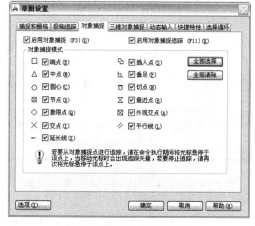

图1-36　"对象捕捉"对话框

启用对象捕捉后，将光标放在一个对象上，系统自动捕捉到对象上所有符合条件的几何特征点，并显示出相应的标记。如果光标放在捕捉点上达3秒钟以上，系统将显示捕捉的提示文字信息。

在AutoCAD 2014中，也可以使用"对象捕捉"工具栏中的工具按钮随时打开捕捉，另外，按住Ctrl键或Shift键，并单击鼠标右键，将弹出对象捕捉快捷菜单，如图1-37所示。

> "捕捉自（F）"工具 并不是对象捕捉模式，但它却经常与对象捕捉一起使用。在使用相对坐标指定下一个应用点时，"捕捉自"工具可以提示用户输入基点，并将该点作为临时参考点，这与通过输入前辍"@"使用最后一个点作为参考点类似。

通过调整对象捕捉靶框，可以只对落在靶框内的对象使用对象捕捉。靶框大小应根据选择的对象、图形的缩放设置、显示分辨率和图形的密度进行设置。此外，还可以设置是否显示捕捉标记、自动捕捉标记框的大小和颜色、是否显示自动捕捉靶框等。

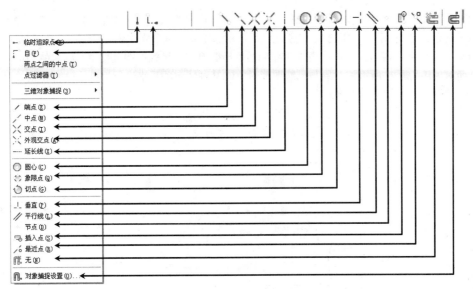

图1-37 "对象捕捉"工具栏

执行"工具 | 选项"菜单命令，或者单击"草图设置"对话框中的"选项"按钮，都可以打开"选项"对话框中的"绘图"选项卡，即可进行对象捕捉的参数设置，如图1-38所示。

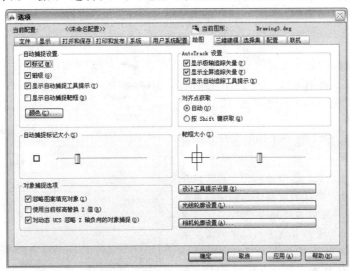

图1-38 "绘图"选项卡

对话框中主要选项的含义如下。

◆ "标记"复选框：当光标移到对象上或接近对象时，将显示对象捕捉位置。标记的形状取决于它所标记的捕捉。

◆ "磁吸"复选框：吸引并将光标锁定到检测到的最接近的捕捉点。提供一个形象化设置，与捕捉栅格类似。

◆ "显示自动工具栏提示"复选框：在光标位置用一个小标志指示正在捕捉对象的哪一部分。

◆ "显示自动捕捉靶框"复选框：围绕十字光标，并定义从中计算哪个对象捕捉的区域。可以选择显示或不显示靶框，也可以改变靶框的大小。

1.3.4 设置自动与极轴追踪

自动追踪实质上也是一种精确定位的方法，当要求输入的点在一定的角度线上，或者输入的点与其他对象有一定关系时，可以非常方便地利用自动追踪功能来确定位置。

自动追踪包括两种追踪方式：极轴追踪和对象捕捉追踪。极轴追踪是按事先给定的角度增加追踪点；而对象追踪是按所追踪对象与已绘图形对象的某种特定关系来进行追踪，这种特定关系确定了一个用户事先并不知道的角度。

如果用户事先知道要追踪的角度（方向），可以用极轴追踪；如果事先不知道具体的追踪角度（方向），但知道与其他对象的某种关系，则使用对象捕捉追踪，如图1-39所示。

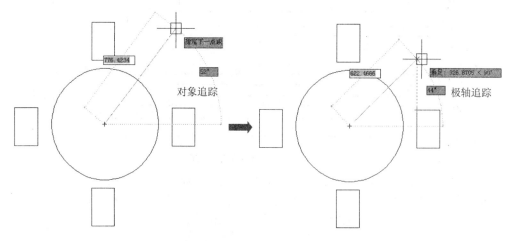

图1-39 对象追踪与极轴追踪

要设置极轴追踪的角度或方向，在"草图设置"对话框中选择"极轴追踪"选项卡，然后启用极轴追踪，并设置极轴的角度即可，如图1-40所示。

下面对"极轴追踪"选项卡中的各种功能进行讲解。

图1-40 "极轴追踪"选项卡

- ◆ "极轴角度设置"选项区：用于设置极轴追踪的角度。默认的极轴追踪的追踪角度是90，用户可以在"增量角"下拉框中选择角度增加量。若该下拉框中的角度不能满足用户的要求，可将下侧的"附加角"复选框勾选。用户也可以单击"新建"按钮并输入一个新的角度值，将其添加到附加角的列表框中。

- ◆ "对象捕捉追踪设置"选项区：若选择"仅正交追踪"单选按钮，可在启用对象捕捉追踪的同时，显示获取的对象捕捉的正交对象捕捉追踪路径；若选择"用所有极轴角设置追踪"按钮，可以将极轴追踪设置应用到对象捕捉追踪，此时可以将极轴追踪设置应用到对象捕捉追踪上。

- ◆ "极轴角测量"选项区：用于设置极轴追踪对其角度的测量基准。若选择"绝对"单选按钮，表示当用户坐标UCS和X轴正方向为0时计算极轴追踪角；若选择"相对上一段"单选按钮，可以基于最后绘制的线段确定极轴的追踪角度。

1.4　图形对象的选择

在AutoCAD中，选择对象的方法很多，可以通过单击对象逐个拾取，也可利用矩形窗口或交叉窗口来选择；还可以选择最近创建的对象、前面的选择集或图形中的所有对象；也可以向选择集中添加对象或从中删除对象。

1.4.1　设置选择的模式

在对复杂的图形进行编辑时，经常需要同时对多个对象进行编辑，或在执行命令之前先选择目标对象，设置合适的目标选择方式即可实现这种操作。

在AutoCAD 2014中，执行"工具 | 选项"菜单命令，在弹出的"选项"对话框中选择"选择集"选项卡，即可设置拾取框大小、选择集模式、夹点大小和夹点颜色等，如图1-41所示。

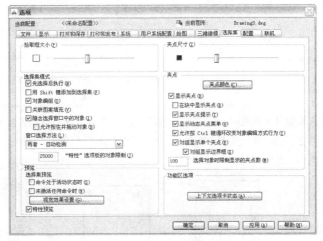

图1-41　"选择集"选项卡

用户也可在打开的"草图设置"对话框中单击"选项"按钮来打开"选项"对话框。

对话框中的选项卡的主要选项的具体含义如下。

◆ "拾取框大小"滑块：拖动该滑块，可以设置默认拾取框的大小，如图1-42所示。

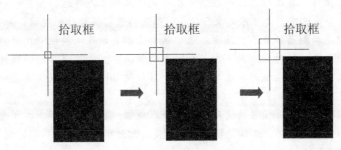

图1-42　拾取框大小比较

◆ "夹点尺寸"滑块：拖动该滑块，可以设置夹点标记的大小，如图1-43所示。

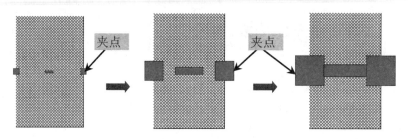

图1-43　夹点大小比较

◆ "选择集预览"选项组：在"选择集预览"栏中可以设置"命令处于活动状态时"和"未激活任何命令时"是否显示预览，若单击"视觉效果设置"按钮，将打开"视觉效果设置"对话框，从中可以设置选择预览效果和区域选择效果，如图1-44所示。

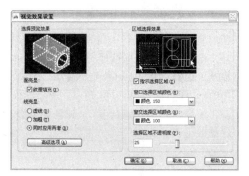

图1-44　"视觉效果设置"对话框

TIP▶▶ 在"视觉效果设置"对话框中，在"窗口选择区域颜色"和"窗交选择区域颜色"下拉列表框中选择相应的颜色进行比较，如图1-45所示。拖动"选择区域不透明度"滑块，可以设置选择区域的颜色透明度，如图1-46所示。

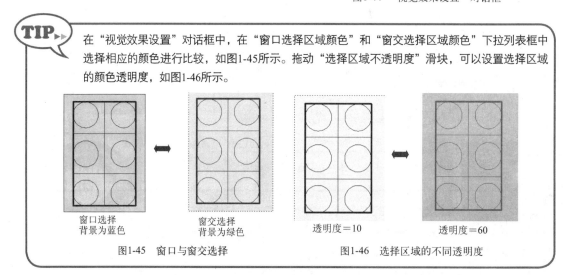

窗口选择
背景为蓝色

窗交选择
背景为绿色

透明度＝10　　　　　　透明度＝60

图1-45　窗口与窗交选择　　　　　　　图1-46　选择区域的不同透明度

◆ "先选择后执行"复选框：选中该复选框可先选择对象，再选择相应的命令。但是，无论该复选框是否被选中，都可以先执行命令，然后再选择要操作的对象。

◆ "用Shift键添加到选择集"复选框：选中该复选框表示在未按住Shift键时，后面选择的对象将代替前面选择的对象，而不加入到对象选择集中。要想将后面的选择对象加入到选择集中，必须在按住Shift键时单击对象。另外，按住Shift键并选取当前选中的对象，还可将其从选择集中清除。

◆ "对象编组"复选框：设置决定对象是否可以成组。默认情况下，该复选框被选中，表示选择组中的一个成员就是选择了整个组。但是，此处所指的组并非临时组，而是由Group命令创建的命名组。

◆ "关联图案填充"复选框：该设置决定当前用户选择一个关联图案时，原对象（即图案边界）是否被选择。默认情况下，该复选框未被选中，表示选中关联图案时不同时选中其边界。

◆ "隐含选择窗口中的对象"复选框：默认情况下，该复选框被选中，表示可利用窗口选择对象。若取消选中，将无法使用窗口来选择对象，即单击时要么选择对象，要么返回提示信息。

◆ "允许按住并拖动对象"复选框：该复选框用于控制如何产生选择窗口或交叉窗口。默认情况下，该复选框被清除，表示在定义选择窗口时单击一点后，不必再按住鼠标按键，单击另一点即可定义选择窗口。否则，若选中该复选框，则只能通过拖动方式来定义选择窗口。

◆ "夹点颜色"按钮：用于设置不同状态下的夹点颜色。单击该按钮，将打开"夹点颜色"对话框，如图1-47所示。

　● "未选中夹点颜色"下拉列表框：用于设置夹点未选中时的颜色。

　● "选中夹点颜色"下拉列表框：用于设置夹点选中时的颜色。

　● "悬停夹点颜色"下拉列表框：用于设置光标暂停在未选定夹点上时该夹点的填充颜色。

　● "夹点轮廓颜色"下拉列表框：用于设置夹点轮廓的颜色。

◆ "显示夹点"复选框：控制夹点在选定对象上的显示。在图形中显示夹点会明显降低性能。根据需要，用户可不勾选此选项以优化性能。

◆ "在块中显示夹点"复选框：控制块中夹点的显示。

◆ "显示夹点提示"复选框：当光标悬停在支持夹点提示的自定义对象的夹点上时，显示夹点的特定提示。但是此选项对标准对象无效。

图1-47 "夹点颜色"对话框

◆ "显示动态夹点菜单"复选框：控制在将鼠标悬停在多功能夹点上时动态菜单的显示。

◆ "允许按Ctrl键循环改变对象编辑方式行为"复选框：允许多功能夹点的按Ctrl键循环改变对象编辑方式行为。

◆ "对组显示单个夹点"复选框：显示对象组的单个夹点。

◆ "对组显示边界框"复选框：围绕编组对象的范围显示边界框。

◆ "选择对象时限制显示的夹点数"文本框：如果选择集包括的对象多于指定的数量时，将不显示夹点。可在文本框内输入需要指定的对象数量。

1.4.2　选择对象的方法

在绘图过程中，当执行到某些命令时，将提示"选择对象"，此时出现矩形拾取光标□，将光标放在要选择的对象位置时，将亮显对象，单击鼠标左键可选择该对象（也可以逐个选择多个对象），如图1-48所示。

用户在选择图标对象时有多种方法，若要查看选择对象的方法，可在"选择对象："命令提示符下输入"？"，这时将显示如下所有选择对象的方法。

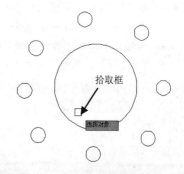

拾取框

选择对象

图1-48　拾取选择对象

```
选择对象:?
*无效选择*
```

> 需要点或窗口（W）/上一个（L）/窗交（C）/框（BOX）/全部（ALL）/栏选（F）/圈围（WP）/
> 圈交（CP）/编组（G）/添加（A）/删除（R）/多个（M）
> /前一个（P）/放弃（U）/自动（AU）/单个（SI）

根据上面的提示输入大写字母，可以指定对象的选择模式。该提示中主要选项的具体含义如下。

◆ 需要点：可逐个拾取所需对象，该方法为默认设置。

◆ 窗口（W）：用一个矩形窗口将要选择的对象框住，凡是在窗口内的目标均被选中，如图1-49所示。

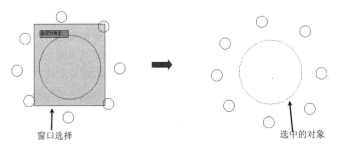

图1-49 "窗口"方式选择

◆ 上一个（L）：此方式将用户最后绘制的图形作为编辑对象。

◆ 窗交（C）：选择该方式后，绘制一个矩形框，凡是在窗口内和与此窗口四边相交的对象都被选中，如图1-50所示。

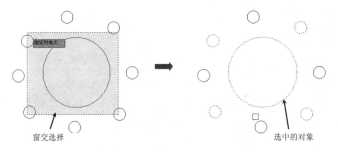

图1-50 "窗交"方式选择

◆ 框（BOX）：当绘制矩形的第一角点位于第二角点的左侧时，此方式与窗口（W）选择方式相同；当绘制矩形的第一角点位于第二角点的右侧时，此方式与窗交（C）方式相同。

◆ 全部（ALL）：图形中所有对象均被选中。

◆ 栏选（F）：用户可用此方式画任意折线，凡是与折线相交的图形均被选中，如图1-51所示。

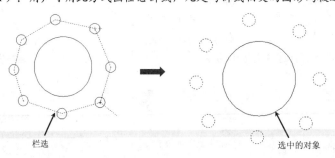

图1-51 "栏选"方式选择

- 圈围（WP）：该选项与窗口（W）选择方式相似，但它可构造任意形状的多边形区域，包含在多边形窗口内的图形均被选中，如图1-52所示。

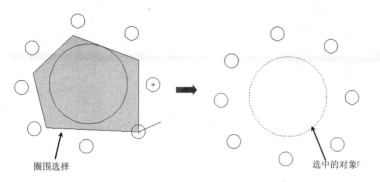

圈围选择　　　　　　　　　　　　　　　　　　选中的对象

图1-52 "圈围"方式选择

- 圈交（CP）：该选项与窗交（C）选择方式类似，但它可以构造任意形状的多边形区域，包含在多边形窗口内的图形或与该多边形窗口相交的任意图形均被选中，如图1-53所示。

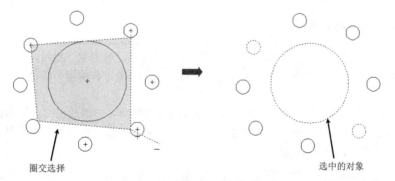

圈交选择　　　　　　　　　　　　　　　　　　选中的对象

图1-53 "圈交"方式选择

- 编组（G）：输入已定义的选择集，系统将提示输入编组名称。
- 添加（A）：当用户完成目标选择后，还有少数没有选中时，可以通过此方法把目标添加到选择集中。
- 删除（R）：把选择集中的一个或多个目标对象移出选择集。
- 前一个（P）：此方法用于选中前一次操作所选择的对象。
- 多个（M）：当命令行中出现"选择对象"时，鼠标变为一个矩形小方框□，逐一点取要选中的目标即可（可选多个目标）。
- 放弃（U）：取消上一次选中的目标对象。
- 自动（AU）：若拾取框正好有一个图形，则选中该图形；反之，则用户指定另一角点以选中对象。
- 单个（SI）：当命令行中出现"选择对象"时，鼠标变为一个矩形小方框□，点取要选中的目标对象即可。

1.4.3 快速选择对象

在AutoCAD中，当用户需要选择具有某些共有特性的对象时，可利用"快速选择"对话框根据对象的图层、线型、颜色、图案填充等特性和类型来创建选择集。

执行"工具|快速选择"菜单命令，或者在视图的空白位置右击鼠标，从弹出的快捷菜单中选

择"快速选择"命令，将弹出"快速选择"对话框，根据需要选择相应的图形对象即可，如图1-54所示为选择图形中所有的圆对象。

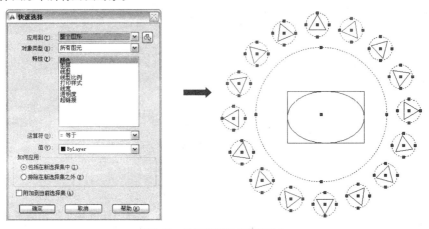

图1-54 快速选择所有的圆对象

1.4.4 使用编组操作

编组是保存的对象集，用户可以根据需要同时选择和编辑这些对象，也可以分别进行操作。编组提供了以组为单位操作图形元素的简单方法。可以将图形对象进行编组，以创建一种选择集，它随图形一起保存。一个对象可以作为多个编组中的成员。

创建编组：除了可以选择编组的成员外，还可以为编组命名并添加说明。要对图形对象进行编组，可在命令行中输入Group（快捷键是"G"），并按Enter键；或者执行"工具丨组"菜单命令，在命令行出现如下的提示信息：

```
命令: GROUP
选择对象或 [名称（N）/说明（D）]:n
输入编组名或 [?]: 123
选择对象或 [名称（N）/说明（D）]:指定对角点: 找到 3 个
选择对象或 [名称（N）/说明（D）]:
组 "123" 已创建。
```

用户可以使用多种方式编辑编组，包括：更改编组成员资格、修改编组特性、修改编组名称和说明，以及从图形中将编组删除。

 即使删除了编组中的所有对象，但编组定义依然存在（如果用户输入的编组名与前面输入的编组名称相同，则命令行中将出现"编组***已经存在"的提示信息）。

1.5 图层与图形特性控制

在AutoCAD中，图层如同手绘图中运用的重叠透明纸，不同的信息可以用不同的图层来区分，如图1-55所示。在AutoCAD 2014中绘制图形时，应将图形中的各个对象分别置于相应的图层上，使每个图像都具有图层、颜色、线性和线宽4种属性。每个AutoCAD文件中的图层数量不受限制，而每个图层有自己的名称。

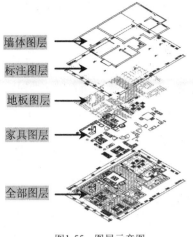

墙体图层

标注图层

地板图层

家具图层

全部图层

图1-55　图层示意图

1.5.1　图层的建立

在AutoCAD 2014中，图层的新建、命名、删除、控制等操作，都是通过"图层特性管理器"面板来操作的，如图1-56所示。

用户可通过以下任意一种方法打开"图层特性管理器"面板。

◆ 面板：在"常用"选项卡的"图层"面板中单击"图层特性"按钮。
◆ 菜单栏：选择"格式│图层"菜单命令。
◆ 工具栏：单击"图层"工具栏的"图层"按钮。
◆ 命令行：在命令行中输入"Layer"命令，快捷键为"LA"。

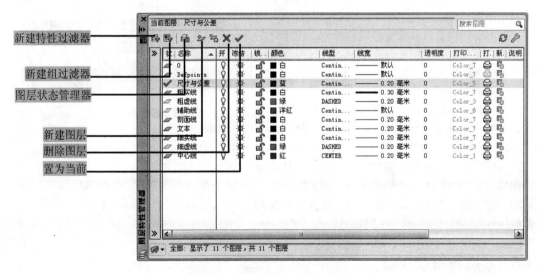

新建特性过滤器

新建组过滤器

图层状态管理器

新建图层

删除图层

置为当前

图1-56　"图层特性管理器"面板

如果用户要新建图层，在"图层特性管理器"面板中单击"新建图层"按钮，在AutoCAD环境中将自动生成一个名为"图层**"的图层。如果用户要更改图层名称，可以单击该图层名，然后输入一个新的图层名并按Enter键即可，或者按F2键也可更改图层名称。

在默认情况下，AutoCAD默认的图层是0图层，默认情况下，图层0将被指定使用7种颜色（白色或黑色，由背景色决定）、Continous线型、默认线宽及Color_7打印样式，用户不能删除或重新命名该图层，如果用户要使用更多的图层组织图形，就需要创建新图层。

1.5.2　图层的删除

在绘图过程中，用户可以随时删除一些不用的图层。在"图层特性管理器"面板的图层列表框中选择需要删除的图层，此时该图层名称呈高亮显示，表明该图层已被选中。只需要单击"删除图层"按钮 ✕；或按Delete键；或者右击鼠标从弹出的快捷菜单中选择"删除图层"命令，都可以将所选择的图层删除。

对于图层的选择，可配合Ctrl键和鼠标键来选择多个不连续的图层，配合Shift键和鼠标来选择连续的多个图层。

1.5.3　设置当前图层

当前图层就是当前的绘图层，用户只能在当前层中绘制图形，而且绘制的实体的属性将继承当前层的属性。当前层的层名和属性状态都会显示在"对象特性"工具栏中，默认0层为当前图层。

如果要设置当前图层，在"图层特性管理器"面板中选择所需的图层名称，使其高亮度显示，表明该图层已被选中。只需要单击"置于当前"按钮 ✓；或者右击鼠标，从弹出的快捷菜单中选择"置于当前"命令，都可以将所选择的图层置于当前。

1.5.4　设置图层颜色

颜色在图形中具有非常重要的作用，可用来表示不同的组件、功能和区域。图层的颜色实际上是图层中图形对象的颜色。每个图层都拥有自己的颜色，对不同的图层可以设置相同的颜色，也可以设置不同的颜色，在绘制复杂图形时就可以很容易地区分图形的各部分。

在"图层特性管理器"面板中，在图层名称的"颜色"列中单击鼠标，将弹出"选择颜色"对话框，从中可以根据需要选择不同的颜色，然后单击"确定"按钮即可，如图1-57所示。

不同的图层一般来说要用不同的颜色。目的是方便用户在绘图时区分不同的图层。如果两个图层用同一种颜色，那么在显示图形时，就很难分辨正在操作的图形对象处在哪一个图层上。

图1-57　设置图层颜色

1.5.5　设置图层线型

线型是指图形基本元素中线条的组成和显示方式，如虚线和实线等。在AutoCAD中即有简单的线型，也有由一些特殊符号组成的复杂线型，以满足不同国家和行业标准的要求。

在绘制图形时需要使用不同的线型来区分不同的图形元素，此时需要对线型进行设置。在默认情况下，图层的线型为Continuous。如果需要改变线型，可在图层列表中单击"线型"列的Continuous或Center，将打开"选择线型"对话框，从中选择相应的线型，然后单击"确定"按钮即可，如图1-58所示。

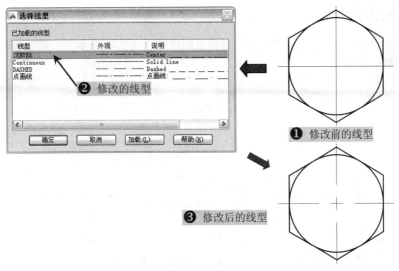

图1-58　设置图层线型

1.5.6　设置图层线宽

在AutoCAD中，允许用户为每个图层的线条设置线宽。使用不同线宽的粗线或细线可以清楚地表明截面的剖切方式、标高的深度、尺寸线和小标记，以及细节上的不同。

在"图层特性管理器"面板中，在图层的"线宽"对应列中单击鼠标，弹出"线宽"对话框，在其中选择相应的线宽，然后单击"确定"按钮即可，如图1-59所示。

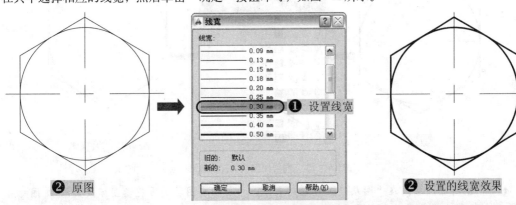

图1-59　"线宽"对话框

在"默认"选项卡的"特性"面板中，从"线宽"组合下拉列表框中选择"线宽设置"项，将弹出"线宽设置"对话框，通过调整线宽比例，可以使图形中的线宽显示得更宽或更窄，如图1-60所示。

具有线宽的对象将以指定的线宽值打印，这些值的标准设置包括"随层"、"随块"和"默认"。所有图层的初始设置均由系统变量控制，其值为0.25mm。

图1-60　"线宽设置"对话框

1.5.7 控制图层状态

在"图层特性管理器"中，图层状态包括图层的打开/关闭、冻结/解冻、锁定/解锁等。同样，在"图层"面板中，用户也可以设置并管理各图层的特性，如图1-61所示。

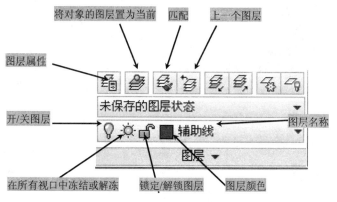

图1-61 "图层"面板

◆ 打开/关闭图层：在"图层"工具栏列表中，单击相应图层的小灯泡图标💡，可以打开或关闭图层的显示。在"打开"状态下，灯泡颜色为黄色，该图层的对象将显示在视图中，可以在输出设置上打印出来；在"关闭"状态下，灯泡颜色为灰色💡，该图层的对象不能在视图中显示出来，也不能打印出来，如图1-62所示为打开或关闭的图层的对比效果。

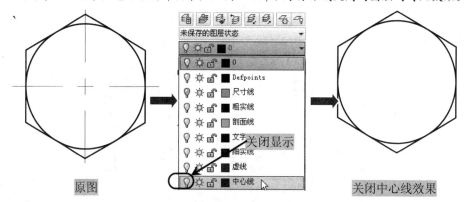

图1-62 显示与关闭图层的比较效果

◆ 冻结/解冻图层：在"图层"工具栏列表中，单击相应图层的雪花❄图标或太阳☀图标可以冻结和解冻图层。在图层被冻结时，显示为雪花❄图标，其图层的图形对象不能被显示和打印出来，也不能编辑或修改图层上的图形对象；在图层被解冻时，显示为太阳☀图标，此时图层上的对象可以被编辑。

◆ 锁定/解锁图层：在"图层"工具栏列表中，单击相应图层的小锁🔒图标，可以锁定或解锁图层。在图层被锁定时，显示为🔒图标，此时不能编辑锁定图层上的对象，但仍然可以在锁定的图层对象上绘制新的图形对象。

1.5.8 快速改变所选对象的特性

在AutoCAD的图层操作中，除了可以通过"图层特性管理器"面板设置对象的特性外，还可以通过"特性"面板快速修改对象的特性，如图1-63所示。

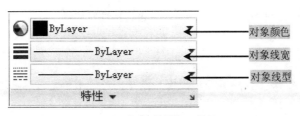

图1-63　"对象特性"工具栏

在"对象特性"工具栏中，颜色、线型和线宽的特性设置中有两个重要的选项。

◆ ByLayer（随层）：表示当前设置的对象特性应和"图层特性管理器"中设置的特性一致，这是大多数特性的设置值。

◆ ByBlock（随块）：在创建要包含在块定义中的对象之前，请将当前颜色或线型设置为"ByBlock"。

当然，如果用户需要将某个对象设置为特定的值，可在相应的下拉列表框中选择特定的颜色、线型或线宽。例如，在"图层特性管理器"面板中设置"粗实线"图层为"黑色"，其颜色控制为ByLayer（随层），这时如果绘制一些线段，则所绘制的图形对象颜色为"黑色"；如果在"对象特性"工具栏的颜色控制下拉列表框中选择为"黑白"，则绘制的线段将为"黑白"。

1.5.9　转换对象的图层

用户在绘制图形的时候，如果所绘制的图形对象没有在指定的图层中，那么只须选择该图形对象，然后在"图层"工具栏的图层下拉列表框中选择相应的图层。如果所绘制的图形对象的特性均设置为Bylayer（随层），那么改变对象后的特性也将会发生改变。

例如，在视图中选择红色的圆对象，在"图层控制"下拉列表框中选择"细实线"图层，则当前视图所选择的圆对象转换为"细实线"图层，如图1-64所示。

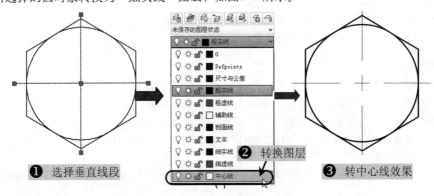

❶ 选择垂直线段　　❷ 转换图层　　❸ 转中心线效果

图1-64　改变对象所在的图层

1.5.10　对象的特性匹配

在AutoCAD中，图形对象的特性也可以像复制对象那样进行复制操作，但是它只复制对象的特性，如颜色、线型、线宽及所在图层的特性，而不复制图形对象本身，这相当于Word软件中的"格式刷"功能。

用户可以通过以下几种方法来调用"特性匹配"功能。

◆ 面板：在"图层"面板中单击"特性匹配"按钮▦。

◆ 命令行：输入快捷键"MA"。

执行该命令后，根据如下提示进行操作，即可进行特性匹配操作。

命令: ma   \\执行特性匹配命令
选择源对象: \\选择匹配的源始对象
当前活动设置: 颜色 图层 线型 线型比例 线宽 透明度 厚度 打印样式 标注 文字 图案填充 多段线 视口 表格材质 阴影显示 多重引线
选择目标对象或 [设置 (S)]:   \\选择要匹配的目标对象

如果在进行特性匹配操作的过程中，选择"设置（S）"选项，将弹出"特性设置"对话框，通过该对话框，可以选择在特性匹配过程中有哪些特性被复制；相反，对于不需要复制的特性，可以取消相应的复选框，如图1-65所示。

图1-65 "特性设置"对话框

1.6 AutoCAD的坐标系统

在绘图过程中，使用坐标系作为参照，可以精确定位某个对象，以便精确地拾取点的位置。AutoCAD 2014的坐标系统提供了精确绘制图形的方法，利用坐标（x、y）可以表示具体的点。

1. 坐标系

在AutoCAD中存在两种坐标系统，世界坐标系（WCS）和用户坐标系。进入AutoCAD 2014时，出现的坐标就是世界坐标系，为固定的坐标系统，如图1-66所示。世界坐标系为坐标系统中的基准，绘制图形时，多数情况下都是在这个坐标系统下进行的。

在用户坐标系中，可以任意指定或移动原点和选择坐标轴，如图1-67所示，用户坐标系中的坐标轴交汇处没有方形标记"□"。

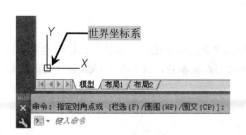

图1-66 世界坐标系

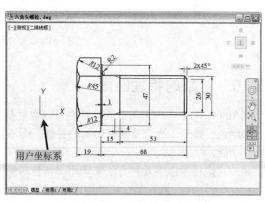

图1-67 用户坐标系

TIP▶▶ 要改变坐标的位置，首先在命令行中输入UCS命令，此时使用鼠标将坐标移至新的位置，然后按Enter键即可。若要将用户坐标系改为世界坐标系，在命令行中输入UCS命令，然后在命令行中选择"世界（W）"选项即可。

　　在AutoCAD 2014中，点的坐标可以用直角坐标、极坐标、球面坐标和柱面标注表示，每一种坐标又分为两种坐标输入方式：绝对坐标与相对坐标。常用的为直角坐标和极坐标。下面主要讲解它们的输入方法。

　　1）直角坐标法。用点的x、y坐标值表示的坐标。例如，在命令行中输入点的坐标提示下，输入"30、10"，则表示输入了一个x、y的坐标值分别为"30、10"的A点，此为绝对坐标输入方式，表示该点的坐标是相对于当前坐标原点的坐标值。如果再在A点（30,10）的基础上输入"@100，50"，则为相对坐标输入方式，表示该点B的坐标是相对于前一点（30,10）的坐标值，如图1-68所示。

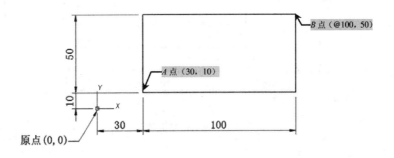

图1-68　直角坐标法

　　2）极坐标法。在绝对坐标输入方式下，表示为"长度<角度"，如A点"50<30"，其中，长度表示该点到坐标原点的距离为50，角度表示该点至原点的连线与x轴正向的夹角为30°。

　　在相对坐标输入方式下，表示为"@长度<角度"，如"@100<-30"，其中，长度表示该点到前一点A的距离为100，角度表示该点至前一点的连线与x轴正向的夹角为-30°，如图1-69所示。

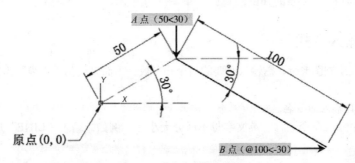

图1-69　极坐标法

2. 动态数据输入

　　单击"动态输入"按钮，系统启动动态输入功能，可以在屏幕上动态输入某些参数数据。例如，要绘制一个100×50的矩形，且左下角点距原点（0,0）的位置为（30,10），操作步骤如下。

1 首先在命令行中执行"矩形"命令"REG"。

2 在屏幕的鼠标指针位置显示"指定第一个角点："的动态指针，这时输入30，按Tab键或输入逗号（，），再输入10，如图1-70所示。

3 按Enter键，确定矩形的一个起始角点。

4 在动态鼠标指针位置显示"指定另一个角点："，输入"@100"，按Tab键或输入逗号（，），再输入50，如图1-71所示。

图1-70 动态输入矩形起始角点   图1-71 动态输入矩形对角点

5 按Enter键，确定矩形的对角点，从而在视图中绘制好相应的矩形对象，如图1-72所示。

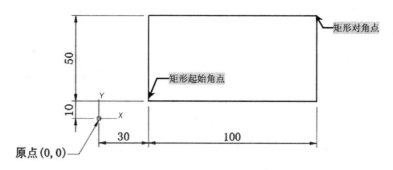

图1-72 动态绘制矩形

1.7 命令的基本输入

在AutoCAD 2014中，有一些基本的输入操作方法，将AutoCAD 2014的运用变得更加简单，这些也是AutoCAD 2014学习必备的知识。

1.7.1 命令输入方式

AutoCAD交互绘制图形时，需输入必要的指令和参数，下面以绘制"直线"为例，讲解命令的多种输入方式。

1）在命令窗口输入命令名。

在命令窗口中输入命令名时，英文字母不区分大小写。例如，输入"LINE"后，命令行中的提示如下：

```
命令：LINE
指定第一点：（在屏幕上至一点或输入一点的坐标）
指定下一点或[放弃（U）]
```

选项中没有带括号提示为默认选项，所以可以直接输入直线段的起点坐标，或在屏幕上指定一点，如果要选择其他选项，则首先输入其标识字符，如要选择"放弃"，则应该输入其标识字符"U"，然后按系统提示输入数据即可。有些命令行中，提示命令选项内容后面有时会带有尖括号，尖括号内的数值为默认数值。

2）在命令窗口中输入命令缩写

为了使用户在执行绘图或编辑命令时，能够更加快捷地执行命令，AutoCAD绘图软件为用户提供了快捷命令。如：L（Line）、C（Circle）、A（Arc）、Z（Zoom）、R（Redraw）、M（Move）、CO（Copy）、PL（Pline）、E（Erase）等。

3）通过菜单命令

AutoCAD软件提供了菜单选项来执行相关的命令。例如，选择"绘图 | 直线"菜单命令时，在状态栏中可以看到对应的命令说明及命令名。

4）通过工具栏中的对应图标

用户可以通过AutoCAD软件提供的相关菜单栏（或面板）来执行相关的命令。例如，在"绘图"工具栏中单击"直线"按钮，在状态栏中也可以看到对应的命令说明及命令名。

5）打开右键快捷菜单

要使用前面使用过的命令，可以在命令行单击鼠标右键，打开快捷菜单，在"最近使用的命令"子菜单中选择所需的命令，如图1-73所示。

6）在绘图区单击鼠标右键

要重复执行前面使用过的命令时，可以直接在绘图区单击鼠标右键，打开绘图窗口的快捷菜单，如图1-74所示，菜单中的第一项就是重复前一步所执行的命令，在菜单第二项"最近的输入"子菜单内，可选择最近使用过的多步命令。

图1-73　命令行右键快捷菜单

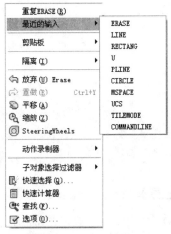

图1-74　绘图区右键快捷菜单

1.7.2　命令的重复、撤销和重做

在AutoCAD 2014中，用户可以方便地重复执行同一命令，或者撤销前面执行的一个或多个命令。此外，撤销前面执行的命令后，还可以通过重做来恢复前面撤销的命令。

1. 命令的重复

按Enter键可重复调用上一步所使用的命令，不管该命令是被完成还是被取消。

2. 命令的撤销

在执行命令的任何时刻，都可以将该命令取消，或者终止命令的执行。用户可以通过以下几种方法进行命令的撤销。

◆　选择"编辑（E）| 放弃（U）"菜单命令。

◆　在命令行中输入"UNDO"命令，并按Enter键（快捷键为"U"）。

- 按Ctrl+Z组合键。
- 在快捷访问工具栏中单击"放弃"按钮 ⬅·。

3. 命令的重做

已被撤销的命令还可以恢复重做，恢复撤销的是最后一个命令。在AutoCAD中，可以通过以下方法执行命令的重做。

- 选择"编辑（E）｜重做（R）"菜单命令。
- 在命令行中输入"REDO"命令，并按Enter键。
- 按Ctrl+Y组合键。

在快捷访问工具栏中单击"重做"按钮 ➡·。单击UNDO或REDO列表箭头 ⬅·➡·，可以选择要重做或放弃的操作，如图1-75所示。

图1-75　放弃或重做

1.7.3　透明命令

在AutoCAD 2014中，命令不仅能直接在命令行中输入使用，一些命令还可以穿插在其他命令执行过程中使用，该穿插命令结束后，系统会继续执行原命令，这种可以穿插在其他命令执行过程中使用的命令称为透明命令。该类型的命令一般都是对绘制图形起辅助作用或让其他命令更好地完成的命令。

例如，在画圆弧的过程中插入显示缩放命令，其命令行提示如下：

```
命令：ARC
指定圆弧的起点或[圆心（C）]：'ZOOM（透明使用显示缩放命令）
>>（执行ZOOM命令）
正在恢复执行ARC命令。
指定圆弧的起点或[圆心（C）]：（继续执行原命令）
```

1.7.4　按键意义

在AutoCAD 2014中，除了到现在为止所了解的可以通过在命令窗口输入命令，单击工具栏图标或单击菜单项目来完成的命令，在键盘上还存在着其他功能键和快捷键，如表1-1所示。

表1-1　AutoCAD常用功能键和快捷键

快捷键	命令	含义
Ctrl + 1	PROPERTIES	修改特性
Ctrl + L	ORTHO	正交
Ctrl + N	NEW	新建文件
Ctrl + 2	ADCENTER	设计中心
Ctrl + B	SNAP	栅格捕捉
Ctrl + C	COPYCLIP	复制
Ctrl + F	OSNAP	对象捕捉
Ctrl + G	GRID	栅格
Ctrl + O	OPEN	打开文件
Ctrl + P	PRINT	打印文件

（续表）

快捷键	命令	含义
Ctrl + S	SAVE	保存文件
Ctrl + U		极轴
Ctrl + V	PASTECLIP	粘贴
Ctrl + W		对象追踪
Ctrl + X	CUTCLIP	剪切
Ctrl + Z	UNDO	放弃
F1	HELP	帮助
F2		文本窗口
F3	OSNAP	对象捕捉
F7	GRIP	栅格
F8	ORTHO	正交
F9		捕捉模式

1.7.5 命令执行方式

在AutoCAD 2014中，有些命令有两种执行方式，既可以通过对话框实现命令的执行，也可通过在命令行输入命令实现执行命令。例如，用户想指定使用命令窗口方式，可以在命令名前面加短划线来表示，"-LAYER"表示用命令行方式执行"图层"命令。如果直接在命令行输入"LAYER"，系统则会自动打开"图层"对话框。

有些命令同时存在通过命令行、菜单和工具栏3种执行方式，如果通过菜单或工具栏的方式来执行该命令，则命令行中会显示出该命令，并在该命令名前面加一条下划线。例如，通过菜单或工具栏执行"直线"命令时，命令行会出现"_line"，命令的执行过程与结果与通过命令行方式一样。

第1章

第2章

第3章

第4章

第5章

读·书·笔·记

第2章

CAD机械制图标准及视图的表达方法

CAD计算机辅助设计的一个很重要的应用领域就是机械图形的绘制。由于CAD在绘图过程中具有便于修改图形，图形处理速度快，操作容易掌握，图形管理功能强大等优点，使越来越多的机械设计人员、工程人员用CAD绘图代替手工绘图，大大提高了设计的效率和信息的更新速度。

为了更好地学习机械制图的CAD技术，本章主要讲解机械制图的标准，各种视图的表示方法，剖视图和断面图的表示方法，局部放大图和机件的简化画法等，为后面的学习打好基础。

主要内容

✓ 讲解机械制图的基本规定
✓ 讲解绘图工具及其使用方法
✓ 讲解各种视图的表示方法

✓ 讲解机件的简化画法和综合应用
✓ 讲解机械样板文件的创建实例

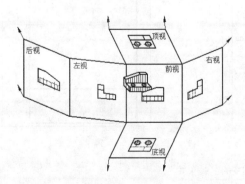

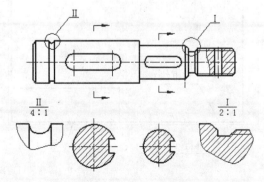

2.1 机械制图的基本规定

国家标准《机械制图》是我国颁布的一项重要技术指标，它统一规定了生产和设计部门要共同遵守的画图规则，每个工程技术人员在绘制工程图样时必须严格遵守这些规定。

2.1.1 图纸幅面和标题栏

在进行工程制图时，图纸的幅面要按规定，除了要绘制必要的图纸内容外，标题栏的内容也是不可缺少的。

1. 幅面

绘制图样时，应优先采用如表2-1所示中规定的基本图幅面（必要时也允许按规定加长幅面）。

表2-1　基本幅面及尺寸

幅面代号	A0	A1	A2	A3	A4
B×L	841 × 1189	594 × 841	420 × 594	297 × 420	210 × 297
a	25				
c	10			5	
e	20		10		

2. 图框

图样中的图框由内外两框组成，外框用细实线绘制，大小为幅面的尺寸；内框用粗实线绘制，是图纸上绘图的边线；图框格式有两种，留装订边格式和不留装订边格式，如图2-1和图2-2所示。

TIP▶▶ 两种格式的图框周边尺寸B、L、a、c、e如表1-1所示。同一产品的图样只能采用一种格式。

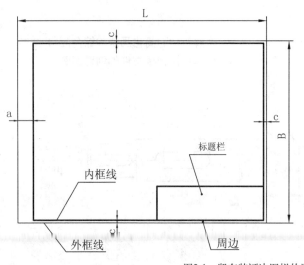

图2-1　留有装订边图样的图框格式

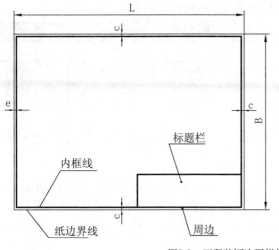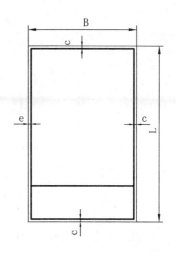

图2-2　不留装订边图样的图框格式

3. 标题栏

图纸上还必须画有标题栏，它位于图纸的右下角，标题栏中的文字方向为看图方向，其格式和尺寸要遵守国标的规定。如图2-3所示为零件图的标题栏，如图2-4所示为装配图的标题栏。

图2-3　零件图标题栏

图2-4　装配图标题栏

2.1.2　制图比例

比例是图中图形与实物相应要素的线性尺寸之比。图样中的比例分为原值比例（比值为1）、放大比例（比值大于1）和缩小比例（比值小于1）三种，如表2-2所示。

表2-2 国家标准推荐优先选用的比例

种 类	比 例				
原值比例	1:1				
放大比例	2:1	2.5:1	4:1	5:1	10:1
	$2 \times 10^n :1$	$2.5 \times 10^n :1$	$4 \times 10^n :1$	$5 \times 10^n :1$	$1 \times 10^n :1$
缩小比例	1:1.5	1:2.5	1:3	1:4	1:6
	$1:1.5 \times 10^n$	$1:2.5 \times 10^n$	$1:3 \times 10^n$	$1:4 \times 10^n$	$1:6 \times 10^n$

注：n为正整数。

用户在作图时，应尽可能按机件的实际大小作图，以方便看图。如果机件太大或太小，可采用缩小或放大的比例画图，但同一机件的不同视图应采用相同的比例。其比例应标注在标题栏中，个别视图采用与标题栏不同的比例，应在视图名称的下方或右侧标注比例。

例如：

I	A向	B–B
2:1	1:100	2.5:1

> **TIP▶▶** 不论采用何种比例，图样中标注的尺寸数值必须是机件的实际尺寸，与图样的准确程度、比例大小无关，如图2-5所示。
>
>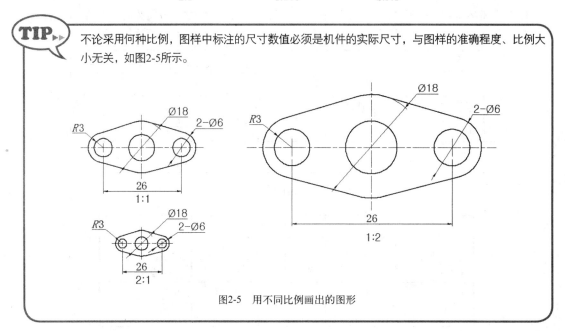
>
> 图2-5 用不同比例画出的图形

2.1.3 字体

图样上除了表达机件形状的图形外，还要用文字和数字说明机件的大小、技术要求和其他内容。

用户在图形中书写字体时，必须做到字体工整、笔画清楚、间隔均匀、排列整齐。字体的高度代表字号的号数，字号有8种，即字体的高度分为：1.8、2.5、3.5、5、7、10、14、20（单位：mm）。如果需要书写更大的字，应按$\sqrt{2}$的比例递增。

图样中的汉字应写成长仿宋字，字高h不能小于3.5mm，字宽一般为h/$\sqrt{2}$，如图2-6所示。

字母和数字的书写分为A型和B型。A型字体的笔画宽度（d）为字体高（h）的1/14，B型字体的笔画宽度（d）为字高（h）的1/10。两种字体均可写成直体和斜体，斜体字字头向右倾斜，与水平基准线成75°。用作指数、分数、极限偏差、注脚及字母的字号一般应采用小一号的字体。如图2-7所示为字母和数字的书写示例。

国家标准《机械制图》是我国颁布的一项重要技术指标

国家标准《机械制图》是我国颁布的一项重要技术指标

国家标准《机械制图》是我国颁布的一项重要技术指标

国家标准《机械制图》是我国颁布的一项重要技术指标

国家标准《机械制图》是我国颁布的一项重要技术指标

图2-6　长仿宋体汉字示例

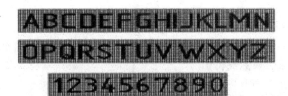

图2-7　字母与数字示例

2.1.4　图线

在进行机械制图时，图线的绘制也应符合《机械制图》的国家标准。

1. 线型

绘制图样时，不同的线型起不同的作用，表达不同的内容。国家标准规定了绘制图样时可采用的15种基本线型，如表2-3所示为机械制图中常用的8种线型示例及其一般应用。

表2-3　常用的图线名称及主要用途

线型名称	图 线 型 式	一 般 应 用
实线	———————————	可见轮廓线
	———————————	尺寸线、尺寸界限、剖面线、引出线等
虚线	- - - - - - - - - - -	不可见轮廓线
点画线	—— · —— · —— · ——	轴线、对称中心线
		特殊要求的线
双点画线	—— · · —— · · ——	极限位置线、假想位置线、中断线
双折线	——————⌇——————	断裂处的边界线
波浪线	∿∿∿∿∿∿∿	断裂处的边界线、视图与局部视图的分界线

2. 线宽

机械图样中的图线分粗线和细线两种。图线宽度应根据图形的大小和复杂程度在0.13～2mm之间选择。图线宽度的推荐系列为：0.13mm、0.18mm、0.25mm、0.35mm、0.5mm、0.7mm、1mm、1.4mm和2mm。

3. 图线画法

在绘制图形时，应遵循以下原则。

◆ 同一图样中，同类图线的宽度应基本一致。

◆ 虚线、点划线及双点划线的线段长度和间隔应各自大致相等。

◆ 两条平行线（包括剖面线）之间的距离应不小于粗实线宽度的两倍，其最小距离不得小于0.7mm。

◆ 点划线、双点划线的首尾，应是线段而不是短划；点划线彼此相交时应该是线段相交，而不是短划相交；中心线应超过轮廓线，但不能过长。在较小的图形上画点划线、双点划线有困难时，可采用细实线代替。

◆ 虚线与虚线、虚线与粗实线相交时应以线段相交；若虚线处于粗实线的延长线上时，粗实线应画到位，而虚线在相连处应留有空隙。

◆ 当几种线条重合时，应按粗实线、虚线、点划线的顺序画出。

◆ 如图2-8所示为图线的画法示例。

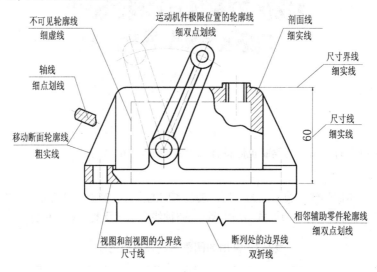

图2-8　图线画法示例

2.1.5　尺寸标注

图纸上的图样除表达物体的形状外，还应说明物体的大小，物体的大小应通过尺寸来确定。无论图样的比例如何，尺寸应标注物体的实际尺寸，机械图纸中的尺寸单位的国家标准是毫米，以毫米为单位时，不需要标明单位的符号。

1. 尺寸的组成

从图2-9所示中可以看出，尺寸由尺寸界线、尺寸线和尺寸数字组成。

◆ 尺寸界线：用细实线绘制，并由图形的轮廓线、轴线或对称中心线引出或代替。

◆ 尺寸线：用细实线绘制，不能用其他线代替或与其他线重合。

◆ 尺寸数字：尺寸数字一般写在尺寸线的上方或左方，或写在尺寸线的中断处。

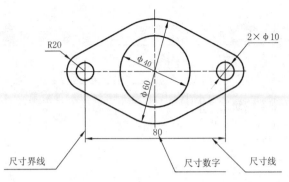

图2-9　尺寸的组成

2. 尺寸标注的基本规则

在进行尺寸标注时，应遵循以下基本规则。

◆ 尺寸界线表示所注尺寸的起止范围，用细实线绘制应由图形的轮廓线、轴线或对称中心线引出。也可以直接利用轮廓线、轴线或对称中心线作尺寸界线。尺寸界线应超出尺寸线2～5mm。一般情况下尺寸界线与尺寸线垂直。

◆ 尺寸线用细实线绘制，相同方向的尺寸线之间的距离要均匀，间隔应大于5mm。尺寸线不能由图上的其他图线代替，也不能与其他图线重合，而且应避免尺寸线之间交叉，尺寸线与其他尺寸界线交叉。

◆ 尺寸终端可以有两种形式，即箭头（箭头尖端与尺寸界线接触不得超出或离开。机械图样中常采用箭头的形式）和斜线（当尺寸线与尺寸界线垂直时终端可用斜线。斜线用45°细实线绘制，建筑图纸中常采用斜线作为尺寸终端。同一张图样中只能采用一种终端形式）。

◆ 在图纸上，水平方向的尺寸数字写在尺寸线的上方，竖直方向的尺寸数字写在尺寸线的左方，字头朝左。其他方向的线性尺寸数字注写如表1-4所示，并尽可能避免在图示的30°范围内注写尺寸，当无法避免时，可以用引出注法。

 在尺寸数字前有如下符号，表示不同类型的尺寸：Φ表示直径；R表示半径；S表示球面；T表示板状零件厚度；C表示45°倒角；EQS表示均布。

3. 尺寸的标注示例

如表2-4所示是各种尺寸标注的示例，用户在学习过程中遇到各种类型的尺寸时，可以通过列出示例，了解各种尺寸的规定注法。

表2-4　各种尺寸标注示例

类型	说　明	示　例
尺寸线	1. 尺寸线用细实线绘制，不能用其他图线代替，一般情况下，也不得与其他图线重合或画在其他线的延长线上。 2. 标注尺寸时，尺寸线与所标注的线段平行。 3. 互相平行的尺寸线，小尺寸在里，大尺寸在外，依次排列整齐	

（续表）

类型	说　明	示　例
尺寸界线	1.　尺寸界线用细实线绘制，由图形的轮廓线、轴线或对称中心线处引出。也可直接利用它们做尺寸界线。 2.　尺寸界线一般应与尺寸线垂直。当尺寸界线贴近轮廓线时，允许与尺寸线倾斜，可以画成60°夹角。 3.　在光滑过渡处标注尺寸时，必须用细实线将轮廓线延长，从它们的交点处引出尺寸界线	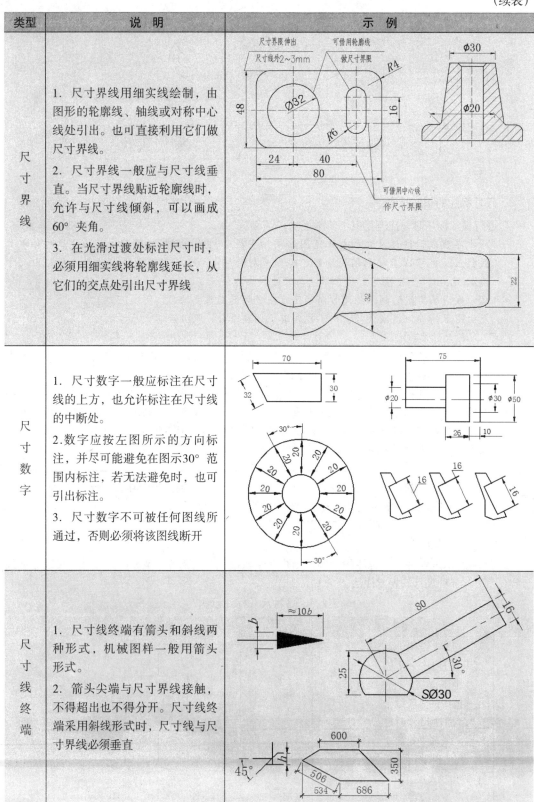
尺寸数字	1.　尺寸数字一般应标注在尺寸线的上方，也允许标注在尺寸线的中断处。 2.数字应按左图所示的方向标注，并尽可能避免在图示30°范围内标注，若无法避免时，也可引出标注。 3.　尺寸数字不可被任何图线所通过，否则必须将该图线断开	
尺寸线终端	1.　尺寸线终端有箭头和斜线两种形式，机械图样一般用箭头形式。 2.　箭头尖端与尺寸界线接触，不得超出也不得分开。尺寸线终端采用斜线形式时，尺寸线与尺寸界线必须垂直	

（续表）

类型	说　明	示　例
直径与半径	1. 标注直径时，应在尺寸数字前加注符号"Φ"；标注半径时，应在尺寸数字前加注符号"R"。 2. 当圆弧的半径过大或在图纸范围内无法注出其圆心位置时，可按图a的形式标注；若不需要标出其圆心位置时，可按图b形式标注，但尺寸线应指向圆心	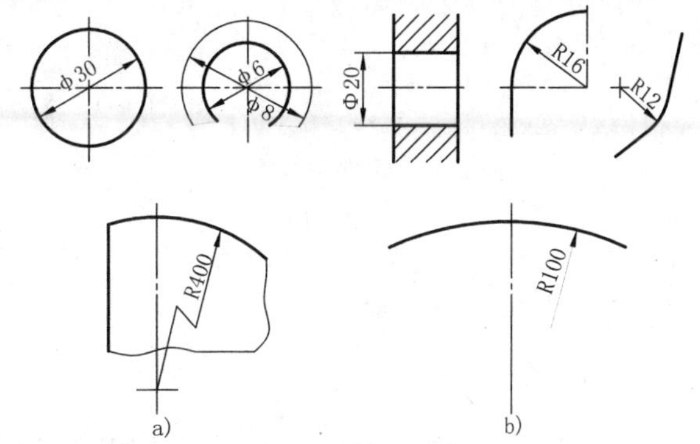
球面直径与半径	标注球面直径或半径时，应在符号Φ或R前加注符号"S"，如图a所示。对于螺钉、铆钉的头部、轴和手柄的端部等，在不致引起误会的情况下，可省略符号S，如图b	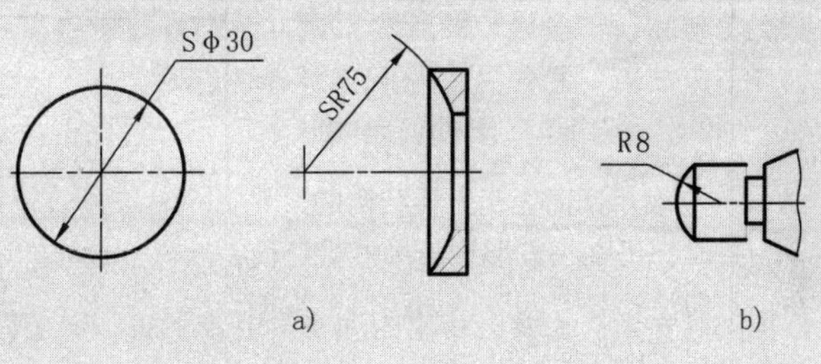
角度	尺寸界线应沿径向引出，尺寸线画成圆弧，圆心是角的顶点，尺寸数字应一律水平书写，如图a；一般注在尺寸线的中断处，必要时也可按图b的形式标注	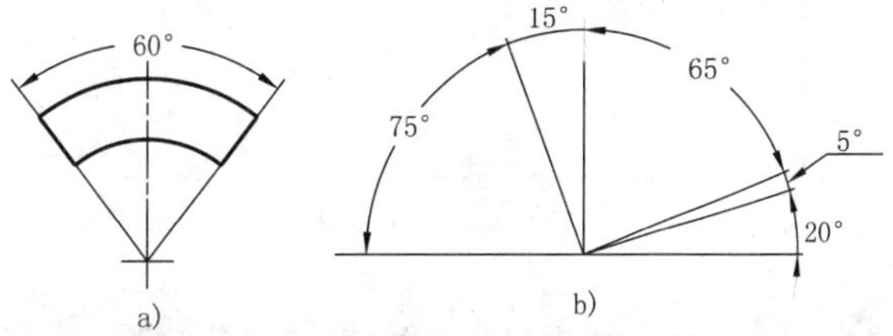
弦长与弧长	标注弦长和弧长时，尺寸界线应平行于弦的垂直平分线；标注弧长尺寸时，尺寸线用圆弧，并应在尺寸数字上方加注符号"⌒"	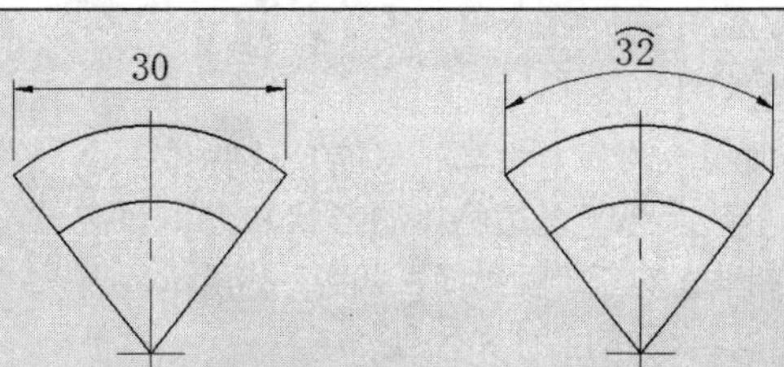
狭小部位	1. 在没有足够的位置画箭头或标注数字时，可将箭头或数字布置在外面，也可将箭头和数字都布置在外面。 2. 几个小尺寸连续标注时，中间的箭头可用斜线或圆点代替。标注连续的小尺寸可用圆点代替箭头	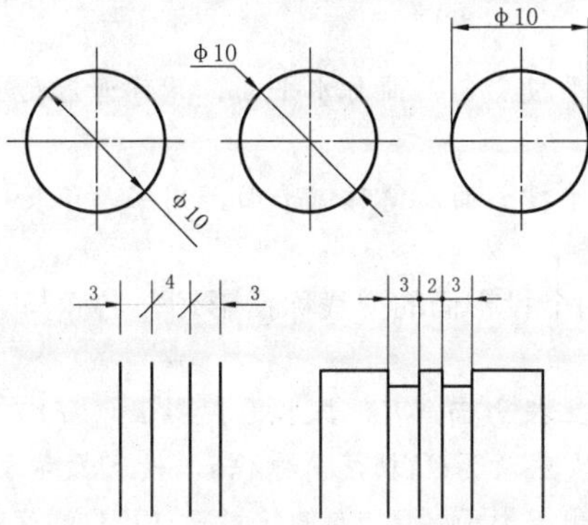

第1章
第2章
第3章
第4章
第5章

（续表）

类型	说　明	示　例
对称机件	当对称机件的图形只画出一半或略大于一半时，尺寸线应略超过对称中心线或断裂处的边界线，并在尺寸线一端画出箭头	
方头结构	表示剖面为正方形结构的尺寸时，可在正方形边长尺寸数字前加注符号"□"，如□14，或用14×14代替□14	

2.2　视图的表示方法

　　任何物体的一个投影，只能反映物体一个方面的形状。为了表达物体的形状和大小，应选取互相垂直的三个投影面，如图2-10所示。

　　三个投影面的名称和代号如下。

　◆　正立投影面，简称正面，用字母V表示。

　◆　水平投影面，简称水平面，用字母H表示。

　◆　侧平投影面，简称侧平面，用字母W表示。

　　任意两个投影面的交线称投影轴，名称与代号如下。

　◆　正立投影面（V）与水平投影面（H）的交线称为OX轴，简称X轴，代表长度方向。

　◆　水平投影面（H）与侧平投影面（W）的交线称为OY轴，简称Y轴，代表宽度方向。

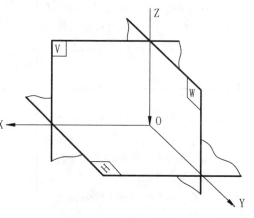

图7-10　三面投影体系

◆ 正立投影面（V）与侧投影面（W）的交线称为OZ轴，简称Z轴，代表高度方向。

◆ X、Y、Z三轴的交点O称为原点。

2.2.1 基本视图

用正六面体的6个面作为基本投影面，各投影面的展开方法如图2-11所示。各个基本视图的名称和配置如图2-12所示。

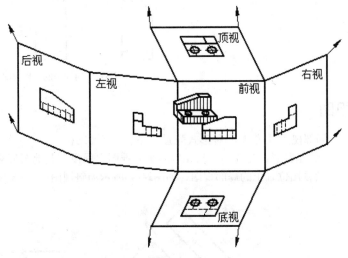

图2-11 各投影面的展开方法

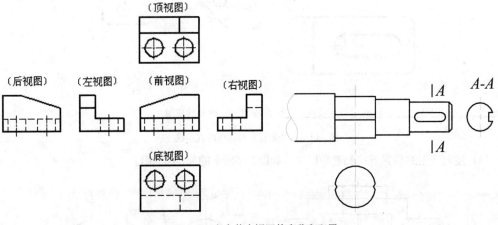

图2-12 各个基本视图的名称和配置

基本视图的投影规律：主、俯、后、仰四个视图长对正；主、左、后、右四个视图高平齐；俯、左、仰、右四个视图宽相等。

2.2.2 向视图

向视图是未按投影关系配置的视图。当某视图不能按投影关系配置时，可按向视图绘制。向视图需在图形上方中间位置处标注视图名称"×"（"×"为大写拉丁字母，并按A、B、C…顺次使用，下同），并在相应的视图附近用箭头指明投射方向，并注上同样的字母，如图2-13所示。

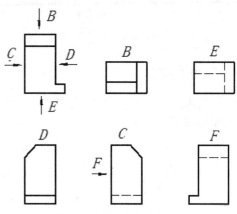

图2-13 向视图的名称与配置

2.2.3 局部视图

在机械图样中，局部视图可按以下3种形式配置，并进行必要的标注。

（1）按基本视图的配置形式配置。当与相应的另一视图之间没有其他图形隔开时，则不必标注。如图2-14a所示为俯视图位置上的局部视图，如图2-14b所示为斜视图。

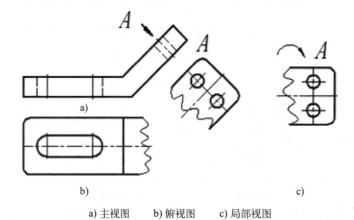

a) 主视图　　　b) 俯视图　　　c) 局部视图

图2-14 三视图及局部视图的表示法

（2）按向视图的配置形式配置和标注。如图2-15所示的局部视图B。

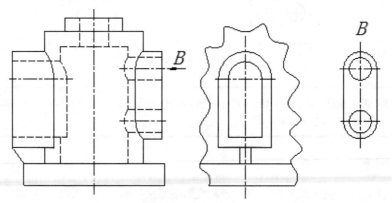

图2-15 局部视图的配置及标注

（3）按第三角画法配置在视图上所需表示的局部结构的附近，并用细点划线将两者相连。如图2-16和图2-17所示。

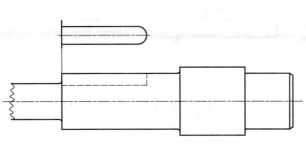

图2-16　按第三角画法配置的局部视图（一）

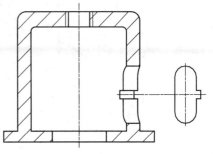

图2-17　按第三角画法配置的局部视图（二）

2.2.4　斜视图

绘制斜视图时，通常只画出倾斜部分的局部外形，而断去其余部分，并按向视图的配置形式配置和标注，如图2-14 b所示。

与GB/T4458.1－1984的规定相比，新标准有如下三点不同。

（1）斜视图的断裂边界可用波浪线绘制（如图2-14 b所示），也可用双折线绘制（如图2-18所示）。

（2）取消了表示斜视图名称的"×向"中的"向"字。

（3）当斜视图旋转配置时，原标注为"×向旋转"，现取消了汉字"旋转"二字，启用了旋转符号，如图2-18所示。

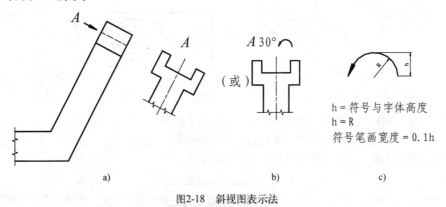

h＝符号与字体高度
h＝R
符号笔画宽度＝0.1h

a)　　　　　　　　　　b)　　　　　　　　　c)

图2-18　斜视图表示法

 TIP 旋转符号的箭头指向应与旋转方向一致。表示斜视图名称的大写拉丁字母应靠近旋转符号，当需给出旋转角度时，角度应注写在字母之后。

2.3　剖视图的表示方法

视图主要用于表示机件的外部结构和形状，而内部结构和形状要用虚线画出，当机件的内部结构和形状比较复杂时，图形上的虚线较多，这样不利于读图和标注尺寸，如图2-19所示。因此有关标准规定，机件的内部结构和形状可采用剖视图表示。

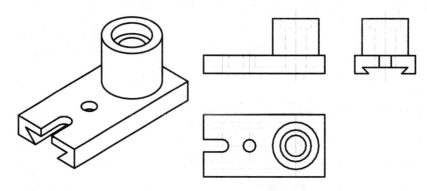

图2-19　机件的立体图和三视图

2.3.1　剖视图的形成

假想用剖切平面剖开机件，将处在观察者和剖切面之间的部分移去，将其余部分向投影面投射，所得到的图形称为剖视图，如图2-20所示。

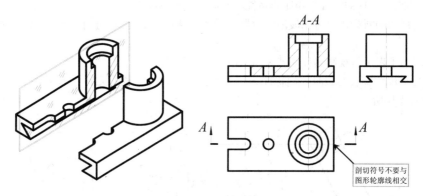

剖切符号不要与
图形轮廓线相交

图2-20　剖视图

剖视图简称为剖视，用来剖切机件的假想平面称为剖切面。

剖视图由两部分组成，一是和剖切面相接触部分的投影，该部分由剖切面和立体内外表面的交线围成，称为剖面区域。不同材料的剖面符号如图2-21所示。

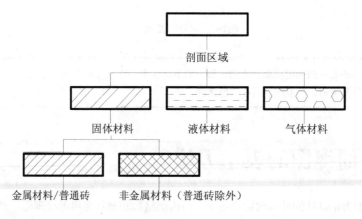

剖面区域

固体材料　　　　液体材料　　　　气体材料

金属材料/普通砖　　非金属材料（普通砖除外）

图2-21　剖面符号分类示例

2.3.2　剖视图的画法和步骤

下面以如图2-22所示的支架为例，介绍画剖视图的方法和步骤。

1 画出机件的主、俯视图，如图2-23a所示。

2 首先确定哪个视图取剖视，然后确定剖切面的位置。剖切面应通过机件的对称面或轴线，且平行于剖视图所在的投影面。这里用通过两孔的轴线且平行于V面的剖切面剖切机件，画出剖面区域，并在剖面区域内画上剖面符号，如图2-23b所示。

3 画出剖切面后边的可见部分的投影，如图2-23c所示。

4 根据国标规定的标注方法对剖视图进行标注，如图2-23d所示。

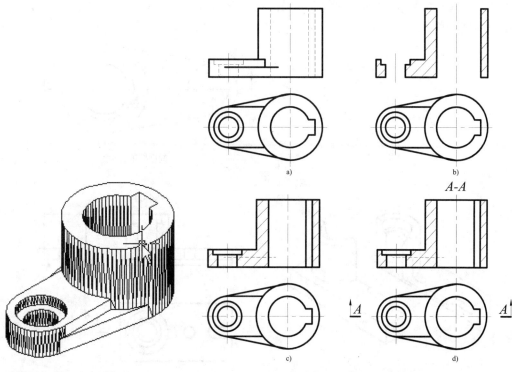

图7-22　支架　　　　　　　　图2-23　剖视图画图步骤

TIP 以上画图步骤是初学时常用的，熟练之后，可直接从第②步画起。

2.3.3　剖视图的标注方法

在绘制剖视图时，一般使用大写拉丁字母"$X—X$"在剖视图的上方标注剖视图的名称，在相应的视图上用剖切符号表示剖切位置及投射方向，并标注相同的字母，如图2-24所示。剖切符号不要和图形的轮廓线相交，箭头的方向应与看图的方向一致。

在画剖视图时，应注意以下事项。

① 剖视图中剖开机件是假想的，因此当一个视图取剖视之后，其他视图仍按完整的物体画出，也可取剖视。如图2-20所示，主视图取剖视后，俯视图仍按完整机件画出。

② 剖视图上已表达清楚的结构，其他视图上此部分结构投影为虚线时，一律省略不画，如

图2-20所示的俯、左视图的虚线均不画。对未表达清楚的部分，虚线必须画出，如图2-23所示，主视图中的虚线表示底板的高度。如果省略了该虚线，底板的高度就不能表达清楚，这类虚线应画出。

③ 同一机件各个剖面区域和断面图上的剖面线倾斜方向应相同，间距应相等。

④ 不要漏线和多线，剖视图的常见错误如图2-25所示。

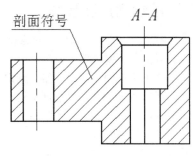

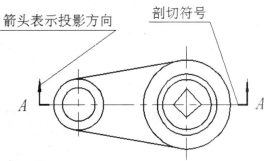

图2-24 剖视图的标注

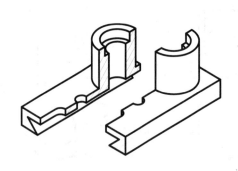

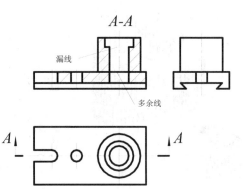

图2-25 剖视图中常见的错误

2.3.4 剖视图的种类

根据剖开机件范围的大小，剖视图分为全剖视图、半剖视图、局部剖视图三种。下面介绍三种剖视图的适用范围、画法及标注方法。

1. 全剖视图

假想用剖切面将机件全部剖切开，得到的剖视图称为全剖视图。如图2-20和图2-24所示均为全剖视图。

全剖视图主要用于表达不对称机件的内形。外形简单、内形相对复杂的对称机件也常用全剖视图来表达。

2. 半剖视图

当机件具有对称（或基本对称）平面时，在垂直于对称平面的投影面上所得到的图形，以对称中心线为界，一半画成剖视图，另一半画成视图，这种组合的图形称为半剖视图。如图2-26所示。

　　半剖视图主要用于内、外形状都需表达的对称机件。如图2-26所示，机件内部有不同直径的孔，外部有凸台，内、外结构都比较复杂，而且前、后、左、右结构对称。为了清楚地表达前面凸台形状和内部孔的情况，主视图采用半剖；为了表达顶板的形状和顶板上小孔的位置及前面正垂小圆柱孔和中间铅垂圆柱的孔穿通的情况，俯视图用了半剖视图。

　　如果机件形状接近于对称，而不对称部分已有图形表达清楚时，也可以画成半剖视图，如图2-27所示，图形结构基本对称，只是圆柱右侧四棱柱槽与左边不对称，但俯视图已表达清楚，所以主视图采用半剖视图。

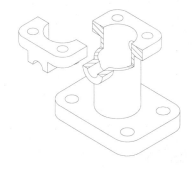

图2-26　半剖视图

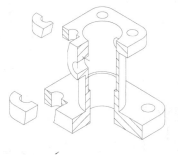

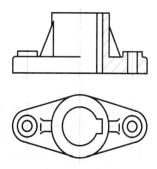

图2-27　半剖视图

如图2-27所示中的两侧肋板按国标规定，机件上的肋，纵向剖切不画剖面符号，而用粗实线将其与相邻部分分开。非纵向剖切，则要画剖面线，如图2-28中的俯视图所示。

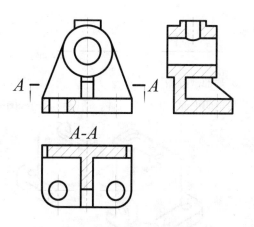

图2-28　剖视图中肋板的画法

　　半剖视图的标注方法与全剖视图的标注方法相同。如图2-29所示，主视图通过机件的对称面剖切，剖视图按投影关系配置，中间又无其他图形隔开，所以省略标注。俯视图中，因剖切面未通过机件的对称面，故需标注，图形按投影关系配置，中间无其他图形分隔，箭头可以省略。

　　在画半剖视图时，应注意以下几个问题。

　　①在半剖视图中，视图和剖视图的分界是细点划线，不能画成粗实线或其他类型的图线。

　　②因机件对称，其内部结构和形状已在对称点划线的另一半剖视图中表达清楚，所以，在表达外形的那一半视图中该部分的虚线一律不画。

　　③表达内形的那一半剖视图的习惯位置是：图形左、右对称时剖右半；前、后对称时剖前半。

　　④半剖视图的标注尺寸的方法、步骤与组合体基本相同，不同的是，有些结构由于半剖，其轮廓线只画一半，另一侧虚线省略不画。标注这部分尺寸时，要在有轮廓线的一端画尺寸界线，尺寸

线略超过对称中心线，只在有尺寸界线的一端画箭头，尺寸数值标注该结构的完整尺寸，如图2-29所示。

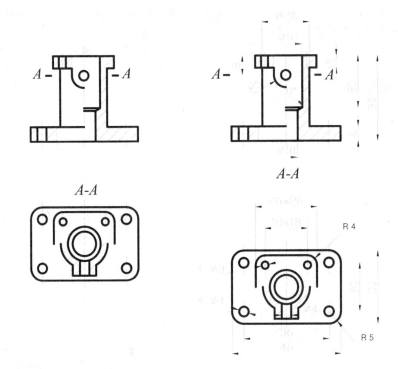

图2-29 半剖视图的标注方法

3. 局部剖视图

用剖切平面局部剖开机件，所得到的剖视图称为局部剖视图，如图2-30b所示。

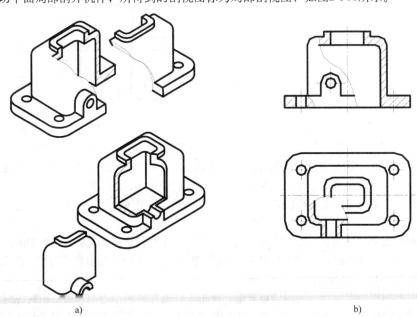

a)   b)

图2-30 局部剖视图（一）

局部剖视图适用范围主要有以下几个方面。

（1）局部剖视图主要用于机件内、外结构形状都比较复杂，且不对称的情况。如图2-30a所示。机件的内部有大、小不同的四棱柱空腔，前面左下方有拱形凸台，凸台内有正垂小圆孔与中间四棱柱内腔穿通。该机件内、外形状均需要表达，并且机件前、后、左、右均不对称。若将主视图画成全剖视图，机件的内部空腔的形状和高度都能表示清楚，但左下前方凸台会被剖掉，其形状和位置都不能表达。机件左、右不对称，又不适合取半剖，因此只能取局部剖视图，这样既表达了外形，又表达了内形。外形部分表达了顶部四棱柱凸台的形状、位置和底板的形状，剖视部分表达了左下前方正垂小孔与中间四棱柱空腔穿通的情况。

（2）机件上有局部结构需要表示时，也可用局部剖视图，如图2-29所示的顶板、底板上小孔。

（3）实心杆、轴上有小孔或凹槽时常采用局部剖视图，如图2-31a所示，用局部剖视图表示轴上键槽的形状和深度。

（4）当对称图形的中心线与图形轮廓线重合不宜采用半剖视图时，应采用局部剖视图，如图2-31b所示。

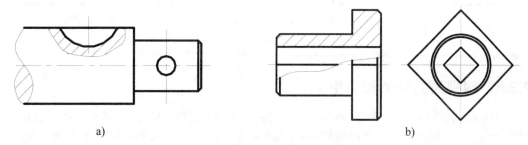

a)　　　　　　　　　　　　　　　b)

图2-31　局部剖视图（二）

 在局部剖视图中，视图与剖视图的分界线为细波浪线或双折线。波浪线表示假想断裂面的投影，因此要注意以下几点。

① 波浪线不能超出剖切部分的图形轮廓线（因轮廓线之外无断面），如图2-32a所示。

② 剖切平面和观察者之间的通孔、通槽内不能画波浪线（即波浪线不能穿空而过），如图2-32a所示。

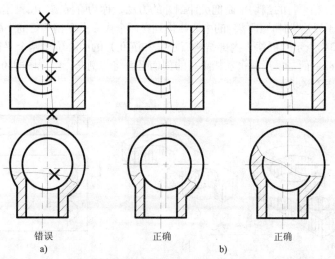

错误　　　　　　　　　正确　　　　　　　　　正确
a)　　　　　　　　　　b)

图2-32　局部剖视图中波浪线的画法（一）

③ 波浪线不能与图形上的其他任何图线重合，或画在轮廓线的延长线上，如图2-33所示。

画局部剖视图时，剖开机件范围的大小要根据机件的结构特点和表达的需要而定，如图2-30b，主视图为了表示中间四棱柱孔的高度，剖的范围必须大些，而如图2-29所示的底板上小孔则不必剖得范围太大，只要将小孔深度表示清楚就可以了。

局部剖视图能同时表达机件的内、外部结构形状，不受机件是否对称的约束，剖开范围的大小、剖切位置均可根据表达需要而定。因此，局部剖视图是一种比较灵活的表达方法。但是同一个视图中采用局部剖视不宜过多，以免使图形过于零乱，给读图带来困难。

（4）局部剖视图的标注方法。局部剖视图标注方法与全剖视图相同。单一剖切面剖切，位置明显时可省略标注，如图2-30b和图2-31所示。

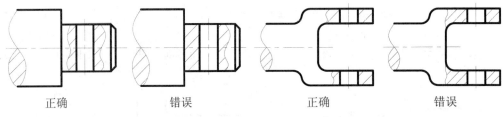

| 正确 | 错误 | 正确 | 错误 |

图2-33　局部剖视图中波浪线的画法（二）

2.3.5　剖视面的种类和应用

剖视图是假想将机件剖开而得到的视图，因为机件内部形状的多样性，剖开机件的方法也不尽相同。国家标准《机械制图》中的规定有以下几种：单一剖切平面、几个互相平行的剖切平面、两个相交的剖切平面、不平行于任何基本投影面的剖切平面、组合的剖切平面等。

1. 单一剖切平面

用一个剖切平面剖开机件的方法称为单一剖，所画出的剖视图，称为单一剖视图。单一剖切平面一般为平行于基本投影面的剖切平面。前面介绍的全剖视图、半剖视图、局部剖视图均为用单一剖切平面剖切而得到的，可见，这种方法应用最多。

2. 几个互相平行的剖切平面

用两个或多个互相平行的剖切平面把机件剖开的方法，称为阶梯剖，所画出的剖视图，称为阶梯剖视图。它适宜于表达机件内部结构的中心线排列在两个或多个互相平行的平面内的情况。

例如，如图2-34a所示的机件，内部结构（小孔和沉孔）的中心位于两个平行的平面内，不能用单一剖切平面剖开，而是采用两个互相平行的剖切平面将其剖开，主视图即为采用阶梯剖方法得到的全剖视图，如图2-34c所示。

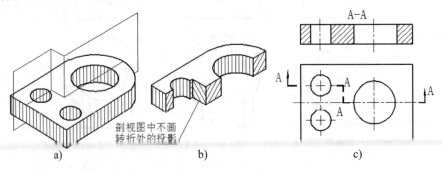

| a) | b) | c) |

图2-34　阶梯剖视图

在画阶梯剖视图时，应注意下列几点。

1）为了表达孔、槽等内部结构的实形，几个剖切平面应同时平行于同一个基本投影面。

2）两个剖切平面的转折处，不能划分界线，如图2-34b所示。因此，要选择一个恰当的位置，使之在剖视图上不致出现孔、槽等结构的不完整投影。当它们在剖视图上有共同的对称中心线和轴线时，也可以各画一半，这时细点划线就是分界线，如图2-35所示。

3）阶梯剖视必须标注，标注方法如图2-34c所示。在剖切平面迹线的起始、转折和终止的地方，用剖切符号（即粗短线）表示它的位置，并写上相同的字母；在剖切符号两端用箭头表示投影方向（如果剖视图按投影关系配置，中间又无其他图形隔开时，可省略箭头）；在剖视图上方用相同的字母标出名称"X—X"。

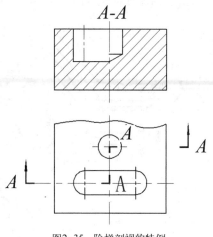

图2-35　阶梯剖视的特例

3. 两个相交的剖切平面

用两个相交的剖切平面（交线垂直于某一基本投影面）剖开机件的方法称为旋转剖，所画出的剖视图，称为旋转剖视图。

如图2-36所示的法兰盘，它中间的大圆孔和均匀分布在四周的小圆孔都需要剖开表示，如果用相交于法兰盘轴线的侧平面和正垂面去剖切，并将位于正垂面上的剖切面绕轴线旋转到和侧面平行的位置，这样画出的剖视图就是旋转剖视图。可见，旋转剖适用于有回转轴线的机件，而轴线恰好是两剖切平面的交线。并且两剖切平面一个为投影面平行面，一个为投影面垂直面，如图2-36b所示是法兰盘用旋转剖视图表示的例子。

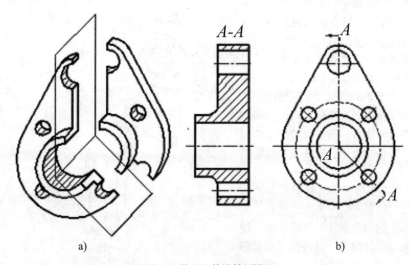

a)　　　　　　　　　　　　　　　　　　b)

图2-36　法兰盘的旋转剖视图

同理，如图2-37所示的摇臂，也可以用旋转剖视图表达。

画旋转剖视图时应注意以下两点。

1）倾斜的平面必须旋转到与选定的基本投影面平行，以使投影能够表达实形。但剖切平面后面的结构，一般应按原来的位置画出它的投影，如图2-37b所示。

2）旋转剖视图必须标注，标注方法与阶梯剖视相同，如图2-36b、图2-37b所示。

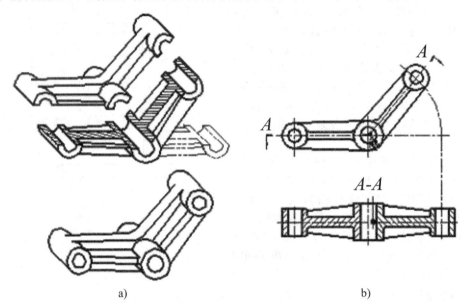

a)   b)

图2-37　摇臂的旋转剖视图

4. 不平行于任何基本投影面的剖切平面

用不平行于任何基本投影面的剖切平面剖开机件的方法称为斜剖，所画出的剖视图，称为斜剖视图。斜剖视图适用于机件的倾斜部分需要剖开以表达内部实形的时候，并且内部实形的投影是用辅助投影面法求得的。

如图2-38所示，机件的基本轴线与底板不垂直。为了清晰表达弯板的外形和小孔等结构，宜用斜剖视图表达。此时用平行于弯板的剖切面"B-B"剖开机件，然后在辅助投影面上标出剖切部分的投影即可。

画斜剖视图时，应注意以下几点。

1）斜剖视图最好与基本视图保持直接的投影联系，如图2-38所示中的"B-B"。必要时（如为了合理布置图幅）可以将斜剖视画到图纸的其他地方，但要保持原来的倾斜度，也可以转平后画出，但必须加注旋转符号。

2）斜剖视主要用于表达倾斜部分的结构。机件上凡在斜剖视图中失真的投影，一般应避免表示。例如在如图2-38所示中，按主视图上箭头方向取视图，就避免了画圆形底板的失真投影。

3）斜剖视图必须标注，标注方法如图2-38所示，箭头表示投影方向。

5. 组合的剖切平面

当机件的内部结构比较复杂，用阶梯剖

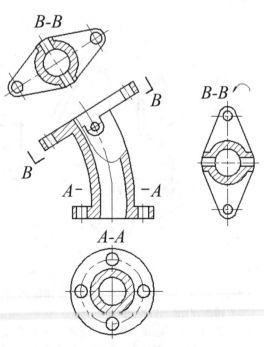

图2-38　机件的斜剖视图

或旋转剖仍不能完全表达清楚时，可以采用以上几种剖切平面的组合来剖开机件，这种剖切方法，称为复合剖，所画出的剖视图，称为复合剖视图。

如图2-39a所示的机件，为了在一个图上表达各孔、槽的结构，便采用了复合剖视图，如图2-39b所示。应特别注意复合剖视图中的标注方法。

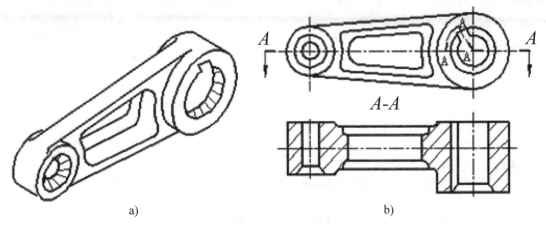

图2-39　机件的复合剖视图

2.4　断面图的表示方法

假想用剖切平面将机件在某处切断，只画出切断面形状的投影，并画上规定的剖面符号的图形，称为断面图，简称为断面，如图2-40所示。

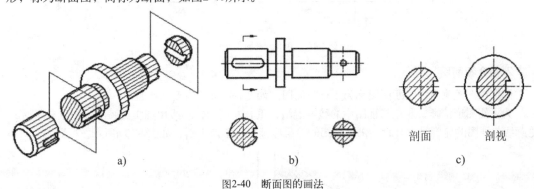

图2-40　断面图的画法

 断面图仅画出机件断面的图形，而剖视图则要画出剖切平面后的所有部分的投影，如图2-40c所示。

2.4.1　断面图的分类

断面图分为移出断面图和重合断面图两种。

1. 移出断面图

画在视图轮廓之外的断面图称为移出断面图，如图2-41b所示为移出断面图。

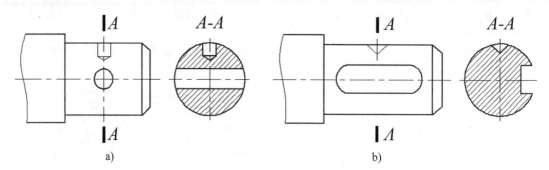

图2-41　通过圆孔等回转面的轴线时断面图的画法

在绘制移出断面图时，画法要点如下。

1）移出断面的轮廓线用粗实线画出，断面上画出剖面符号。移出断面应尽量配置在剖切平面的延长线上，必要时也可以画在图纸的适当位置。

2）当剖切平面通过由回转面形成的圆孔、圆锥坑等结构的轴线时，这些结构应按剖视画出，如图2-41所示。

3）当剖切平面通过非回转面，会导致出现完全分离的断面时，这样的结构也应按剖视画出，如图2-42所示。

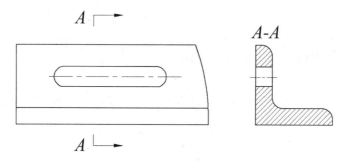

图2-42　断面分离时的画法

2. 重合断面图

画在视图轮廓之内的断面图称为重合断面图。如图2-43所示为重合断面图。

为了使图形清晰，避免与视图中的线条混淆，重合断面的轮廓线用细实线画出。当重合断面的轮廓线与视图的轮廓线重合时，仍按视图的轮廓线画出，不应中断，如图2-43 a所示。

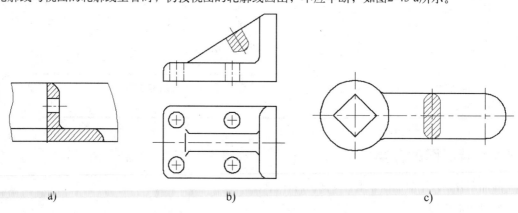

图2-43　重合断面图

2.4.2　断面图的剖切位置与标注

绘制断面图的剖切位置与标注时，应遵循以下原则。

（1）当移出断面不画在剖切位置的延长线上时，如果该移出断面为不对称图形，必须标注剖切符号与带字母的箭头，以表示剖切位置与投影方向，并在断面图上方标出相应的名称"×-×"；如果该移出断面为对称图形，因为投影方向不影响断面形状，可以省略箭头。

（2）当移出断面按照投影关系配置时，不管该移出断面为对称图形或不对称图形，因为投影方向明显，所以可以省略箭头。

（3）当移出断面画在剖切位置的延长线上时，如果该移出断面为对称图形，只需用细点划线标明剖切位置，可以不标注剖切符号、箭头和字母；如果该移出断面为不对称图形，则必须标注剖切位置和箭头，但可以省略字母。

（4）当重合断面为不对称图形时，需标注其剖切位置和投影方向，如图2-43a所示；当重合断面为对称图形时，一般不必标注，如图2-43b所示。

2.5　局部放大图

当机件上的某些细小结构在视图中表达得不清楚，或不便于标注尺寸时，可将这些部分用大于原图形所采用的比例画出，这种图称为局部放大图，如图2-44所示。

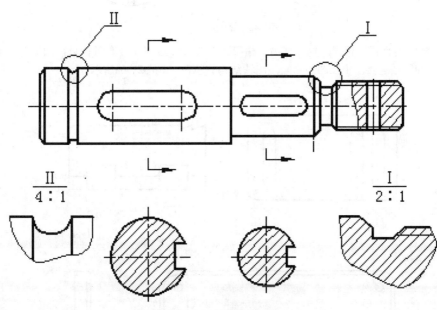

图2-44　局部放大图

局部放大图必须标注，标注方法是：在视图上画一细实线圆，标明放大部位，在放大图的上方注明所用的比例，即图形大小与实物大小之比（与原图上的比例无关），如果放大图不止一个时，还要用罗马数字编号以示区别。

TIP 局部放大图可画成视图、剖视图、断面图，它与被放大部位的表达方法无关。局部放大图应尽量配置在被放大部位的附近。

2.6 机件的简化画法

为了使画图简便，有关标准规定了一些图形的简化画法，现将几种常用机件的简化画法介绍如下。

（1）对于机件的肋、轮辐、薄壁等，如按纵向剖切，这些结构不画剖面符号，而用粗实线将它与其相邻部分分开；如按横向剖切则应画剖面符号。当机件回转体上均匀分布的肋、轮辐、孔等结构不位于剖切平面上时，可将这些结构旋转到剖切面上画出，如图2-45所示。

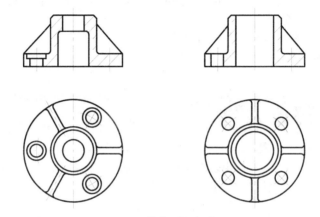

图2-45　简化画法（一）

（2）机件具有若干相同结构（如齿、槽等），并按一定规律分布时，只需画出几个完整的结构，其余用细实线连接。但在图中必须注出该结构的总数，如图2-46a所示。

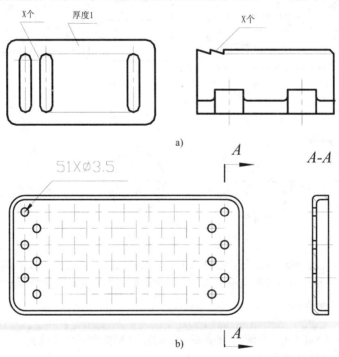

图2-46　简化画法（二）

（3）机件具有若干直径相同且成规律分布的孔（圆孔、沉孔和螺孔等）时，可以仅画出一个或几个，其余只需表示其中心位置，但在图中应注明孔的总数，如图2-46b所示。

（4）回转体机件上的网状物或滚花部分，可以在轮廓线附近用细实线画出或省略，如图2-47所示。

（5）平面结构在图形中不能充分表达时，可用平面符号（相交的两细实线）表示，如图2-48所示。

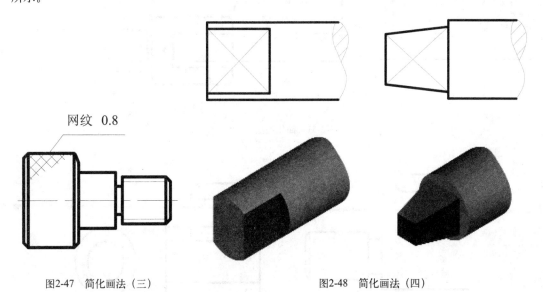

网纹 0.8

图2-47 简化画法（三）   图2-48 简化画法（四）

（6）采用移出断面表示机件时，在不会引起误解的情况下允许省略剖面符号，如图2-49所示。

（7）当机件上有圆柱形法兰和类似零件上的均布孔，可按图2-50所示的形式（由机件外向该法兰端面方向投射）画出。

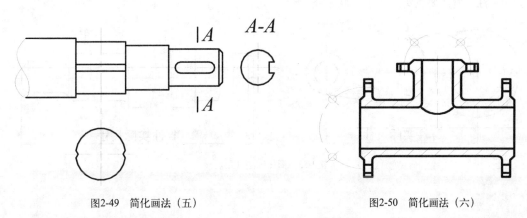

图2-49 简化画法（五）   图2-50 简化画法（六）

（8）对机件上斜度不大的结构，如在一个图形中已表达清楚，其他图中可以只按小端画出，如图2-51a所示。

（9）对机件上的一些小结构，如在一个图形中已表达清楚，其他图中可以简化或省略。如图2-51b所示。

（10）机件上对称结构的局部视图，如键槽、方孔，可按图2-52所示方法表示。在不致引起误解时，图形中的过渡线、相贯线允许简化。

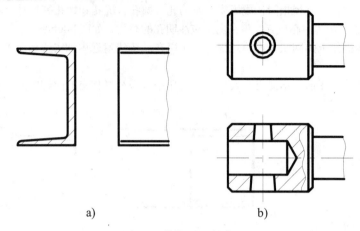

a)   b)

图2-51　简化画法（七）

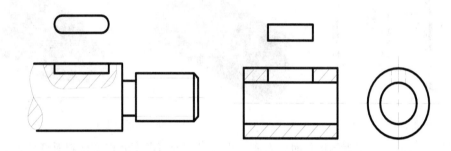

图2-52　简化画法（八）

（11）轴、杆类较长的机件，沿长度方向的形状相同或按一定规律变化时，可以断开缩短表示，但标注尺寸时要注实际尺寸，如图2-53所示。

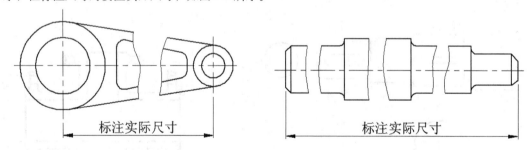

标注实际尺寸　　　　　　　　　　　　　标注实际尺寸

图2-53　简化画法（九）

03

第3章
螺栓和螺柱的绘制

　　螺栓是由头部和螺杆（带有外螺纹的圆柱体）两部分组成的紧固件，螺栓需与螺母配合，用于紧固连接两个带有通孔的零件。这种连接形式称螺栓连接。如果把螺母从螺栓上旋下，又可以使这两个零件分开，故螺栓连接是属于可拆卸连接。

　　螺柱是没有头部的、两端均外带螺纹的紧固件。连接时，它的一端必须旋入带有内螺纹孔的零件中，另一端穿过带有通孔的零件，然后旋上螺母，使这两个零件紧固连接成一个整体。这种连接形式称为螺柱连接，也是属于可拆卸连接。主要用于被连接零件之一厚度较大、要求结构紧凑，或因拆卸频繁，不宜采用螺栓连接的场合。

　　本章讲解螺栓、螺柱的相关基础知识，教读者使用AutoCAD软件绘制不同类型的零件图，巩固专业知识，掌握软件中各类工具的灵活应用。

主要内容

- ✓ 掌握六角头螺栓的绘制方法
- ✓ 掌握其他螺栓的绘制方法
- ✓ 掌握双头螺柱的绘制方法
- ✓ 掌握焊接螺柱的绘制方法
- ✓ 了解螺柱和螺栓的区别

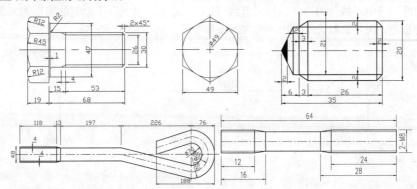

3.1 六角头螺栓的绘制

视频文件：视频\03\六角头螺栓的绘制.avi
结果文件：案例\03\六角头螺栓.dwg

首先绘制作图基准线；绘制左视图的圆、正六边形；

使用直线、偏移、圆、修剪、倒角、圆角、删除等命令完成对侧视图的绘制，最后进行尺寸标注，从而最终完成六角头螺栓的绘制。

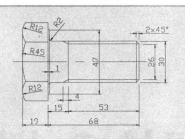
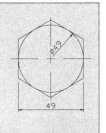

1. 启动AutoCAD 2014软件，选择"文件 | 打开"菜单命令，将"案例\03\机械模板.dwt"文件打开，再执行"文件 | 另存为"菜单命令，将其另存为"案例\03\六角头螺栓.dwg"文件。

2. 在"图层"工具栏的"图层控制"组合框中，选择"中心线"图层，使之成为当前图层。

3. 执行"直线"命令（L），分别绘制长为60mm和高为60mm的互相垂直的基准线，如图3-1所示。

4. 切换到"粗实线"图层。执行"圆"命令（C），捕捉相应的交点，绘制直径为49mm的圆，如图3-2所示。

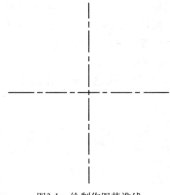

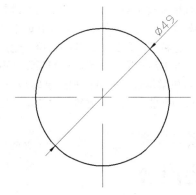

图3-1 绘制作图基准线　　　　　　　　　　图3-2 绘制圆

5. 按F8键打开正交模式。执行"多边形（POL）"命令，捕捉圆的圆心，绘制半径为24.5mm的外切于圆的正六边形，如图3-3所示。

6. 切换到"中心线"图层。执行"直线（L）"命令，以上一步绘制的图形的水平中心线段为基准，向左绘制长度为100mm的水平基准线，如图3-4所示。

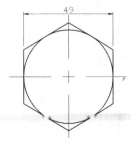

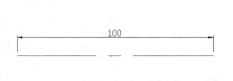

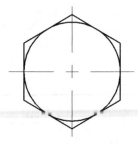

图3-3 绘制正六边形　　　　　　　　　　图3-4 绘制水平线

7 切换到"粗实线"图层。执行"直线（L）"命令，在水平线左侧绘制高为57mm的垂直线段；再执行"偏移（O）"命令，以水平中心线为基准，向上、下侧各偏移15mm和28.5mm；以左侧绘制的垂直线段为基准，向右分别偏移19mm和68mm，如图3-5所示。

8 执行"修剪（TR）"命令，修剪掉多余的线条，结果如图3-6所示。

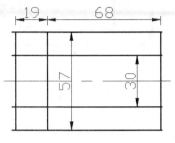

图3-5　偏移线段　　　　　　　　　　　　　　图3-6　修剪多余的线条

9 执行"矩形（REC）"命令，绘制1mm×47mm的矩形，使矩形的中点与水平线对齐，如图3-7所示。

10 执行"偏移（O）"命令，将右侧的垂直线段向左偏移2mm，将中间矩形处的垂直线段向右偏移15mm；再以水平中心线段为基准，向上、下侧各偏移13mm，如图3-8所示。

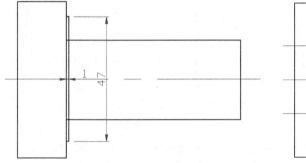
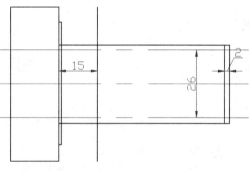

图3-7　绘制矩形　　　　　　　　　　　　　　图3-8　偏移线段

11 执行"倒角（CHA）"命令，根据命令行提示，选择"倒角（D）"选项，并设置第一倒角和第二倒角的距离均为2mm，然后分别单击右上角和右下角的拐角处，如图3-9所示。

12 执行"修剪（TR）"命令，修剪掉多余的线条，结果如图3-10所示。

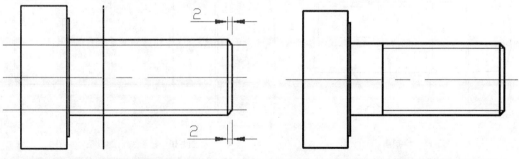

图3-9　倒角操作　　　　　　　　　　　　　　图3-10　修剪多余的线条

13 切换到"细实线"图层。执行"偏移（O）"命令，将垂直线段向左偏移4mm；再执行"直线（L）"命令，绘制连接线实线与偏移后线段端点的斜线段，结果如图3-11所示。

14 执行"删除（E）"命令，将上一步偏移产生的垂直线段删除掉，结果如图3-12所示。

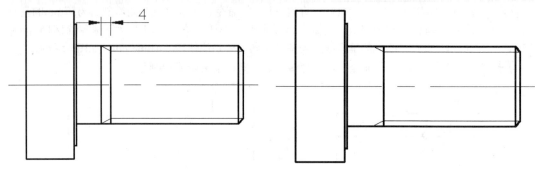

图3-11　偏移线段及绘制斜线段　　　　　　　　图3-12　删除多余线条

15 切换到"粗实线"图层。执行"圆角（F）"命令，进行半径为2mm的圆角操作，结果如图3-13所示。

16 执行"偏移（O）"命令，将左侧的垂直线段向右偏移3mm，将最上、下侧的水平线段向水平中心线分别偏移14mm，结果如图3-14所示。

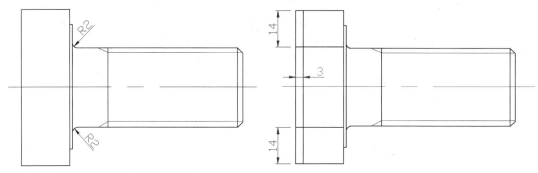

图3-13　圆角操作　　　　　　　　　　　　　图3-14　偏移线条

17 执行"圆（C）"命令，选择"三点（3p）"选项，捕捉相应的交点，分别绘制两个小圆及一个大圆对象，结果如图3-15所示。

18 执行"修剪（TR）"命令，将多余的线条修剪掉，结果如图3-16所示。

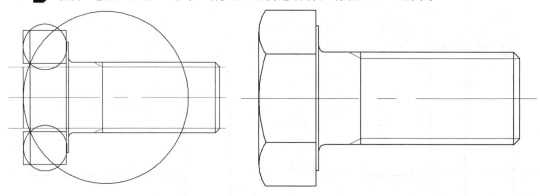

图3-15　绘制圆　　　　　　　　　　　　　　图3-16　修剪多余的线条

19 切换到"尺寸与公差"图层。对图形分别执行"线性标注（DLI）"、"半径标注（DRA）"、"直径标注（DDI）"和"编辑标注（ED）"命令，最终结果如图3-17所示。

20 至此，该图形对象已经绘制完毕，按Ctrl+S组合键对文件进行保存。

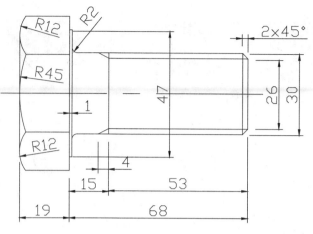

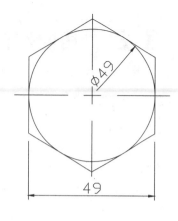

图3-17　最终效果图

专业讲解：螺栓的概述

　　螺栓是由头部和螺杆（带有外螺纹的圆柱体）两部分组成的一类紧固件，需与螺母配合，用于紧固连接两个带有通孔的零件，这种连接形式称螺栓连接，如图3-18所示。如把螺母从螺栓上旋下，又可以使这两个零件分开，故螺栓连接是属于可拆卸连接。

　　螺栓连接通常是由螺栓、垫圈和螺母三种零件构成。只需在两个被连接件上钻出通孔，然后从孔中穿入螺栓，再套上垫圈，拧紧螺母即可实现连接。这种连接主要用于两零件被连接处厚度不大，而受力较大，且需要经常装拆的场合。

图3-18　螺栓

　　六角头螺栓应用普遍，产品等级分A、B和C三级，A级最精确，C级最不精确。A级用于重要的、装配精度高的以及受较大冲击、振动或变载荷的地方。A级用于$d = 1.6 \sim 24mm$和$l \times 10d$或$1 \times 150mm$的螺栓；B级用于$d > 24mm$和$l > 10d$或$1 \times 150mm$的螺栓；C级为M5~M64，细杆B级为M3~M20。

　　钢结构连接用螺栓的性能分为3.6、4.6、4.8、5.6、6.8、8.8、9.8、10.9和12.9等10余个等级，其中，8.8级及以上螺栓材质为低碳合金钢或中碳钢并经热处理（淬火和回火），通称为高强度螺栓，其余通称为普通螺栓。螺栓性能等级标号由两部分数字组成，分别表示螺栓材料的公称抗拉强度值和屈强比值。

　　例如：性能等级4.6级的螺栓，其含义如下。

　　（1）螺栓材质公称抗拉强度达400MPa级。

　　（2）螺栓材质的屈强比值为0.6。

　　（3）螺栓材质的公称屈服强度达400×0.6=240MPa级。

　　例如：性能等级10.9级的高强度螺栓，其材料经过热处理后，能达到如下标准。

　　（1）螺栓材质公称抗拉强度达1000MPa级。

　　（2）螺栓材质的屈强比值为0.9。

　　（3）螺栓材质的公称屈服强度达1000×0.9=900MPa级。

　　螺栓性能等级的含义是国际通用的标准，相同性能等级的螺栓，不管其材料和产地的区别，其性能是相同的。在设计时只需考虑选用性能等级即可。强度等级中的8.8级和10.9级是指螺栓的抗剪切应力等级为8.8GPa和10.9GPa。

3.2 其他螺栓的绘制

视频文件：视频\03\其他螺栓的绘制.avi
结果文件：案例\03\其他螺栓.dwg

首先绘制作图基准线；使用直线、偏移、修剪、圆等命令绘制螺栓，然后进行尺寸标注，从而完成对其他螺栓的绘制。

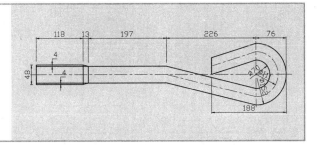

1. 启动AutoCAD 2014软件，选择"文件｜打开"菜单命令，将"案例\03\机械模板.dwt"文件打开，再执行"文件｜另存为"菜单命令，将其另存为"案例\03\其他螺栓.dwg"文件。

2. 在"图层"工具栏的"图层控制"组合框中选择"中心线"图层，使之成为当前图层。

3. 执行"直线"命令（L），分别绘制长为650mm和高为60mm的互相垂直的基准线，如图3-19所示。

图3-19 绘制作图基准线

4. 切换到"粗实线"图层。执行"偏移"命令（O），将左侧的垂直线段向右各偏移118mm、13mm、197mm、226mm和76mm，如图3-20所示。

图3-20 偏移线段

5. 执行"偏移（O）"命令，将水平中心线段向上、下各偏移20.5mm和24mm，如图3-21所示。

图3-21 偏移水平中心线

6. 切换到"粗实线"图层，执行"直线"命令（L），在左侧绘制相应的直线段，并将多线的线段进行修剪，如图3-22所示。

7. 执行"直线（L）"命令，捕捉端点，绘制斜线段；再执行"修剪（TR）"命令，将多余的线段修剪掉，结果如图3-23所示。

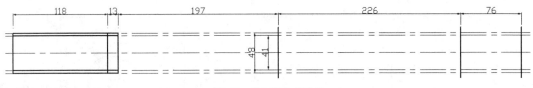

图3-22 绘制并修剪线段

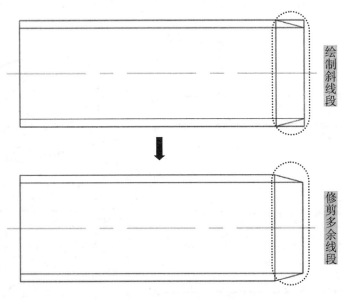

图3-23 绘制及修剪斜线段

8 执行"偏移（O）"命令，将图形右侧的垂直线段分别向右各偏移197mm、114mm、112mm和76mm，如图3-24所示。

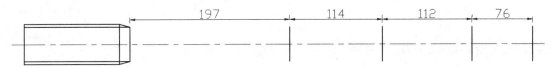

图3-24 偏移线段

9 执行"圆（C）"命令，捕捉交点，绘制直径为70mm、111mm和152mm的圆，如图3-25所示。

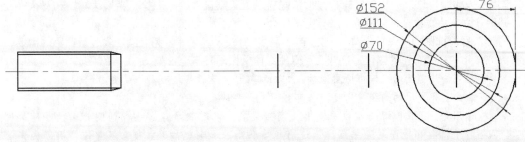

图3-25 绘制圆

10 执行"直线（L）"命令，分别捕捉端点、圆的象限点，绘制斜线段，如图3-26所示。

11 执行"修剪（TR）"命令，将多余的线条修剪掉，结果如图3-27所示。

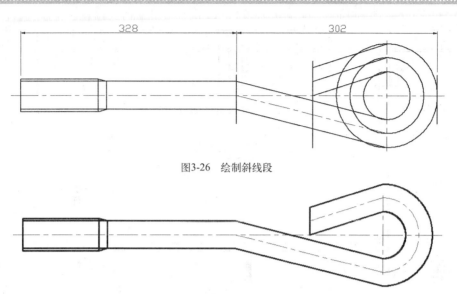

图3-26 绘制斜线段

图3-27 修剪多余的线条

12 切换到"尺寸与公差"图层。对图形分别执行"线性标注（DLI）"、"直径标注（DDI）"和"编辑标注（ED）"命令，最终结果如图3-28所示。

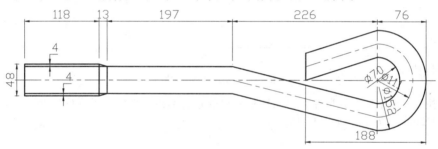

图3-28 最终效果图

至此，该图形对象已经绘制完毕，按Ctrl+S组合键对文件进行保存。

专业讲解：螺栓的分类

1）按连接的受力方式分：普通螺栓和有铰制孔用螺栓。普通螺栓主要承载轴向的受力，也可以承载要求不高的横向受力。铰制孔用螺栓要和孔的尺寸配合，用在受横向力时。

2）按头部形状分：六角头螺栓、方形头螺栓、沉头螺栓、圆头螺栓、半圆头螺栓和双头螺栓等。其中，六角头螺栓是最常用的。

方形头螺栓拧紧力可以较大些，但是其尺寸也相对较大。另外，为了满足安装后锁紧的需要，还有头部有孔和杆部有孔的螺栓，这些孔可以使螺栓受振动时不至松脱。

◆ 有些螺栓没螺纹的光杆部要做细，叫细腰螺栓，这种螺栓有利于受变力的联结。

◆ 钢结构上有专用的高强度螺栓，头部会做大一些，尺寸也有变化。

◆ 特殊用处：T形槽螺栓在机床夹具上用得最多，其形状特殊，头部两侧要切掉；地脚螺栓用于机器和地面的连接固定；还有很多种形状各异的螺栓，如U形螺栓，用于固定管子等。

◆ 焊接用的专用螺栓，一头有螺纹一头没有螺纹，它可以焊在零件上，另一边直接拧螺母。

常用螺栓如表3-1所示。

表3-1 常用螺栓

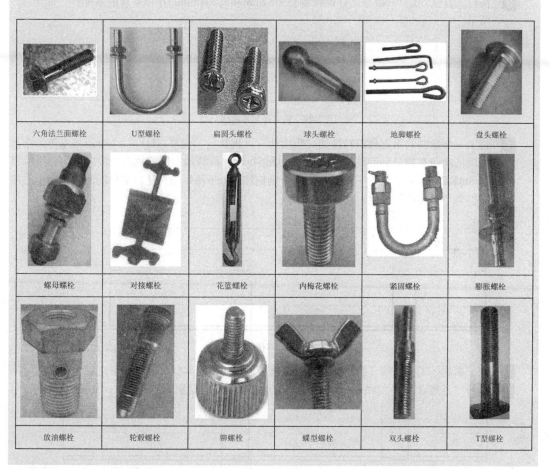

六角法兰面螺栓	U型螺栓	扁圆头螺栓	球头螺栓	地脚螺栓	盘头螺栓
螺母螺栓	对接螺栓	花篮螺栓	内梅花螺栓	紧固螺栓	膨胀螺栓
放油螺栓	轮毂螺栓	铆螺栓	螺型螺栓	双头螺栓	T型螺栓

3.3 双头螺柱的绘制

视频文件：视频\03\双头螺柱的绘制.avi
结果文件：案例\03\双头螺柱.dwg

首先绘制作图基准线；使用直线、偏移、修剪、圆等命令绘制螺栓，然后进行尺寸标注，从而完成对其他螺栓的绘制。

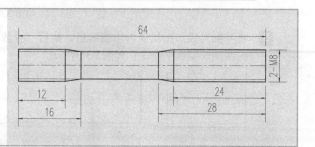

1 启动AutoCAD 2014软件，选择"文件｜打开"菜单命令，将"案例\03\机械模板.dwt"文件打开，再执行"文件｜另存为"菜单命令，将其另存为"案例\03\双头螺柱.dwg"文件。

2 在"图层"工具栏的"图层控制"组合框中选择"中心线"图层，使之成为当前图层。

3 执行"直线（L）"命令，分别绘制长为64mm和高为8mm的互相垂直的基准线，如图3-29所示。

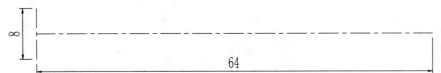

图3-29 绘制作图基准线

4 将上一步绘制的垂直线段转换为"粗实线"；再执行"偏移（O）"命令，将左侧的垂直线段依次向右侧分别偏移12mm、16mm和64mm，再将最右侧的垂直线段向左侧分别偏移24mm和28mm；再将水平中心线向下分别偏移3.4mm和4mm，且将偏移的两条水平中心线转换为"粗实线"图层，如图3-30所示。

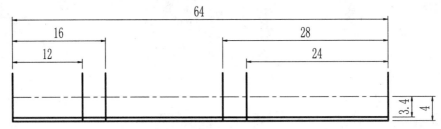

图3-30 偏移线段

5 在"图层"工具栏的"图层控制"组合框中，选择"粗实线"图层，使之成为当前图层。

6 执行"直线（L）"命令，捕捉相应的交点进行连接，绘制两条斜线段，如图3-31所示。

图3-31 绘制斜线段

7 执行"修剪（TR）"命令，将多余的线段修剪掉，如图3-32所示。

图3-32 修剪线段

8 将"细实线"图层置为当前图层；执行"直线（L）"命令，分别捕捉两条斜线，上端点向两侧绘制水平线段，如图3-33所示。

图3-33 绘制螺纹细实线

9 执行"镜像（MI）"命令，框选中心线以下的所有水平线段（包括斜线），以中心线为镜像轴线，镜像到中心线上侧；再执行"修剪（TR）"命令，修剪掉多余线条，结果如图3-34所示。

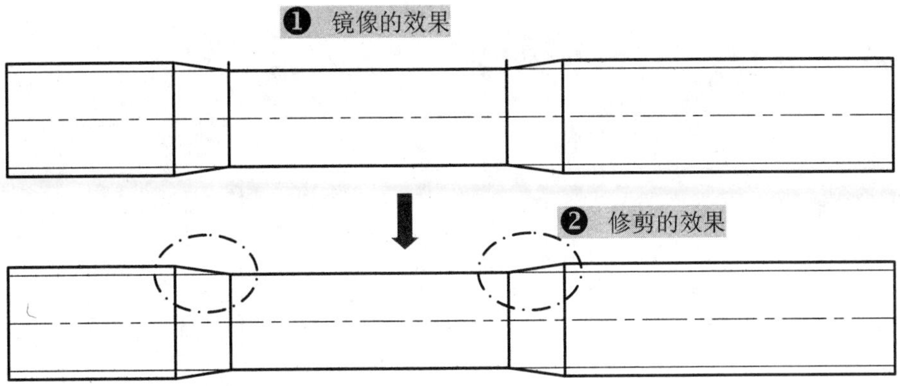

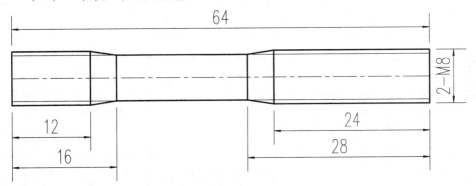

❶ 镜像的效果
❷ 修剪的效果

图3-34 镜像和修剪操作

10 将"尺寸与公差"图层置为当前图层。分别执行"线性标注（DLI）"、"编辑标注（ED）"命令，对图形进行标注，最终效果如图3-35所示。

64
2–M8
12
16
24
28

图3-35 最终效果图

11 至此，该图形对象已经绘制完毕，按Ctrl+S组合键对文件进行保存。

专业技能：螺柱的概述

螺柱是没有头部的、两端均外带螺纹的一类紧固件，如图3-36所示。连接时，它的一端必须旋入带有内螺纹孔的零件中，另一端穿过带有通孔的零件，然后旋上螺母，使这两个零件紧固连接成一个整体。这种连接形式称为螺柱连接，也是属于可拆卸连接。主要用于被连接零件之一厚度较大、要求结构紧凑，或因拆卸频繁，不宜采用螺栓连接的场合。

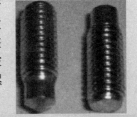

图3-36 螺柱

1）$bm=1d$：双头螺柱一般用于两个钢制被连接件之间的连接。

$bm=1.25d$和$bm=1.5d$：双头螺柱一般用于铸铁制被连接件与钢制被连接件之间的连接；$bm=2d$：双头螺柱一般用于铝合金制被连接件与钢制被连接件之间的连接。

上述前一种连接件带有内螺纹孔，后一种连接件带有通孔。

2）等长双头螺柱两端螺纹均需与螺母、垫圈配合，用于两个带有通孔的被连接件。

3）焊接螺柱的一端焊接于被连接件表面上，另一端（螺纹端）穿过带通孔的被连接件，然后套上垫圈，拧上螺母，使两个被连接件连接成为一个整体。

3.4 焊接螺柱的绘制

视频文件：视频\03\焊接螺柱的绘制.avi
结果文件：案例\03\焊接螺栓.dwg

首先绘制作图基准线；使用直线、偏移、修剪、拉伸等命令绘制焊接螺柱，然后进行图案的填充、尺寸的标注，从而完成对焊接螺柱的绘制。

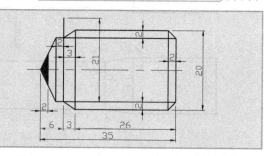

1. 启动AutoCAD 2014软件，选择"文件 | 打开"菜单命令，将"案例\03\机械模板.dwt"文件打开，再执行"文件 | 另存为"菜单命令，将其另存为"案例\03\焊接螺柱.dwg"文件。

2. 在"图层"工具栏的"图层控制"组合框中选择"中心线"图层，使之成为当前图层。

3. 执行"直线（L）"命令，分别绘制长为40mm和高为20mm的互相垂直的基准线，如图3-37所示。

4. 将右侧的垂直基准线转换为"粗实线"图层。执行"偏移（O）"命令，将右侧的垂直线段向左各偏移2mm、24mm、3mm、2mm、2mm和2mm，如图3-38所示。

图3-37　绘制作图基准线　　　　　　　　　图3-38　偏移线段

5. 执行"偏移（O）"命令，将水平线段向上、下各偏移4.5mm、8mm和10mm，然后将其偏移的水平中心线转换为"粗实线"图层，如图3-39所示。

6. 执行"直线（L）"命令，捕捉端点，绘制斜线段，如图3-40所示。

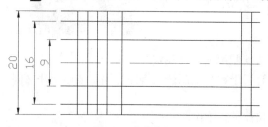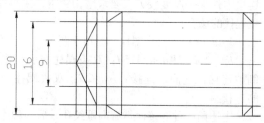

图3-39　偏移线段　　　　　　　　　　　图3-40　绘制斜线段

7. 执行"修剪（TR）"命令，将多余的线条修剪掉，结果如图3-41所示。

8. 执行"拉伸（S）"命令，将垂直线段拉伸5mm，结果如图3-42所示。

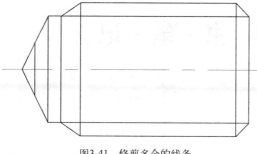

图3-41 修剪多余的线条   图3-42 拉伸线条

9 切换到"剖面线"图层。执行"图案填充（H）"命令，选择填充样例"SOLID"，比例为1，在指定位置进行图案填充，结果如图3-43所示。

10 切换到"尺寸与公差"图层。对图形执行"线性标注（DLI）"命令，最终结果如图3-44所示。

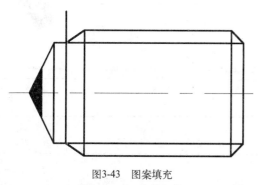

图3-43 图案填充   图3-44 最终效果图

11 至此，该图形对象已经绘制完毕，按Ctrl+S组合键对文件进行保存。

专业技能：螺栓与螺柱的区别

螺栓与螺柱都是有螺纹的杆状起连接作用的机械零件。其主要区别如下。

1）螺柱无T型头，双头是螺纹；螺栓有T型头，只有一头是螺纹。

2）螺栓的螺纹并不往被连接件上拧，而是通过与螺母的配合，将被连接件夹紧。有人说：一般8mm以下的小头螺丝称为螺钉，这是不对的，标准中螺钉也有尺寸至M36的。螺栓的单位是"套"。

3）螺丝其实是不正规的称呼，标准名词中只有：螺钉、螺栓、螺母、螺杆。比较小的螺栓称为螺钉，无端帽的螺栓称为螺杆，螺母是与螺钉、螺栓、螺杆连接的带内螺纹的零件。

读 · 书 · 笔 · 记

第4章
螺母和螺钉的绘制

螺母就是螺丝帽，是将机械设备紧密连接起来的零件。螺母具有内螺纹，并与螺钉配对使用。螺母与螺钉拧在一起时，起紧固作用，是用以传递运动或动力的机械零件，所有生产制造机械中都会用到此零件。螺母必须与同等规格的螺钉连接在一起。

螺钉是具有各种结构形状头部的螺纹紧固件，一般是直接拧在零件中事先做好的螺纹孔里。

本章讲解螺母、螺钉的相关基础知识，教读者使用AutoCAD软件绘制不同类型的零件图，巩固专业知识，掌握软件中各类工具的灵活应用。

主要内容

✓ 掌握六角螺母、锁紧螺母、开槽螺母的绘制　　✓ 掌握圆柱头、紧定、十字槽螺钉的绘制

✓ 掌握圆螺母、滚花螺母、其他螺母的绘制　　✓ 掌握其他螺钉、木螺钉、自攻螺钉的绘制

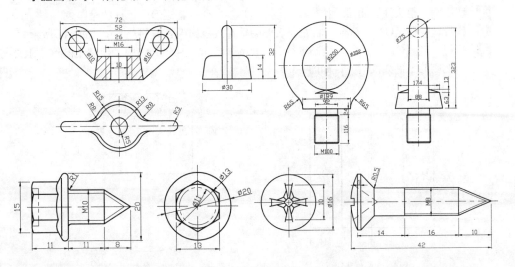

4.1 六角螺母的绘制

视频文件：视频\04\六角螺母的绘制.avi
结果文件：案例\04\六角螺母.dwg

首先使用矩形、分解、直线、偏移、圆、修剪、镜像、圆角、多边形、打断等命令进行绘制，然后进行图案的填充操作，最后进行尺寸的标注，从而完成对六角螺母的绘制。

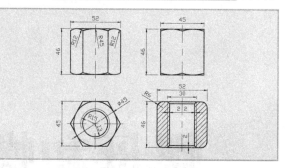

1. 启动AutoCAD 2014软件，选择"文件｜打开"菜单命令，将"案例\04\机械模板.dwt"文件打开，再执行"文件｜另存为"菜单命令，将其另存为"案例\04\六角螺母.dwg"文件。

2. 在"图层"工具栏的"图层控制"组合框中选择"粗实线"图层，使之成为当前图层。

3. 执行"矩形（REC）"命令，绘制52mm×46mm的矩形，如图4-1所示。

4. 切换到"中心线"图层。执行"直线（L）"命令，绘制高为56mm的垂直中线段，如图4-2所示。

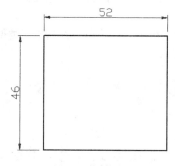

图4-1 绘制矩形

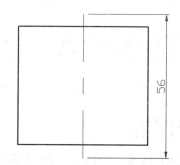

图4-2 绘制垂直线段

5. 切换到"粗实线"图层。执行"分解（X）"命令，将矩形进行打散操作。

6. 执行"偏移（O）"命令，将左、右侧的垂直线段向内各偏移13mm，如图4-3所示。

7. 执行"圆（C）"命令，绘制半径为12mm、12mm和45mm的圆，使圆上的侧象限点与矩形上侧的水平线段对齐，如图4-4所示。

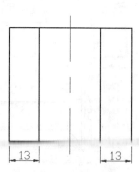

图4-3 偏移线段

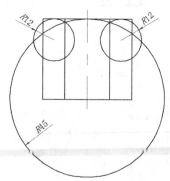

图4-4 绘制圆

8 执行"修剪（TR）"命令，将多余的线条修剪掉，结果如图4-5所示。

9 执行"镜像（MI）"命令，将修剪好的圆弧线段进行镜像复制操作，如图4-6所示。

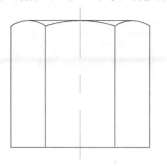　　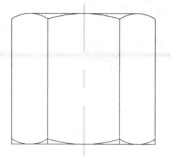

图4-5　修剪多余的线段　　　　　图4-6　镜像操作

10 执行"修剪（TR）"命令，将多余的线条修剪掉，结果如图4-7所示。

11 切换到"中心线"图层。执行"直线（L）"命令，绘制长为50mm、宽为50mm的垂直线段，将与上一步绘制图形的垂直中心线垂直对齐，如图4-8所示。

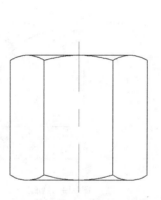　　　　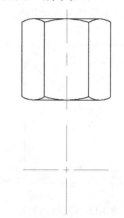

图4-7　修剪多余的线段　　　　图4-8　绘制作图基准线

12 切换到"粗实线"图层。执行"圆（C）"命令，捕捉相应的交点，绘制半径为13mm、15mm和22.5mm的3个同心圆，然后将半径为15mm的圆转换为"细实线"图层，如图4-9所示。

13 执行"多边形（POL）"命令，捕捉同心圆的圆心，绘制半径为22.5mm的正六边形，如图4-10所示。

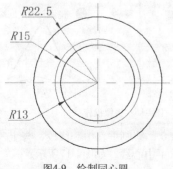　　　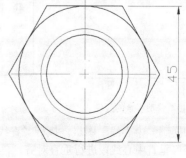

图4-9　绘制同心圆　　　　　图4-10　绘制六边形

14 执行"打断（BR）"命令，将半径为15mm的圆进行如图4-11所示的打断操作。

15 执行"矩形（REC）"命令，绘制45mm×46mm的矩形，将矩形的水平线段与之前绘制的图形水平边对齐，结果如图4-12所示。

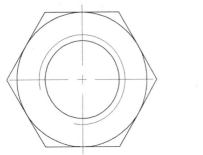

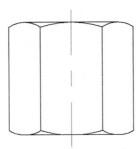

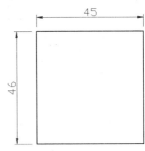

图4-11　打断操作　　　　　　　　　　　　　　　图4-12　绘制矩形

16 切换到"中心线"图层。执行"直线（L）"命令，绘制高为56mm的垂直线段，如图4-13所示。

17 切换到"粗实线"图层。执行"圆（C）"命令，选择"相切、相切、半径（T）"选项，绘制半径为34mm的圆，使圆的上侧象限点与矩形上侧的水平线段对齐，如图4-14所示。

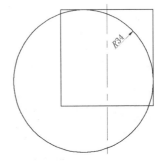

图4-13　绘制垂直线段　　　　　　　　　　　　　图4-14　绘制圆

18 执行"修剪（TR）"命令，将多余的线条修剪掉，结果如图4-15所示。

19 执行"镜像（MI）"命令，将修剪好的圆弧进行镜像操作，如图4-16所示。

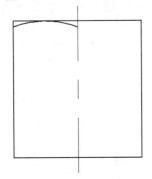

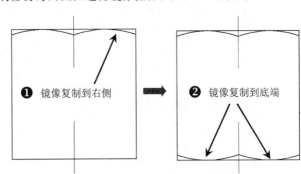

图4-15　修剪多余的线段　　　　　　　　　　　　图4-16　镜像操作

20 切换到"中心线"图层。执行"直线（L）"命令，绘制垂直中心线段，与上一步绘制的图形垂直中心线段进行垂直对齐，再绘制一条水平中心线，如图4-17所示。

21 切换到"粗实线"图层。执行"矩形（REC）"命令，绘制52mm×46mm的矩形，使矩形的中心点与中心线的交点重合，如图4-18所示。

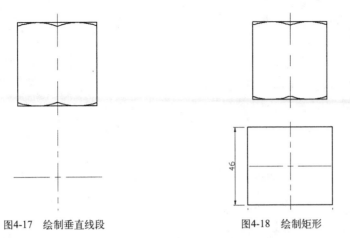

图4-17　绘制垂直线段　　　　　　　　图4-18　绘制矩形

22 执行"圆角（F）"命令，将矩形的4个对角进行半径为6mm的圆角操作，如图4-19所示。

23 执行"矩形（REC）"命令，绘制26mm×42mm的矩形，使矩形的中心点与中心线的交点重合，如图4-20所示。

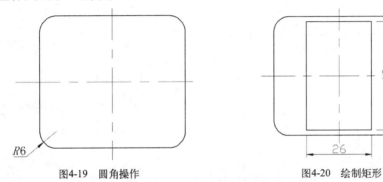

图4-19　圆角操作　　　　　　　　　　图4-20　绘制矩形

24 执行"分解（X）"命令，将矩形进行打散操作。

25 执行"偏移（O）"命令，将小矩形两侧的垂直线段分别向左、右侧各偏移2mm，如图4-21所示。

26 执行"延伸（EX）"命令，将偏移后的线段延伸到圆角矩形上，并将延伸的线段转换到"细实线"图层，结果如图4-22所示。

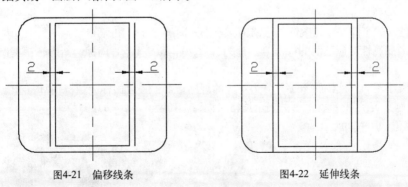

图4-21　偏移线条　　　　　　　　　　图4-22　延伸线条

27 将偏移的线段转换为"细实线"图层。执行"直线（L）"命令，绘制斜线段，如图4-23所示。

28 切换到"剖面线"图层。执行"图案填充（H）"命令，选择样例为"ANSI 31"，比例为1，在指定位置进行图案填充操作，结果如图4-24所示。

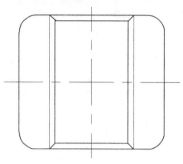

图4-23　绘制斜线段

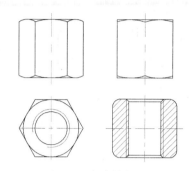

图4-24　图案填充

29 切换到"尺寸与公差"图层。对图形分别执行"线性标注（DLI）"、"半径标注（DRA）"、"直径标注（DDI）"、"编辑标注（ED）"命令，最终结果如图4-25所示。

30 至此，该图形对象已经绘制完毕，按Ctrl+S组合键对文件进行保存。

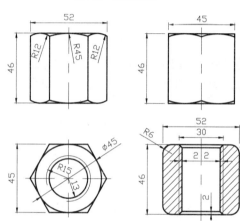

图4-25　最终效果图

专业技能：螺母概述

　　螺母就是螺丝帽，是将机械设备紧密连接起来的零件。螺母具有内螺纹，并与螺钉配对使用。螺母与螺钉拧在一起时，起紧固作用，是用以传递运动或动力的机械零件，所有生产制造机械中都会用到此零件。螺母必须与同等规格的螺钉连接在一起。

　　例如：M4－0.7的螺母只能与M4－0.7的螺杆搭配（在螺母中，M4指螺母的内径约为4mm，0.7指两个螺纹牙之间的距离为0.7mm）；美制产品也同样，例如1/4－20的螺母只能与1/4－20的螺杆搭配（1/4指螺母的内径约为0.25英寸，20指每一英寸中，有20个牙）。

　　螺母的分类如下：

　　1）按性质的不同，分为碳钢、不锈钢、塑钢、铜质、合金和高强度等。

　　2）按产品属性对应不同的标准号，分为普通、非标、（老）国标、新国标、美制、英制和德标。

　　3）按大小不同、螺纹的不等，分为不同的规格，如：一般国标、德标用M表示（例如M8、M16）；美制、英制用分数或"#"表示规格（如8#、10#、1/4、3/8）。

　　常用螺母如图4-26所示。

六角螺母

蝶型螺母

锁紧螺母

滚花螺母

开槽圆螺母

球面螺母

图4-26　常用螺母图

4.2　六角锁紧螺母的绘制

视频文件：视频\04\六角锁紧螺母的绘制.avi
结果文件：案例\04\六角锁紧螺母.dwg

首先使用直线、圆、多边形、修剪、打断、复制、倒角、偏移、圆角等命令进行绘制，然后进行图案的填充和尺寸的标注，完成对六角锁紧螺母的绘制。

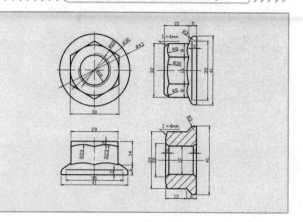

1 启动AutoCAD 2014软件，选择"文件｜打开"菜单命令，将"案例\04\机械模板.dwt"文件打开，再执行"文件｜另存为"菜单命令，将其另存为"案例\04\六角锁紧螺母.dwg"文件。

2 在"图层"工具栏的"图层控制"组合框中选择"中心线"图层，使之成为当前图层。

3 执行"直线（L）"命令，绘制长为50mm、高为50mm的相互垂直的线段，如图4-27所示。

4 切换到"粗实线"图层。执行"圆（C）"命令，捕捉交点，绘制直径为18mm、20mm、30mm和43mm的4个同心圆，如图4-28所示。

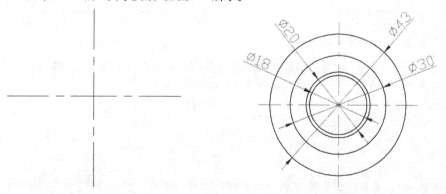

图4-27　绘制作图基准线　　　　　　　　　　图4-28　绘制同心圆

5 执行"多边形（POL）"命令，绘制半径为15mm外切于圆的正六边形，如图4-29所示。

6 将直径为20mm的圆转换为"细实线"图层；再执行"打断（BR）"命令，在相应位置对直径为20mm的圆进行打断操作，如图4-30所示。

7 切换到"中心线"图层。执行"直线（L）"命令，绘制24mm的垂直线段，使它与上一步绘制图形的垂直中心线段进行垂直对齐；切换到"粗实线"图层，执行"矩形（REC）"命令，绘制29mm×14mm的矩形，使其水平中点与垂直中心线段重合，如图4-31所示。

8 执行"分解（X）"命令，将矩形进行打散操作；再执行"偏移（O）"命令，将上侧的水平线段向下偏移2mm；将下侧的水平线段向上偏移1mm，向下各偏移4mm和3mm，结果如图4-32所示。

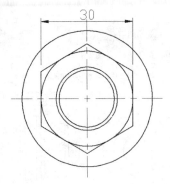

图4-29　绘制正六边形

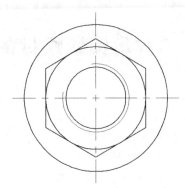

图4-30　打断操作

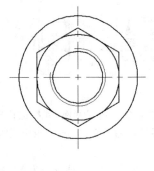

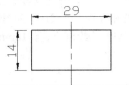

图4-31　绘制垂线和矩形

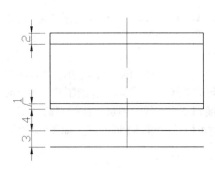

图4-32　偏移线段

9 执行"圆（C）"命令，绘制半径为23mm的圆，使圆的上侧象限点与矩形最上侧偏移的水平线段对齐，且与左半截线段中点对齐，如图4-33所示。

10 执行"修剪（TR）"命令，将多余的线条修剪掉，结果如图4-34所示。

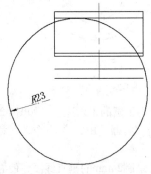

图4-33　绘制圆

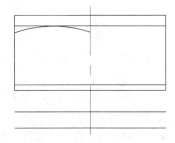

图4-34　修剪多余的线条

11 执行"复制（CO）"命令，将修剪好的圆弧相应地进行复制操作，如图4-35所示。

12 使用鼠标选择最下侧的线段，并选择最右侧的夹点，按F8键切换到"正交"模式，水平向右拖动夹点，再在键盘上输入拉长的距离为6mm；同样将左侧向左拉长6mm。同样，再将该线段上面的水平线段向左、右各拉长3mm，如图4-36所示。

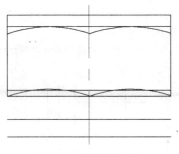

<table>
<tr><td>图4-35　复制圆弧对象</td><td>图4-36　拉伸线条</td></tr>
</table>

13 执行"直线（L）"命令，在最下侧的水平线段左、右两个端点分别绘制高为3mm的垂直线段，如图4-37所示。

14 执行"直线（L）"命令，捕捉相应的端点，绘制斜线段，如图4-38所示。

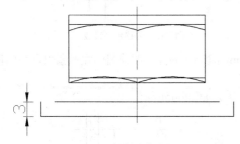
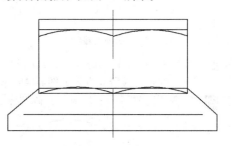

<table>
<tr><td>图4-37　绘制垂直线段</td><td>图4-38　绘制斜线段</td></tr>
</table>

15 执行"删除（E）"命令，删除掉多余的线段，如图4-39所示。

16 执行"圆角（F）"命令，在相应位置进行半径为3mm的圆角操作，如图4-40所示。

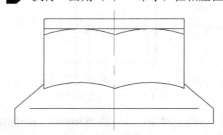
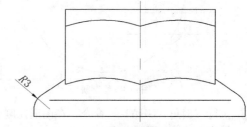

<table>
<tr><td>图4-39　删除多余线段</td><td>图4-40　圆角操作</td></tr>
</table>

17 切换到"中心线"图层，执行"直线（L）"命令，绘制长为30mm的水平线段，使之与前面绘制的图形中心线段对齐，再绘制一条高为41mm的垂直线段，使之与水平线段垂直，结果如图4-41所示。

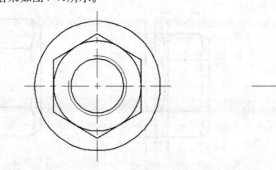

图4-41　绘制的中心线段

18 将上一步绘制的垂直中线切换到"粗实线"图层；再执行"偏移（O）"命令，将右侧的垂直线段向左各偏移3mm、4mm、11mm和2mm，如图4-42所示。

19 执行"偏移（O）"命令，以水平中心线段为基准，向上、下侧各偏移8mm和8mm，并将偏移的水平线转换为"粗实线"图层，如图4-43所示。

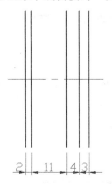

图4-42 偏移垂直线段

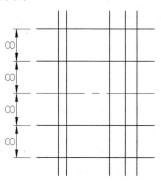

图4-43 偏移水平线段

20 执行"圆（C）"命令，分别绘制半径为8mm和30mm的圆，并使圆的左侧象限点与偏移产生的垂直线段对齐，如图4-44所示。

21 执行"修剪（TR）"命令，修剪掉多余的线条，如图4-45所示。

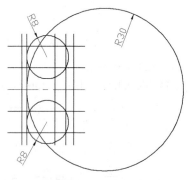

图4-44 绘制圆

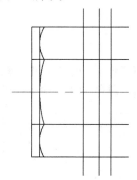

图4-45 修剪多余的线段

22 执行"倒角（CHA）"命令，在图形左侧上、下两个对角进行距离为3mm×2mm的倒角操作，结果如图4-46所示。

23 执行"复制（CO）"命令，将修剪的圆弧对象分别向右进行距离为12mm的复制操作，如图4-47所示。

24 执行"修剪（TR）"命令，修剪掉多余的线条，如图4-48所示。

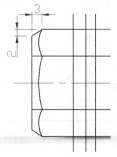

图4-46 倒角操作

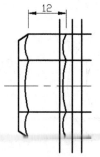

图4-47 复制圆弧对象

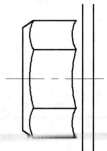

图4-48 修剪多余的线段

25 执行"拉伸（S）"命令，将右侧往左的第2根垂直线段的上、下端头向水平中心线位置拉伸-3mm，结果如图4-49所示。

26 执行"直线（L）"命令，捕捉相应的端点，绘制直线段和斜线段，如图4-50所示。

27 执行"圆角（F）"命令，将图形右侧的上、下对象点进行半径为3mm的圆角操作，如图4-51所示。

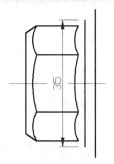

图4-49 拉伸操作

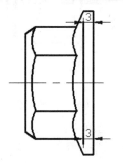

图4-50 绘制线段

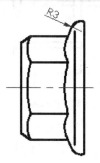

图4-51 圆角操作

28 执行"矩形（REC）"命令，绘制19mm×41mm的矩形，使矩形右侧垂直线段与上一步绘制图形的右侧垂直线段进行对齐；再执行"直线（L）"命令，在矩形中点位置绘制一条水平中心线段，如图4-52所示。

29 执行"分解（X）"命令，将矩形进行打散操作。

30 执行"偏移（O）"命令，将矩形上、下侧的水平线段分别向水平中心线位置各偏移3.5mm、7mm和1.5mm，结果如图4-53所示。

31 执行"偏移（O）"命令，将矩形左侧的垂直线段向右偏移2mm，右侧的垂直线段向左偏移2mm和4mm，如图4-54所示。

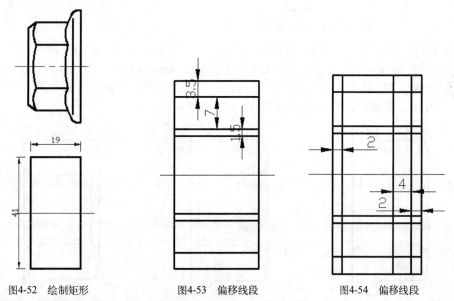

图4-52 绘制矩形   图4-53 偏移线段   图4-54 偏移线段

32 执行"修剪（TR）"命令，修剪掉多余的线条，如图4-55所示。

33 执行"倒角（CHA）"命令，在图形左侧上、下角点进行1mm×4mm的倒角操作，如图4-56所示。

34 执行"直线（L）"命令，捕捉相应的端点，绘制斜线段，如图4-57所示。

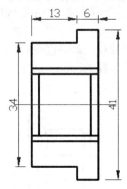

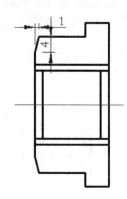

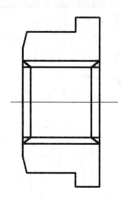

图4-55　修剪多余的线条　　　　图4-56　倒角操作　　　　图4-57　绘制斜线段

35 执行"修剪（TR）"命令，修剪掉多余的线条，如图4-58所示。

36 执行"圆角（F）"命令，对图形右侧上、下角点进行半径为3mm的圆角操作，如图4-59所示。

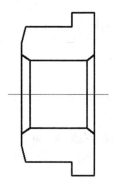

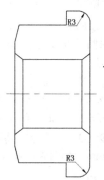

图4-58　删除多余的线条　　　　　　　图4-59　圆角操作

37 执行"直线（L）"命令，捕捉相应的端点，绘制斜线段，如图4-60所示。

38 执行"修剪（TR）"命令，修剪掉多余的线条，如图4-61所示。

39 切换到"剖面线"图层。执行"图案填充（H）"命令，选择样例为"ANSI 31"，比例为1，在指定位置进行图案填充操作，结果如图4-62所示。

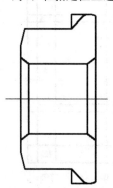

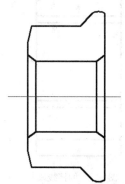

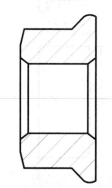

图4-60　绘制斜线段　　　　　图4-61　修剪多余的线条　　　　图4-62　图案填充

40 切换到"尺寸与公差"图层，对图形分别执行"线性标注（DLI）"、"半径标注（DRA）"、"直径标注（DDI）"、"引线标注（QL）"、"编辑标注（ED）"命令，最终结果如图4-63所示。

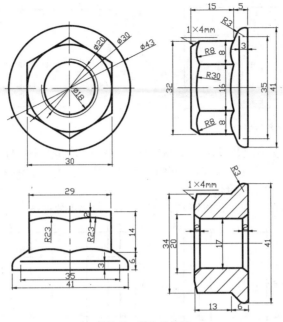

图4-63　最终效果图

至此，该图形对象已经绘制完毕，按Ctrl+S组合键对文件进行保存。

4.3 六角开槽螺母的绘制

视频文件：视频\04\六角开槽螺母的绘制.avi
结果文件：案例\04\六角开槽螺母.dwg

首先使用矩形、直线、圆、多边形、分解、修剪、打断、复制、倒角、镜像、圆角、阵列、偏移等命令进行绘制，然后进行图案的填充、尺寸的标注，从而完成对六角开槽螺母的绘制。

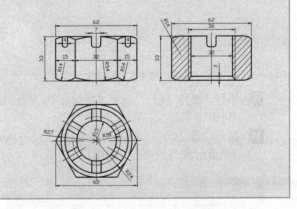

1 启动AutoCAD 2014软件，选择"文件｜打开"菜单命令，将"案例\04\机械模板.dwt"文件打开，再执行"文件｜另存为"菜单命令，将其另存为"案例\04\六角开槽螺母.dwg"文件。

2 在"图层"工具栏的"图层控制"组合框中选择"粗实线"图层，使之成为当前图层。

3 执行"矩形（REC）"命令，绘制62mm×33mm的矩形，如图4-64所示。

4 切换到"中心线"图层，执行"直线（L）"命令，绘制高为38mm的垂直中心线段，如图4-65所示。

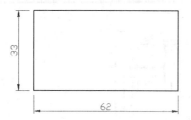

图4-64　绘制矩形

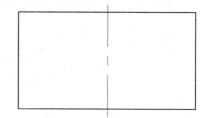

图4-65　绘制垂直中心线段

5 切换到"粗实线"图层。执行"分解（X）"命令，将矩形进行打散操作。

6 执行"偏移（O）"命令，将中间的垂直线段分别向左、右侧各偏移3.5mm、15mm、22mm和26mm，如图4-66所示。

7 执行"偏移（O）"命令，将矩形下侧的水平线段向上偏移25mm，如图4-67所示。

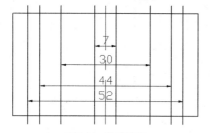

图4-66　偏移线段

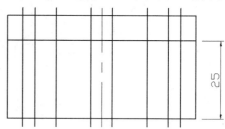

图4-67　偏移线段

8 执行"修剪（TR）"命令，将多余的线条修剪掉，结果如图4-68所示。

9 执行"圆弧（A）"命令，在如图4-69所示的左、右端位置绘制半径为2mm的圆弧。

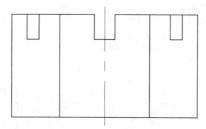

图4-68　修剪多余的线段

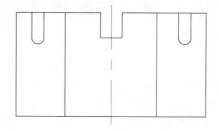

图4-69　绘制圆弧

10 执行"圆角（F）"命令，将垂直中心线位置的图形对象进行圆角为2mm的圆角操作，如图4-70所示。

11 执行"圆（C）"命令，分别绘制半径为14mm和54mm的3个圆，使圆的上象限点与矩形上侧的水平线段重合，如图4-71所示。

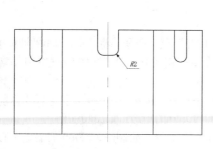

图4-70　圆角操作

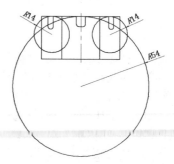

图4-71　绘制圆

12 执行"修剪（TR）"命令，将多余的线条修剪掉，结果如图4-72所示。

13 执行"镜像（MI）"命令，将修剪的圆弧对象镜像复制到矩形的底部，如图4-73所示。

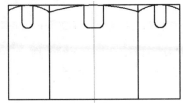

图4-72　修剪多余的线条　　　　　　　图4-73　镜像圆弧对象

14 执行"修剪（TR）"命令，将多余的线条修剪掉，结果如图4-74所示。

15 执行"复制（CO）"命令，将绘制好的图形水平向右复制；执行"修剪（TR）"和"删除（E）"命令，修剪和删除掉多余的线段，结果如图4-75所示。

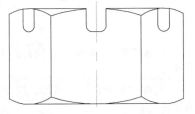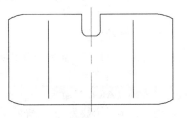

图4-74　修剪多余的线条　　　　　　　图4-75　修剪和删除多余的线条

16 执行"延伸（EX）"命令，将垂直线段进行延伸操作，如图4-76所示。

17 执行"偏移（O）"命令，将下侧的水平线段向上偏移3mm，将上一步延伸的垂直线段向外侧各偏移2mm，并将偏移的线段转换为"细实线"图层，如图4-77所示。

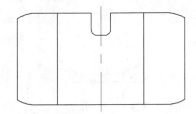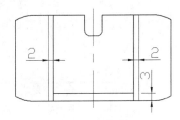

图4-76　延伸操作　　　　　　　　　　图4-77　偏移线段

18 执行"直线（L）"命令，捕捉相应的端点，绘制斜线段；再执行"修剪（TR）"命令，将多余的线条修剪掉，结果如图4-78所示。

19 切换到"中心线"图层。执行"直线（L）"命令，绘制长为65mm、高为65mm的互相垂直的线段，使其与之前绘制的图形中心线垂直对齐，如图4-79所示。

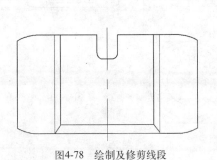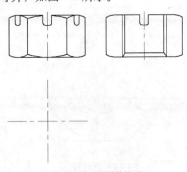

图4-78　绘制及修剪线段　　　　　　　图4-79　绘制基准线

20 切换到"粗实线"图层。执行"圆（C）"命令，捕捉交点，绘制半径为15mm、18mm、24mm和27mm的4个同心圆，并将直径为18mm的圆转换为"细实线"图层，如图4-80所示。

21 执行"多边形（POL）"命令，捕捉圆心为交点，绘制半径为27mm的正六边形，如图4-81所示。

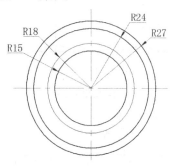

图4-80　绘制圆

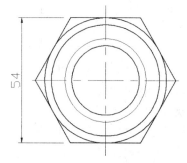

图4-81　绘制正六边形

22 执行"偏移（O）"命令，将中垂线向左、右各偏移3.5mm；再执行"修剪"命令（TR），将多余的线段进行修剪，如图4-82所示。

23 执行"阵列（AR）"命令，选中上一步绘制的直线段和垂直中心线段，选择"路径"阵列类型，其项目个数为6个，结果如图4-83所示。

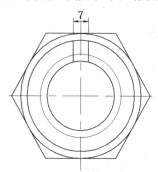

图4-82　绘制直线段

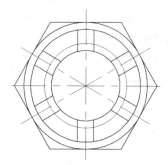

图4-83　阵列操作

24 执行"打断（BR）"命令，将半径为18mm的圆进行打断操作，如图4-84所示。

25 切换到"剖面线"图层。执行"图案填充（H）"命令，选择样例为"ANSI 31"，比例为1，在指定位置进行图案填充操作，结果如图4-85所示。

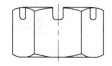

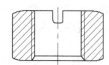

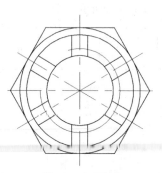

图4-84　打断操作

图4-85　图案填充

26　切换到"尺寸与公差"图层。对图形分别执行"线性标注（DLI）"、"半径标注（DRA）"、"直径标注（DDI）"、"编辑标注（ED）"命令，最终结果如图4-86所示。

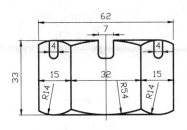
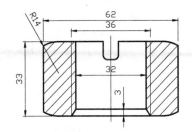

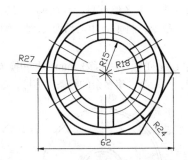

图4-86　最终效果图

27　至此，该图形对象已经绘制完毕，按Ctrl+S组合键对文件进行保存。

4.4　圆螺母的绘制

视频文件：视频\04\圆螺母的绘制.avi
结果文件：案例\04\圆螺母.dwg

　　首先使用直线、圆、修剪、打断、倒角、偏移等命令进行绘制，转换相应的线型，然后进行图案的填充、尺寸的标注，从而完成对圆螺母的绘制。

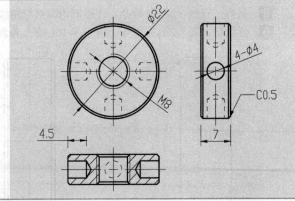

1　启动AutoCAD 2014软件，选择"文件｜打开"菜单命令，将"案例\04\机械模板.dwt"文件打开，再执行"文件｜另存为"菜单命令，将其另存为"案例\04\圆螺母.dwg"文件。

2　在"图层"工具栏的"图层控制"组合框中，选择"中心线"图层，使之成为当前图层。

3　执行"直线（L）"命令，绘制高为25mm和长为25mm的相互垂直的线段，如图4-87所示。

4　切换到"粗实线"图层。执行"圆（C）"命令，捕捉垂直线的交点为圆心，分别绘制直径为6.8mm、8mm、21mm和22mm的四个同心圆，如图4-88所示。

第1章

第2章

第3章

第4章

第5章

95

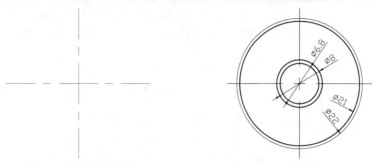

图4-87　绘制作图基准线　　　　　　　图4-88　绘制同心圆

5 执行"偏移（O）"命令，将水平中心线向上、下各偏移11，且将偏移得到的线段转换为"粗实线"图层；再执行"复制（CO）"命令，将垂直中心线复制到右侧空白处，结果如图4-89所示。

6 执行"偏移（O）"命令，将右侧的垂直中心线向左、右偏移3.5mm，并转换为粗实线；再通过执行"延伸（EX）"命令和"修剪（TR）"命令，将多余的线条修剪掉，如图4-90所示。

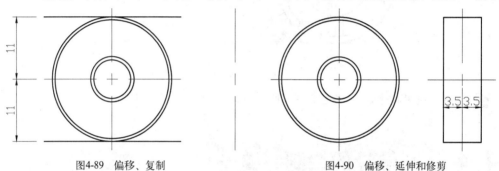

图4-89　偏移、复制　　　　　　　　　图4-90　偏移、延伸和修剪

7 执行"倒斜角（CHA）"命令，设置倒角距离为0.5mm×0.5mm，对四个直角进行倒角操作，如图4-91所示。

8 执行"直线（L）"命令，连接倒角端点绘制线段，如图4-92所示。

9 再执行"圆（C）"命令，以十字中心交点为圆心绘制半径为2mm的圆，如图4-93所示。

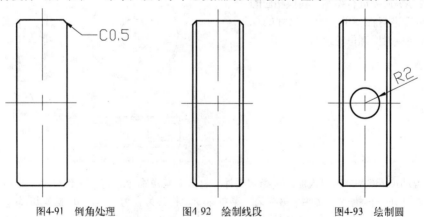

图4-91　倒角处理　　　　　　图4-92　绘制线段　　　　　　图4-93　绘制圆

10 执行"打断（BR）"命令，将直径为8mm的圆进行打断操作，将打断的圆弧转换到"细实线"图层，如图4-94所示。

11 执行"复制（CO）"命令，将两条中心线复制到下边的空白处，如图4-95所示。

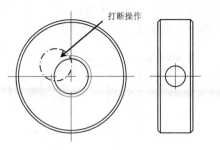

图4-94 打断操作

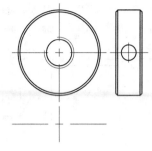

图4-95 复制线段

12 执行"偏移（O）"命令，将复制后得到的水平中心线向上、下侧各偏移3.5mm，再将垂直中心线向左右各偏移3.4mm、4mm和11mm，将偏移4mm的两条线段转换为细实线，将其他偏移线段都转换为粗实线，如图4-96所示。

13 执行"修剪（TR）"命令，将多余的线条修剪掉，执行"倒斜角（CHA）"命令，对四个直角进行距离为0.5mm×0.5mm的倒角操作，结果如图4-97所示。

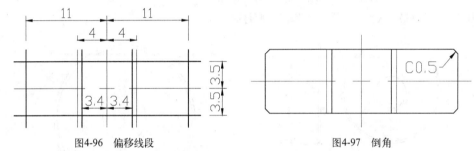

图4-96 偏移线段　　　　　　　　　　　　　　　　图4-97 倒角

14 执行"偏移（O）"命令，将上、下水平线各向内偏移0.6mm；再执行"直线（L）"命令，连接对角点绘制斜线，如图4-98所示。

15 执行"修剪（TR）"命令，将多余的线条修剪掉，如图4-99所示。

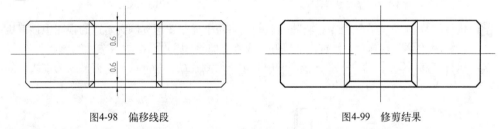

图4-98 偏移线段　　　　　　　　　　　　　　　　图4-99 修剪结果

16 执行"偏移（O）"命令，将水平中心线向上、下侧各偏移2mm，再将右侧垂直线段向左偏移4.5mm，并转换为粗实线，如图4-100所示。

17 执行"构造线（XL）"命令，分别绘制角度为60°和-60°的构造线，并放置到上一步偏移线段的上、下交点处，结果如图4-101所示。

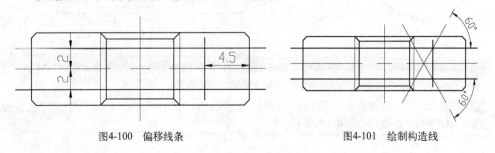

图4-100 偏移线条　　　　　　　　　　　　　　　　图4-101 绘制构造线

18 执行"修剪（TR）"命令，将多余的线条修剪掉，如图4-102所示。

19 执行"镜像（MI）"命令，将上步绘制的图形镜像到左边，如图4-103所示。

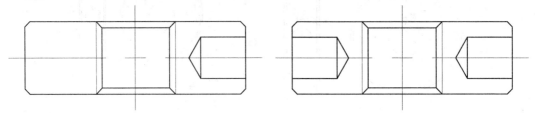

图4-102 修剪结果　　　　　　　　　　图4-103 镜像操作

20 执行"复制（CO）"命令，将上一步用于镜像的图形，复制到主视图的相应位置，并转换为虚线；再执行"修剪（TR）"命令，修剪掉多余的线条，如图4-104所示。

21 执行"阵列（AR）"命令，选择上一步复制得到的虚线图形，根据命令行提示选择"极轴（PO）"项，并指定圆心为阵列的中心点，再选择"项目（I）"项，输入项目数为4，将图形进行环形阵列，结果如图4-105所示。

22 执行"打散（X）"命令，将阵列图形打散。

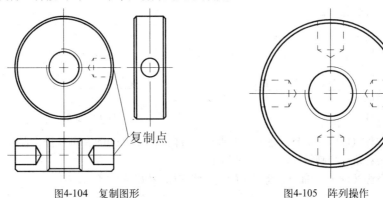

复制点

图4-104 复制图形　　　　　　　　　　图4-105 阵列操作

23 执行"复制（CO）"命令，将阵列后的上下两个虚线图形复制到右边的视图中；再执行"延伸（EX）"命令，延伸未连接好的线条，如图4-106所示。

24 执行"圆（C）"命令，在俯视图的中心位置绘制直径为4mm的圆，并转换为虚线，如图4-107所示。

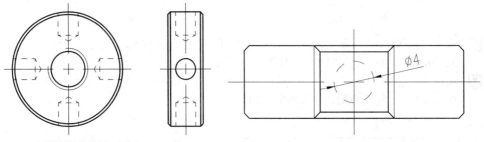

图4-106 复制操作　　　　　　　　　　图4-107 绘制圆

25 切换到"剖面线"图层。执行"图案填充（H）"命令，选择样例为"ANSI 31"，比例为0.5，在指定位置进行图案填充操作，如图4-108所示。

26 切换到"尺寸与公差"图层。对图形分别执行"线性标注（DLI）"、"直径标注（DDI）"命令，如图4-109所示。

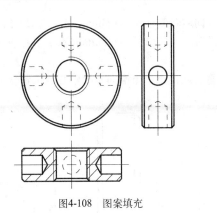

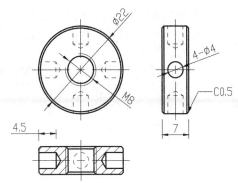

图4-108　图案填充　　　　　　　　　　　图4-109　最终效果图

27 至此，该图形对象已经绘制完毕，按Ctrl+S组合键对文件进行保存。

4.5 滚花螺母的绘制

视频文件：视频\04\滚花螺母的绘制.avi
结果文件：案例\04\滚花螺母.dwg

首先使用矩形、分解、直线、修剪、倒角、圆、镜像、偏移等命令进行绘制，转换相应的线型，然后进行图案的填充、尺寸的标注，从而完成对滚花螺母的绘制。

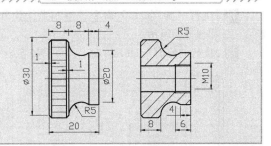

1 启动AutoCAD 2014软件，选择"文件 | 打开"菜单命令，将"案例\04\机械模板.dwt"文件打开，再执行"文件 | 另存为"菜单命令，将其另存为"案例\04\滚花螺母.dwg"文件。

2 在"图层"工具栏的"图层控制"组合框中选择"粗实线"图层，使之成为当前图层。

3 执行"矩形（REC）"命令，绘制8 mm×30mm的矩形，如图4-110所示。

4 执行"分解（X）"命令，将矩形进行打散操作。

5 执行"偏移（O）"命令，将两侧的垂直线段向内各偏移1mm，结果如图4-111所示。

6 执行"倒角（CHA）"命令，将图形的4个对角进行1 mm×1mm的倒角操作，如图4-112所示。

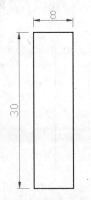

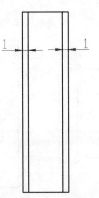

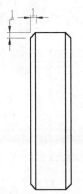

图4-110　绘制矩形　　　　　　　图4-111　偏移线段　　　　　　　图4-112　倒角操作

7 执行"偏移（O）"命令，将右侧的垂直线段向右各偏移8mm和4mm，如图4-113所示。

8 切换到"中心线"图层。执行"直线（L）"命令，绘制长为25mm的水平中心线段，如图4-114所示。

9 执行"拉伸（S）"命令，将上一步偏移的垂直线段上、下端向水平中心线位置分别拉伸4mm，结果如图4-115所示。

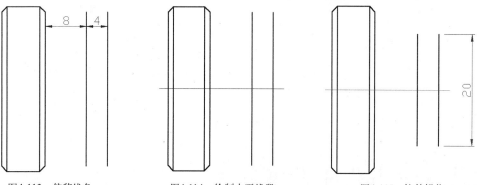

图4-113　偏移线条　　　　　　　图4-114　绘制水平线段　　　　　　图4-115　拉伸操作

10 切换到"粗实线"图层。执行"直线（L）"命令，绘制两条水平线段，如图4-116所示。

11 执行"圆（C）"命令，绘制半径为5mm的圆，使圆的左象限点与垂直线段重合，如图4-117所示。

12 执行"修剪（TR）"命令，修剪掉多余的线条，结果如图4-118所示。

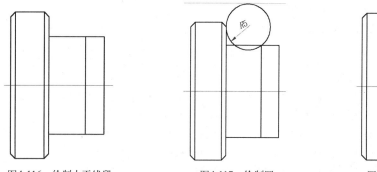

图4-116　绘制水平线段　　　　　　图4-117　绘制圆　　　　　　　　图4-118　修剪线条

13 执行"镜像（MI）"命令，将修剪的圆弧向下镜像复制，如图4-119所示。

14 执行"修剪（TR）"命令，修剪掉多余的线条，如图4-120所示。

15 执行"复制（CO）"命令，将上一步绘制的图形水平向右进行复制操作；并执行"删除（E）"命令，将多余的线条删除，结果如图4-121所示。

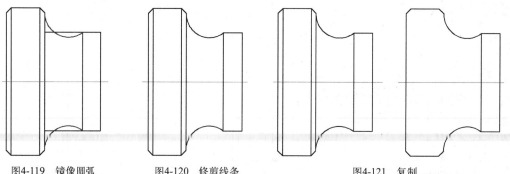

图4-119　镜像圆弧　　　　　　　图4-120　修剪线条　　　　　　　　图4-121　复制

16 执行"偏移（O）"命令，将水平中心线段向上、下各偏移4.5mm和0.5mm，将矩形处的垂直线段向左各偏移2mm和1mm，如图4-122所示。

17 执行"修剪（TR）"命令，修剪掉多余的线条，如图4-123所示。

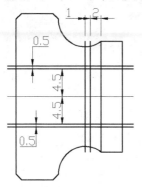

图4-122　偏移线段

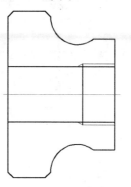

图4-123　修剪多余的线条

18 切换到"剖面线"图层。执行"图案填充（H）"命令，选择相应的样例和比例，在指定位置进行图案填充操作，结果如图4-124所示。

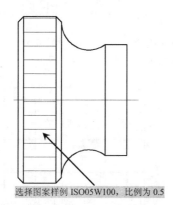

选择图案样例 ISO05W100，比例为 0.5

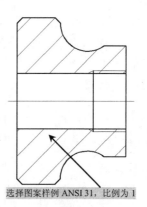

选择图案样例 ANSI 31，比例为 1

图4-124　图案填充

19 切换到"尺寸与公差"图层。对图形分别执行"线性标注（DLI）"、"直径标注（DDI）"命令，最终结果如图4-125所示。

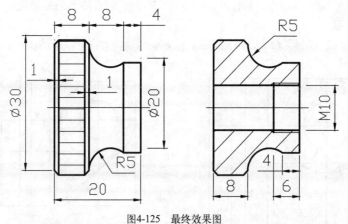

图4-125　最终效果图

20 至此，该图形对象已经绘制完毕，按Ctrl+S组合键对文件进行保存。

4.6 其他螺母的绘制

视频文件：视频\04\其他螺母的绘制.avi
结果文件：案例\04\其他螺母.dwg

　　首先使用直线、偏移、圆、镜像、修剪、圆角、圆弧等命令进行绘制，转换相应的线型，然后进行图案的填充、尺寸的标注，从而完成对其他（蝶型）螺母的绘制。

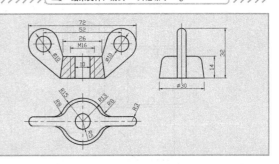

1 启动AutoCAD 2014软件，选择"文件 | 打开"菜单命令，将"案例\04\机械模板.dwt"文件打开，再执行"文件 | 另存为"菜单命令，将其另存为"案例\04\其他螺母.dwg"文件。

2 在"图层"工具栏的"图层控制"组合框中选择"粗实线"图层，使之成为当前图层。

3 执行"矩形（REC）"命令，绘制36mm×32mm的矩形，如图4-126所示。

4 执行"分解（X）"命令，将矩形进行打散操作。

5 执行"偏移（O）"命令，将下侧的水平线段向上各偏移14mm和8mm，将右侧的垂直线段向左各偏移5mm、3mm、5mm、2mm和11mm，结果如图4-127所示。

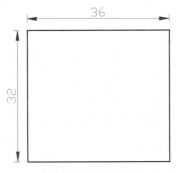

图4-126　绘制矩形

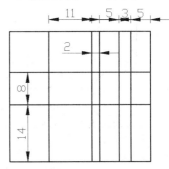

图4-127　偏移线段

6 执行"圆（C）"命令，捕捉相应的交点，分别绘制半径为5mm和10mm的同心圆，如图4-128所示。

7 执行"直线（L）"命令，捕捉端点，绘制斜线段，如图4-129所示。

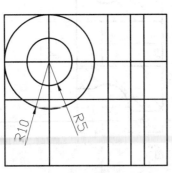

图4-128　绘制圆

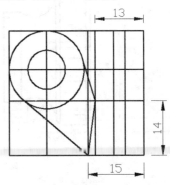

图4-129　绘制斜线段

8 执行"修剪（TR）"命令，将多余的线条修剪掉，如图4-130所示。

9 执行"镜像（MI）"命令，将修剪的图形对象向右镜像复制，结果如图4-131所示。

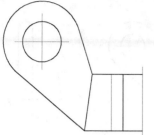

图4-130　修剪多余线条

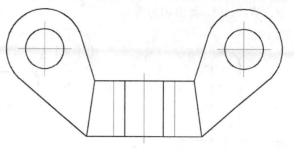

图4-131　镜像操作

10 执行"直线（L）"命令，绘制水平投影线，如图4-132所示。

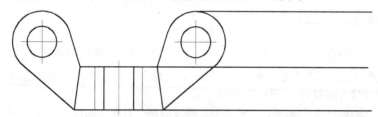

图4-132　绘制水平线段

11 执行"直线（L）"命令，绘制一条垂直中心线段；再执行"偏移（O）"命令，将垂直中心线段向左、右侧分别偏移3mm、13mm和15mm，结果如图4-133所示。

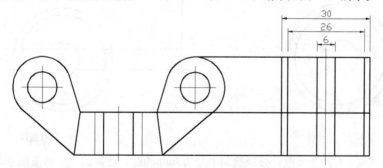

图4-133　绘制及偏移线段

12 执行"修剪（TR）"命令，将多余的线条修剪掉，如图4-134所示。

13 执行"圆角（F）"命令，进行半径为4mm的圆角操作，如图4-135所示。

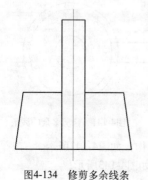

图4-134　修剪多余线条

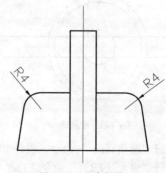

图4-135　圆角操作

第1章

第2章

第3章

第4章

第5章

14 执行"圆弧（A）"命令，捕捉交点，绘制半径为3mm的圆弧，如图4-136所示。

15 切换到"中心线"图层。执行"直线（L）"命令，绘制长为76mm和高为34mm的互相垂直的线段，如图4-137所示。

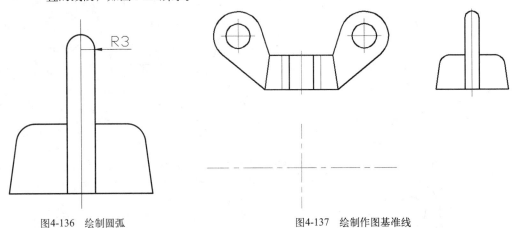

图4-136 绘制圆弧

图4-137 绘制作图基准线

16 切换到"粗实线"图层。执行"圆（C）"命令，捕捉交点，分别绘制半径为5mm、13mm和15mm的圆，如图4-138所示。

17 执行"偏移（O）"命令，将垂直中心线段向左、右侧各偏移36mm，将水平中心线段向上、下侧各偏移3mm，如图4-139所示。

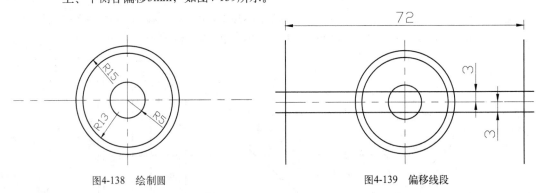

图4-138 绘制圆

图4-139 偏移线段

18 执行"圆（C）"命令，分别绘制半径为3mm的圆，使圆的左、右象限点与垂直线段对齐，结果如图4-140所示。

19 执行"修剪（TR）"命令，将多余的线条修剪掉，如图4-141所示。

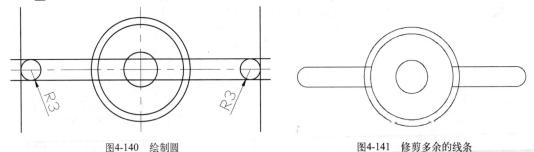

图4-140 绘制圆

图4-141 修剪多余的线条

20 执行"圆角（F）"命令，进行半径为8mm的圆角操作，如图4-142所示。

21 执行"修剪（TR）"命令，将多余的线条修剪掉，如图4-143所示。

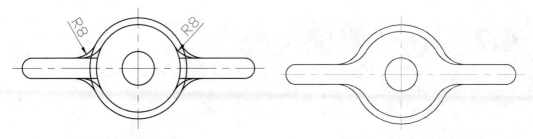

图4-142 圆角操作　　　　　　　　　图4-143 修剪多余的线条

22 切换到"剖面线"图层。执行"图案填充（H）"命令，选择图案样例为ANSI 31,比例为1，在指定位置进行图案填充操作，结果如图4-144所示。

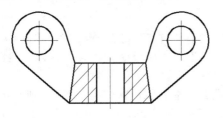
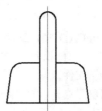

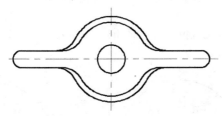

图4-144 图案填充

23 切换到"尺寸与公差"图层。对图形分别执行"线性标注（DLI）"、"半径标注（DRA）""直径标注（DDI）"、"编辑标注（ED）"等命令，最终结果如图4-145所示。

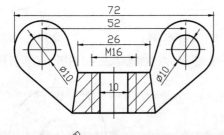
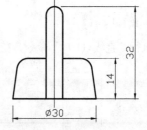

图4-145 最终效果图

24 至此，该图形对象已经绘制完毕，按Ctrl+S组合键对文件进行保存。

4.7 圆柱头螺钉的绘制

视频文件：视频\04\圆柱头螺钉的绘制.avi
结果文件：案例\04\圆柱头螺钉.dwg

首先使用构造线、圆和正多边形命令绘制右侧的左视图；再使用复制、偏移、修剪、倒角、圆角、镜像等命令绘制右侧的主视图对象；然后对其进行尺寸标注，从而完成对圆柱头螺钉的绘制。

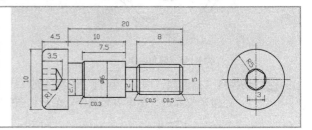

1 启动AutoCAD 2014软件，选择"文件｜打开"菜单命令，将"案例\04\机械模板.dwt"文件打开，再执行"文件｜另存为"菜单命令，将其另存为"案例\04\圆柱头螺钉.dwg"文件。

2 在"图层"工具栏的"图层控制"组合框中选择"中心线"图层，使之成为当前图层。

3 执行"直线（L）"命令，绘制长、高均为12mm，且互相垂直的线段，如图4-146所示。

4 切换到"粗实线"图层。执行"圆（C）"命令，绘制直径为10mm、3.5mm的同心圆，如图4-147所示。

5 再执行"多边形（POL）"命令，绘制内接于直径为3.5mm的圆的正六边形，如图4-148所示。

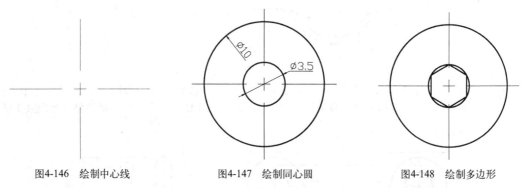

图4-146 绘制中心线　　　　　图4-147 绘制同心圆　　　　　图4-148 绘制多边形

6 再执行"直线（L）"命令，在上一步图形的左侧绘制如图4-149所示的垂直线段。

图4-149 绘制线段

7 执行"偏移（O）"命令，将垂直中心线向左偏移4.5mm，再向右各偏移2.5mm、7.5mm、2mm和8mm，再将水平中心线向下分别偏移2mm、2.5mm和3mm，且将偏移的线条转换为"粗实线"图层，如图4-150所示。

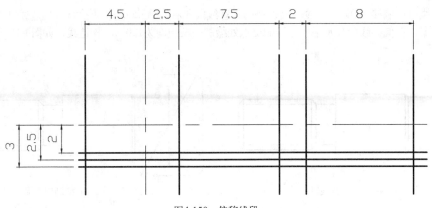

图4-150 偏移线段

8 执行"直线（L）"命令，捕捉右侧圆的下象限点，引出一条水平线，如图4-151所示。

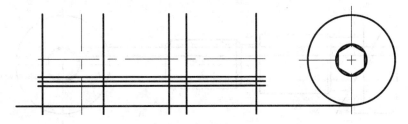

图4-151 绘制水平线

9 执行"修剪（TR）"命令，将多余的线条进行修剪，且将垂直中心线转换成为"细实线"，如图4-152所示。

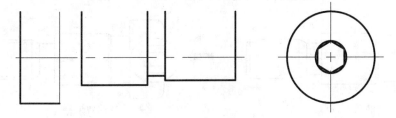

图4-152 修剪线段

10 执行"倒角（CHA）"命令，设置倒角角度为0.5*45°，对右侧的两个直角进行倒角处理；再设置倒角角度为0.3*45°，对中间的直角进行倒角处理，并以直线连接倒角端点。

11 再执行"圆角（F）"命令、对左下直角进行半径为1mm的圆角操作，结果如图4-153所示。

12 执行"镜像（MI）"命令，将中心下方的倒角及水平线段镜像到中心线上面；再执行"修剪（TR）"命令，将多余的线条修剪掉，如图4-154所示。

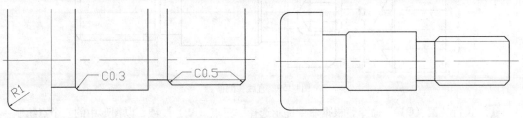

图4-153 倒角、圆角操作   图4-154 镜像结果

13 执行"直线（L）"命令，再将上、下倒角端点连接起来，如图4-155所示。

14 执行"偏移（O）"命令，将左侧的垂直线段向右偏移3.5mm；再执行"构造线（XL）"命令，在偏移线段与水平中心线的交点处绘制一条角度为120°的构造线，如图4-156所示。

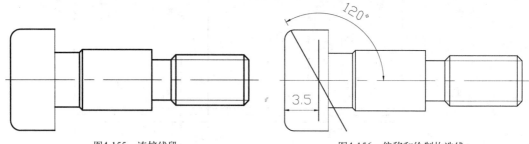

图4-155　连接线段　　　　　　　　　　图4-156　偏移和绘制构造线

15 执行"直线（L）"命令，捕捉右侧多边形的顶点，向左引出两条水平线段，如图4-157所示。

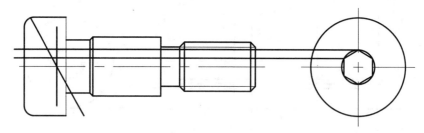

图4-157　绘制水平线

16 执行"修剪（TR）"命令和"删除（E）"命令，将多余的线条删除掉；再执行"镜像（MI）"命令，将图形镜像到中心线下面，如图4-158所示。

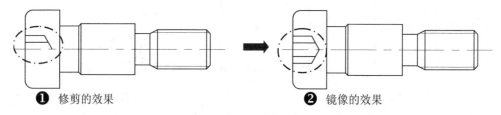

❶ 修剪的效果　　　　　　　　　　　　❷ 镜像的效果

图4-158　修剪及镜像

17 执行"直线（L）"命令，连接两点作一条直线段；再执行"偏移（O）"命令，将刚才所作的直线段向右偏移0.1mm，如图4-159所示。

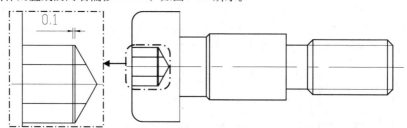

图4-159　直线、偏移

18 执行"圆（C）"命令，根据命令提示选择"二点（2P）"项，以图形中的三个点绘制一个圆。

19 执行"镜像（MI）"命令，将圆以水平中心线向下镜像，结果如图4-160所示。

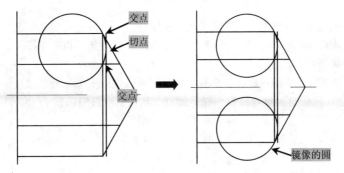

图4-160 直线、偏移

20 再执行"圆（C）"命令，根据命令提示选择"三点（3P）"项，以图形中的三个交点绘制一个大圆，如图4-161所示。

21 执行"修剪（TR）"和"删除（E）"命令，对图形中的相应线段进行修剪操作，且将部分线条转换为"细虚线"图层，结果如图4-162所示。

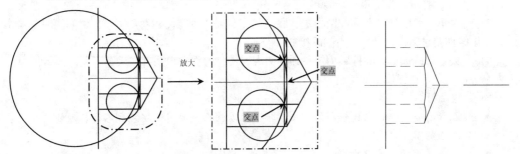

图4-161 绘制的三个圆　　　　　　　　　　图4-162 修剪

22 切换到"尺寸与公差"图层。对图形分别执行"线性标注（DLI）"、"半径标注（DRA）"、"直径标注（DDI）"、"编辑标注（ED）"等命令，标注图形结果如图4-163所示。

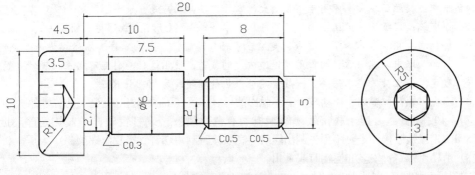

图4-163 最终效果图

23 至此，该图形对象已经绘制完毕，按Ctrl+S组合键对文件进行保存。

专业技能：螺钉的概述

　　具有各种结构形状头部的螺纹紧固件，一般是直接拧在零件里先做好的螺纹孔里，孔里一定要先做好螺纹，不使用螺母。

　　常见的螺钉有：十字槽盘头组合机丝牙螺钉、十字槽盘头机丝牙螺钉、十字槽伞头机丝牙螺钉、十字槽伞头三角牙螺钉、十字槽沉头机丝牙螺钉、十字槽沉头三角牙螺钉、十字槽沉头自攻牙螺钉、十字槽沉头机丝牙螺钉、十字槽介子头螺钉、外六角三角牙螺钉、十字槽圆头机丝牙螺钉、手拧螺丝(拇指螺丝)。

螺钉有多种分类方法，即可以按照名称分类，也可以按照头型和槽型来分。

1) 按名称分：机螺钉、自攻螺钉、钻尾螺钉、墙板钉、纤维板钉、木螺钉、六角木螺钉、不脱出螺钉、组合螺钉、微型螺钉、家具螺钉、电子螺钉；

2) 按头型分：六角头、六角头法兰面、方头、T形头、扁圆头、圆柱头、圆头、盘头、沉头、半沉头；

3) 按槽型分：菲利普、十/一字、一字、内三角、内角四方、十字、米字、花形、梅花形、花形一字、特形、内六角；

常见的螺钉，有如下一些特点：

1) 开槽(一字槽)：多用于较小零件的联连。

2) 十字槽：螺钉旋拧时对中性好，易实现自动化装配，外形美观，生产效率高，槽的强度高，不易拧秃、打滑，需专用旋具装卸。

3) 内六角：可施加较大的拧紧力矩，联接强度高，一般能代替六角螺栓，六部能埋入零件内，用于结构要求紧凑、外形平滑的联接处。

4) 方头：可施加更大的拧紧力矩，顶紧力大，不易拧秃，但头部较大，不便埋入零件内，不安全，特别是运动部位不宜使用。

5) 紧定螺钉：

◆ 锥端（有尖）：凹端借锐利的端头直接顶紧零件，一般用于安装后不常拆卸处，或顶紧硬度小的零件。

◆ 尖端：适于硬度较小的零件。

◆ 凹端：适于硬度较大的零件。

◆ 锥端（无尖）：在零件的顶紧面上要打坑眼，使锥面压在坑眼边上，锥端压在坑中能大大增加传递载荷的能力。

◆ 平端圆尖端：端头平滑，顶紧后不伤零件表面，多用于常调节位置的联接处，传递载荷较小。

◆ 平端：接触面积大，可用于顶硬度大的零件，顶紧面应是平面。

◆ 圆尖端：圆弧头除顶压平面外，还可压在零件表面的U形沟、V形槽或圆窝中。

◆ 圆柱端：用于经常调节位置或固定装在管轴（薄壁件）上的零件，圆柱端头进入管轴上打的孔眼中，端头靠剪切作用可传递较大的载荷，使用这种螺钉应有防止松脱的装置。

◆ 硬度：应比被紧定零件高，一般紧定螺钉热处理硬度为28~38HRC。

6) 不脱出螺钉：多用于振动较大需不脱出的场合，可在细的螺钉杆处装上防脱零件。

7) 自攻螺钉：多用于联接较薄的钢板和有色金属板。螺钉较硬，一般热处理硬度为50~58HRC，在被联接件上可不预先制出螺纹，在联接时利用螺钉直接攻出螺纹。

8) 吊环用螺钉：安装和运输时起重用。

常用螺钉如图4-164所示。

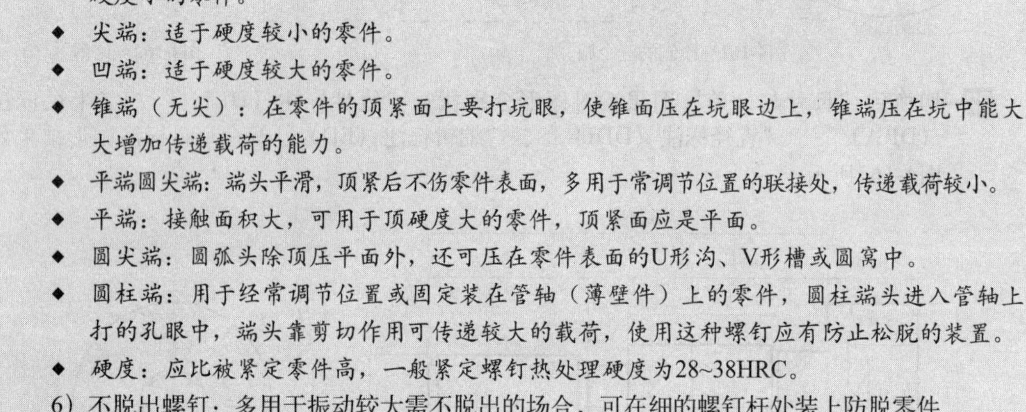

圆柱头螺钉　　十字槽螺钉　　沉头螺钉　　紧定螺钉　　自攻螺钉　　木螺钉

图4-164　常用螺钉图

4.8 紧定螺钉的绘制

视频文件：视频\04\紧定螺钉的绘制.avi
结果文件：案例\04\紧定螺钉.dwg

　　首先使用矩形、直线、偏移、圆、分解、修剪、圆角、多边形、倒角等命令进行绘制，转换相应的线型，然后进行尺寸的标注，从而完成对紧定螺钉的绘制。

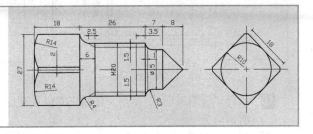

1　启动AutoCAD 2014软件，选择"文件 | 打开"菜单命令，将"案例\04\机械模板.dwt"文件打开，再执行"文件 | 另存为"菜单命令，将其另存为"案例\04\紧定螺钉.dwg"文件。

2　在"图层"工具栏的"图层控制"组合框中选择"粗实线"图层，使之成为当前图层。

3　执行"矩形（REC）"命令，绘制18×27mm的矩形，如图4-165所示。

4　切换到"中心线"图层。执行"直线（L）"命令，绘制长64mm的水平线段，如图4-166所示。

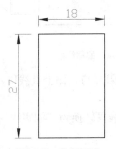

图4-165　绘制矩形

图4-166　绘制水平线段

5　切换到"粗实线"图层。执行"矩形（REC）"命令，绘制33×20mm的矩形，如图4-167所示。

6　执行"分解（X）"命令，将矩形进行打散操作。

7　执行"偏移（O）"命令，将右侧矩形的左侧垂直线段向右各偏移3.5mm、2.5mm、16.5mm、3.5mm、1mm、6mm和8mm，将上、下侧的水平线段向水平中心线位置各偏移1.5mm和2.5mm，结果如图4-168所示。

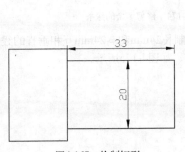

图4-167　绘制矩形

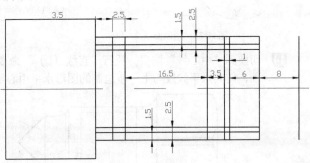

图4-168　偏移线段

8　执行"直线（L）"命令，捕捉相应的端点，绘制斜线段，如图4-169所示。

⑨ 执行"修剪（TR）"命令，将多余的线条修剪掉，如图4-170所示。

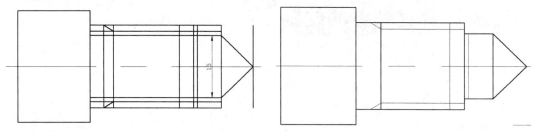

图4-169 绘制斜线段   图4-170 修剪多余的线段

⑩ 执行"圆角（F）"命令，在相应的位置进行半径为3mm和4mm的圆角操作，如图4-171
所示。

⑪ 执行"偏移（O）"命令，将左侧矩形的上、下水平线段向水平中心线位置各偏移
12.5mm，如图4-172所示。

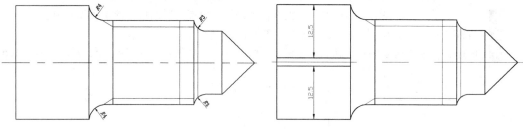

图4-171 圆角操作   图4-172 偏移线段

⑫ 执行"圆（C）"命令，绘制半径为14mm的圆，使圆的左象限点与左侧垂直线段对齐，
如图4-173所示。

⑬ 执行"修剪（TR）"命令，将多余的线条修剪掉，选定部分线段转换为"细实线"，如
图4-174所示。

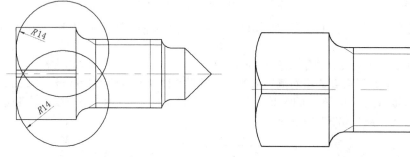

图4-173 绘制圆   图4-174 修剪多余的线条

⑭ 切换到"中心线"图层。执行"直线（L）"命令，绘制长24mm和高24mm互相垂直的线
段，使其水平线段与上一步绘制的图形水平中心线对齐，如图4-175所示。

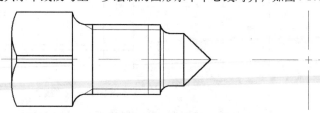

图4-175 绘制作图基准线

⑮ 切换到"粗实线"图层。执行"圆（C）"命令，捕捉交点，绘制半径为10mm的圆，如图4-176所示。

⑯ 执行"多边形（POL）"命令，捕捉圆心作为多边形的中心点，绘制半径为10mm的四边形，如图4-177所示。

⑰ 执行"倒角（CHA）"命令，将四边形的4个对角进行1×1mm的倒角操作，如图4-178所示。

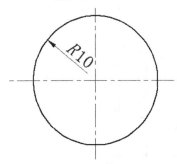

图4-176　绘制圆

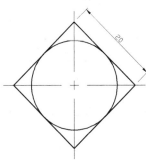

图4-177　绘制四边形

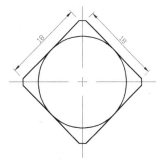

图4-178　倒角操作

⑱ 切换到"尺寸与公差"图层。对图形分别执行"线性标注（DLI）"、"对齐标注（DDI）"、"半径标注（DRA）""直径标注（DDI）"、"编辑标注（ED）"等命令，最终结果如图4-179所示。

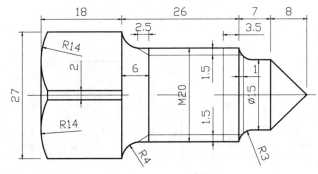

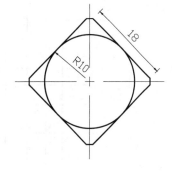

图4-179　最终效果图

⑲ 至此，该图形对象已经绘制完毕，按Ctrl+S组合键对文件进行保存。

4.9　定位螺钉的绘制

视频文件：视频\04\定位螺钉的绘制.avi
结果文件：案例\04\定位螺钉.dwg

　　首先使用直线、偏移、修剪、圆角等命令进行绘制，转换相应的线型，然后进行尺寸的标注，从而完成对定位螺钉的绘制。

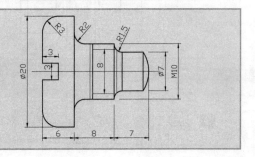

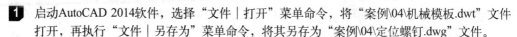
1 启动AutoCAD 2014软件，选择"文件｜打开"菜单命令，将"案例\04\机械模板.dwt"文件打开，再执行"文件｜另存为"菜单命令，将其另存为"案例\04\定位螺钉.dwg"文件。

2 在"图层"工具栏的"图层控制"组合框中选择"中心线"图层，使之成为当前图层。

3 执行"直线（L）"命令，绘制长26mm和高30mm互相垂直的基准线，如图4-180所示。

4 切换到"粗实线"图层。执行"偏移（O）"命令，将左侧的垂直线段向右各偏移3mm、3mm、3mm、0.5mm、4mm、1mm、0.5mm、4mm和1mm，结果如图4-181所示。

图4-180　绘制作图基准线　　　　　　　　图4-181　偏移线段

5 执行"偏移（O）"命令，将水平线段向上、下各偏移1.5mm、3.5mm、4mm和5mm，如图4-182所示。

6 执行"修剪（TR）"命令，修剪掉多余的线条，如图4-183所示。

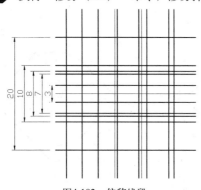

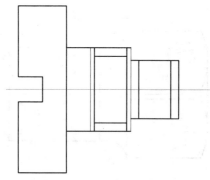

图4-182　偏移线段　　　　　　　　　　图4-183　修剪线段

7 执行"圆角（F）"命令，进行半径为3mm、2mm和1.5mm的圆角操作，如图4-184所示。

8 执行"圆弧（A）"命令，绘制直径为7mm的圆弧，如图4-185所示。

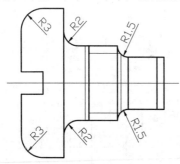
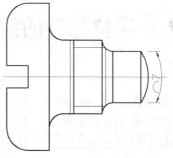

图4-184　圆角操作　　　　　　　　　　图4-185　绘制圆弧

9 切换到"尺寸与公差"图层。对图形分别执行"线性标注（DLI）"、"半径标注（DRA）""直径标注（DDI）"、"编辑标注（ED）"等命令，最终结果如图4-186所示。

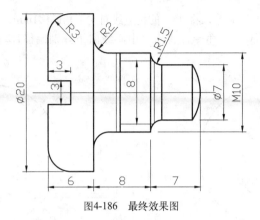

图4-186　最终效果图

10 至此，该图形对象已经绘制完毕，按Ctrl+S组合键对文件进行保存。

4.10　十字槽螺钉的绘制

视频文件：视频\04\十字槽螺钉的绘制.avi
结果文件：案例\04\十字槽螺钉.dwg

首先使用构造线、圆、直线、阵列、分解、偏移、圆、修剪、镜像等命令，转换相应的线型，然后进行尺寸的标注，从而完成对十字槽螺钉的绘制。

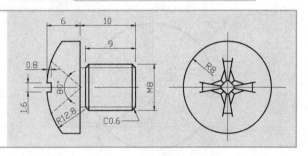

1 启动AutoCAD 2014软件，选择"文件｜打开"菜单命令，将"案例\04\机械模板.dwt"文件打开，再执行"文件｜另存为"菜单命令，将其另存为"案例\04\十字槽螺钉.dwg"文件。

2 在"图层"工具栏的"图层控制"组合框中选择"中心线"图层，使之成为当前图层。

3 执行"直线（L）"命令，绘制水平、竖直两条中心线；再选择"粗实线"图层为当前层，执行"圆（C）"命令，绘制一个直径为16mm的圆，如图4-187所示。

4 执行"构造线（XL）"命令，以圆心为放置点，分别绘制45°、-45°、80°三条构造线，如图4-188所示。

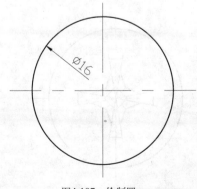

图4-187　绘制圆

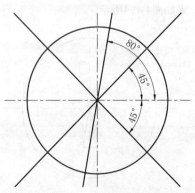

图4-188　绘制构造线、偏移线段

115

5 执行"偏移（O）"命令，将-45°的构造线向左下角偏移1mm，如图4-189所示。

6 再执行"偏移（O）"命令，将水平中心线向下分别偏移1.2mm、4.5mm、5mm，如图4-190所示。

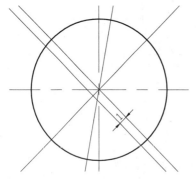

图4-189 偏移线段

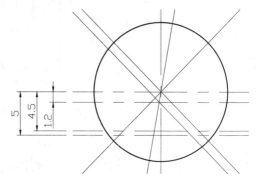

图4-190 偏移水平线

7 执行"构造线（XL）"命令，以偏移4.5的水平线和垂直线段的交点*A*，绘制角度为-70°的构造线，如图4-191所示。

8 执行"修剪（TR）"命令和"删除（E）"命令，将多余线条修剪删除掉，且将修剪后的线段转换为"粗实线"，如图4-192所示。

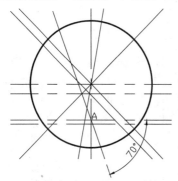

图4-191 绘制构造线

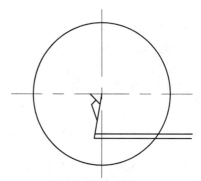

图4-192 修剪线段

9 执行"镜像（MI）"命令，将四条斜线选中，以垂直中心线进行镜像；再执行"修剪（TR）"命令和"删除（E）"命令，将多余线条修剪删除掉，结果如图4-193所示。

10 执行"整列（AR）"命令，选择"极轴(PO)"项，对上一步绘制的图形以圆心为阵列中心点，再根据命令提示选择"项目（I）"项，输入项目数为4，将图形进行环形阵列，结果如图4-194所示。

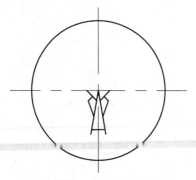

图4-193 镜像图形

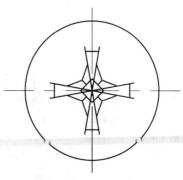

图4-194 阵列结果

11 执行"打散（X）"命令，将刚才阵列的图形打散；并执行"修剪（TR）"命令，修剪掉
多余的线段，如图4-195所示。

12 再执行"直线（L）"命令，连接中间4条斜线的端点，结果如图4-196所示。

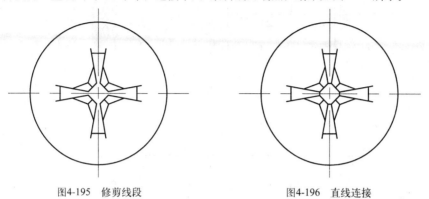

图4-195　修剪线段　　　　　　　　图4-196　直线连接

13 执行"复制（CO）"命令，将两条中心线复制到左边适合的位置，如图4-197所示。

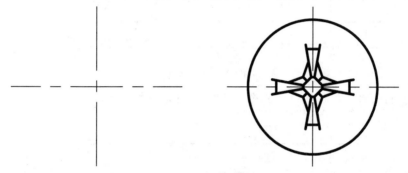

图4-197　复制中心线

14 执行"偏移（O）"命令，将左边图形的垂直中心线向左分别偏移5.2mm、6mm，向右分
别偏移1mm、10mm；再将水平中心线向上分别偏移0.8mm、3.4mm、4mm，再向下偏移
0.8mm，且将偏移线段转换为粗实线，将螺纹线（偏移为3.4mm线段）转换为细实线，如
图4-198所示。

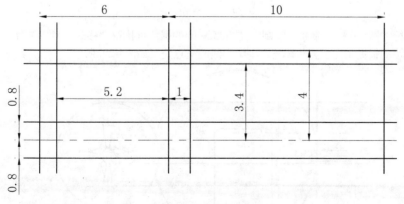

图4-198　偏移线条

15 执行"直线（L）"命令，以右侧图形的相应点向左绘制延长线（圆上、下象限点、下侧
两条水平线端点），结果如图4-199所示。

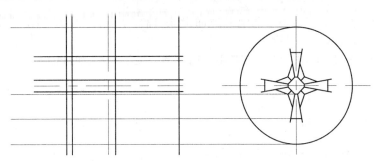

图4-199　绘制引线

16　执行"修剪（TR）"，修剪掉多余的线条，结果如图4-200所示。

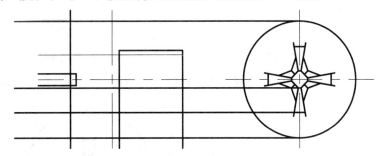

图4-200　修剪结果

17　再执行"倒斜角（CHA）"命令，对两个直角进行倒0.6mm*45°的倒角处理，如图4-201
　　所示。

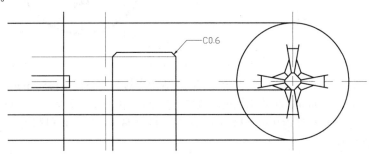

图4-201　倒角操作

18　执行"圆（C）"命令，绘制直径为25.5mm的圆；再执行"移动（M）"命令，以左象限
　　点移动捕捉到左垂直线段与水平中心线的交点处，如图4-202所示。

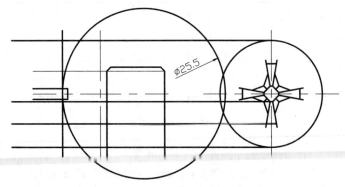

图4-202　绘制圆

19 执行"镜像（MI）"命令，将倒角的相应线段以水平中心线向下镜像，结果如图4-203
所示。

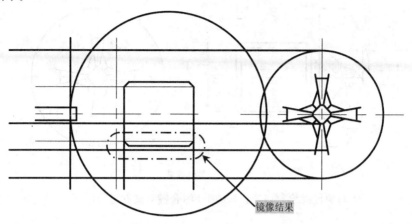

图4-203 镜像倒角图形

20 执行"修剪（TR）"命令和"删除（E）"命令，将多余线条进行修剪和删除操作，如图
4-204所示。

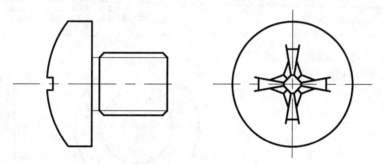

图4-204 修剪删除

21 执行"直线（L）"命令，连接倒角的端点，绘制两条垂直线段，如图4-205所示。
22 执行"偏移（O）"命令，将垂直线段向右偏移0.2；再执行"直线（L）"命令，以此线段
与中心线的交点分别绘制40°和-40°的斜线，并转换为"细虚线"图层，如图4-206所示。

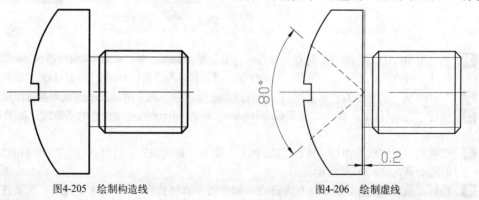

图4-205 绘制构造线　　　　　　　　　图4-206 绘制虚线

23 执行"删除（E）"命令，将上一步偏移的线段删除。
24 切换到"尺寸与公差"图层。对图形分别执行"线性标注（DLI）"、"直径标注
（DDI）"、"编辑标注（ED）"等命令，标注图形的最终结果如图4-207所示。

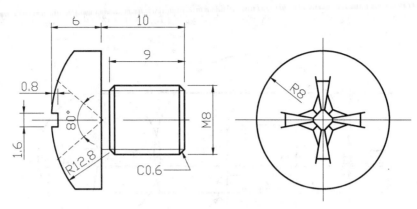

图4-207　最终效果

25 至此，该图形对象已经绘制完毕，按Ctrl+S组合键对文件进行保存。

4.11　其他螺钉的绘制

视频文件：视频\04\其他螺钉的绘制.avi
结果文件：案例\04\其他螺钉.dwg

首先使用直线、偏移、圆、矩形、修剪等命令，转换相应的线型，然后进行尺寸的标注，从而完成对其他螺钉的绘制。

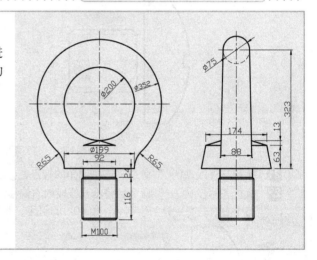

1 启动AutoCAD 2014软件，选择"文件｜打开"菜单命令，将"案例\04\机械模板.dwt"文件打开，再执行"文件｜另存为"菜单命令，将其另存为"案例\04\其他螺钉.dwg"文件。

2 在"图层"工具栏的"图层控制"组合框中选择"中心线"图层，使之成为当前图层。

3 执行"直线（L）"命令，绘制长为360mm、高为360mm的互相垂直的基准线，如图4-208所示。

4 切换到"粗实线"图层。执行"圆（C）"命令，捕捉交点，绘制直径为200mm和352mm的同心圆，如图4-209所示。

5 执行"直线（L）"命令，在内圆的下侧象限点绘制长为88mm的水平线段；再执行"偏移（O）"命令，将绘制的水平线段向下偏移13mm，如图4-210所示。

6 执行"直线（L）"命令，捕捉端点，绘制斜线段；再执行"删除（E）"命令，删除多余的线段，如图4-211所示。

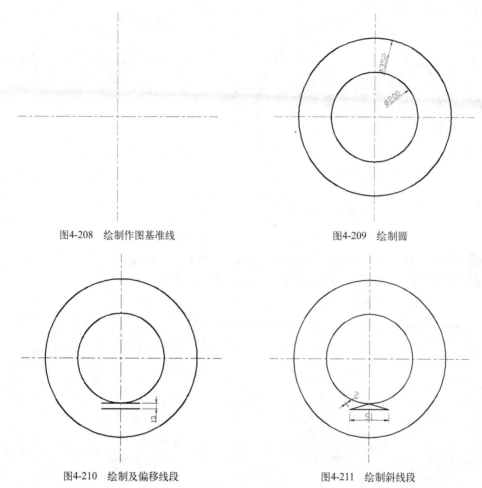

图4-208　绘制作图基准线　　　　　　　　图4-209　绘制圆

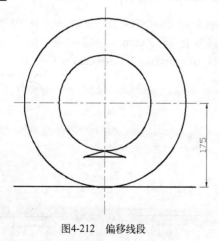

图4-210　绘制及偏移线段

图4-211　绘制斜线段

7 执行"偏移（O）"命令，将水平中心线段向下偏移175mm，如图4-212所示。

8 执行"偏移（O）"命令，将垂直中心线段向左、右各偏移99.5mm，如图4-213所示。

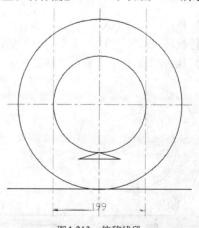

图4-212　偏移线段

图4-213　偏移线段

9 执行"圆角（F）"命令，进行半径为65mm的圆角操作，如图4-214所示。

10 执行"矩形（REC）"命令，绘制92mm×24mm和100mm×116mm的矩形，使矩形的中点与垂直中心线段对齐，如图4-215所示。

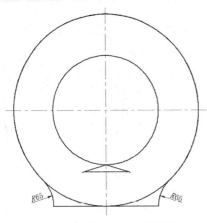
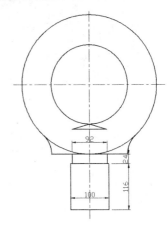

图4-214　圆角操作　　　　　　　图4-215　绘制矩形

11　执行"倒角（F）"命令，进行4mm×4mm的倒角操作，如图4-216所示。

12　执行"直线（L）"命令，捕捉端点，绘制直线段，如图4-217所示。

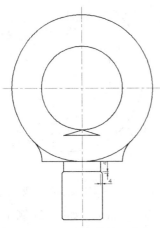
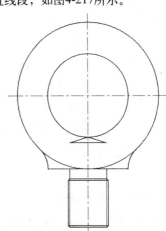

图4-216　倒角操作　　　　　　　图4-217　绘制直线段

13　执行"复制（CO）"命令，将上一步完成的图形相关部分向右进行复制，如图4-218所示。

14　执行"偏移（O）"命令，将上侧的水平线段向上偏移260mm，如图4-219所示。

15　执行"圆（C）"命令，捕捉交点，绘制直径为75mm的圆，如图4-220所示。

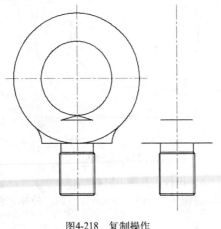

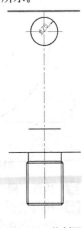

图4-218　复制操作　　　　　　图4-219　偏移线段　　　　　图4-220　绘制圆

16　执行"偏移（O）"命令，将水平线段向上分别偏移31mm和13mm，如图4-221所示。

17　执行"直线（L）"命令，绘制切线段和斜线段，如图4-222所示。

18　执行"修剪（TR）"命令，将多余的线条修剪掉，结果如图4-223所示。

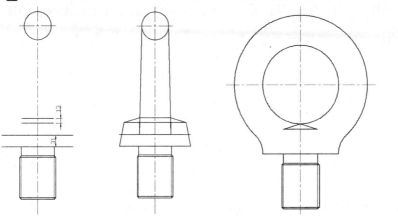

图4-221　复制操作　　　图4-222　偏移线段　　　　　　图4-223　绘制圆

19　切换到"尺寸与公差"图层。对图形分别执行"线性标注（DLI）"、"半径标注（DRA）""直径标注（DDI）"、"编辑标注（ED）"等命令，标注的最终结果如图4-224所示。

20　至此，该图形对象已经绘制完毕，按Ctrl+S组合键对文件进行保存。

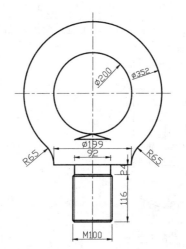
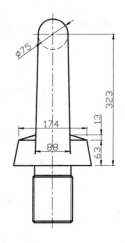

图4-224　最终效果图

4.12　木螺钉的绘制

视频文件：视频\04\木螺钉的绘制.avi
结果文件：案例\04\木螺钉.dwg

　　首先使用直线、圆、矩形、修剪、倒角、圆角、偏移等命令，转换相应的线型，然后进行尺寸的标注，从而完成对木螺钉的绘制。

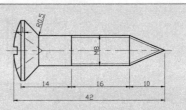

1　启动AutoCAD 2014软件，选择"文件｜打开"菜单命令，将"案例\04\机械模板.dwt"文件打开，再执行"文件｜另存为"菜单命令，将其另存为"案例\04\木螺钉.dwg"文件。

2 在"图层"工具栏的"图层控制"组合框中选择"中心线"图层，使之成为当前图层。

3 执行"直线（L）"命令，绘制长为20mm、高为20mm的互相垂直的基准线，如图4-225所示。

4 切换到"粗实线"图层。执行"圆（C）"命令，捕捉交点，绘制直径为16mm的圆，如图4-226所示。

图4-225　绘制作图基准线　　　　　　　图4-226　绘制圆

5 执行"矩形（REC）"命令，绘制2mm×2mm、3mm×3mm、6.5mm×6.5mm和10mm×10mm的四个矩形，使其中点与圆心重合，如图4-227所示。

6 执行"旋转（RO）"命令，将小矩形旋转45度，如图4-228所示。

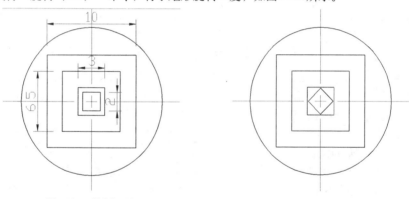

图4-227　绘制矩形　　　　　　　　图4-228　旋转矩形

7 执行"倒角（CHA）"命令，将中间的小矩形进行0.3mm×0.3mm的倒角操作，如图4-229所示。

8 执行"偏移（O）"命令，将水平与垂直中心线段分别向两侧偏移1mm，如图4-230所示。

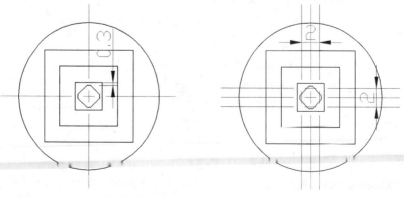

图4-229　倒角操作　　　　　　　　图4-230　偏移线段

9 执行"直线（L）"命令，捕捉端点，绘制斜线段，如图4-231所示。

10 执行"修剪（TR）"命令，修剪掉多余的线条，如图4-232所示。

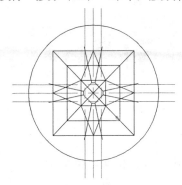 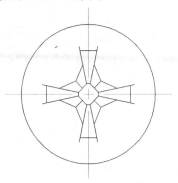

图4-231 绘制斜线段　　　　　　　　　　图4-232 修剪多余的线段

11 切换到"中心线"图层。执行"直线（L）"命令，绘制水平投影线，如图4-233所示。

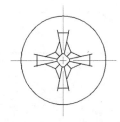

图4-233 绘制水平线段

12 切换到"粗实线"图层。执行"矩形（REC）"命令，绘制16mm×7mm和25mm×8mm的矩形，使其左侧中点与水平中心线段对齐，如图4-234所示。

13 执行"分解（X）"命令，将矩形进行打散操作。

14 执行"偏移（O）"命令，将第1个矩形的左侧垂直线段向右各偏移2mm和1mm，将第二个矩形的左侧垂直线段向右偏移9mm，右侧的垂直线段向右偏移10mm，上、下水平线段向水平中心线位置各偏移0.5mm，结果如图4-235所示。

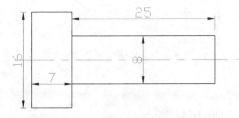 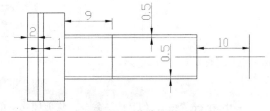

图4-234 绘制矩形　　　　　　　　　　图4-235 偏移线段

15 执行"直线（L）"命令，绘制斜线段，结果如图4-236所示。

16 执行"偏移（O）"命令，将右部分的三角形图形向内偏移0.5mm，如图4-237所示。

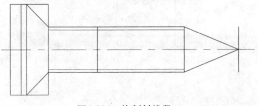 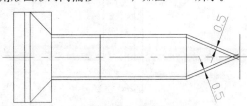

图4-236 绘制斜线段　　　　　　　　　　图4-237 偏移线段

17 执行"修剪（TR）"命令，修剪掉多余的线段，结果如图4-238所示。

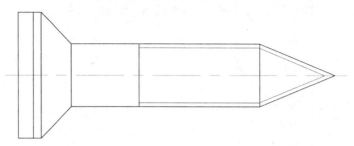

图4-238　修剪多余的线段

18 执行"圆弧（A）"命令，根据3个点来绘制一段圆弧，如图4-239所示。

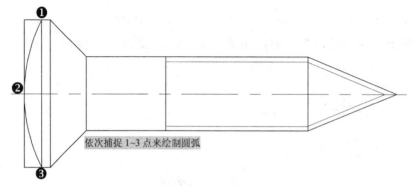

依次捕捉 1~3 点来绘制圆弧

图4-239　绘制圆弧

19 执行"偏移（O）"命令，将左侧的垂直线段向右偏移1mm，将水平中心线段向上、下各偏移1mm，如图4-240所示。

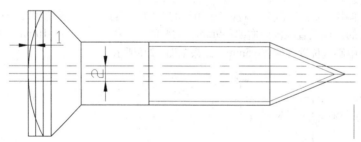

图4-240　偏移线段

20 执行"修剪（TR）"命令，修剪掉多余的线条，如图4-241所示。

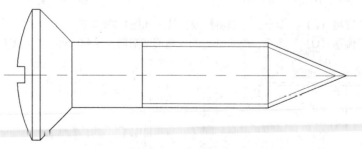

图4-241　修剪多余的线段

21 执行"圆角（F）"命令，进行半径为0.5mm的圆角操作，如图4-242所示。

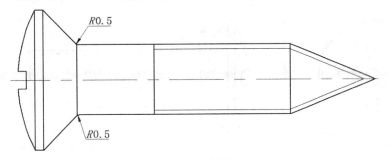

图4-242　圆角操作

22 切换到"粗虚线"图层。执行"偏移（O）"命令，将水平中心线段向上、下侧各偏移5mm，将短的垂直线段向右偏移1mm，如图4-243所示。

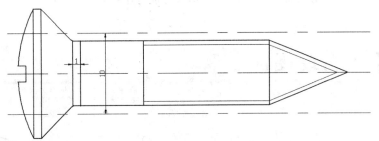

图4-243　偏移线段

23 执行"直线（L）"命令，绘制斜线段，选中绘制的斜线段，按Ctrl+1组合键，将线型比例调为0.2，结果如图4-244所示。

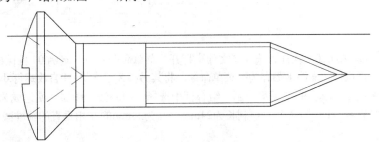

图4-244　绘制斜线段

24 执行"删除（E）"命令，删除掉多余的线段，结果如图4-245所示。

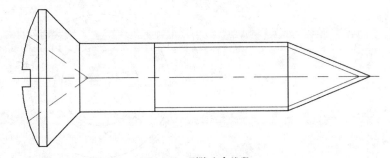

图4-245　删除多余线段

25 切换到"尺寸与公差"图层。对图形分别执行"线性标注（DLI）"、"半径标注

（DRA）"、"编辑标注（ED）"等命令，最终结果如图4-246所示。

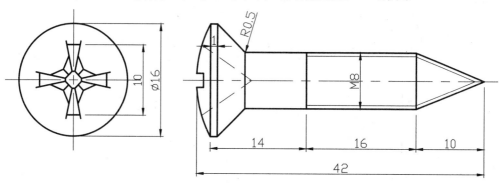

图4-246　最终效果图

26　至此，该图形对象已经绘制完毕，按Ctrl+S组合键对文件进行保存。

4.13　自攻螺钉

视频文件：视频\04\自攻螺钉的绘制.avi
结果文件：案例\\04\自攻螺钉.dwg

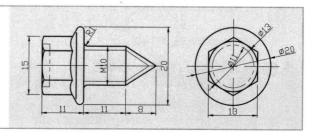

　　首先使用直线、圆、多边形、矩形、修剪、倒角、圆角、偏移、复制等命令，转换相应的线型，然后进行尺寸的标注，从而完成对自攻螺钉的绘制。

1　启动AutoCAD 2014软件，选择"文件｜打开"菜单命令，将"案例\04\机械模板.dwt"文件打开，再执行"文件｜另存为"菜单命令，将其另存为"案例\04\自攻螺钉.dwg"文件。

2　在"图层"工具栏的"图层控制"组合框中选择"中心线"图层，使之成为当前图层。

3　执行"直线（L）"命令，绘制长为24mm、高为24mm的互相垂直的基准线，如图4-247所示。

4　切换到"粗实线"图层。执行"圆（C）"命令，捕捉交点，绘制直径为11mm、13mm和20mm的同心圆，如图4-248所示。

图4-247　绘制作图基准线

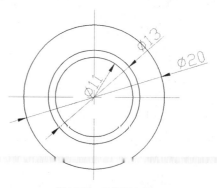

图4-248　绘制同心圆

5 执行"多边形（POL）"命令，绘制半径为6.5mm的正六边形，如图4-249所示。

6 切换到"中心线"图层。执行"直线（L）"命令，绘制长为4mm的水平投影线，如图4-250所示。

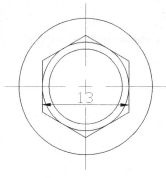

图4-249 绘制六边形

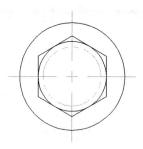

图4-250 绘制水平投影线

7 切换到"粗实线"图层。执行"矩形（REC）"命令，绘制8 mm×15mm、3 mm×20mm和11 mm×10mm的3个矩形，如图4-251所示。

8 执行"分解（X）"命令，将矩形进行打散操作。

9 执行"偏移（O）"命令，根据如图4-252所示将线段进行偏移操作。

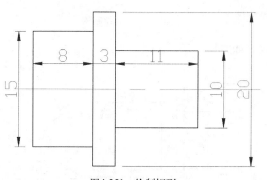

图4-251 绘制矩形

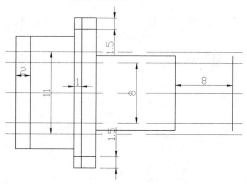

图4-252 偏移线段

10 执行"修剪（TR）"命令，将多余的线段修剪掉，结果如图4-253所示。

11 执行"直线（L）"命令，绘制斜线段，如图4-254所示。

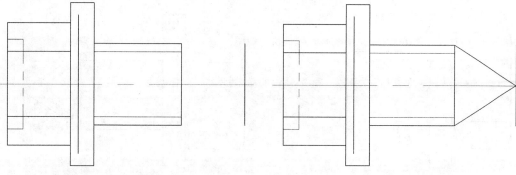

图4-253 修剪多余的线段

图4-254 绘制斜线段

12 执行"偏移（O）"命令，将斜线段分别向内偏移1mm，如图4-255所示。

13 执行"修剪（TR）"命令，将多余的线条修剪掉，结果如图4-256所示。

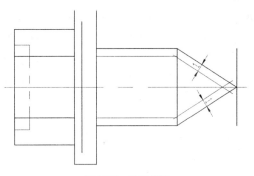

图4-255 偏移线段

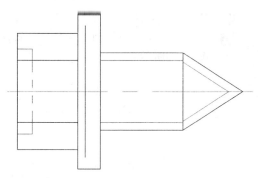

图4-256 修剪多余的线段

14 执行"圆（C）"命令，分别绘制半径为4mm 和14mm的3个圆，圆的左象限点与左边垂直线 段对齐，如图4-257所示。

15 执行"修剪（TR）"命令，将多余的线条修剪 掉，结果如图4-258所示。

16 执行"复制（CO）"命令，将上一步修改的 圆弧对象向右移动7mm进行复制操作，结果如 图4-259所示。

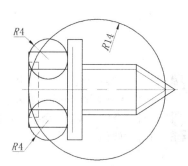

图4-257 绘制圆

17 执行"圆（C）"命令，绘制半径为1mm的 圆，如图4-260所示。

18 执行"直线（L）"命令，绘制相切的线段，如图4-261所示。

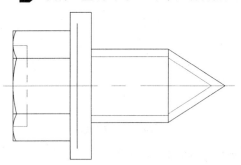

图4-258 修剪多余的线段

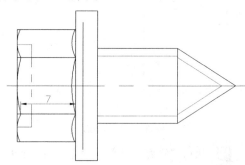

图4-259 复制操作

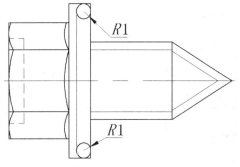

图4-260 绘制圆

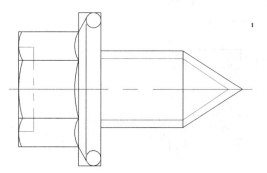

图4-261 绘制斜线段

19 执行"修剪（TR）"命令，修剪掉多余的线段，结果如图4-262所示。

20 执行"圆角（F）"命令，进行半径为1mm的圆角操作，结果如图4-263所示。

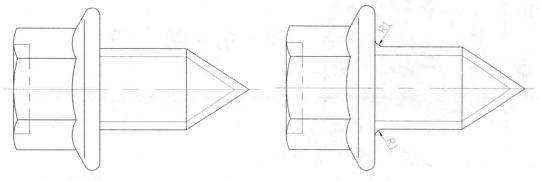

图4-262 修剪多余线段   图4-263 圆角操作

21 切换到"尺寸与公差"图层。对图形分别执行"线性标注（DLI）"、"半径标注（DRA）""直径标注（DDI）"、"编辑标注（ED）"等命令，最终结果如图4-264所示。

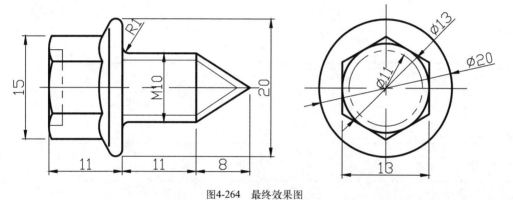

图4-264 最终效果图

22 至此，该图形对象已经绘制完毕，按Ctrl+S组合键对文件进行保存。

读·书·笔·记

第5章
轴承和轴套的绘制

　　轴承是在机械传动过程中起固定和减小载荷摩擦系数的部件。也可以说，当其他机件在轴上彼此产生相对运动时，轴承是用来降低动力传递过程中的摩擦系数和保持轴中心位置固定的机件。可分为滑动轴承和滚动轴承。

　　轴套结构由轴颈、轴瓦和轴套组成。轴套和轴瓦都相当于滑动轴承的外环，轴套是整体的，而轴瓦是分片的。轴套的作用为滑动轴承、轴向定位、减磨减振等。

　　本章讲解轴承和轴套类零件的基础知识和零件图的绘制方法，教读者使用AutoCAD软件绘制不同类型的零件图，巩固专业知识，掌握软件中各类工具的灵活应用。

主要内容

✓ 掌握向心球轴承和圆柱滚子轴承的绘制　　　✓ 掌握角接触球轴承的绘制

✓ 掌握推力球轴承和滚针轴承的绘制　　　　　✓ 掌握三点和四点接触球轴承的绘制

✓ 掌握球面滚子轴承和圆锥滚子轴承的绘制

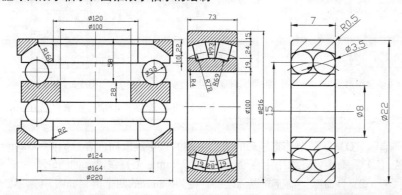

向心球轴承的绘制

视频文件：视频\05\向心球轴承的绘制.avi
结果文件：案例\05\向心球轴承.dwg

　　首先使用矩形、分解、直线、偏移、圆、修剪等命令进行绘制，然后进行图案的填充操作，最后进行尺寸的标注，从而完成对向心球轴承的绘制。

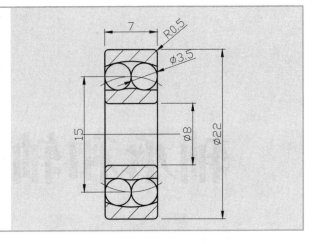

1. 启动AutoCAD 2014软件，选择"文件｜打开"菜单命令，将"案例\05\机械模板.dwt"文件打开，再执行"文件｜另存为"菜单命令，将其另存为"案例\05\向心球轴承.dwg"文件。

2. 在"图层"工具栏的"图层控制"组合框中选择"粗实线"图层，使之成为当前图层。执行"矩形（REC）"命令，绘制7mm×22mm的矩形，如图5-1所示。

3. 切换到"中心线"图层。执行"直线（L）"命令，绘制长为13mm的水平中心线段，如图5-2所示。

4. 执行"分解（X）"命令，将矩形进行打散操作；切换到"粗实线"图层。执行"偏移（O）"命令，将矩形的水平线段向内各偏移7mm，如图5-3所示。

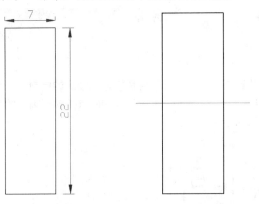
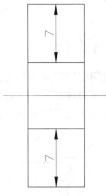

图5-1　绘制矩形　　　　图5-2　绘制水平线段　　　　图5-3　偏移线段

5. 执行"圆角（F）"命令，对矩形1~矩形8处进行如图5-4所示的半径为0.5mm的圆角操作。

6. 执行"偏移（O）"命令，将矩形的上、下端的水平线段向内各分别偏移3.5mm；再执行"直线（L）"命令，在水平中点处绘制高为22mm的垂直线段，如图5-5所示。

7. 执行"圆（C）"命令，捕捉交点，绘制直径为3.5mm的四个圆，如图5-6所示。

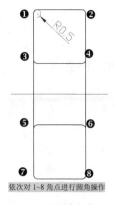

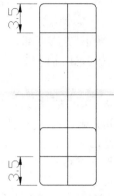

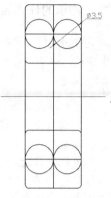

图5-4　圆角操作　　　　图5-5　偏移线段　　　　图5-6　绘制圆

8 执行"圆（C）"命令，绘制半径为6mm、7.5mm和9.5mm的3个同心圆，如图5-7所示。

9 执行"修剪（TR）"命令，将多余的线条修剪掉，结果如图5-8所示。

10 执行"偏移（O）"命令，将水平中心线段向上、下各偏移5.75mm，如图5-9所示。

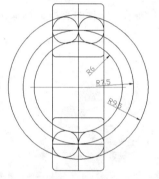

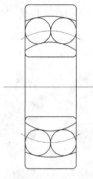

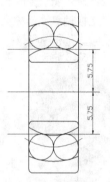

图5-7　绘制圆　　　　　图5-8　修剪多余线段　　　　图5-9　偏移线段

11 执行"修剪（TR）"命令，将多余的线条修剪掉，结果如图5-10所示。

12 切换到"剖面线"图层。执行"图案填充（H）"命令，选择样例为"ANSI 31"，比例为0.5，在指定位置进行图案填充操作，结果如图5-11所示。

13 切换到"尺寸与公差"图层。对图形分别执行"线性标注（DLI）"、"半径标注（DRA）"、"直径标注（DDI）"、"编辑标注（ED）"命令，最终结果如图5-12所示。

14 至此，该图形对象已经绘制完毕，按Ctrl+S组合键对文件进行保存。

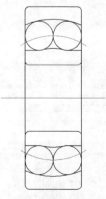

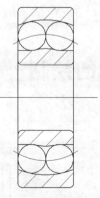

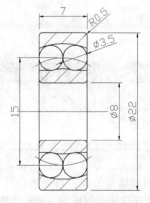

图5-10　修剪多余的线条　　　图5-11　图案填充　　　　图5-12　最终效果图

专业技能：轴承的作用及分类

轴承是在机械传动过程中起固定和减小载荷摩擦系数的部件。也可以说，当其他机件在轴上彼此产生相对运动时，轴承是降低动力传递过程中的摩擦系数和保持轴中心位置固定的机件。

轴承的作用

轴承的主要功能是支撑机械旋转体，用以降低设备在传动过程中的机械载荷摩擦系数。究其作用来讲应该是支撑，即字面解释用来承轴的，但这只是其作用的一部分，支撑其实质就是能够承担径向载荷。也可以理解为它是用来固定轴的，使轴只能实现转动，而控制其轴向和径向的移动。电机没有轴承的后果就是根本不能工作。因为轴可能会向任何方向运动，而电机工作时要求轴只能转动。但轴承会影响传动，为了降低这个影响，在高速轴的轴承上必须实现良好的润滑，有的轴承本身已经能够润滑，叫做预润滑轴承，而大多数轴承必须使用润滑油，负载在高速运转时，摩擦不仅会增加能耗，更可怕的是很容易损坏轴承。

轴承及轴套的分类

（1）按运动元件摩擦性质的不同，轴承可分为滚动轴承和滑动轴承两类。

（2）按所能承受的载荷方向不同，轴承可分为：①径向轴承，又称向心轴承，承受径向载荷。②止推轴承，又称推力轴承，承受轴向载荷。③径向止推轴承，又称向心推力轴承，同时承受径向载荷和轴向载荷。

如图5-13所示为各种不同类型的轴承。

| 向心球轴承 | 圆柱滚子轴承 | 圆锥滚子轴承 | 推力球轴承 | 角接触球轴承 |

| 直线轴承 | 滚针轴承 | 球面滚子轴承 | 深沟球轴承 | 螺旋滚子轴承 |

图5-13 不同类型的轴承

5.2 圆柱滚子轴承的绘制

视频文件：视频\05\圆柱滚子轴承的绘制.avi
结果文件：案例\05\圆柱滚子轴承.dwg

首先使用构造线、直线、偏移、圆角、修剪、等命令进行绘制，然后进行图案的填充操作，最后进行尺寸的标注，从而完成对圆柱滚子轴承的绘制。

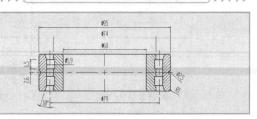

1 启动AutoCAD 2014软件，选择"文件│打开"菜单命令，将"案例\05\机械模板.dwt"文件打开，再执行"文件│另存为"菜单命令，将其另存为"案例\05\圆柱滚子轴承.dwg"文件。

2 在"图层"工具栏的"图层控制"组合框中选择"中心线"图层，使之成为当前图层。执行"构造线（XL）"命令，绘制水平、竖直两条中心线，如图5-14所示。

3 执行"偏移（O）"命令，将竖直中心线分别向右偏移30mm、37mm、39.5mm、41.9mm、47.5mm；将水平中心线向下偏移2.6mm、9.1mm、13mm，除了偏移为39.5mm的线外，其余转换为"粗实线"，结果如图5-15所示。

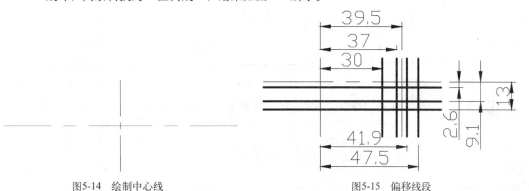

图5-14 绘制中心线　　　　　　　　　　图5-15 偏移线段

4 执行"偏移（O）"命令，将上一步偏移的39.5mm线段向左偏移3.5mm，转换为粗实线，如图5-16所示。

5 执行"修剪（TR）"命令，修剪掉多余的线段，如图5-17所示。

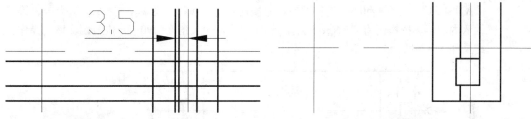

图5-16 偏移线段　　　　　　　　　　图5-17 修剪线段

6 执行"直线（L）"命令，捕捉中间直角点，绘制角度为-72°的斜线，如图5-18所示。

7 执行"镜像（MI）"命令，将绘制的线段以水平中心线镜像到上面，如图5-19所示。

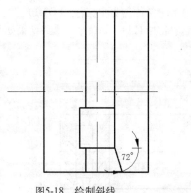
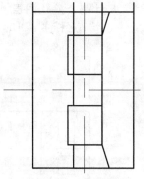

图5-18 绘制斜线　　　　　　　　　　图5-19 镜像线段

8 执行"圆（C）"命令，绘制一个直径为2.5mm的圆，如图5-20所示。

9 执行"修剪（TR）"命令，将多余的线条及圆弧进行修剪，如图5-21所示。

10 执行"圆角（F）"命令，设置圆角半径为1mm，对四个直角进行圆角操作，如图5-22所示。

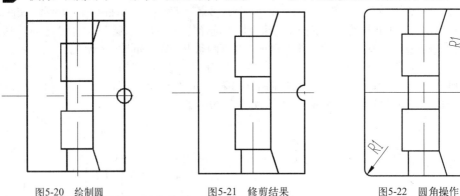

图5-20　绘制圆　　　　　　图5-21　修剪结果　　　　　　图5-22　圆角操作

11 执行"镜像（MI）"命令，将右边的图形整体镜像到中心线左边，结果如图5-23所示。

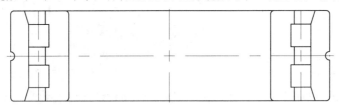

图5-23　镜像操作

12 切换到"剖面线"图层。执行"图案填充（H）"命令，选择轴承外圈，选择样例为"ANSI 31"，比例为0.5，进行图案填充操作；重复执行"图案填充（H）"命令，选择轴承内圈，选择样例为"ANSI 31"，比例为0.5，输入角度为90°，进行图案填充操作，结果如图5-24所示。

图5-24　图案填充

13 切换到"尺寸与公差"图层。对图形分别执行"线性标注（DLI）"、"半径标注（DRA）"、"直径标注（DDI）"、"编辑标注（ED）"命令，最终结果如图5-25所示。

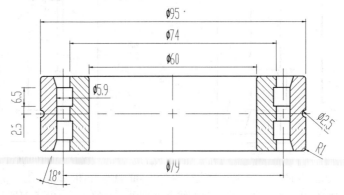

图5-25　最终效果图

5.3 推力球轴承的绘制

视频文件：视频\05\推力球轴承的绘制.avi
结果文件：案例\05\推力球轴承.dwg

　　首先使用构造线、直线、偏移、圆角、修剪、等命令进行绘制，然后进行图案的填充操作，最后进行尺寸的标注，从而完成对圆柱滚子轴承的绘制。

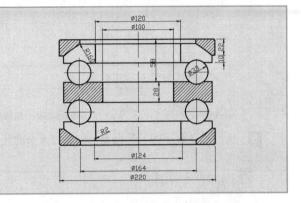

1 启动AutoCAD 2014软件，选择"文件｜打开"菜单命令，将"案例\05\机械模板.dwt"文件打开，再执行"文件｜另存为"菜单命令，将其另存为"案例\05\推力球轴承.dwg"文件。

2 在"图层"工具栏的"图层控制"组合框中选择"粗实线"图层，使之成为当前图层。执行"矩形（REC）"命令，绘制220 mm×22mm、210 mm×26mm和210 mm×14mm的三个矩形，使其中点垂直对齐，结果如图5-26所示。

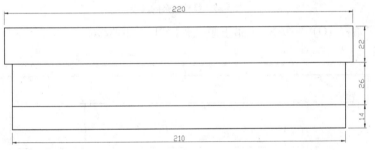

图5-26　绘制矩形

3 切换到"中心线"图层。执行"直线（L）"命令，绘制高为80mm的垂直中心线段，如图5-27所示。

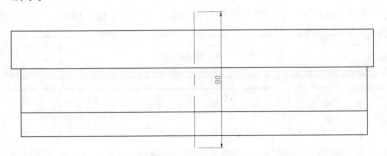

图5-27　绘制垂直线段

4 切换到"粗实线"图层。执行"分解（X）"命令，将矩形进行打散操作；执行"偏移（O）"命令，将垂直中心线段向左、右侧分别各偏移50mm、60mm、82mm和83mm，如图5-28所示。

第1章

第2章

第3章

第4章

第5章

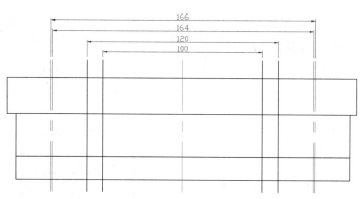

图5-28　偏移线段

5 执行"修剪（TR）"命令，修剪掉多余的线段，结果如图5-29所示。

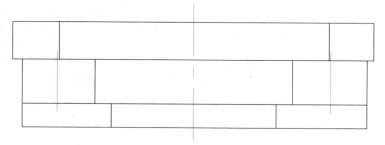

图5-29　修剪多余的线段

6 执行"偏移（O）"命令，将最上侧的水平线段向下偏移6mm，如图5-30所示。

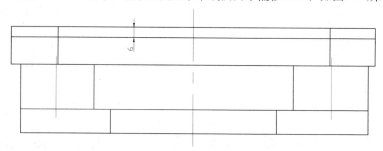

图5-30　偏移线段

7 执行"移动（M）"命令，将图中最上侧的矩形全部向上移动10mm，结果如图5-31所示。

框选上部分图形对象

图5-31　移动对象

8 执行"延伸（EX）"命令，将图5-32中的①~④处进行延伸垂直线段操作，结果如图5-32所示。

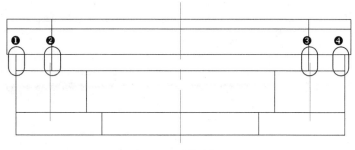

图5-32　延伸对象

9 执行"圆（C）"命令，捕捉交点，绘制直径为33mm的圆，如图5-33所示。

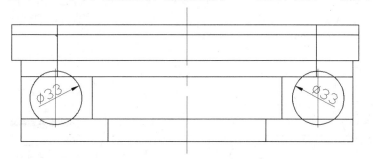

图5-33　绘制圆

10 执行"修剪（TR）"命令，修剪掉多余的线段，如图5-34所示。

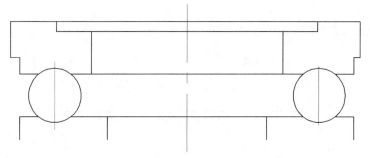

图5-34　修剪多余的线段

11 执行"直线（L）"命令，给圆绘制水平中心线，如图5-35所示。

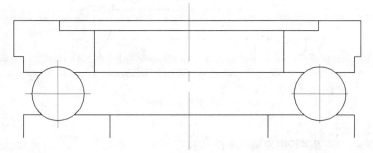

图5-35　绘制水平线段

12 执行"圆角（F）"命令，对图5-36中的①~④处进行半径为2mm的圆角操作，如图5-36所示。

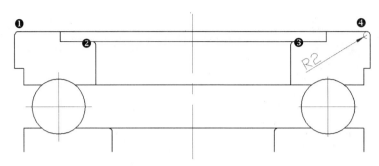

图5-36 圆角操作

13 执行"镜像（MI）"命令，将上一步绘制的图形向下进行镜像操作，结果如图5-37所示。

14 执行"圆（C）"命令，捕捉最上侧、最下侧水平线段与垂直线段的交点*A*、*B*为圆心，分别绘制半径为160mm的圆，如图5-38所示。

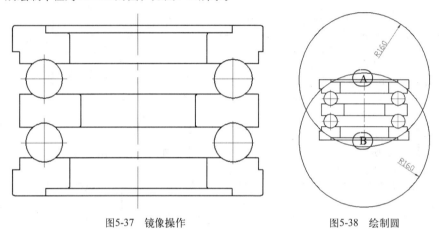

图5-37 镜像操作　　　　　　　　　　图5-38 绘制圆

15 执行"修剪（TR）"命令，修剪掉多余的线段，如图5-39所示。

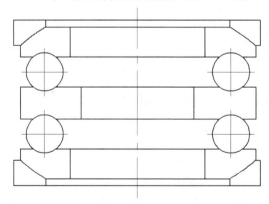

图5-39 删除多余的线段

16 切换到"剖面线"图层。执行"图案填充（H）"命令，选择样例为"ANSI 31"，比例为1，在指定位置进行图案填充操作。

17 切换到"尺寸与公差"图层。对图形分别执行"线性标注（DLI）"、"半径标注（DRA）"、"直径标注（DDI）"、"编辑标注（ED）"命令，最终结果如图5-40所示。

18 至此，该图形对象已经绘制完毕，按Ctrl+S组合键对文件进行保存。

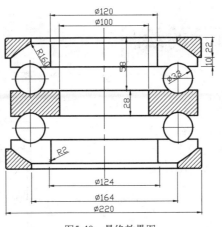

图5-40　最终效果图

专业技能：轴套的概述

　　由螺旋桨轴或艉轴上的套筒，做成整圆筒形的轴瓦称为轴套，它由轴颈（组成轴被轴承支承的部分）、轴瓦（与轴颈相配的零件）和轴套（做成整圆筒形的轴瓦）组成。轴套和轴瓦都相当于滑动轴承的外环，轴套是整体的，而轴瓦是分片的。

　　在运动部件中，长期的磨擦会造成零件的磨损，当轴和孔的间隙磨损到一定程度时，必须及时更换零件。设计者在设计时应选用硬度较低、耐磨性较好的材料，来制作轴套或衬套，这样可以减少轴和座的磨损，当轴套或衬套磨损到一定程度时，更换轴套或衬套可以节约因更换轴或座的成本。一般来说，衬套与座采用过盈配合，而与轴采用间隙配合，因磨损是无法避免的，而轴类零件相对来说比较容易加工。

　　轴套在一些转速较低、径向载荷较高且间隙要求较高的地方（如凸轮轴），是用来替代滚动轴承（其实轴套也算是一种滑动轴承）的，材料要求硬度低且耐磨，轴套内孔经研磨刮削，能达到较高的配合精度，内壁上一定要有润滑油的油槽，轴套的滑润非常重要。干磨的话，轴和轴套很快就会报废，推荐安装时刮削轴套内孔壁，这样可以留下许多小凹坑，增强润滑。

　　（1）起滑动轴承的作用。为了节约材料，应根据轴承需要的轴向载荷设计轴套的壁厚。一般选用铸铜和轴承合金材质。轴套有开口和不开口之分，可以根据结构的需要来设计。一般的轴套不能承受轴向载荷，或只能承受较小的轴向载荷，或加推力轴承。

　　（2）起轴向定位的作用。端部与齿轮轴承等零件以压应力接触，有时，因轴要与密封圈等标准件配合，又要保证中部零件能穿过轴端，往往做成轴套与密封圈配合轴，这样可以做细以保证零件穿过。

　　轴套用在不同的场合中会有不同的用途，如可以轴向定位、减磨减振、也可以用于将轴与有害介质隔离，使轴增寿耐用等。

　　如图5-41所示为各种不同类型的轴套效果。

涡轮轴套

二档轴套

密封轴套

定位轴套

镶嵌轴套

图5-41　不同类型的轴套

5.4 滚针轴承的绘制

视频文件：视频\05\滚针轴承的绘制.avi
结果文件：案例\05\滚针轴承.dwg

首先使用矩形、分解、直线、偏移、圆角、圆弧、修剪、镜像等命令进行绘制，然后进行图案的填充操作，最后进行尺寸的标注，从而完成对滚针轴承的绘制。

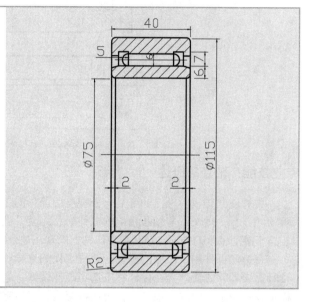

1. 启动AutoCAD 2014软件，选择"文件｜打开"菜单命令，将"案例\05\机械模板.dwt"文件打开，再执行"文件｜另存为"菜单命令，将其另存为"案例\05\滚针轴承.dwg"文件。

2. 在"图层"工具栏的"图层控制"组合框中选择"粗实线"图层，使之成为当前图层。

3. 执行"矩形（REC）"命令，绘制40mm×58mm的矩形，如图5-42所示。

4. 执行"分解（X）"命令，将矩形进行打散操作；执行"偏移（O）"命令，将矩形底端的水平线段向上各偏移38mm、6mm、3mm、2mm、1mm和1mm，如图5-43所示。

5. 将直线A和直线B转换为"中心线"线型。执行"偏移（O）"命令，将矩形左、右侧的垂直线段向中点位置分别偏移2mm和3.5mm，如图5-44所示。

图5-42　绘制矩形

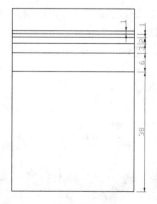

图5-43　偏移线段

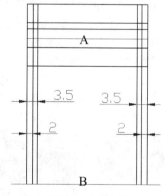

图5-44　偏移线段

6. 执行"修剪（TR）"命令，修剪掉多余的线段，结果如图5-45所示。

7. 执行"偏移（O）"命令，将1、2处的垂直线段向内各偏移5mm，如图5-46所示。

8. 执行"修剪（TR）"命令，将多余的线段修剪掉，结果如图5-47所示。

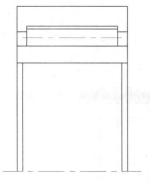

图5-45 修剪线段

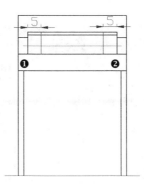

图5-46 偏移线段

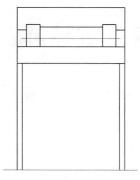

图5-47 修剪多余的线段

9 执行"圆弧（C）"命令，绘制半径为3mm的圆弧，如图5-48所示。

10 执行"圆角（F）"命令，将①~④处进行半径为2mm的圆角操作，如图5-49所示。

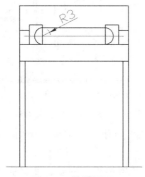

图5-48 绘制圆弧

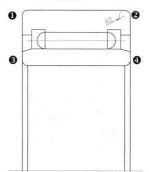

图5-49 圆角操作

11 执行"镜像（MI）"命令，将上一步绘制的图形进行镜像操作，如图5-50所示。

12 切换到"剖面线"图层。执行"图案填充（H）"命令，选择样例为"ANSI 31"，比例为1，在指定位置进行图案填充操作，结果如图5-51所示。

13 切换到"尺寸与公差"图层。对图形分别执行"线性标注（DLI）"、"半径标注（DRA）"、"直径标注（DDI）"、"编辑标注（ED）"命令，最终结果如图5-52所示。

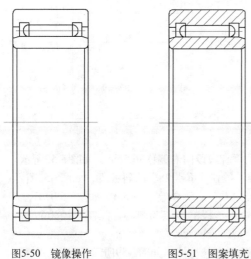

图5-50 镜像操作

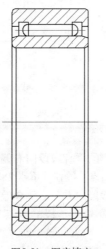

图5-51 图案填充

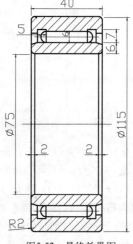

图5-52 最终效果图

14 至此，该图形对象已经绘制完毕，按Ctrl+S组合键对文件进行保存。

5.5 球面滚子轴承的绘制

视频文件：视频\05\球面滚子轴承的绘制.avi
结果文件：案例\05\球面滚子轴承.dwg

首先使用矩形、分解、直线、偏移、圆角、圆、修剪、镜像等命令进行绘制，然后进行图案的填充操作，最后进行尺寸的标注，从而完成对球面滚子轴承的绘制。

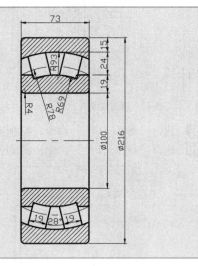

1 启动AutoCAD 2014软件，选择"文件｜打开"菜单命令，将"案例\05\机械模板.dwt"文件打开，再执行"文件｜另存为"菜单命令，将其另存为"案例\05\球面滚子轴承.dwg"文件。

2 在"图层"工具栏的"图层控制"组合框中选择"粗实线"图层，使之成为当前图层。

3 执行"矩形（REC）"命令，绘制73mm×108mm的矩形，如图5-53所示。

4 执行"分解（X）"命令，将矩形进行打散操作；执行"偏移（O）"命令，将上侧的水平线段向下各偏移15mm、24mm、19mm和50mm，如图5-54所示。

图5-53 绘制矩形

图5-54 偏移线段

5 执行"偏移（O）"命令，将左侧的垂直线段向右偏移36.5mm，如图5-55所示。

6 执行"直线（L）"命令，捕捉端点，绘制夹角为28°的斜线段，如图5-56所示。

7 执行"偏移（O）"命令，将斜线段向左、右侧各偏移19mm，如图5-57所示。

8 执行"圆（C）"命令，捕捉水平中心线段的中点为圆心，绘制半径为69mm、78mm和93mm的同心圆，如图5-58所示。

9 执行"修剪（TR）"命令，将多余的线条修剪掉，如图5-59所示。

10 执行"圆角（F）"命令，对①~④处进行半径为4mm的圆角操作，如图5-60所示。

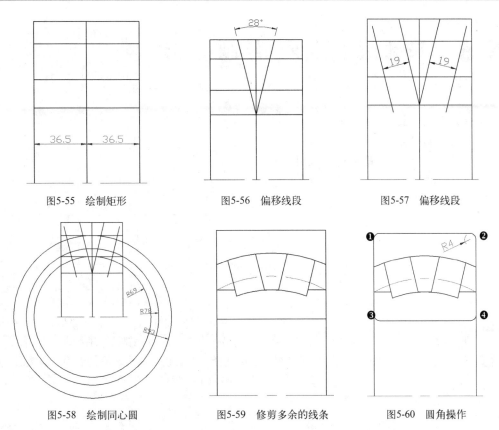

图5-55 绘制矩形 　　　　　图5-56 偏移线段 　　　　　图5-57 偏移线段

图5-58 绘制同心圆 　　　　图5-59 修剪多余的线条 　　　　图5-60 圆角操作

11 执行"镜像（MI）"命令，将图形向下进行镜像操作，结果如图5-61所示。

12 切换到"剖面线"图层。执行"图案填充（H）"命令，选择样例为"ANSI 31"，比例为1，在指定位置进行图案填充操作，结果如图5-62所示。

13 切换到"尺寸与公差"图层。对图形分别执行"线性标注（DLI）"、"对齐标注（DAL）"、"半径标注（DRA）"、"直径标注（DDI）"、"角度标注（DAN）"、"编辑标注（ED）"命令，最终结果如图5-63所示。

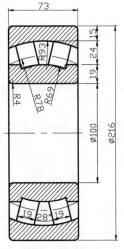

图5-61 镜像操作 　　　　　图5-62 图案填充 　　　　　图5-63 最终效果图

14 至此，该图形对象已经绘制完毕，按Ctrl+S组合键对文件进行保存。

视频文件：视频\05\圆锥滚子轴承的绘制.avi
结果文件：案例\05\圆锥滚子轴承.dwg

　　首先使用构造线、直线、偏移、圆角、修剪、镜像等命令进行绘制，然后进行图案的填充操作，最后进行尺寸的标注，从而完成对圆锥滚子轴承的绘制。

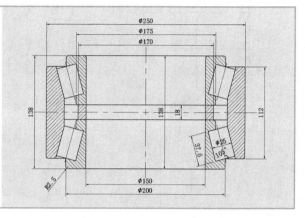

1 启动AutoCAD 2014软件，选择"文件 | 打开"菜单命令，将"案例\05\机械模板.dwt"文件打开，再执行"文件 | 另存为"菜单命令，将其另存为"案例\05\圆锥滚子轴承.dwg"文件。

2 在"图层"工具栏的"图层控制"组合框中选择"中心线"图层，使之成为当前图层。执行"构造线（XL）"命令，绘制水平、竖直两条中心线，如图5-64所示。

图5-64　绘制中心线

3 切换到"粗实线"图层。执行"偏移（O）"命令，将水平中心线分别向下偏移9mm、56mm、69mm，将竖直中心线向右分别偏移75mm、85mm、87.5mm、100mm、125mm，并将偏移的线段换转到"粗实线"图层，如图5-65所示。

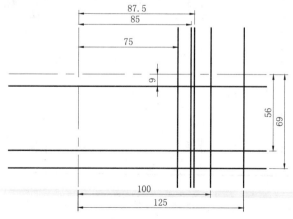

图5-65　偏移线段

4 执行"修剪（TR）"命令，执行"删除（E）"命令，将多余的线条修剪并删除；再执行
"倒圆角（F）"命令，在1~4处进行半径为2.5mm的圆角操作，如图5-66所示。

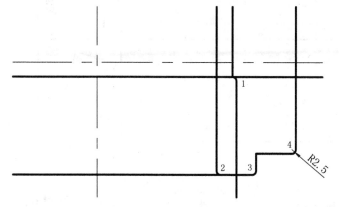

图5-66 修剪线段

5 执行"构造线（XL）"命令，在A点绘制角度分别为15°和105°的两条构造线，如图5-67
所示。

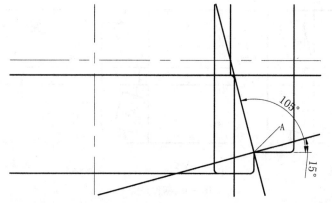

图5-67 绘制构造线

6 执行"偏移（O）"命令，将15°线向上偏移37.6mm，将105°线向左、右分别偏移
12.5mm，结果如图5-68所示。

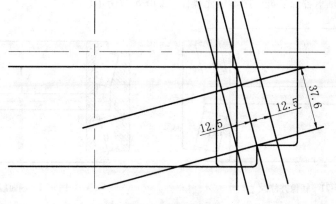

图5-68 偏移线段

7 执行"修剪（TR）"命令，将多余线条修剪，并将105°线转换为中心线，如图5-69所示。

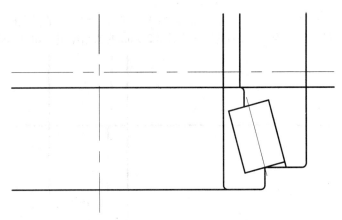

图5-69 修剪

8 执行"镜像（MI）"命令，将水平中心线以下的图形，镜像到中心线上方；再执行"修剪（TR）"命令，修剪掉多余的线段。

9 再执行"直线（L）"命令，连接两点绘制一条直线段，如图5-70所示。

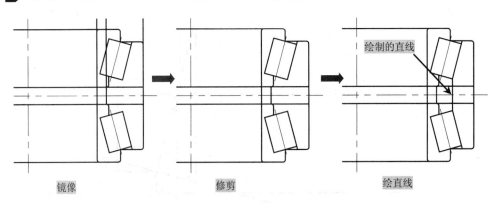

绘制的直线

镜像　　　　　　　　修剪　　　　　　　　绘直线

图5-70 镜像并修改

10 执行"镜像（MI）"命令，将垂直中心线以右的图形，镜像到垂直中心线左方；再执行"修剪（TR）"命令，修剪掉多余的线段，结果如图5-71所示。

11 切换到"剖面线"图层。执行"图案填充（H）"命令，选择样例为"ANSI 31"，比例为1，对轴承各部分进行图案填充操作，如图5-72所示。

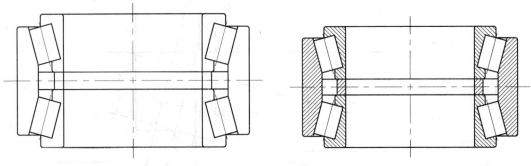

图5-71 镜像并修改　　　　　　　　　　　　图5-72 剖面线填充

12 切换到"尺寸与公差"图层。对图形分别执行"线性标注（DLI）"、"半径标注（DRA）"、"直径标注（DDI）"、"编辑标注（ED）"命令，如图5-73所示。

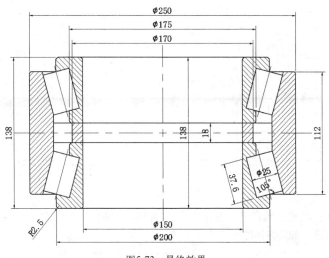

图5-73 最终效果

13 至此，该图形对象已经绘制完毕，按Ctrl+S组合键对文件进行保存。

5.7 角接触球轴承的绘制

视频文件：视频\05\角接触球轴承的绘制.avi
结果文件：案例\05\角接触球轴承.dwg

首先使用矩形、分解、直线、偏移、圆、修剪、圆角、镜像等命令进行绘制，然后进行图案的填充操作，最后进行尺寸的标注，从而完成对角接触球轴承的绘制。

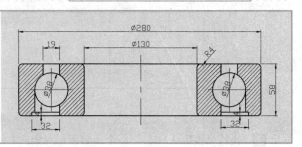

1 启动AutoCAD 2014软件，选择"文件｜打开"菜单命令，将"案例\05\机械模板.dwt"文件打开，再执行"文件｜另存为"菜单命令，将其另存为"案例\05\角接触球轴承.dwg"文件。

2 在"图层"工具栏的"图层控制"组合框中选择"粗实线"图层，使之成为当前图层。

3 执行"矩形（REC）"命令，绘制280mm×58mm的矩形，如图5-74所示。

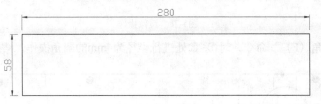

图5-74 绘制矩形

4 执行"分解（X）"命令，将矩形进行打散操作；执行"偏移（O）"命令，将矩形左侧的垂直线段向右分别偏移15mm、28mm、37.5mm、47mm、75mm和140mm，将下侧的水平线段向上分别偏移4mm和29mm，如图5-75所示。

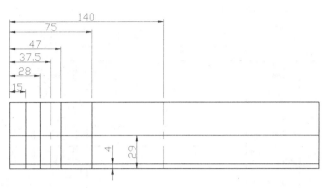

图5-75　偏移线段

5 转换左侧第4条垂直线段为"中心线"；再执行"圆（C）"命令，捕捉交点，绘制直径为38mm的圆，如图5-76所示。

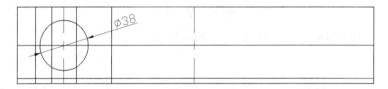

图5-76　绘制圆

6 执行"修剪（TR）"命令，将多余的线段修剪掉，结果如图5-77所示。

图5-77　修剪多余的线条

7 执行"镜像（MI）"命令，将图形对象向右侧镜像复制操作，结果如图5-78所示。

图5-78　镜像操作

8 执行"圆角（F）"命令，对①~⑧处进行半径为4mm的圆角操作，结果如图5-79所示。

依次对 1~8 点进行半径为 4mm 的圆角操作

图5-79　圆角操作

9 切换到"剖面线"图层。执行"图案填充（H）"命令，选择样例为"ANSI 31"，比例为1，在指定位置进行图案填充操作，结果如图5-80所示。

图5-80 图案填充

10 切换到"尺寸与公差"图层。对图形分别执行"线性标注（DLI）"、"半径标注（DRA）"、"直径标注（DDI）"、"编辑标注（ED）"命令，最终结果如图5-81所示。

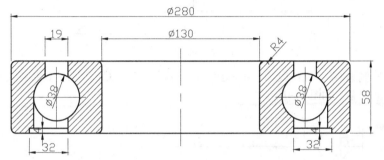

图5-81 最终效果图

11 至此，该图形对象已经绘制完毕，按Ctrl+S组合键对文件进行保存。

5.8 三点和四点接触球轴承的绘制

视频文件：视频\05\三点和四点接触球轴承.avi
结果文件：案例\05\三点和四点接触球轴承.dwg

　　首先使用矩形、分解、直线、偏移、圆、修剪、圆角、镜像等命令进行绘制，然后进行图案的填充操作，最后进行尺寸的标注，从而完成对三点和四点接触球轴承的绘制。

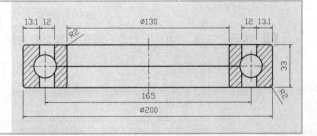

1 启动AutoCAD 2014软件，选择"文件｜打开"菜单命令，将"案例\05\机械模板.dwt"文件打开，再执行"文件｜另存为"菜单命令，将其另存为"案例\05\三点和四点接触球轴承.dwg"文件。

2 在"图层"工具栏的"图层控制"组合框中选择"粗实线"图层，使之成为当前图层。

3 执行"矩形（REC）"命令，绘制200mm×33mm的矩形，如图5-82所示。

4 执行"分解（X）"命令，将矩形进行打散操作；执行"偏移（O）"命令，将矩形左侧的垂直线段向右分别偏移13mm、17.5mm、25mm、35mm和100mm，将下侧的水平线段向上偏移16.5mm，如图5-83所示。

图5-82　绘制矩形

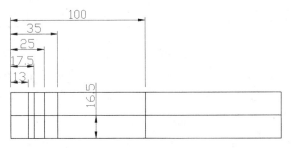

图5-83　偏移线段

5 转换左侧第3条垂直线段为"中心线"；再执行"圆（C）"命令，捕捉交点，绘制半径为9mm的圆，如图5-84所示。

图5-84　绘制圆

6 执行"修剪（TR）"命令，将多余的线段修剪掉，结果如图5-85所示。

图5-85　修剪多余的线条

7 执行"镜像（MI）"命令，将图形对象向右侧进行镜像复制操作，结果如图5-86所示。

图5-86　镜像操作

8 执行"圆角（F）"命令，对①~⑧处进行半径为2mm的圆角操作，结果如图5-87所示。

依次对 1~8 点进行半径为 2mm 的圆角操作

图5-87　圆角操作

9 切换到"剖面线"图层。执行"图案填充（H）"命令，选择样例为"ANSI 31"，比例为1，在指定位置进行图案填充操作，结果如图5-88所示。

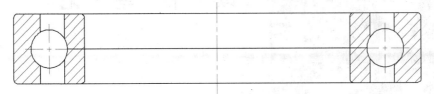

图5-88 图案填充

10 切换到"尺寸与公差"图层。对图形分别执行"线性标注（DLI）"、"半径标注（DRA）"、"直径标注（DDI）"、"编辑标注（ED）"命令，最终结果如图5-89所示。

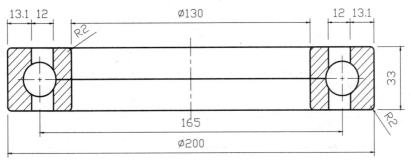

图5-89 最终效果图

11 至此，该图形对象已经绘制完毕，按Ctrl+S组合键对文件进行保存。

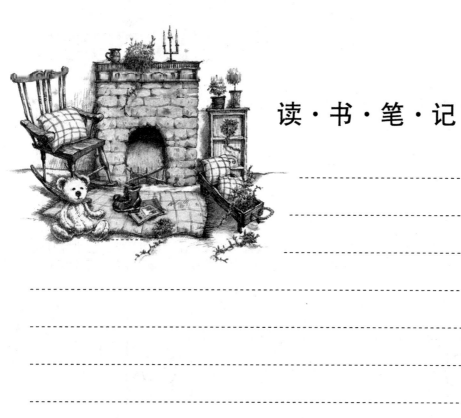

读·书·笔·记

第6章
销和键的绘制

　　"销"是一种连接件，一般起连接和定位作用。"键"是一种标准件，用来实现轴与轮毂（如齿轮、带轮、链轮、联轴器等）之间的周向固定以传递转矩，还能实现轴上零件的轴向固定或轴向滑动的导向。

　　本章讲解销和键零件相关的基础知识和零件图的绘制方法，教读者使用AutoCAD软件绘制不同类型的零件图，巩固专业知识，掌握软件中各类工具的灵活应用。

主要内容

✓ 掌握圆柱销的绘制及销的概念　　　　✓ 掌握平键的绘制及键的概念

✓ 掌握圆锥销的绘制　　　　　　　　　✓ 掌握楔键的绘制

✓ 掌握其他销的绘制　　　　　　　　　✓ 掌握半圆键的绘制

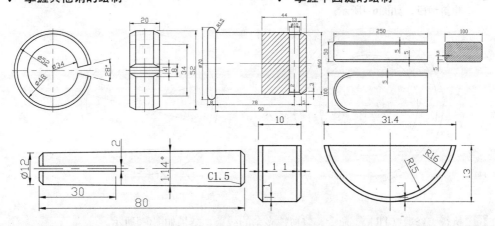

AutoCAD 2014

6.1 圆柱销的绘制

视频文件：视频\06\圆柱销的绘制.avi
结果文件：案例\06\圆柱销.dwg

　　首先使用直线、圆、修剪、矩形、分解、偏移、延伸、倒角等命令进行绘制，然后进行尺寸的标注，从而完成对圆柱销的绘制。

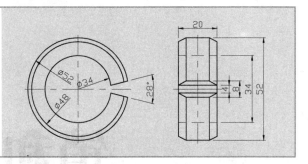

1. 启动AutoCAD 2014软件，选择"文件｜打开"菜单命令，将"案例\06\机械模板.dwt"文件打开，再执行"文件｜另存为"菜单命令，将其另存为"案例\06\圆柱销.dwg"文件。
2. 在"图层"工具栏的"图层控制"组合框中选择"中心线"图层，使之成为当前图层。执行"直线（L）"命令，绘制长54mm和高54mm互相垂直的基准线，如图6-1所示。
3. 切换到"粗实线"图层。执行"圆（C）"命令，捕捉交点，绘制直径为34mm、48mm和52mm的同心圆，如图6-2所示。

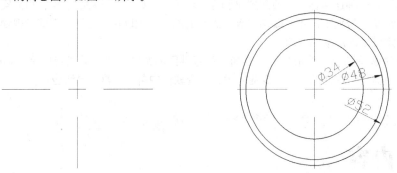

图6-1 绘制作图基准线　　　　　　　　　图6-2 绘制同心圆

4. 执行"偏移（O）"命令，将垂直线段向右偏移9mm，如图6-3所示。
5. 执行"直线（L）"命令，捕捉水平线段与偏移产生的垂直线段的交点，绘制夹角为28°的斜线段，如图6-4所示。

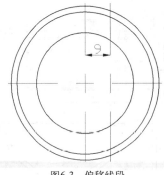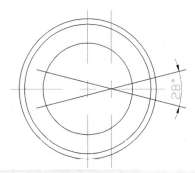

图6-3 偏移线段　　　　　　　　　　　　图6-4 绘制斜线段

6. 执行"修剪（TR）"命令，修剪掉多余的线条，结果如图6-5所示。

7 执行"矩形（REC）"命令，绘制20mm×50mm的矩形，使其垂直中点与上一步绘制的图形水平对齐，如图6-6所示。

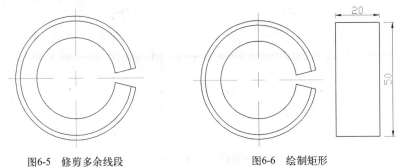

图6-5　修剪多余线段　　　　　　　　　图6-6　绘制矩形

8 执行"分解（X）"命令，将矩形进行打散操作。

9 执行"倒角（CHA）"命令，进行1mm×4mm的倒角操作，如图6-7所示。

10 执行"偏移（O）"命令，将左、右侧的垂直线段向内各偏移4mm，将上侧的水平线段向下各偏移9mm、12mm、2mm、2mm、2mm、2mm和12mm，结果如图6-8所示。

11 转换为相应的线型，将图中①~③处分别转换为粗虚线、中心线，如图6-9所示。

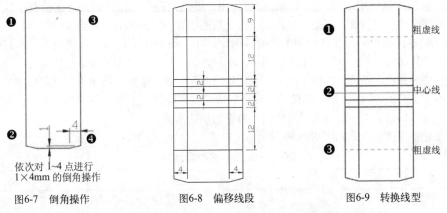

图6-7　倒角操作　　　　　　　图6-8　偏移线段　　　　　　　图6-9　转换线型

12 执行"直线（L）"命令，捕捉端点，绘制斜线段，结果如图6-10所示。

13 执行"延伸（EX）"命令，将垂直线段进行延伸操作，如图6-11所示。

14 执行"修剪（TR）"命令，修剪掉多余的线段，结果如图6-12所示。

图6-10　绘制斜线条　　　　　　图6-11　延伸操作　　　　　　图6-12　修剪多余线条

15 切换到"尺寸与公差"图层。对图形分别执行"线性标注（DLI）"、"半径标注

（DRA）"、"直径标注（DDI）"、"编辑标注（ED）"命令，最终结果如图6-13所示。

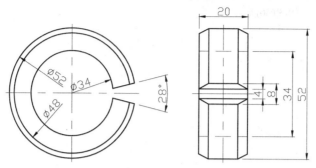

图6-13　最终效果图

16 至此，该图形对象已经绘制完毕，按Ctrl+S组合键对文件进行保存。

专业技能：销的作用

销通常贯穿于两个零件孔之中，主要用于装配定位，也可用于连接零件，或作为安全装置中过载易剪断元件。

销一般起连接作用，有时也可以起定位作用。就是把两个东西连起来，连接有刚性和弹性之分，刚性指连上之后就不能动，弹性指连上之后还能有一定范围的相对运动。

销在起连接作用时要注意，因为销的截面比较小，而工作又是承受剪切应力，承载能力比较弱，如果传动较大的载荷时，不可使用销，而应改用其他零件。而且安装销要开孔，会进一步削弱传动件的强度。定位销在使用时要注意精度的匹配问题。定位，简单地说就是确定零件的位置，在零件上打2~3个洞，插上定位销，配合的零件也打同样几个洞，装配套上去后，在要求范围就可保持不移动。销一般分为：圆柱销、圆锥销和其他销。

常见销的类型、特点和应用如表6-1所示。

表6-1　常见销的类型及特点

类　型		图　形	特　点	应　用
圆柱销	圆柱销		销孔需铰制，多次装拆后会降低定位的精度和联接的紧固。只能传递不大的载荷	直径公差带有m6、h8、h11和u8四种，以满足不同的使用要求	主要用于定位，也可用于连接
	内螺纹圆柱销			直径偏差只有m6一种，内螺纹供拆卸用	B型用于盲孔
	螺纹圆柱销			直径偏差较大，定位精度低	用于精度要求不高的场合
	弹性圆柱销			具有弹性，装入销孔后与孔壁压紧，不易松脱。销孔精度要求较低，可不铰制，互换性好，可多次装拆。刚性较差，不适于高精度定位，载荷大时几个套在一起使用，相邻内外两销的缺口应错开180°	用于有冲击、振动的场合，可代替部分圆柱销、圆锥销、开口销或销轴

续表

类 型		图 形	特 点	应 用
圆锥销	圆锥销			主要用于定位，也可用以固定零件，传递动力。多用于经常装卸的场合
	内螺纹圆锥销		有1:50的锥度，便于安装，定位精度比圆柱销高	用于盲孔
	螺尾锥销		在受横向力时能自锁。销孔需铰制，螺纹供拆卸用，螺尾圆锥销制造不便	用于装卸困难的场合，如盲孔
	开尾圆锥销		开尾圆锥销打入销孔后，末端可稍张开，以防止松脱	用于有冲击、振动的场合
槽销			销上有辗压或模锻出的三条纵向沟槽，打入销孔后与孔壁压紧，不易松脱。能承受振动和变载荷。销孔不需要铰制，可多次装拆	主要用于定位，也可用以固定零件，传递动力。多用于经常装卸的场合；用于有严重振动和冲击载荷的场合
销轴				
带孔销			用开口销锁定，拆卸方便	用于铰接处
开口销			工作可靠，拆卸方便	用于销定其他紧固件
				用于尺寸较大时
安全销			结构简单，形式多样。必要时在销上切出槽口。为防止断销时损坏孔壁，可在孔内加销套	用于传动装置和机器的过载保护，如安全联轴器等过载剪断元件

6.2 圆锥销的绘制

视频文件：视频\06\圆锥销的绘制.avi
结果文件：案例\06\圆锥销.dwg

首先使用构造线、直线、偏移、修剪、倒角等命令进行绘制，然后进行图案的填充，最后进行尺寸的标注，从而完成对圆锥销的绘制。

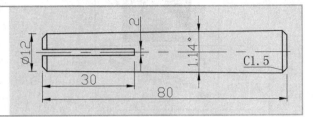

1 启动AutoCAD 2014软件，选择"文件｜打开"菜单命令，将"案例\06\机械模板.dwt"文件打开，再执行"文件｜另存为"菜单命令，将其另存为"案例\06\圆锥销.dwg"文件。

2 在"图层"工具栏的"图层控制"组合框中选择"中心线"图层，使之成为当前图层。执行"直线（L）"命令，绘制水平、竖直两条中心线，如图6-14所示。

图6-14　绘制中心线

3 切换到"粗实线"图层。执行"偏移（O）"命令，将竖直中心线向右偏移30mm、80mm，将水平中心线分别向下偏移1mm、6mm，并将相关线条转换为粗实线，如图6-15所示。

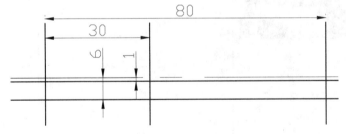

图6-15　偏移线段

4 执行"构造线（XL）"命令，在A点绘制一条角度为-0.57°的构造线，执行"删除（E）"命令，删除多余的线条，如图6-16所示。

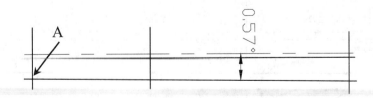

图6-16　绘制构造线

5 执行"修剪（TR）"命令，修剪掉多余的线条；再执行"倒角（CHA）"命令，设置倒角距离均为1.5mm，对左直角进行倒角操作，结果如图6-17所示。

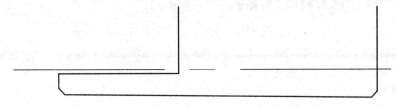

图6-17 修剪线段

6 执行"镜像（MI）"命令，将中心线下面的图形镜像到上方，执行"修剪（TR）"命令，修剪掉多余的线段，如图6-18所示。

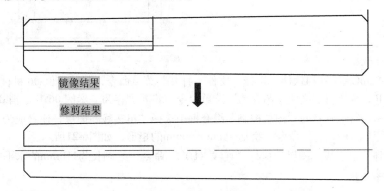

镜像结果

修剪结果

图6-18 镜像并修剪线段

7 执行"直线（L）"命令，连接倒角端点，绘制垂直线段，结果如图6-19所示。

绘制的直线段

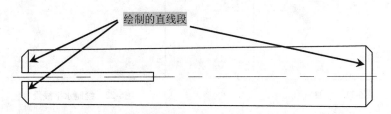

图6-19 绘制线段

8 切换到"尺寸与公差"图层。对图形分别执行"线性标注（DLI）"、"半径标注（DRA）"、"直径标注（DDI）"、"编辑标注（ED）"命令，如图6-20所示。

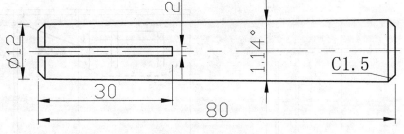

图6-20 最终效果

9 至此，该图形对象已经绘制完毕，按Ctrl+S组合键对文件进行保存。

6.3 其他销的绘制

视频文件：视频\06\其它销的绘制.avi
结果文件：案例\06\其它销.dwg

首先使用矩形、直线、分解、偏移、修剪、倒角、圆等命令进行绘制，然后进行图案的填充，最后进行尺寸的标注，从而完成对其他销的绘制。

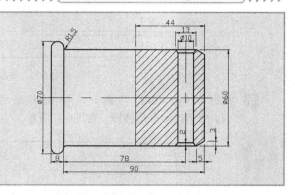

1 启动AutoCAD 2014软件，选择"文件｜打开"菜单命令，将"案例\06\机械模板.dwt"文件打开，再执行"文件｜另存为"菜单命令，将其另存为"案例\06\其他销.dwg"文件。

2 在"图层"工具栏的"图层控制"组合框中选择"粗实线"图层，使之成为当前图层。执行"矩形（REC）"命令，绘制90mm×60mm的矩形，如图6-21所示。

3 切换到"中心线"图层。执行"直线（L）"命令，绘制长为110mm的水平中心线段，如图6-22所示。

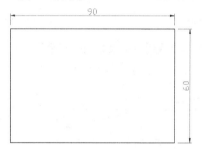

图6-21 绘制矩形

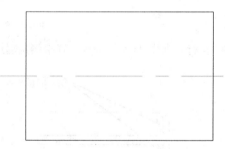

图6-22 绘制水平线段

4 切换到"粗实线"图层。执行"分解（X）"命令，将矩形进行打散操作。

5 执行"偏移（O）"，将矩形的上、下侧的垂直线段向内各偏移2mm，将右侧的垂直线段分别向左偏移5.5mm、7mm、17mm、18.5mm和44mm，结果如图6-23所示。

6 执行"直线（L）"命令，绘制斜线段，如图6-24所示。

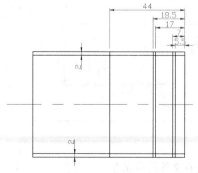

图6-23 偏移线段

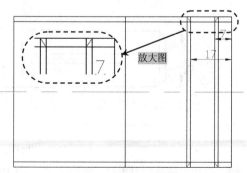

图6-24 绘制斜线段

7 执行"修剪（TR）"命令，修剪掉多余的线条，结果如图6-25所示。

8 执行"倒角（CHA）"命令，进行3mm×5mm的倒角操作，如图6-26所示。

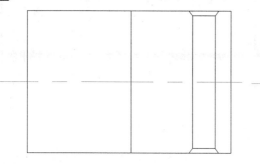

图6-25 修剪多余的线段

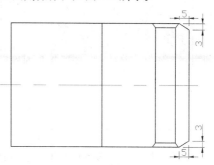

图6-26 倒角操作

9 执行"偏移（O）"命令，将左侧的垂直线段向右偏移78mm，如图6-27所示。

10 将①、②处的线段分别转换为粗虚线、中心线，结果如图6-28所示。

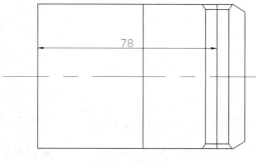

图6-27 偏移线段

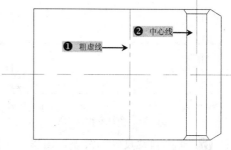

图6-28 转换线型

11 执行"矩形（REC）"命令，绘制8mm×70mm的矩形，使中点与水平中心线段对齐，如图6-29所示。

12 执行"圆（C）"命令，捕捉交点，绘制半径为4mm的圆，使两个圆的上、下象限点与上一步绘制的矩形的水平线段对齐，如图6-30所示。

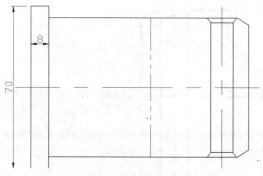

图6-29 绘制矩形

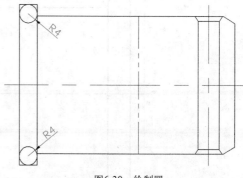

图6-30 绘制圆

13 执行"修剪（TR）"命令，修剪掉多余的线条，如图6-31所示。

14 执行"圆（C）"命令，绘制圆弧与水平线段相切且直径为3mm的圆，如图6-32所示。

15 执行"修剪（TR）"命令，修剪掉多余的线条，如图6-33所示。

16 切换到"剖面线"图层。执行"图案填充（H）"命令，选择样例为"ANSI 31"，比例为1，在指定位置进行图案填充操作，结果如图6-34所示。

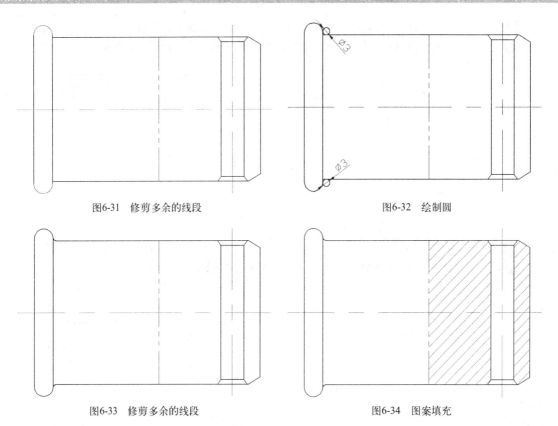

图6-31　修剪多余的线段　　　　　　　　图6-32　绘制圆

图6-33　修剪多余的线段　　　　　　　　图6-34　图案填充

17 切换到"尺寸与公差"图层。对图形分别执行"线性标注（DLI）"、"半径标注（DRA）"、"直径标注（DDI）"、"编辑标注（ED）"命令，最终结果如图6-35所示。

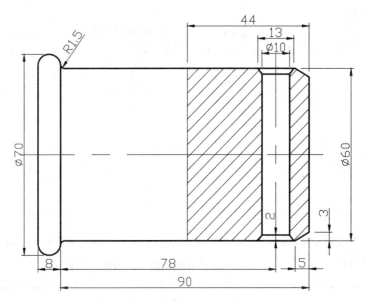

图6-35　最终效果图

18 至此，该图形对象已经绘制完毕，按Ctrl+S组合键对文件进行保存。

6.4 平键的绘制

视频文件：视频\06\平键的绘制.avi
结果文件：案例\06\平键.dwg

首先使用矩形、倒角、直线、分解、偏移、修剪、圆、合并等命令进行绘制，然后进行图案的填充，最后进行尺寸的标注，从而完成对平键的绘制。

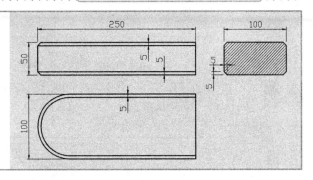

1 启动AutoCAD 2014软件，选择"文件｜打开"菜单命令，将"案例\06\机械模板.dwt"文件打开，再执行"文件｜另存为"菜单命令，将其另存为"案例\06\平键.dwg"文件。

2 在"图层"工具栏的"图层控制"组合框中选择"粗实线"图层，使之成为当前图层。执行"矩形（REC）"命令，绘制250mm×50mm的矩形，如图6-36所示。

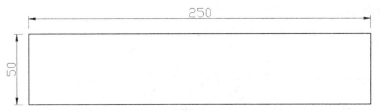

图6-36 绘制矩形

3 执行"分解（X）"命令，将矩形进行打散操作。

4 执行"倒角（CHA）"命令，进行5mm×5mm的倒角操作，如图6-37所示。

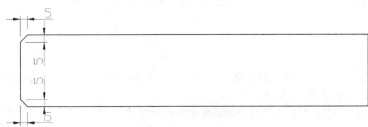

图6-37 倒角操作

5 执行"偏移（O）"命令，将矩形的上、下侧水平线段向内各偏移5mm，如图6-38所示。

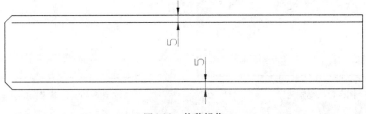

图6-38 偏移操作

6 执行"延伸（EX）"命令，将上一步偏移的水平线段向左侧垂直线段处进行延伸操作，如图6-39所示。

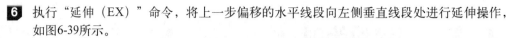

图6-39 延伸操作

7 执行"矩形（REC）"命令，绘制倒角距离为5mm×5mm的100mm×50mm的矩形，使其与上一步绘制的图形水平对齐，结果如图6-40所示。

图6-40 绘制矩形

8 执行"矩形（REC）"命令，绘制250mm×100mm的矩形，使其与上一图形垂直对齐，如图6-41所示。

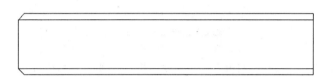

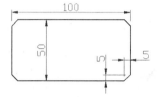

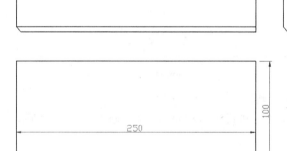

图6-41 绘制矩形

9 执行"圆（C）"命令，捕捉交点，绘制半径为50mm的圆，使其左象限点与矩形左侧的垂直线段中点重合，如图6-42所示。

10 执行"分解（X）"命令，将绘制的矩形进行打散操作。

11 执行"修剪（TR）"命令，修剪掉多余的线段，如图6-43所示。

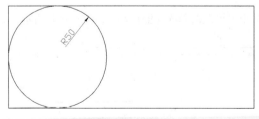

图6-42 绘制圆　　　　　　　　　　　图6-43 修剪多余的线条

12 执行"合并（J）"命令，将①~③合并为一条多段线，如图6-44所示。

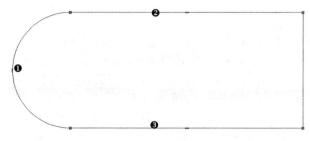

图6-44 合并操作

13 执行"偏移（O）"命令，将多线段向内偏移5mm，结果如图6-45所示。

图6-45 偏移多段线

14 切换到"剖面线"图层。执行"图案填充（H）"命令，选择样例为"ANSI 31"，比例为1，在指定位置进行图案填充操作，结果如图6-46所示。

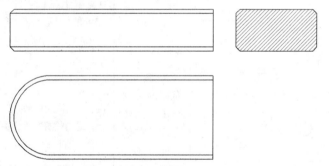

图6-46 图案填充

15 切换到"尺寸与公差"图层。对图形分别执行"线性标注（DLI）"、"半径标注（DRA）"、"直径标注（DDI）"、"编辑标注（ED）"命令，最终结果如图6-47所示。

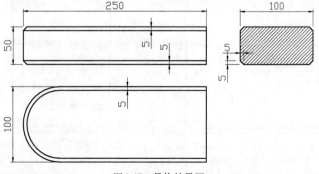

图6-47 最终效果图

16 至此，该图形对象已经绘制完毕，按Ctrl+S组合键对文件进行保存。

专业技能：键的概述

键是一种标准件，用于实现轴与轮毂（如齿轮、带轮、链轮、联轴器等）之间的轴向固定，以传递运动和转矩，还能实现轴上零件的轴向固定或轴向滑动的导向。

键的作用基本相同，只是根据强度的不同选择不同的连接方式。主要类型有：平键、楔键、半圆键、切向键和花键。如果单键连接的强度不够可以采用双键，但是应考虑键的合理布置。两个平键最好相隔180°；两个半圆键则应将轴心线布置在一条直线上；两个楔键之间的夹角一般为90°~120°；两个切向键之间的夹角一般为120°~135°。另外，双键连接的强度按1.5个键计算。

当键连接的轴与毂为过盈配合时，如过盈量较小，则在校核强度时可不考虑过盈连接。

常用键的类型、特点和应用如表6-2所示。

表6-2　常用键的类型、特点和应用

类　型		图　形	特　点	应　用
平键	普通平键	A型 B型 C型	A型用于端铣刀加工的轴槽，键在槽中轴向固定良好，但槽在轴上引起的应力集中较大； B型用于盘铣刀加工的轴槽，轴的应力集中较小； C型用于轴端	应用最广，也适用于高精度、高速或承受变载、冲击的场合，如在轴上固定齿轮、链轮和凸轮等回转零件；薄型平键适用于薄壁结构
	导向平键		靠侧面传递转矩，对中良好，装拆方便。不能实现轴上零件的轴向固定　键用螺钉固定在轴上，键与毂槽为动配合，轴上零件能作轴向移动。为了拆卸方便，设有起键螺孔	用于轴上零件轴向移动量不大的场合，如变速箱中的滑移齿轮
	滑键		键固定在轮毂上，轴上零件能带键作轴向移动	用于轴上零件轴向移动量较大的场合

续表

类 型		图 形	特 点	应 用
半圆键			靠侧面传递转矩，键在轴槽中能绕槽底圆弧曲率中心摆动，装配方便。键槽较深，对轴的削弱较大	一般用于轻载，适用于轴的锥形端部
楔键	普通楔键	斜度 1:100	键上面的两面是工作面。键的上表面和毂槽的底面各有1:100的斜度，装配时需打入，靠楔紧作用传递转矩。能轴向固定零件和传递单向轴向力。但使轴上零件与轴的配合产生偏心与偏斜	用于精度要求不高，转速较低时传递较大的、双向的或有振动的转矩。如在外部轴端上固定带轮，电机轴上固定带轮等一些结构简单紧凑的地方。有钩头的用于不能从另一端将键打出的场合。钩头供拆卸用，应注意加保护罩
	钩头楔键	斜度 1:100		
	切向键	斜度 1:100	由两个斜度为1:100的楔键组成，其上下两面（窄面）为工作面，其中之一面在通过轴心线的平面内。键从两边打入，工作面上的压力沿轴的切线方向作用，能传递很大的转矩，一个切向键只传递一个方向的转矩，传递双向转矩时需用两个，互成120°～135°角，两个不够时可使用四个	用于载荷很大，对中要求不严的场合，常用于直径大于100mm的轴上

6.5 楔键的绘制

视频文件：视频\06\楔键的绘制.avi
结果文件：案例\06\楔键.dwg

首先使用矩形、分解、偏移、直线、修剪等命令进行绘制，然后进行尺寸的标注，从而完成对楔键的绘制。

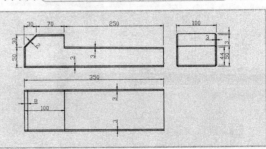

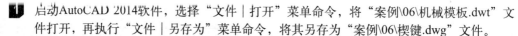

1 启动AutoCAD 2014软件，选择"文件 | 打开"菜单命令，将"案例\06\机械模板.dwt"文件打开，再执行"文件 | 另存为"菜单命令，将其另存为"案例\06\楔键.dwg"文件。

2 在"图层"工具栏的"图层控制"组合框中选择"粗实线"图层，使之成为当前图层。执行"矩形（REC）"命令，绘制100mm×80mm的矩形，如图6-48所示。

3 执行"矩形（REC）"命令，绘制250mm×50mm的矩形，使两个矩形底端水平对齐，如图6-49所示。

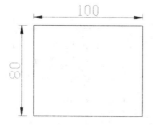

图6-48　绘制矩形

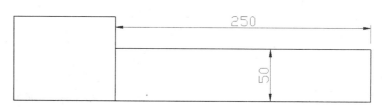

图6-49　绘制矩形

4 执行"分解（X）"命令，将矩形进行打散操作。

5 执行"偏移（O）"命令，将左边矩形的上侧水平线段向下偏移3mm，下侧水平线段向上各偏移3mm和50mm，将左侧的垂直线段向右各偏移3mm和30mm；将右边矩形的上、下侧水平线段分别向内偏移3mm，结果如图6-50所示。

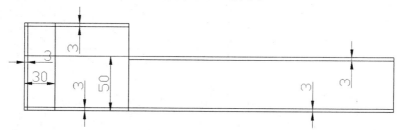

图6-50　偏移线段

6 执行"直线（L）"命令，捕捉端点，绘制斜线段，如图6-51所示。

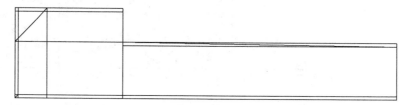

图6-51　绘制斜线段

7 执行"修剪（TR）"命令，修剪掉多余的线段，结果如图6-52所示。

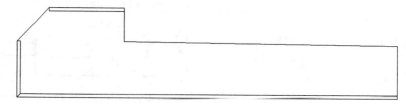

图6-52　修剪多余的线段

8 执行"偏移（O）"命令，将斜线段向内各偏移2mm和3mm，结果如图6-53所示。

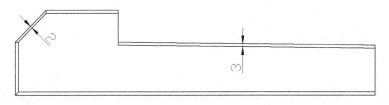

图6-53 偏移线段

9 执行"矩形（REC）"命令，绘制倒角距离为3mm×3mm的100mm×80mm的矩形，使其与上一步绘制的图形进行底端水平对齐，如图6-54所示。

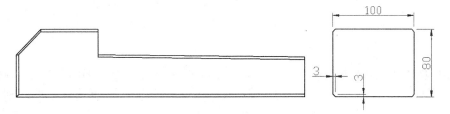

图6-54 绘制矩形

10 执行"分解（X）"命令，将矩形进行打散操作。

11 执行"偏移（O）"命令，将矩形左、右侧的垂直线段向内各偏移3mm，下侧的水平线段向上分别偏移3mm、47mm和50mm，如图6-55所示。

12 执行"直线（L）"命令，捕捉端点，绘制斜线段，如图6-56所示。

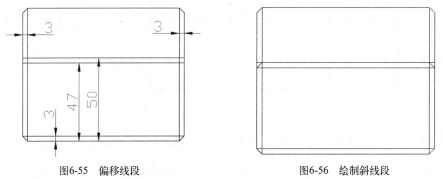

图6-55 偏移线段　　　　　　　　　　　图6-56 绘制斜线段

13 执行"修剪（TR）"命令，修剪掉多余的线段，结果如图6-57所示。

14 执行"矩形（REC）"命令，绘制350mm×100mm的矩形，使其与上一步绘制的图形左侧垂直对齐，如图6-58所示。

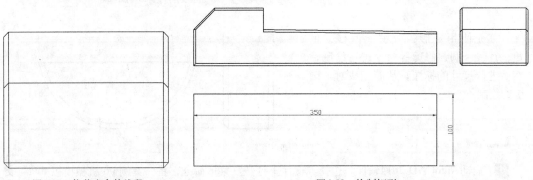

图6-57 修剪多余的线段　　　　　　　　　図6-58 绘制矩形

15 执行"分解（X）"命令，将矩形进行打散操作。

16 执行"偏移（O）"命令，将矩形上、下侧的水平线段向内各偏移3mm，左侧的垂直线段向右各偏移8mm和100mm，如图6-59所示。

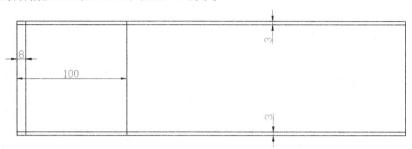

图6-59 偏移线段

17 切换到"尺寸与公差"图层。对图形分别执行"线性标注（DLI）"、"半径标注（DRA）"、"直径标注（DDI）"、"编辑标注（ED）"命令，最终结果如图6-60所示。

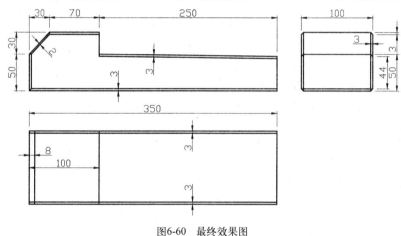

图6-60 最终效果图

18 至此，该图形对象已经绘制完毕，按Ctrl+S组合键对文件进行保存。

6.6 半圆键的绘制

视频文件：视频\06\半圆键的绘制.avi
结果文件：案例\06\半圆键.dwg

　　首先使用矩形、分解、偏移、倒角、直线、圆、修剪等命令进行绘制，然后进行尺寸的标注，从而完成对半圆键的绘制。

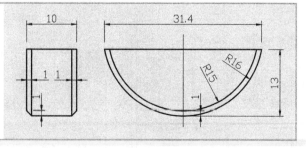

1 启动AutoCAD 2014软件，选择"文件 | 打开"菜单命令，将"案例\06\机械模板.dwt"文件打开，再执行"文件 | 另存为"菜单命令，将其另存为"案例\06\半圆键.dwg"文件。

2 在"图层"工具栏的"图层控制"组合框中选择"粗实线"图层，使之成为当前图层。执行"矩形（REC）"命令，绘制10mm×13mm的矩形，如图6-61所示。

3 执行"分解（X）"命令，将矩形进行打散操作。执行"偏移（O）"命令，将左、右侧的垂直线段向内各偏移1mm，如图6-62所示。

4 执行"倒角（CHA）"命令，对矩形下端进行1mm×1mm的倒角操作，如图6-63所示。

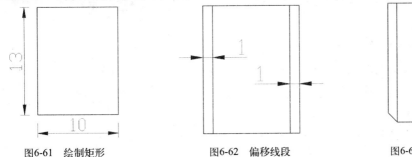 

图6-61　绘制矩形　　　　　　　　图6-62　偏移线段　　　　　　　　图6-63　倒角操作

5 执行"直线（L）"命令，绘制长为34mm、高为18mm的互相垂直的线段，与上一步绘制的图形顶端水平对齐，如图6-64所示。

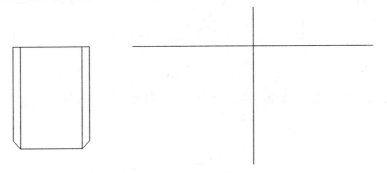

图6-64　绘制线段

6 执行"圆（C）"命令，捕捉交点，绘制半径为16mm的圆，如图6-65所示。

7 执行"移动（M）"命令，将圆向上侧移动3mm，如图6-66所示。

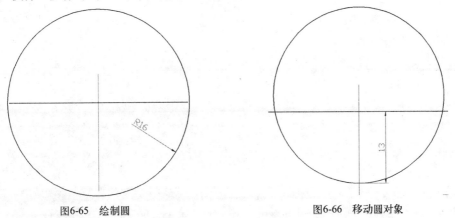

图6-65　绘制圆　　　　　　　　　　　图6-66　移动圆对象

8 执行"修剪（TR）"命令，修剪掉多余的线段，结果如图6-67所示。

9 执行"偏移（O）"命令，将圆弧向内偏移1mm，如图6-68所示。

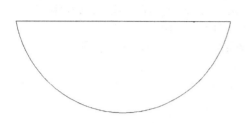

图6-67 修剪多余线条

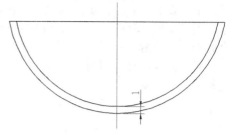

图6-68 偏移圆弧

10 切换到"尺寸与公差"图层。对图形分别执行"线性标注（DLI）"、"半径标注（DRA）"、"直径标注（DDI）"、"编辑标注（ED）"命令，最终结果如图6-69所示。

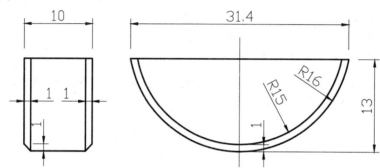

图6-69 最终效果图

11 至此，该图形对象已经绘制完毕，按Ctrl+S组合键对文件进行保存。

第7章
润滑件和法兰的绘制

在机械设计中，降低摩擦、减轻磨损是非常重要的问题，其措施之一就是采用润滑件。法兰是一种盘状零件，在管道工程中最为常见，法兰都是成对使用的。在管道工程中，法兰主要起管道的连接作用。

本章讲解零件的相关基础知识和零件图的绘制方法，教读者使用AutoCAD软件绘制不同类型的零件图，巩固专业知识，掌握软件中各类工具的灵活应用。

主要内容

✓ 掌握油杯和油标的绘制
✓ 掌握整体法兰的绘制

✓ 掌握螺纹法兰和对焊法兰的绘制

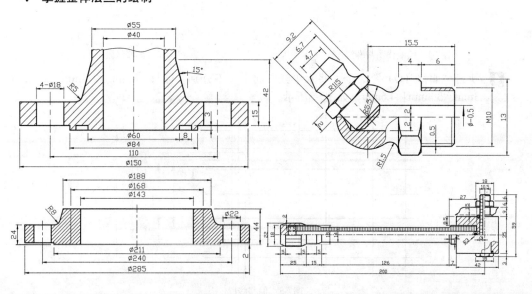

7.1 油杯的绘制

视频文件：视频\07\油杯的绘制.avi
结果文件：案例\07\油杯.dwg

首先使用直线、圆、样条曲线、倒角、偏移、修剪、镜像、旋转等命令进行绘制，然后进行图案的填充，最后进行尺寸的标注，从而完成对油杯的绘制。

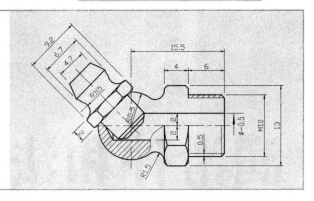

1. 启动AutoCAD 2014软件，选择"文件｜打开"菜单命令，将"案例\07\机械模板.dwt"文件打开，再执行"文件｜另存为"菜单命令，将其另存为"案例\07\油杯.dwg"文件。

2. 在"图层"工具栏的"图层控制"组合框中选择"粗实线"图层，使之成为当前图层。执行"直线（L）"命令，绘制长为17mm和高为12mm的互相垂直的基准线，如图7-1所示。

3. 执行"偏移（O）"命令，将垂直线段向右各偏移2.5mm、3.5mm、2mm、4mm、0.5mm和0.5mm，结果如图7-2所示。

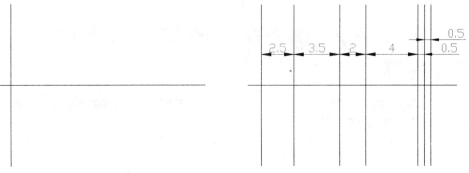

图7-1 绘制作图基准线   图7-2 偏移线段

4. 执行"偏移（O）"命令，将水平线段向上、下分别各偏移1.8mm、2.4mm、2.5mm、3mm、3.3mm和4.6mm，如图7-3所示。

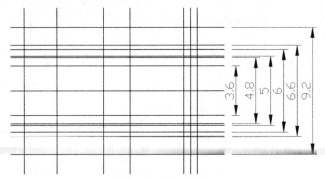

图7-3 偏移线段

5 执行"直线（L）"命令，捕捉端点，绘制斜线段，如图7-4所示。

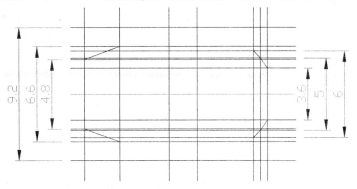

图7-4 绘制斜线段

6 执行"修剪（TR）"命令，修剪掉多余的线条，结果如图7-5所示。

7 执行"偏移（O）"命令，将中间矩形部分的上、下水平线段向内各偏移2.3mm，如图7-6所示。

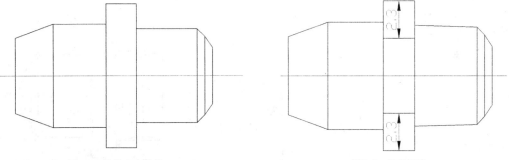

图7-5 修剪多余线段　　　　　　　　图7-6 偏移线段

8 执行"倒角（CHA）"命令，进行0.3mm×0.2mm的倒角操作，如图7-7所示。

9 执行"圆（C）"命令，分别绘制半径为3.1mm和10.54mm的圆，使圆的左象限点与垂直线段重合，如图7-8所示。

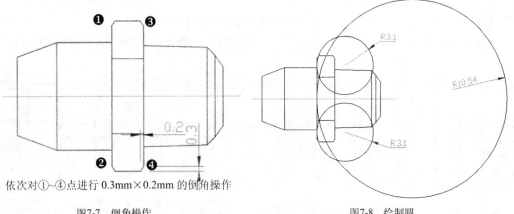

依次对①~④点进行 0.3mm×0.2mm 的倒角操作

图7-7 倒角操作　　　　　　　　图7-8 绘制圆

10 执行"修剪（TR）"命令，修剪掉多余的线段，结果如图7-9所示。

11 执行"镜像（MI）"命令，将上一步修剪的圆弧段向右镜像复制操作，结果如图7-10所示。

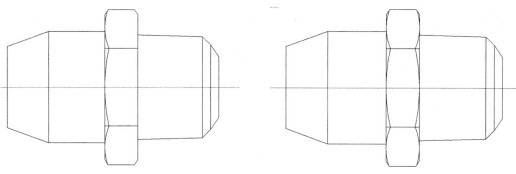

图7-9　修剪多余的线段　　　　　　　　　　　图7-10　镜像操作

12 执行"偏移（O）"命令，将垂直线段向右偏移1.5mm，如图7-11所示。

13 执行"圆（C）"命令，绘制半径为3.3mm的圆，使圆的上、下象限点与上一步偏移产生的垂直线段交点重合，结果如图7-12所示。

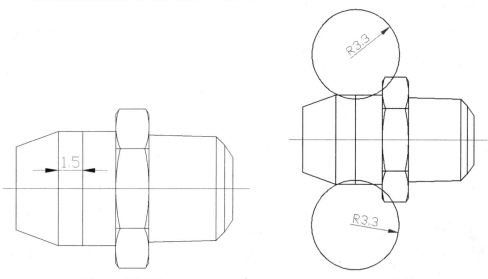

图7-11　偏移线段　　　　　　　　　　　　　图7-12　绘制圆

14 执行"修剪（TR）"命令，修剪掉多余的线段，结果如图7-13所示。

15 执行"偏移（O）"命令，将水平中心线段向上、下侧各偏移2.8mm，如图7-14所示。

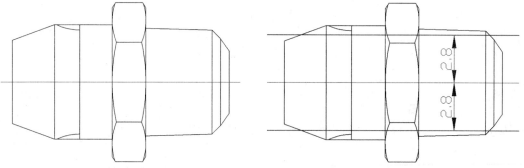

图7-13　修剪多余线段　　　　　　　　　　　图7-14　偏移线段

16 执行"圆（C）"命令，绘制与A、B、C、D点相切且半径为1.5mm的圆，如图7-15所示。

17 执行"修剪（TR）"命令，修剪掉多余的线段，结果如图7-16所示。

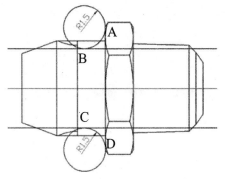

图7-15　绘制圆

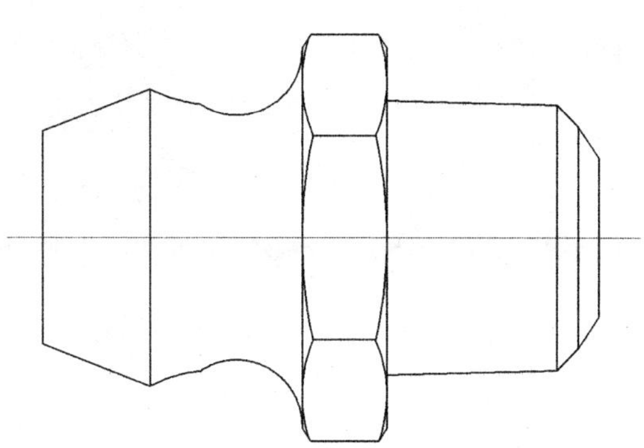

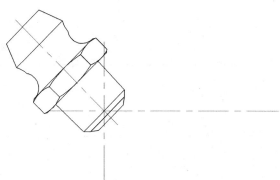

图7-16　修剪多余线段

18 执行"旋转（RO）"命令，将图形旋转-45°，结果如图7-17所示。

19 切换到"中心线"图层。执行"直线（L）"命令，绘制长为24mm和高为14mm的互相垂直的基准线，如图7-18所示。

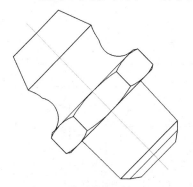

图7-17　旋转图形对象

图7-18　绘制基准线

20 执行"偏移（O）"命令，将垂直中心线段向右分别偏移3.2mm、2.3mm、4mm、和6mm，如图7-19所示。

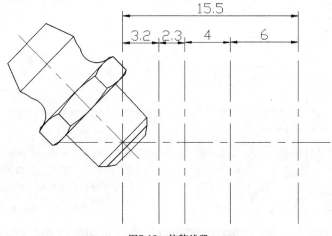

图7-19　偏移线段

21 执行"偏移（O）"命令，将水平中心线段向上分别偏移2mm、3mm和1.5mm，向下分别偏移2mm、1.2mm、1.8mm和1.5mm，如图7-20所示。

22 将上两步偏移产生的线段，转换到"粗实线"图层，如图7-21所示。

23 执行"修剪（TR）"命令，修剪掉多余的线条，结果如图7-22所示。

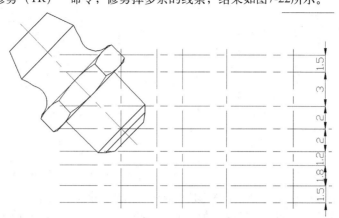

图7-20　偏移线段

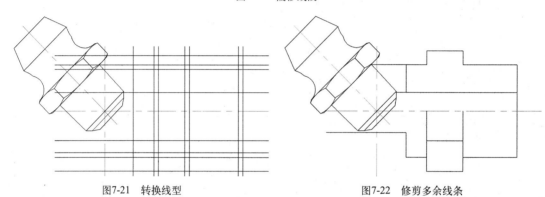

图7-21　转换线型　　　　　　　　　　　　图7-22　修剪多余线条

24 执行"偏移（O）"命令，将右侧垂直线段向左偏移0.5mm，上、下侧水平线段向内各偏移0.5mm，如图7-23所示。

25 执行"倒角（CHA）"命令，对指定位置进行倒角操作，如图7-24所示。

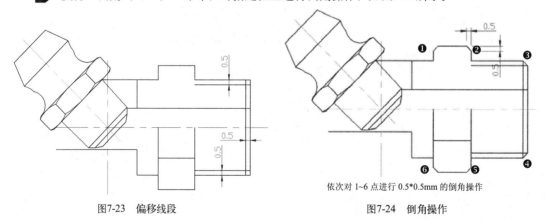

依次对 1~6 点进行 0.5*0.5mm 的倒角操作

图7-23　偏移线段　　　　　　　　　　　　图7-24　倒角操作

26 执行"圆（C）"命令，绘制半径为2.9mm和10.1mm的圆，使圆的左象限点与垂直线段处A点重合，结果如图7-25所示。

27 执行"修剪（TR）"命令，修剪掉多余的线条，结果如图7-26所示。

28 执行"镜像（MI）"命令，将圆弧对象镜像复制到右侧，如图7-27所示。

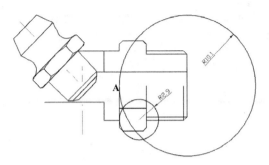

图7-25 绘制圆

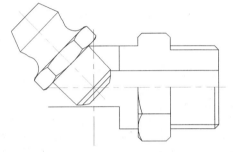

图7-26 修剪多余的线条

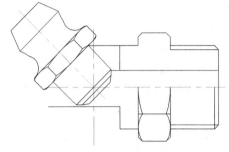

图7-27 镜像操作

29 执行"圆（C）"命令，捕捉水平、垂直中心线段的交点为圆心，绘制半径为5.5mm的圆，如图7-28所示。

30 执行"圆（C）"命令，分别绘制与*A*、*B*、*C*、*D*处相切且半径为1.5mm的圆，如图7-29所示。

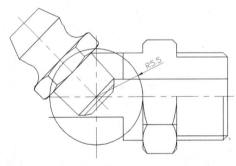

图7-28 绘制圆

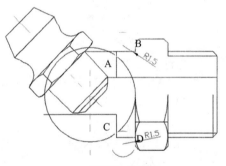

图7-29 绘制圆

31 执行"修剪（TR）"命令，修剪掉多余的线条，结果如图7-30所示。

32 执行"偏移（O）"命令，将垂直中心线段向左侧偏移3mm，如图7-31所示。

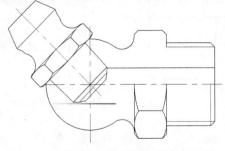

图7-30 修剪多余的线条

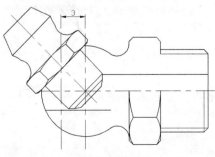

图7-31 偏移线段

33 执行"直线（L）"命令，捕捉端点，绘制斜线段，如图7-32所示。

34 切换到"细实线"图层。执行"样条曲线（SPL）"命令，绘制一条样条曲线，如图7-33所示。

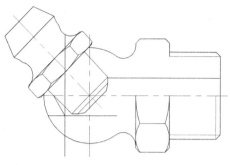 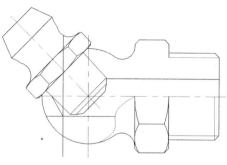

图7-32 偏移线段 　　　　　　　　　　　　　　　图7-33 绘制样条曲线

35 执行"修剪（TR）"命令，修剪掉多余的线条，如图7-34所示。

36 切换到"剖面线"图层。执行"图案填充（H）"命令，选择样例为"ANSI 31"，比例为0.2，在指定位置进行图案填充操作，效果如图7-35所示。

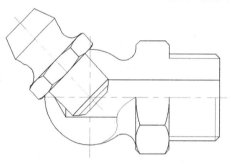 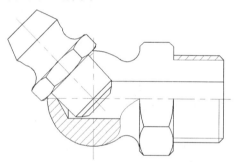

图7-34 修剪多余的线条 　　　　　　　　　　　　图7-35 图案填充

37 切换到"尺寸与公差"图层。对图形分别执行"线性标注（DLI）"、"对齐标注（DAL）"、"半径标注（DRA）"、"直径标注（DDI）"、"角度标注（DAN）"、"编辑标注（ED）"命令，最终结果如图7-36所示。

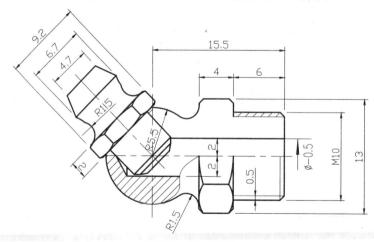

图7-36 最终效果图

38 至此，该图形对象已经绘制完毕，按Ctrl+S组合键对文件进行保存。

专业技能：润滑件的概述

　　润滑件又称为润滑设备，是向润滑部位供给润滑剂的一系列的给油脂、排油脂及其附属装置的总称。机械设备都需要定期进行润滑，以前润滑的主要方式是根据设备的工作状况，到达一定的保养周期后进行人工润滑，比如通俗说的打黄油。

　　机械中的可动零部件，在压力下接触而作相对运动时，其接触表面间就会产生摩擦，造成能量损耗和机械磨损，影响机械运动的精度和使用寿命。因此，在机械设计中，考虑降低摩擦、减轻磨损是一个非常重要的问题，其措施之一就是采用润滑。

　　润滑件的作用主要如下。

　　(1) 减少摩擦、减轻磨损。加入润滑剂后，在摩擦表面形成一层油膜，可防止金属直接接触，从而大大减少摩擦磨损和机械功率的损耗。

　　(2) 降温冷却，摩擦表面经润滑后，其摩擦因数大为降低，使摩擦发热量减少；当采用液体润滑剂循环润滑时，润滑油流过摩擦表面带走部分摩擦热量，起散热降温作用，保证运动时的温度不会升得过高。

　　(3) 清洗作用，润滑油流过摩擦表面时，能够带走磨损落下的金属磨屑和污物。

　　(4) 防止腐蚀，润滑剂中都含有防腐、防锈添加剂，吸附于零件表面的油膜，可避免或减少由腐蚀引起的损坏。

　　(5) 缓冲减振，润滑剂都有在金属表面附着的能力，且本身的剪切阻力小，所以在运动副表面受到冲击载荷时，具有吸振的能力。

　　(6) 密封作用，润滑脂具有自封作用，一方面可以防止润滑剂流失，另一方面可以防止水分和杂质的侵入。

　　用于润滑的器件有：油嘴、油杯、油环、减速器、油绳、油垫和油链等。常见油杯如表7-1所示。

表7-1　常见油杯

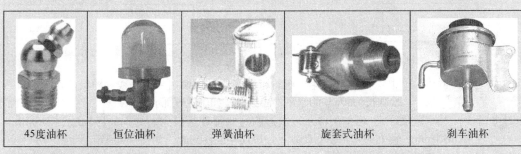

45度油杯	恒位油杯	弹簧油杯	旋套式油杯	刹车油杯

　　常见油标如表7-2所示。

表7-2　油标图

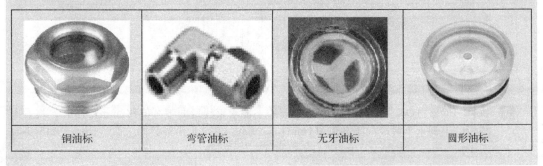

铜油标	弯管油标	无牙油标	圆形油标

7.2 油标的绘制

视频文件：视频\07\油标的绘制.avi
结果文件：案例\07\油标.dwg

　　首先使用直线、矩形、样条曲线、圆、倒角、偏移、修剪、镜像、延伸等命令进行绘制，然后进行图案的填充，最后进行尺寸的标注，从而完成对油标的绘制。

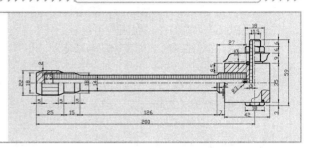

1 启动AutoCAD 2014软件，选择"文件 | 打开"菜单命令，将"案例\07\机械模板.dwt"文件打开，再执行"文件 | 另存为"菜单命令，将其另存为"案例\07\油标.dwg"文件。

2 在"图层"工具栏的"图层控制"组合框中选择"粗实线"图层，使之成为当前图层。执行"矩形（REC）"命令，绘制25mm×22mm的矩形，如图4-37所示。。

3 执行"矩形（REC）"命令，绘制15mm×18mm的矩形，使其与上一个矩形中点水平对齐，如图7-38所示。

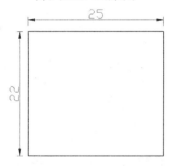

图7-37　绘制矩形

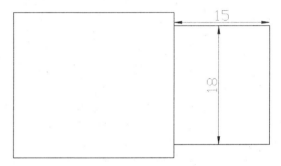

图7-38　绘制矩形

4 执行"分解（X）"命令，将矩形进行打散操作。切换到"中心线"图层。执行"直线（L）"命令，绘制长为50mm的水平中心线段，如图7-39所示。

5 执行"偏移（O）"命令，将左边矩形的左侧垂直线段向右分别偏移5mm、2.5mm、7.5mm和5mm，将右边矩形的右侧垂直线段向左偏移5mm，如图7-40所示。

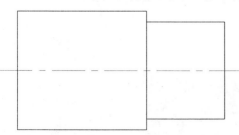

图7-39　绘制水平线段

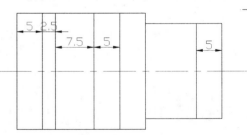

图7-40　偏移线段

6 执行"偏移（O）"命令，将左边矩形的上侧水平线段向下各偏移2mm和1mm，将右边矩形的上侧水平线段向下各偏移1mm和4.5mm，下侧水平线段向上偏移1mm，如图7-41所示。

7 执行"倒角（CHA）"命令，进行5mm×2mm的倒角操作，如图7-42所示。

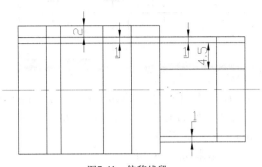

图7-41 偏移线段

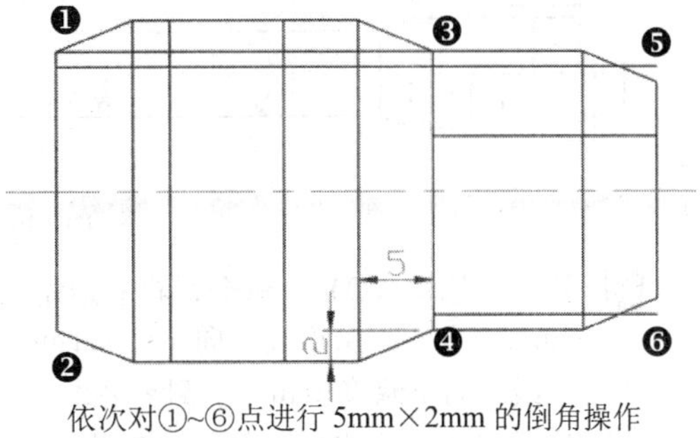

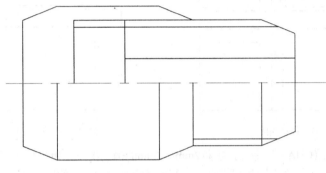

依次对①～⑥点进行 5mm×2mm 的倒角操作

图7-42 倒角操作

8 执行"修剪（TR）"命令，修剪掉多余的线段，结果如图7-43所示。

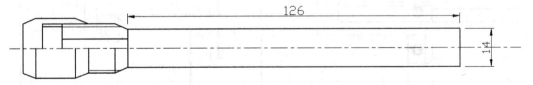

图7-43 修剪多余的线段

9 切换到"粗实线"图层。执行"矩形（REC）"命令，在图形右侧绘制126mm×14mm的矩形，使其与左边的图形水平对齐，如图7-44所示。

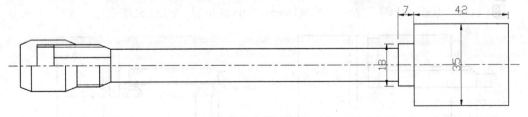

图7-44 绘制矩形

10 执行"矩形（REC）"命令，绘制7mm×18mm和42mm×35mm的矩形，使其左边的图形中点水平对齐，如图7-45所示。

图7-45 绘制矩形

11 执行"分解（X）"命令，将上一步绘制的矩形进行打散操作。

12 执行"延伸（EX）"命令，将A、B、C处的水平线段向右侧的矩形进行延伸操作，如图7-46所示。

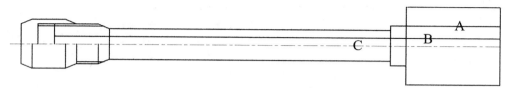

图7-46　延伸线段

13 执行"偏移（O）"命令，将右边矩形的右侧垂直线段向左各偏移14mm、2mm、3mm和3mm，上侧的水平线段向下偏移1mm；将小矩形左侧的垂直线段向右偏移2mm，上侧水平线段向下偏移1mm，下侧水平线段向上偏移1mm，如图7-47所示。

14 执行"修剪（TR）"命令，修剪掉多余的线段，结果如图7-48所示。

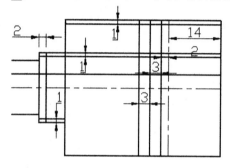

图7-47　偏移线段

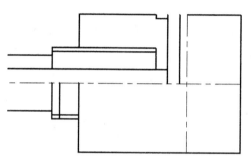

图7-48　修剪多余的线段

15 执行"倒角（CHA）"命令，进行2mm×2mm的倒角操作，如图7-49所示。

16 执行"圆（C）"命令，捕捉交点，绘制半径为2mm和3mm的同心圆，如图7-50所示。

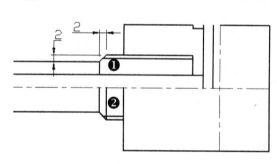

图7-49　倒角操作

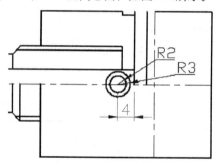

图7-50　绘制圆

17 执行"修剪（TR）"命令，修剪掉多余的线条，如图7-51所示。

18 执行"矩形（REC）"命令，绘制18mm×3mm的矩形，如图7-52所示。

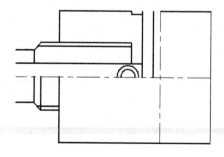

图7-51　修剪多余的线条

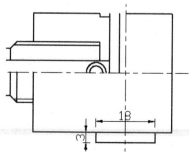

图7-52　绘制矩形

19 为了看图清楚，截取右侧矩形部分的图形进行编辑操作。

20 执行"分解（X）"命令，将矩形进行打散操作。

21 执行"偏移（O）"命令，将左侧的垂直线段向右各偏移4.5mm和9mm，如图7-53所示。

22 执行"倒角（CHA）"命令，对矩形下侧左、右对角A、B处进行1mm×1mm的倒角操作，结果如图7-54所示。

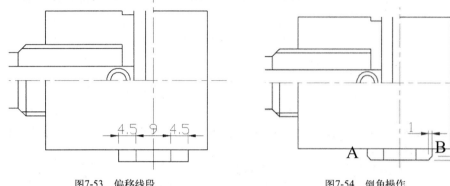

图7-53 偏移线段　　　　　　　　　　图7-54 倒角操作

23 执行"圆（C）"命令，绘制半径为3.65mm和13.5mm的圆，使圆的下象限点与矩形的水平线段对齐，如图7-55所示。

24 执行"修剪（TR）"命令，修剪掉多余的线段，结果如图7-56所示。

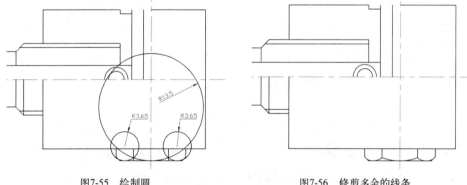

图7-55 绘制圆　　　　　　　　　　图7-56 修剪多余的线条

25 执行"偏移（O）"命令，将右侧垂直线段向左偏移7.5mm，如图7-57所示。

26 执行"矩形（REC）"命令，绘制2mm×2mm的正方形，如图7-58所示。

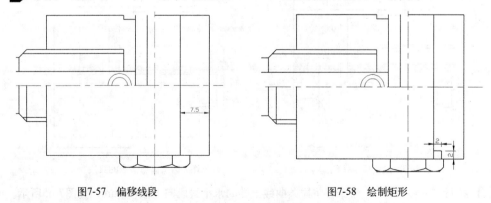

图7-57 偏移线段　　　　　　　　　　图7-58 绘制矩形

27 执行"圆（C）"命令，绘制直径为2mm的内切圆，如图7-59所示。

28 执行"样条曲线（SPL）"命令，绘制一条样条曲线，如图7-60所示。

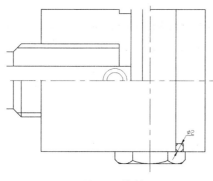

图7-59　绘制圆　　　　　　　　　　　　　图7-60　绘制样条曲线

29 执行"矩形（REC）"命令，绘制43mm×9mm的矩形，使其与下部分的图形垂直对齐，如图7-61所示。

30 执行"分解（X）"命令，将矩形进行打散操作。

31 执行"偏移（O）"命令，将矩形下侧的水平线段向上偏移1.5mm，左侧垂直线段向右偏移10mm，右侧垂直线段向左各偏移9mm和1mm，如图7-62所示。

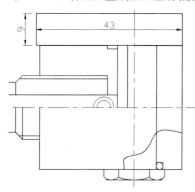

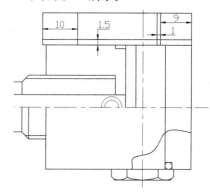

图7-61　绘制矩形　　　　　　　　　　　　图7-62　偏移线段

32 执行"样条曲线（SPL）"命令，绘制样条曲线，如图7-63所示。

33 执行"修剪（TR）"命令，将多余的线条修剪掉，如图7-64所示。

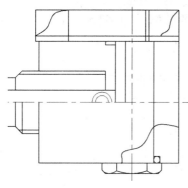
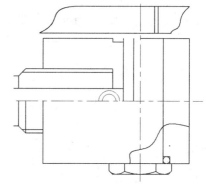

图7-63　绘制样条曲线　　　　　　　　　　图7-64　修剪多余的线段

34 执行"偏移（O）"命令，将样条曲线上端的水平线段向上偏移3mm，如图7-65所示。

35 执行"镜像（MI）"命令，进行镜像复制操作，结果如图7-66所示。

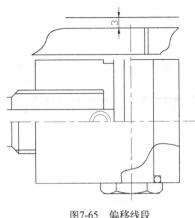

图7-65 偏移线段

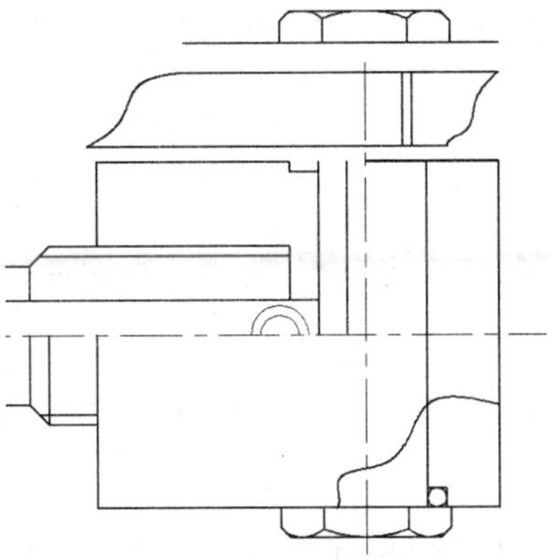

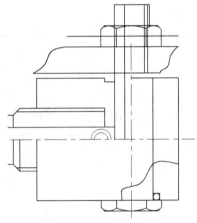

图7-66 镜像操作

36 执行"矩形（REC）"命令，绘制10.5mm×6mm的矩形，使其中点与下侧图形垂直对齐，如图7-67所示。

37 执行"延伸（EX）"命令，将垂直线段进行延伸处理，结果如图7-68所示。

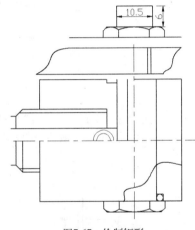

图7-67 绘制矩形

图7-68 延伸垂直线段

38 执行"倒角（CHA）"命令，进行1mm×1mm的倒角操作，如图7-69所示。

39 执行"修剪（TR）"命令，修剪掉多余的线条，结果如图7-70所示。

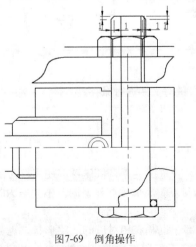

图7-69 倒角操作

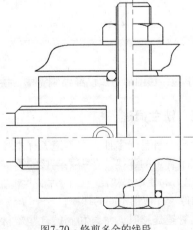

图7-70 修剪多余的线段

40 将部分线段转换为相应的线条，如图7-71所示。

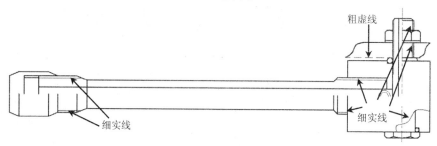

图7-71　转换线型

41 切换到"剖面线"图层。执行"图案填充（H）"命令，选择相应的样例和比例，在指定位置进行图案填充操作，效果如图7-72所示。

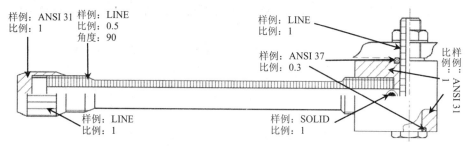

图7-72　图案填充

42 切换到"尺寸与公差"图层。对图形分别执行"线性标注（DLI）"、"半径标注（DRA）"、"直径标注（DDI）"、"编辑标注（ED）"命令，最终结果如图7-73所示。

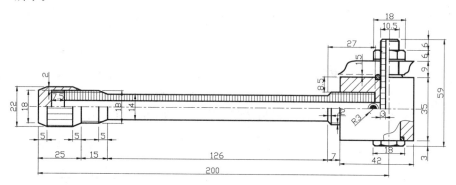

图7-73　最终效果图

43 至此，该图形对象已经绘制完毕，按Ctrl+S组合键对文件进行保存。

专业技能：法兰概述

　　法兰是一种盘状零件，在管道工程中最为常见，法兰都是成对使用的。在管道工程中，法兰主要用于管道的连接。在需要连接的管道中，各安装一片法兰盘，低压可以使用丝接法兰，4kg以上压力的使用焊接法兰。两片法兰盘之间加上密封点，然后用螺栓坚固。不同压力的法兰有不同的厚度和使用不同的螺栓。

　　在与管道连接时，水泵和阀门这些器材设备的局部，也制成相对应的法兰形状，也称为法兰连接。凡是在两个平面在周边使用螺栓连接同时封闭的连接零件，一般都称为"法兰"，在通风管道的连接，这一类零件可以称为"法兰类零件"。

◆ 整体法兰：其法兰环与筒体（或接管）、锥颈三者能有效地连接成一个整体结构，共同承受法兰力矩的作用。

◆ 螺纹法兰：常用于不易焊接的场合，在温度高于260℃或低于-45℃的管道上不宜使用。法兰与接管采用螺纹连接。

◆ 对焊法兰：将法兰焊颈端与管子焊端加工成一定形式的焊接坡口后，直接焊接而得；这种法兰施工方便、法兰强度高、适应范围广，用于高温高压及低温的工艺管线，是应用最广的法兰。

常见法兰如表7-3所示。

表7-3　常见法兰

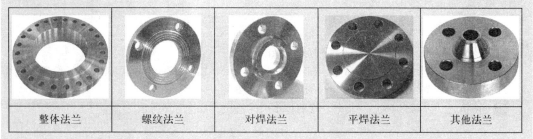

整体法兰	螺纹法兰	对焊法兰	平焊法兰	其他法兰

7.3　整体法兰的绘制

视频文件：视频\07\整体法兰的绘制.avi
结果文件：案例\07\整体法兰.dwg

首先使用构造线、直线、圆、修剪、偏移、镜像等命令进行绘制，转换相应的线型，然后进行图案的填充，最后进行尺寸的标注，从而完成对整体法兰的绘制。

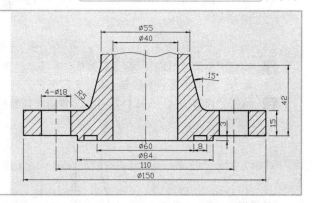

1 启动AutoCAD 2014软件，选择"文件│打开"菜单命令，将"案例\07\机械模板.dwt"文件打开，再执行"文件│另存为"菜单命令，将其另存为"案例\07\整体法兰.dwg"文件。

2 在"图层"工具栏的"图层控制"组合框中选择"中心线"图层，使之成为当前图层。执行"直线（L）"命令，绘制水平、竖直两条中心线，结果如图7-74所示。

3 执行"偏移（O）"命令，将竖直中心线向左偏移9mm、20mm，向右偏移9mm、13 mm、17 mm、25 mm、27.5 mm、35 mm，将水平中心线向下偏移3mm，向上偏移15mm、42mm，并将相关线段转换为粗实线，如图7-75所示。

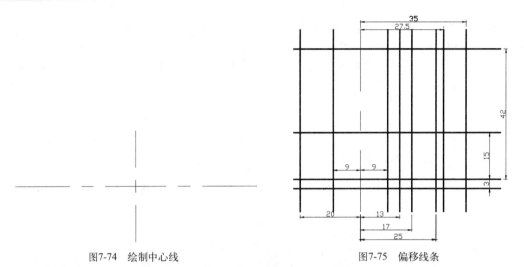

图7-74　绘制中心线　　　　　　　　　　　图7-75　偏移线条

4 执行"修剪（TR）"命令，修剪掉多余的线条。

5 执行"构造线（XL）"命令，在A点（偏移42mm和偏移27.5mm的线相交点）绘制角度为75°的构造线，且与偏移15mm的线段相交与B点。

6 再执行"修剪（TR）"命令，修剪掉多余的线条，如图7-76所示。

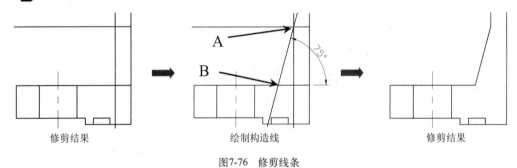

修剪结果　　　　　　　　　　　绘制构造线　　　　　　　　　　　修剪结果

图7-76　修剪线条

7 执行"倒圆角（F）"命令，对B点进行半径为5mm的倒角操作；再执行"修剪（TR）"命令，修剪掉多余的线条，如图7-77所示。

8 执行"样条曲线（SPL）"命令，将图形顶端空白处进行连接，并转换到细实线图层，如图7-78所示。

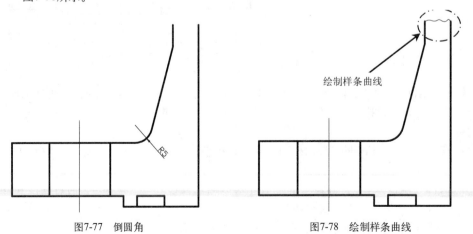

图7-77　倒圆角　　　　　　　　　　　图7-78　绘制样条曲线

9 执行"偏移（O）"命令，将竖直中心线向右偏移55mm；再执行"镜像（MI）"命令，将图形以新中心线镜像到右侧。

10 执行"样条曲线（SPL）"命令，将图形顶端空白处进行连接，并转换到细实线图层，如图7-79所示。

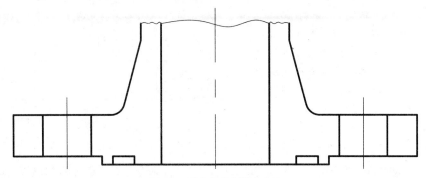

图7-79　镜像并绘制样条曲线

11 切换到"剖面线"图层。执行"图案填充（H）"命令，选择样条比例为"ANSI 31"，比例为1，在指定位置进行图案填充操作，如图7-80所示。

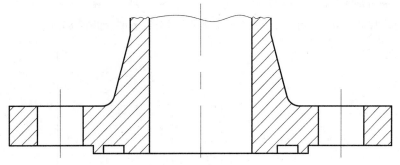

图7-80　绘制剖面线

12 切换到"尺寸与公差"图层。对图形分别执行"线性标注（DLI）"、"半径标注（DRA）"、"直径标注（DDI）"、"编辑标注（ED）"命令，如图7-81所示。

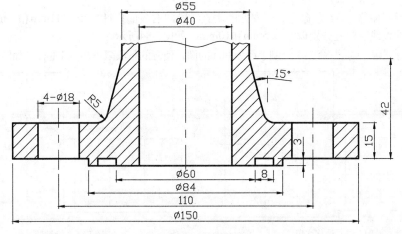

图7-81　最终效果

13 至此，该图形对象已经绘制完毕，按Ctrl+S组合键对文件进行保存。

7.4 螺纹法兰的绘制

视频文件：视频\07\螺纹法兰的绘制.avi
结果文件：案例\07\螺纹法兰.dwg

首先使用矩形、分解、直线、圆、修剪、偏移、移动、镜像等命令进行绘制，转换相应的线型，然后进行图案的填充，最后进行尺寸的标注，从而完成对螺纹法兰的绘制。

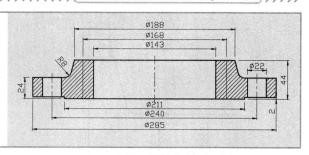

1. 启动AutoCAD 2014软件，选择"文件｜打开"菜单命令，将"案例\07\机械模板.dwt"文件打开，再执行"文件｜另存为"菜单命令，将其另存为"案例\07\螺纹法兰.dwg"文件。

2. 在"图层"工具栏的"图层控制"组合框中选择"粗实线"图层，使之成为当前图层。执行"矩形（REC）"命令，绘制37mm×22mm和34mm×44mm的矩形，使其底端水平对齐，如图7-82所示。

3. 执行"移动（M）"命令，将右侧的矩形向下移动2mm，如图7-83所示。

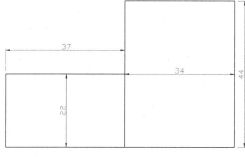

图7-82 绘制矩形

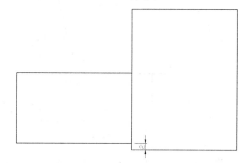

图7-83 移动矩形

4. 执行"分解（X）"命令，将矩形进行打散操作。

5. 执行"偏移（O）"命令，将左侧的垂直线段向右各偏移11.5mm、11mm和11mm，将右侧的垂直线段向左分别偏移12.5mm和10mm，如图7-84所示。

6. 执行"圆（C）"命令，绘制半径为8mm的圆，使圆的下象限点与点A重合，如图7-85所示。

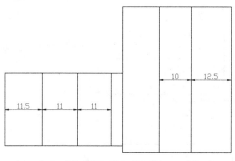

图7-84 偏移线段

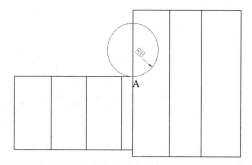

图7-85 绘制圆

7. 执行"直线（L）"命令，绘制与圆相切的斜线段，如图7-86所示。

8 执行"修剪（TR）"命令，修剪掉多余的线条，结果如图7-87所示。

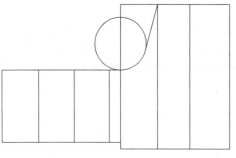 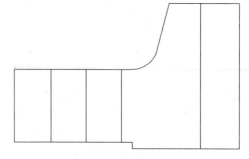

图7-86　绘制斜线段　　　　　　　　　　图7-87　修剪多余的线段

9 执行"偏移（O）"命令，将右侧的垂直线段向右偏移71.5mm，如图7-88所示。

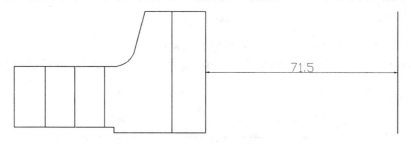

图7-88　偏移线段

10 执行"直线（L）"命令，绘制水平线段，如图7-89所示。

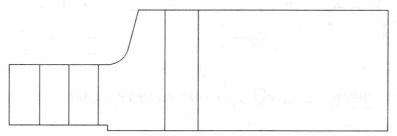

图7-89　绘制水平线段

11 转换部分线段的线型，并执行"拉伸（S）"命令，将垂直中心线段向上、下两侧各拉伸5mm，结果如图7-90所示。

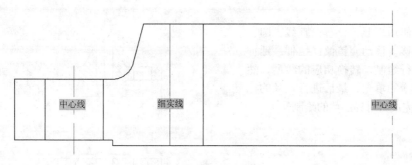

图7-90　转换线型和拉伸线段

12 执行"镜像（MI）"命令，将图形对象向右侧进行镜像复制操作，结果如图7-91所示。

图7-91　镜像操作

13 切换到"剖面线"图层。执行"图案填充（H）"命令，选择样条比例为"ANSI 31"，比例为1，在指定位置进行图案填充操作，效果如图7-92所示。

图7-92　图案填充

14 切换到"尺寸与公差"图层。对图形分别执行"线性标注（DLI）"、"半径标注（DRA）"、"直径标注（DDI）"、"编辑标注（ED）"命令，最终结果如图7-93所示。

图7-93　最终效果图

15 至此，该图形对象已经绘制完毕，按Ctrl+S组合键对文件进行保存。

7.5　对焊法兰的绘制

视频文件：视频\07\对焊法兰的绘制.avi
结果文件：案例\07\对焊法兰.dwg

　　首先使用矩形、分解、直线、圆、修剪、偏移、移动、镜像、拉伸、延伸等命令进行绘制，转换相应的线型，然后进行图案的填充，最后进行尺寸的标注，从而完成对对焊法兰的绘制。

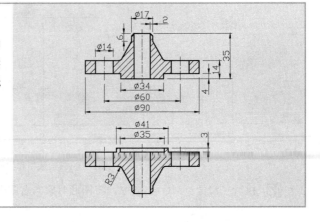

1 启动AutoCAD 2012软件，选择"文件｜打开"菜单命令，将"案例\07\机械模板.dwt"文件打开，再执行"文件｜另存为"菜单命令，将其另存为"案例\07\对焊法兰.dwg"文件。

2 在"图层"工具栏的"图层控制"组合框中选择"粗实线"图层，使之成为当前图层。

3 执行"矩形（REC）"命令，绘制28mm×10mm和17mm×35mm的矩形，使其底端水平对齐，如图7-94所示。

4 执行"移动（M）"命令，将右侧的矩形向下移动4mm，如图7-95所示。

图7-94 绘制矩形

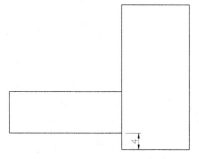

图7-95 绘制矩形

5 执行"分解（X）"命令，将矩形进行打散操作。

6 执行"偏移（O）"命令，将左边矩形的左侧垂直线段向右各偏移8mm、7mm和7mm，将右边矩形的右侧垂直线段向左各偏移6.5mm和2mm，将上侧的水平线段向下偏移6mm，如图7-96所示。

7 执行"直线（L）"命令，捕捉端点，绘制一条斜线段，如图7-97所示。

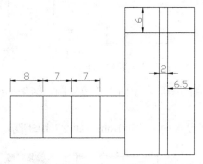

图7-96 偏移线段

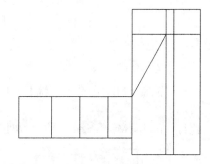

图7-97 绘制斜线段

8 执行"修剪（TR）"命令，修剪掉多余的线条，结果如图7-98所示。

9 转换部分垂直线段为"中心线"；再执行"拉伸（S）"命令，将转换的垂直中心线段向上、下侧各拉伸3mm，如图7-99所示。

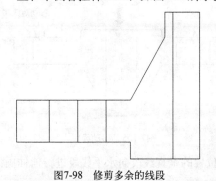

图7-98 修剪多余的线段

图7-99 拉伸线段

10 执行"圆（C）"命令，绘制与A、B点相切且半径为3mm的圆，如图7-100所示。

11 执行"修剪（TR）"命令，修剪掉多余的线条，如图7-101所示。

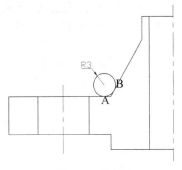
图7-100　绘制圆

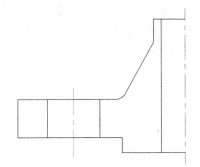
图7-101　修剪多余的线段

12 执行"倒角（CHA）"命令，进行距离为2mm×2mm的倒角操作，如图7-102所示。

13 执行"镜像（MI）"命令，将上一步编辑8的图形向右侧进行镜像复制操作，结果如图7-103所示。

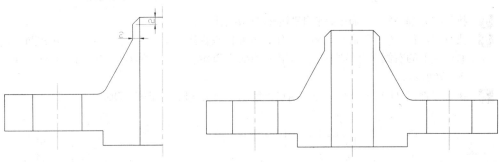

图7-102　倒角操作　　　　　　　　　　　　　图7-103　镜像操作

14 执行"镜像（MI）"命令，将上一步镜像得到的图形对象向下镜像复制，结果如图7-104所示。

15 执行"移动（M）"命令，将A、B处的水平线段各向上移动1mm，如图7-105所示。

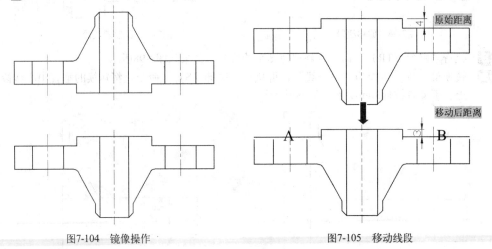

图7-104　镜像操作　　　　　　　　　　　　　图7-105　移动线段

16 执行"延伸（EX）"命令，将上一步移动位置的垂直线段向水平线段进行延伸操作，如图7-106所示。

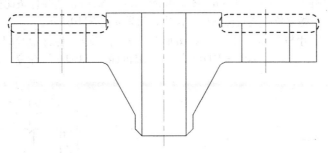

图7-106 延伸线段

17 执行"偏移（O）"命令，将A、B处的垂直线段向左、右侧分别各偏移0.5mm和3mm，如图7-107所示。

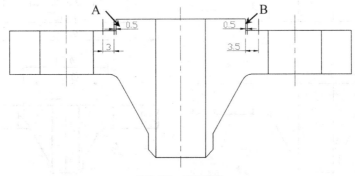

图7-107 偏移线段

18 执行"直线（L）"命令，捕捉端点，绘制一条水平线段，如图7-108所示。

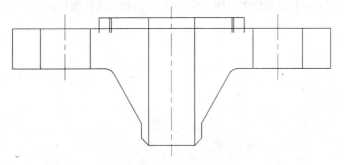

图7-108 绘制水平线段

19 执行"修剪（TR）"命令，修剪掉多余的线条，如图7-109所示。

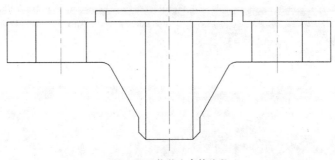

图7-109 修剪多余的线段

20 切换到"剖面线"图层。执行"图案填充（H）"命令，选择样条比例为"ANSI 31"，比例为1，在指定位置进行图案填充操作，效果如图7-110所示。

21 切换到"尺寸与公差"图层。对图形分别执行"线性标注（DLI）"、"半径标注（DRA）"、"直径标注（DDI）"、"编辑标注（ED）"命令，最终结果如图7-111所示。

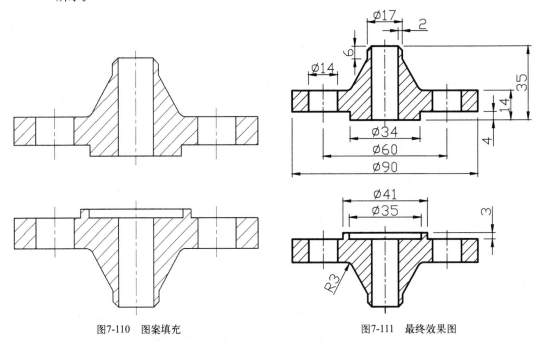

图7-110　图案填充　　　　　　　　图7-111　最终效果图

22 至此，该图形对象已经绘制完毕，按Ctrl+S组合键对文件进行保存。

第8章

管接头和型钢的绘制

　　管接头，是一种液压术语，是液压系统中连接管路或将管路装在液压元件上的零件，这是一种在流体通路中能装拆的连接件的总称。

　　型钢是一种有一定截面形状和尺寸的条型钢材。工字钢、槽钢、角钢广泛应用于工业建筑和金属结构，如厂房、桥梁、船舶、农机车辆制造、输电铁塔、运输机械，型钢往往配合使用。扁钢在建筑工地中用作桥梁、房架、栅栏、船舶、车辆等。圆钢、方钢用作各种机械零件、农机配件、工具等。

　　本章讲解管接头和型钢类零件的基础知识和零件图的绘制方法，教读者使用AutoCAD软件绘制不同类型的零件图，巩固专业知识，掌握软件中各类工具的灵活应用。

主要内容

✓ 掌握通用管接头的绘制
✓ 掌握液压用管接头的绘制
✓ 掌握热轧工字钢的绘制
✓ 掌握热轧普通槽钢的绘制
✓ 掌握热轧等边角钢的绘制
✓ 掌握热轧不等边角钢的绘制

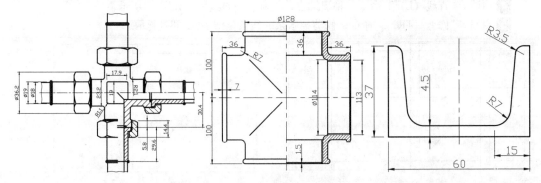

视频文件：视频\08\通用管接头的绘制.avi
结果文件：案例\08\通用管接头.dwg

8.1 通用管接头的绘制

首先使用矩形、分解、直线、圆、修剪、拉伸、镜像、延伸等命令进行绘制，然后转换相应的线型、图案的填充，最后进行尺寸的标注，从而完成对通用管接头的绘制。

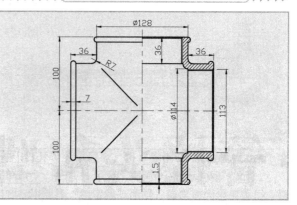

1. 启动AutoCAD 2014软件，选择"文件｜打开"菜单命令，将"案例\08\机械模板.dwt"文件打开，再执行"文件｜另存为"菜单命令，将其另存为"案例\08\通用管接头.dwg"文件。

2. 在"图层"工具栏的"图层控制"组合框中选择"粗实线"图层，使之成为当前图层。执行"矩形（REC）"命令，绘制200mm×100mm的矩形，如图8-1所示。

3. 执行"分解（X）"命令，将矩形进行打散操作；执行"偏移（O）"命令，将上侧的水平线段向下偏移1.5mm、5.5mm、29mm、7mm和50mm，左侧的垂直线段向右各偏移7mm、29mm、7mm、50mm和7mm，右侧的垂直线段向左偏移1.5mm和34.5mm，如图8-2所示。

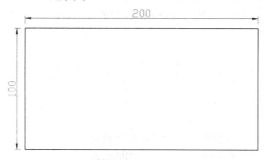

图8-1　绘制矩形　　　　　　　　　　　　　图8-2　偏移线段

4. 执行"直线（L）"命令，捕捉端点，绘制一条斜线段，如图8-3所示。

5. 执行"修剪（TR）"命令，修剪掉多余的线条，结果如图8-4所示。

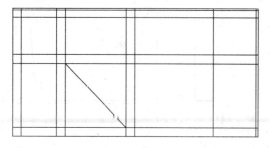
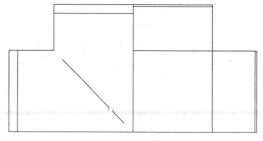

图8-3　绘制斜线段　　　　　　　　　　　　图8-4　修剪多余线段

6 转换图形中间的垂直线段为"中心线",效果如图8-5所示。

7 执行"圆(C)"命令,分别绘制直径为7mm的圆,如图8-6所示。

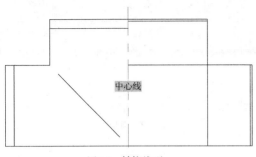

图8-5 转换线型

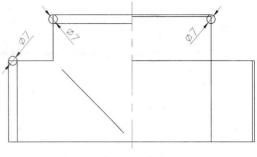

图8-6 绘制圆

8 执行"修剪(TR)"命令,修剪掉多余的线段,结果如图8-7所示。

9 执行"圆角(F)"命令,进行半径为7mm的圆角操作,结果如图8-8所示。

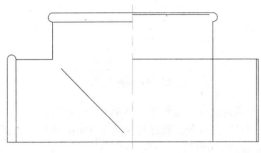

图8-7 修剪多余的线段

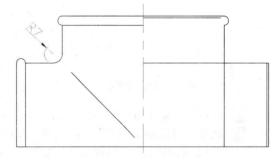

图8-8 圆角操作

10 执行"偏移(O)"命令,将右侧的垂直线段向左偏移7mm、7.5mm和1.5mm,将下侧的水平线段向上各偏移55mm和1.5mm,如图8-9所示。

11 执行"修剪(TR)"命令,修剪掉多余的线条,结果如图8-10所示。

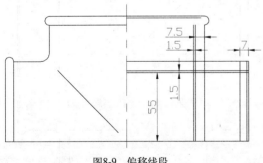

图8-9 偏移线段

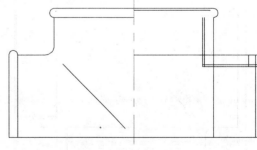

图8-10 修剪多余的线条

12 执行"延伸(EX)"命令,将上一步偏移产生的垂直线段向最上侧的水平线段进行延伸操作;再执行"圆(C)"命令,捕捉交点,绘制直径为7mm的圆,如图8-11所示。

13 执行"圆角(F)"命令,进行半径为7mm的圆角操作,如图8-12所示。

14 执行"修剪(TR)"命令,修剪掉多余的线条,如图8-13所示。

15 转换A、B线段为"细实线",C线段为"中心线",如图8-14所示。

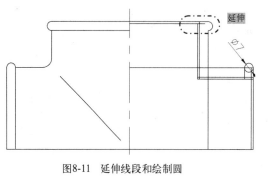

图8-11 延伸线段和绘制圆

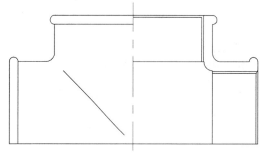

图8-12 圆角操作

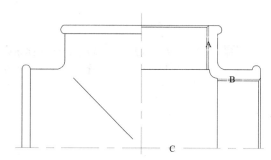

图8-13 修剪多余的线段

图8-14 转换线型

16 执行"镜像（MI）"命令，将图形对象向下进行镜像复制操作，结果如图8-15所示。

17 切换到"剖面线"图层。执行"图案填充（H）"命令，选择样例为"ANSI 31"，比例为1，在指定位置进行图案填充操作，效果如图8-16所示。

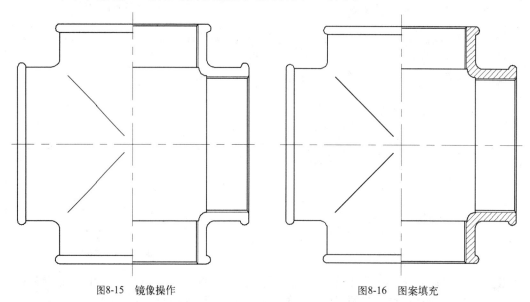

图8-15 镜像操作

图8-16 图案填充

18 切换到"尺寸与公差"图层。对图形分别执行"线性标注（DLI）"、"半径标注（DRA）"、"直径标注（DDI）"、"编辑标注（ED）"命令，最终结果如图8-17所示。

19 至此，该图形对象已经绘制完毕，按Ctrl+S组合键对文件进行保存。

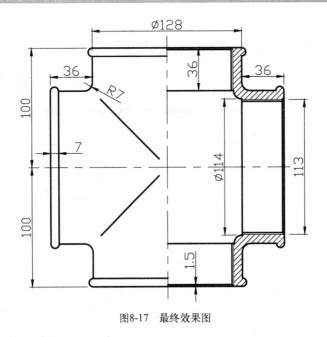

图8-17　最终效果图

专业技能：管接头的概述

　　管接头是一种液压术语，是液压系统中连接管路或将管路装在液压元件上的零件，这是一种在流体通路中能装拆的连接件的总称。主要包括：焊接式、卡套式和扩口式。

　　接头附件包括：螺母、卡套、扩口芯子、扩口套和扩口螺母。

　　管接头按照不同的方式，有各种不同的分类：

◆ 液压软管、高压球阀、快速接头、卡套式管接头、焊接式管接头、高压软管。

◆ 过渡式管接头、卡套式管接头、三通式管接头、非标式管接头、扩口式管接头、直角式管接头、旋转式管接头、快速1接头、不锈钢管接头、铜接头。

　　常用管接头，如表8-1所示。

表8-1　常用管接头

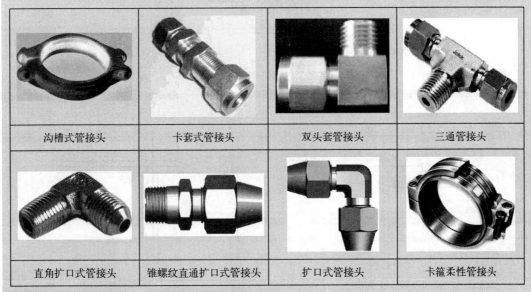

沟槽式管接头	卡套式管接头	双头套管接头	三通管接头
直角扩口式管接头	锥螺纹直通扩口式管接头	扩口式管接头	卡箍柔性管接头

8.2 液压用管接头的绘制

视频文件：视频\08\液压用管接头的绘制.avi
结果文件：案例\08\液压管接头.dwg

首先使用构造线、直线、修剪、拉伸、延伸、镜像、复制、旋转、移动、圆角等命令进行绘制，然后转换相应的线型、图案的填充，最后进行尺寸的标注，从而完成对液压用管接头的绘制。

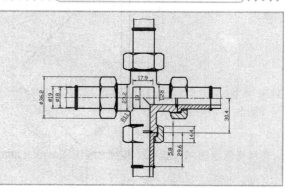

1 启动AutoCAD 2014软件，选择"文件｜打开"菜单命令，将"案例\08\机械模板.dwt"文件打开，再执行"文件｜另存为"菜单命令，将其另存为"案例\08\液压用管接头.dwg"文件。

2 在"图层"工具栏的"图层控制"组合框中选择"中心线"图层，使之成为当前图层。执行"构造线（XL）"命令，绘制水平、竖直两条中心线，如图8-18所示。

3 执行"偏移（O）"命令，将竖直中心线向左偏移9mm、9.5 mm、11.6 mm、13.2 mm、18.1 mm，将水平中心线向上偏移5.6 mm、7.2 mm、7.8 mm、8.4 mm，并将偏移的线段转换为粗实线，如图8-19所示。

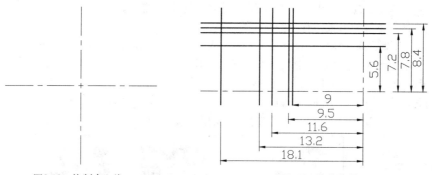

图8-18 绘制中心线　　　　　　　　　图8-19 偏移线段

4 执行"修剪（TR）"命令，将多余的线条修剪掉，如图8-20所示。

5 选择"粗实线"图层为当前图层。执行"直线（L）"命令，连接角点，绘制斜线，如图8-21所示。

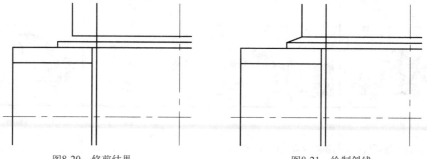

图8-20 修剪结果　　　　　　　　　图8-21 绘制斜线

6 执行"直线（L）"命令，在中间水平线段的中心点绘制一条垂线，如图8-22所示。

7 执行"圆弧（A）"命令，绘制如图8-23所示的圆弧。

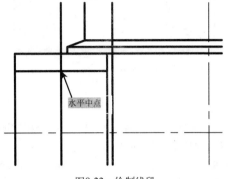

图8-22 绘制线段　　　　　　　　　　　　　图8-23 绘制圆弧

8 执行"倒角（CHA）"命令，设置倒角距离为1.5*2.5mm，对左直角进行倒角操作，结果如图8-24所示。

9 执行"修剪（TR）"命令，执行"删除（E）"命令，将多余的线条进行修剪并删除掉，如图8-25所示。

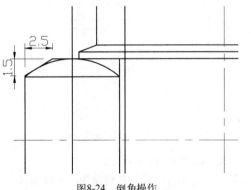 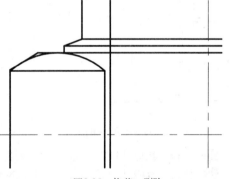

图8-24 倒角操作　　　　　　　　　　　　　图8-25 修剪、删除

10 执行"镜像（MI）"命令，将水平中心线左方的图形镜像到中心线右方，如图8-26所示。

11 执行"圆弧（A）"命令，绘制圆弧，结果如图8-27所示。

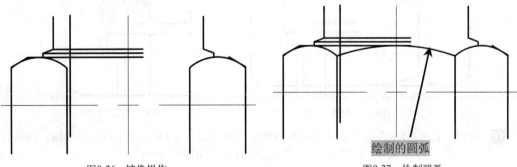

图8-26 镜像操作　　　　　　　　　　　　　图8-27 绘制圆弧

12 执行"修剪（TR）"命令和"删除（E）"命令，将多余的线条进行修剪并删除掉，结果如图8-28所示。

13 执行"镜像（MI）"命令，将水平中心线上方的部分线条镜像到中心线下方，如图8-29所示。

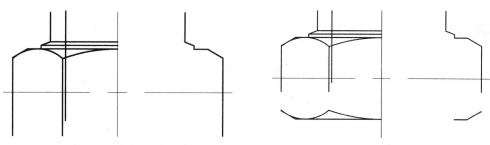

图8-28 修剪、删除   图8-29 镜像操作

14 执行"延伸（EX）"命令，延伸某些线条；再执行"修剪（TR）"命令和"删除（E）"命令，将多余的线条进行修剪并删除掉，结果如图8-30所示。

15 执行"偏移（O）"命令，将竖直中心线向右偏移5.9mm、7.8 mm、9.5 mm、10.6 mm、12.1 mm、12.7 mm，并转换为粗实线，再将最下面的粗实线向上偏移5.2 mm、6.7 mm、8.6 mm、10.1 mm，如图8-31所示。

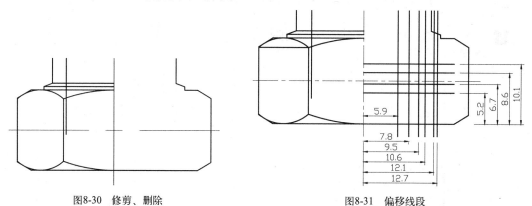

图8-30 修剪、删除   图8-31 偏移线段

16 执行"修剪（TR）"命令，修剪掉多余的线条，结果如图8-32所示。

17 执行"直线（L）"命令，在如图8-33所示的位置绘制直线段，并转换为细实线图层。

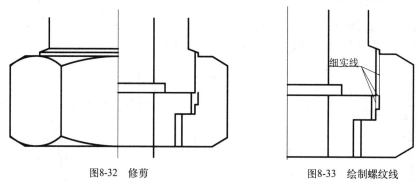

图8-32 修剪   图8-33 绘制螺纹线

18 执行"直线（L）"命令，在如图8-34所示的椭圆提示框1处连接空白处的线段；再执行"偏移（O）"命令，将椭圆提示框2中的线段向左偏移0.95mm。

19 执行"直线（L）"命令，在椭圆提示框2中的线段的中点绘制一条水平线。

20 执行"椭圆（EL）"命令，在A处绘制椭圆，如图8-35所示。

21 执行"删除（E）"命令和"修剪（TR）"命令，修剪并删除掉多余的线条。

22 再切换到"剖面线"图层。执行"图案填充（H）"命令，选择图案为"ANGLE"，比例为0.05，在A处进行图案填充操作，如图8-36所示。

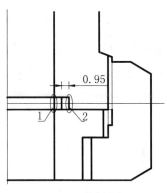

图8-34　绘制线段

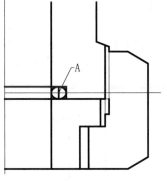

图8-35　绘制椭圆

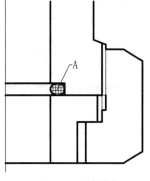

图8-36　图案填充

23 执行"偏移（O）"命令，将最下面的粗实线向下分别偏移21mm、30mm；再执行"延伸（EX）"命令，将B、C、D三条线延伸至如图位置，如图8-37所示。

24 切换到"粗实线"图层，执行"圆（C）"命令，在相应位置绘制直径为2.1mm的圆。

25 执行"镜像（MI）"命令，选择上一步中的B线条和直径为2.1mm的圆，左右两边互相镜像，结果如图8-38所示。

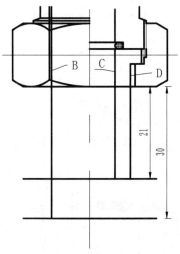

图8-37　偏移线段

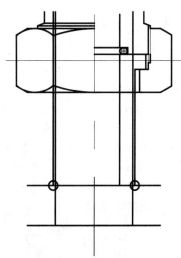

图8-38　镜像结果

26 执行"倒斜角（CHA）"命令，在E处倒C1.05mm和C0.6的角，效果如图8-39所示。

27 执行"直线（L）"命令，分别连接两个圆的上下象限点，效果如图8-40所示。

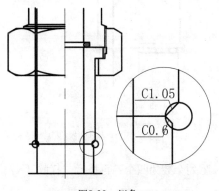

图8-39　倒角

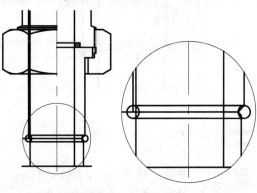

图8-40　绘制直线

28 执行"修剪（TR）"命令和"删除（E）"命令，修剪掉多余的线条，如图8-41所示。

29 执行"样条曲线（SPL）"命令，连接下方开口处，绘制波纹线，且转换为细实线。

30 执行"修剪（TR）"命令，修剪掉多余的线条；切换到"剖面线"图层，执行"图案填充（H）"命令，选择样例为"SOLID"，比例为1，在E处进行图案填充操作，效果如图8-42所示。

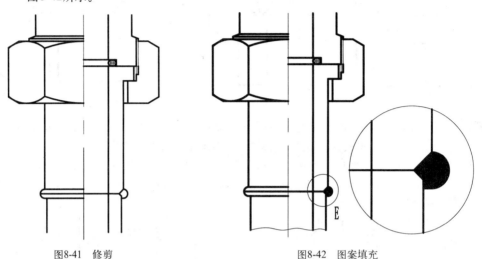

图8-41　修剪　　　　　　　　　　　　　　图8-42　图案填充

31 执行"阵列（AR）"命令，选择竖直中心线，选择"路径（PA）"项，选择F点为起始点，向左阵列，如图8-43所示。

32 执行"特性（MO）"命令，打开特性管理器，选择刚才阵列的图形，在"其他"栏的"填充整个"下拉框中选择"否"，输入"项数"为11，按Enter键。

33 执行"打散（X）"命令，打散阵列的图形；再执行"TR（修剪）"命令，进行相应的修剪，并将线条转换细实线，如图8-44所示。

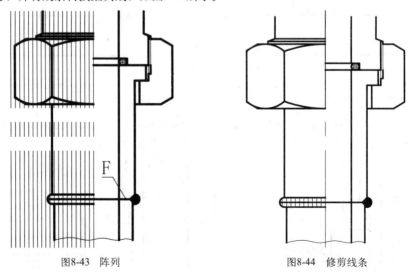

图8-43　阵列　　　　　　　　　　　　　　图8-44　修剪线条

34 执行"偏移（O）"命令，将焊接处的水平直线向上偏移60mm，并转换为中心线，如图8-45所示。

35 执行"整列（AR）"命令，绕交点G进行阵列，整列个数为四个；再执行"打散（X）"命令，将图形打散，如图8-46所示。

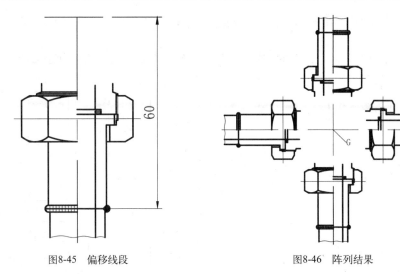

图8-45 偏移线段　　　　　　　　图8-46 阵列结果

36 执行"修剪（TR）"命令和"删除（E）"命令，将阵列后左边、上边图剖开的部分修剪删除掉，如图8-47所示。

37 执行"镜像（MI）"命令，各将两个图形进行镜像处理，使中心线两侧的图形对称，如图8-48所示。

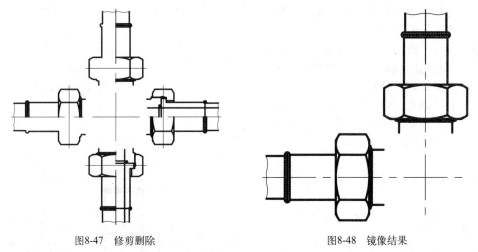

图8-47 修剪删除　　　　　　　　图8-48 镜像结果

38 再执行"镜像（MI）"命令，选择阵列后右边的图形，指定水平中心线为镜像轴线，在提示"要删除源对象吗？[是(Y)/否(N)] <N>:"时，选择"是（Y）"项，将图形以原点进行上、下镜像，且将源对象删除，结果如图8-49所示。

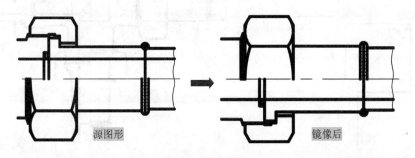

图8-49 镜像操作

39 执行"偏移（O）"命令，将水平、竖直两条中心线各向两边偏移9.5mm，如图8-50所示。

40 执行"圆角（F）"命令，将外侧的粗实线以半径为2.1mm进行圆角，如图8-51所示。

图8-50 偏移线段

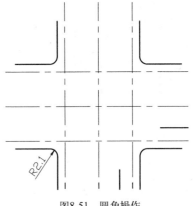

图8-51 圆角操作

41 执行"倒角（CHA）"命令，将下侧和右侧中间的粗实线进行倒直角处理；再执行"直线（L）"命令，连接点绘制斜线，且转换为"粗实线"，如图8-52所示。

42 执行"圆角（F）"命令，设置圆角半径为1.1mm，对偏移的中心线进行圆角处理，并转换为粗实线；再执行"修剪（TR）"命令，修剪掉多余的线条，如图8-53所示。全局图如图8-54所示。

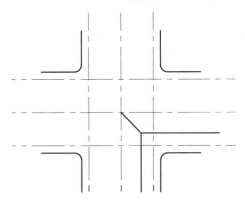

图8-52 延伸、直线命令

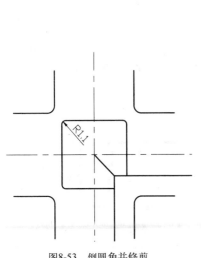

图8-53 倒圆角并修剪

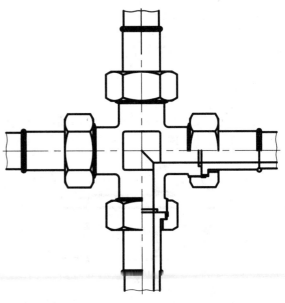

图8-54 全局图

43 切换到"剖面线"图层。执行"图案填充（H）"命令，选择"ANSI31"样例，对1~5处进行分别填充（第1处的填充参数：角度为0°，比例为1；第2处的填充参数：角度为90°，比例为1；第3处的填充参数：角度为0°，比例为0.6；第4处的填充参数：角度为90°，比例为1；第5处的填充参数：角度为0°，比例为0.6），如图8-55所示。全局如图8-56所示。

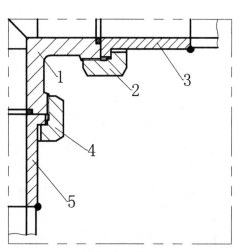

图8-55　图案填充

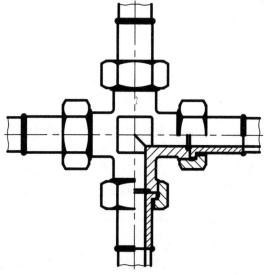

图8-56　全局图

44 切换到"尺寸与公差"图层。对图形分别执行"线性标注（DLI）"、"半径标注（DRA）"、"直径标注（DDI）"、"编辑标注（ED）"命令，最终结果如图8-57所示。

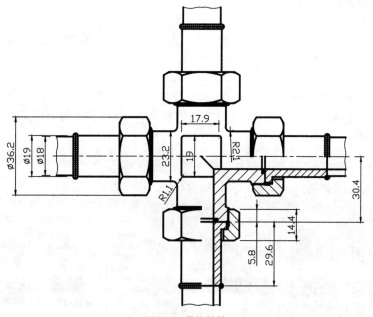

图8-57　最终效果

45 至此，该图形对象已经绘制完毕，按Ctrl+S组合键对文件进行保存。

专业技能：型钢的概述

　　型钢是一种有一定截面形状和尺寸的条型钢材；工字钢、槽钢、角钢广泛应用于工业建筑和金属结构，如厂房、桥梁、船舶、农机车辆制造、输电铁塔，运输机械，型钢往往配合使用；扁钢在建筑工地中用作桥梁、房架、栅栏、船舶、车辆等。圆钢、方钢用作各种机械零件、农机配件、工具等。

　　冷轧钢就是经过冷轧生产的钢。冷轧是在室温条件下将No.1钢板进一步轧薄至为目标厚度的钢板。和热轧钢板比较，冷轧钢板厚度更加精确，而且表面光滑、漂亮，同时还具有各种优越的机械性能，特别是加工性能方面。因为冷轧原卷比较脆硬，不太适合加工，所以通常情况下冷轧钢板要求经过退火、酸洗及表面平整之后才交给客户。冷轧钢的最大厚度是0.1~8.0mm以下，如大部分工厂冷轧钢板的厚度是4.5mm以下；最少厚度、宽度是根据各工厂的设备能力和市场需求而决定。

　　冷轧钢和热轧钢区别不在冶炼过程，而是在于轧钢温度，或者说轧钢终止温度。终轧温度低于钢材再结晶温度的就称为冷轧钢。热轧钢容易轧制，轧钢效率高，但是热轧条件下钢材会发生氧化，产品表面是黑灰暗淡的。冷轧钢要求轧机功率大，轧制效率低，而且轧制过程中为了能消除加工硬化还要进行中间退火，所以成本也较高，但是冷轧钢表面光亮，质量好，可以直接用来加工成品，因此冷轧钢板的应用十分广泛。

　　型钢分类如下：
- ◆ 根据断面形状，分为简单断面型钢和复杂断面型钢(异型钢)。
- ◆ 简单断面型钢指方钢、圆钢、扁钢、角钢、六角钢等；复杂断面型钢指工字钢、槽钢、钢轨、窗框钢、弯曲型钢等。
- ◆ 按照钢的冶炼质量不同，分为普通型钢和优质型钢。
- ◆ 普通型钢按现行金属产品目录又分为大型型钢、中型型钢、小型型钢。
  - • 大型型钢：大型型钢中工字钢、槽钢、角钢、扁钢都是热轧的，圆钢、方钢、六角钢除热轧外，还有锻制、冷拉等。
  - • 中型型钢：中型型钢中工、槽、角、圆、扁钢用途与大型型钢相似。
  - • 小型型钢：小型型钢中角、圆、方、扁钢加工和用途与大型型钢相似，小直径圆钢常用作建筑钢筋。
- ◆ 普通型钢按其断面形状又可分为工字钢、槽钢、角钢、圆钢等。
  - • 工字钢：广泛用于各种建筑结构、桥梁、车辆、支架、机械等。
  - • 槽钢：主要用于建筑结构、车辆制造和其他工业结构，槽钢还常常和工字钢配合使用。
  - • 角钢：广泛地用于各种建筑结构和工程结构，如房梁、桥梁、输电塔、起重运输机械、船舶、工业炉、反应塔、容器架以及仓库货架等。

常见型钢如表8-2所示。

表8-2　型钢图

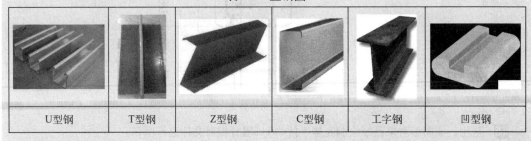

U型钢	T型钢	Z型钢	C型钢	工字钢	凹型钢

第
6
章

第
7
章

第
8
章

第
9
章

第
10
章

8.3　热轧工字钢的绘制

视频文件：视频\08\热轧工字钢的绘制.avi
结果文件：案例\08\热轧工字钢.dwg

首先使用矩形、分解、直线、圆、修剪、偏移、镜像、删除等命令进行绘制，然后转换相应的线型，最后进行尺寸的标注，完成对热轧工字钢的绘制。

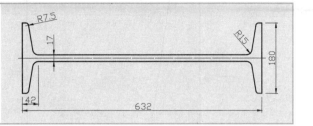

1 启动AutoCAD 2014软件，选择"文件｜打开"菜单命令，将"案例\08\机械模板.dwt"文件打开，再执行"文件｜另存为"菜单命令，将其另存为"案例\08\热轧工字钢.dwg"文件。

2 在"图层"工具栏的"图层控制"组合框中选择"粗实线"图层，使之成为当前图层。执行"矩形（REC）"命令，绘制42mm×90mm的矩形，如图8-58所示。

3 执行"分解（X）"命令，将矩形进行打散操作；执行"偏移（O）"命令，将左侧的垂直线段向右各偏移9mm和18mm，如图8-59所示。

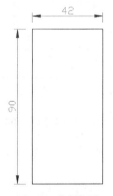

图8-58　绘制矩形

图8-59　偏移线段

4 执行"圆（C）"命令，绘制半径为7.5mm和15mm的圆，使圆的上、下象限点与上、下水平线段对齐，如图8-60所示。

5 执行"直线（L）"命令，绘制相切于A、B点的斜线段，如图8-61所示。

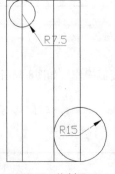

图8-60　绘制圆

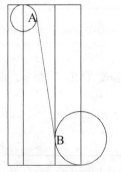

图8-61　绘制斜线段

6　执行"修剪（O）"命令，修剪掉多余的线段，结果如图8-62所示。

7　执行"拉伸（S）"命令，框选AB区域的图形对象，然后向上拉伸8.5mm，结果如图8-63所示。

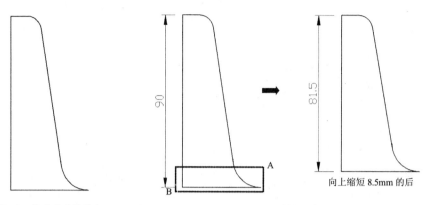

图8-62　修剪多余的线条　　　　　　　　　　　图8-63　拉伸对象

8　执行"直线（L）"命令，绘制长为274mm的水平线段，如图8-64所示。

图8-64　绘制水平线段

9　执行"偏移（O）"命令，将水平线段向下偏移8.5mm；将偏移产生的线段转换为"中心线"，结果如图8-65所示。

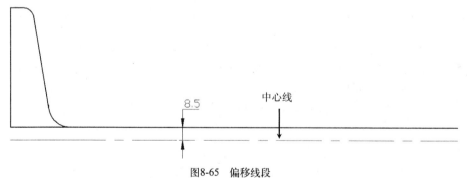

图8-65　偏移线段

10　执行"镜像（MI）"命令，将图形对象向右镜像复制操作，如图8-66所示。

图8-66　镜像操作

11 执行"镜像（MI）"命令，将图形对象向下镜像复制操作，如图8-67所示。

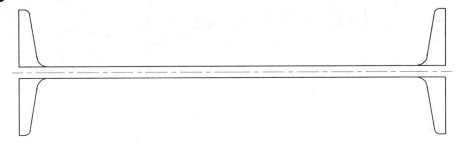

图8-67　镜像操作

12 执行"直线（L）"命令，连接上下直角点绘制垂直线段，如图8-68所示。

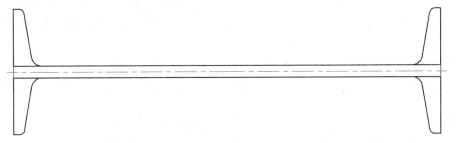

图8-68　绘制垂直线段

13 执行"删除（E）"命令，删除掉多余的水平线段，结果如图8-69所示。

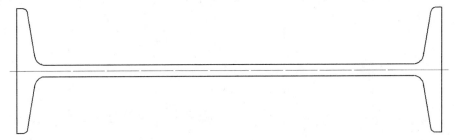

图8-69　删除多余的线段

14 切换到"尺寸与公差"图层。对图形分别执行"线性标注（DLI）"、"半径标注（DRA）"、"直径标注（DDI）"、"编辑标注（ED）"命令，最终结果如图8-70所示。

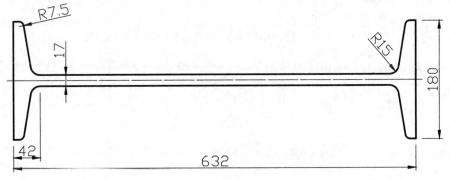

图8-70　最终效果图

15 至此，该图形对象已经绘制完毕，按Ctrl+S组合键对文件进行保存。

8.4　热轧普通槽钢的绘制

视频文件：视频\08\热轧普通槽钢的绘制.avi
结果文件：案例\08\热轧普通槽钢.dwg

　　首先使用矩形、分解、直线、圆、修剪、偏移、镜像、删除等命令进行绘制，然后转换相应的线型，最后进行尺寸的标注，从而完成对热轧普通槽钢的绘制。

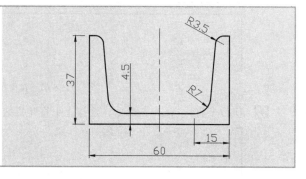

1. 启动AutoCAD 2014软件，选择"文件｜打开"菜单命令，将"案例\08\机械模板.dwt"文件打开，再执行"文件｜另存为"菜单命令，将其另存为"案例\08\热轧普通槽钢.dwg"文件。

2. 在"图层"工具栏的"图层控制"组合框中选择"粗实线"图层，使之成为当前图层。执行"矩形（REC）"命令，绘制25mm×37mm的矩形，如图8-71所示。

3. 执行"分解（X）"命令，将矩形进行打散操作；执行"偏移（O）"命令，将左侧的垂直线段向右偏移2.5mm和12.5mm，如图8-72所示。

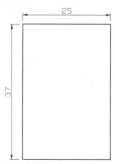

图8-71　绘制矩形

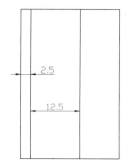

图8-72　偏移线段

4. 执行"圆（C）"命令，绘制半径为3.5mm和7mm的圆，使圆的上、下象限点与上、下水平线段对齐，如图8-73所示。

5. 执行"直线（L）"命令，绘制相切于A、B点的斜线段，如图8-74所示。

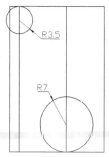

图8-73　绘制圆

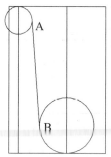

图8-74　绘制斜线段

6 执行"修剪（O）"命令，修剪掉多余的线段，结果如图8-75所示。

7 执行"拉伸（S）"命令，框选AB区域的图形对象，然后向上拉伸4.5mm，结果如图8-76所示。

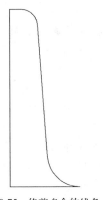

图8-75　修剪多余的线条

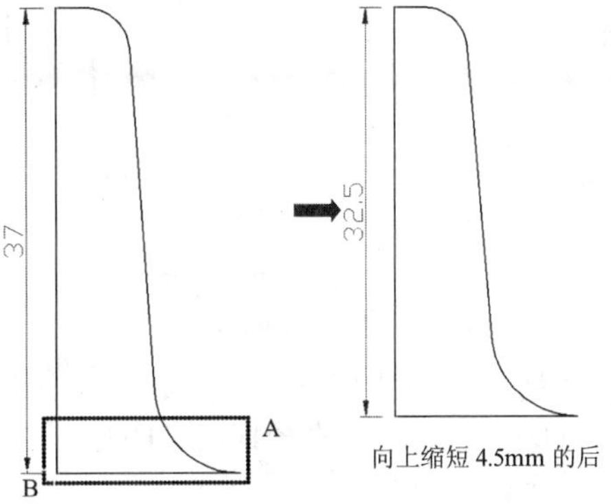

向上缩短4.5mm 的后

图8-76　拉伸对象

8 执行"直线（L）"命令，绘制长为15mm的水平线段，如图8-77所示。

9 执行"偏移（O）"命令，将水平线段向下偏移4.5mm，结果如图8-78所示。

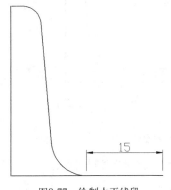

图8-77　绘制水平线段

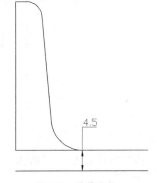

图8-78　偏移线段

10 执行"镜像（MI）"命令，将上一步编辑的图形对象向右进行镜像复制操作，如图8-79所示。

11 执行"直线（L）"命令，绘制连接上、下水平线段的垂直线段，如图8-80所示。

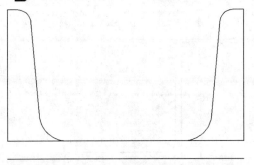

图8-79　镜像操作

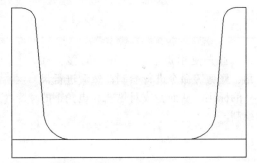

图8-80　绘制垂直线段

12 执行"修剪（TR）"命令，修剪掉多余的线段，结果如图8-81所示。

13 切换到"中心线"图层。执行"直线（L）"命令，绘制高为43mm的垂直中心线段，如图8-82所示。

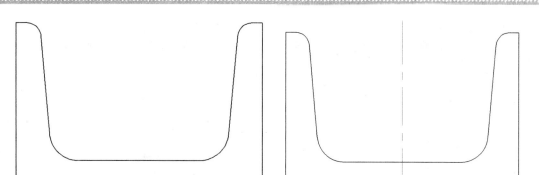

图8-81　修剪多余的线段　　　　　　　　　图8-82　绘制垂直中心线段

14 切换到"尺寸与公差"图层。对图形分别执行"线性标注（DLI）"、"半径标注（DRA）"、"直径标注（DDI）"、"编辑标注（ED）"命令，最终结果如图8-83所示。

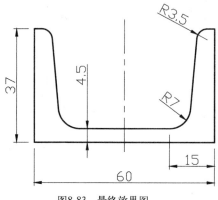

图8-83　最终效果图

15 至此，该图形对象已经绘制完毕，按Ctrl+S组合键对文件进行保存。

8.5　热轧等边角钢的绘制

视频文件：视频\08\热轧等边角钢的绘制.avi
结果文件：案例\08\热轧等边角钢.dwg

　　首先使用矩形、分解、偏移、圆角、修剪等命令进行绘制，然后进行尺寸的标注，从而完成对热轧等边角钢的绘制。

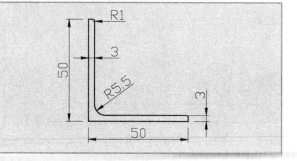

1 启动AutoCAD 2014软件，选择"文件｜打开"菜单命令，将"案例\08\机械模板.dwt"文件打开，再执行"文件｜另存为"菜单命令，将其另存为"案例\08\热轧等边角钢.dwg"文件。

2 在"图层"工具栏的"图层控制"组合框中选择"粗实线"图层，使之成为当前图层。执行"矩形（REC）"命令，绘制50mm×50mm的矩形，如图8-84所示。

3 执行"分解（X）"命令，将矩形进行打散操作；执行"偏移（O）"命令，将左侧的垂直线段向右偏移3mm，下侧的水平线段向上偏移3mm，如图8-85所示。

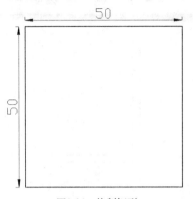

图8-84　绘制矩形

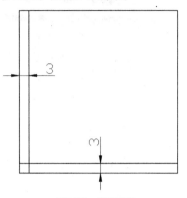

图8-85　偏移线段

4 执行"圆角（F）"命令，进行半径为1mm和5.5mm的圆角操作，如图8-86所示。

5 执行"修剪（O）"命令，修剪掉多余的线段，结果如图8-87所示。

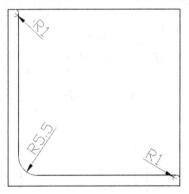

图8-86　圆角操作

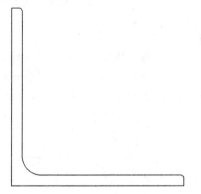

图8-87　修剪多余的线条

6 切换到"尺寸与公差"图层。对图形分别执行"线性标注（DLI）"、"半径标注（DRA）"、"直径标注（DDI）"、"编辑标注（ED）"命令，最终结果如图8-88所示。

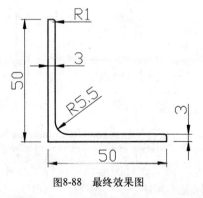

图8-88　最终效果图

7 至此，该图形对象已经绘制完毕，按Ctrl+S组合键对文件进行保存。

8.6 热轧不等边角钢的绘制

视频文件：视频\08\热轧不等边角钢的绘制.avi
结果文件：案例\08\热轧不等边角钢.dwg

首先使用矩形、分解、偏移、圆角、修剪等命令进行绘制，然后进行尺寸的标注，从而完成对热轧不等边角钢的绘制。

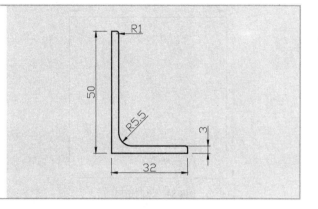

1 启动AutoCAD 2012软件，选择"文件│打开"菜单命令，将"案例\08\机械模板.dwt"文件打开，再执行"文件│另存为"菜单命令，将其另存为"案例\08\热轧不等边角钢.dwg"文件。

2 在"图层"工具栏的"图层控制"组合框中选择"粗实线"图层，使之成为当前图层。执行"矩形（REC）"命令，绘制50mm×32mm的矩形，如图8-89所示。

3 执行"分解（X）"命令，将矩形进行打散操作；

4 执行"偏移（O）"命令，将左侧的垂直线段向右偏移3mm，下侧的水平线段向上偏移3mm，如图8-90所示。

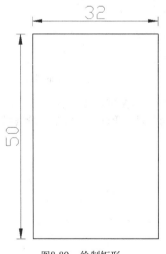

图8-89　绘制矩形

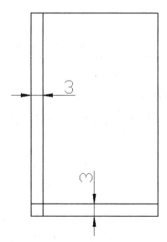

图8-90　偏移线段

5 执行"圆角（F）"命令，进行半径为1mm和5.5mm的圆角操作，如图8-91所示。

6 执行"修剪（O）"命令，修剪掉多余的线段，结果如图8-92所示。

7 切换到"尺寸与公差"图层，对图形分别执行"线性标注（DLI）"、"半径标注（DRA）"、"直径标注（DDI）"、"编辑标注（ED）"命令，最终结果如图8-93所示。

8 至此，该图形对象已经绘制完毕，按Ctrl+S组合键对文件进行保存。

图8-91 圆角操作

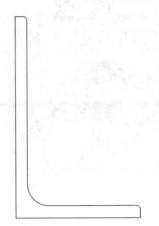

图8-92 修剪多余的线条

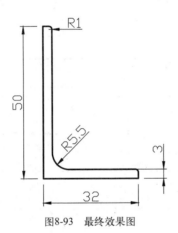

图8-93 最终效果图

读·书·笔·记

第9章

弹簧、垫圈和挡圈的绘制

弹簧用以控制机件的运动、缓和冲击或震动、贮蓄能量、测量力的大小等，广泛用于机器、仪表中；垫圈的主要作用是增大接触面积，分散压力，防止把质地软的机件压坏；挡圈主要是起到轴向固定的作用。

本章讲解弹簧、垫圈和挡圈类零件的基础知识的学习和零件图的绘制方法，教读者使用AutoCAD软件绘制不同类型的零件图，巩固专业知识，掌握软件中各类工具的灵活应用。

主要内容

- ✓ 掌握圆形垫圈和弹簧垫圈的绘制
- ✓ 掌握弹性挡圈和异形垫圈的绘制
- ✓ 掌握止动垫圈和轴端挡圈的绘制
- ✓ 掌握锁紧挡圈和其他挡圈的绘制
- ✓ 掌握圆柱螺旋弹簧的绘制
- ✓ 掌握碟型弹簧和其他弹簧的绘制

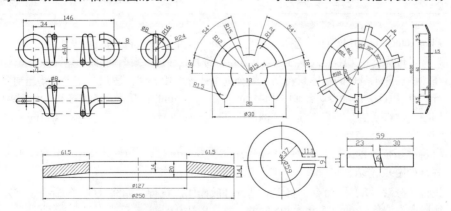

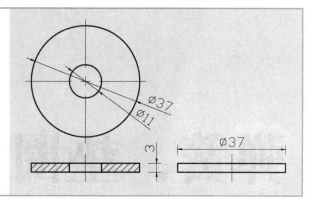

9.1 圆形垫圈的绘制

视频文件：视频\09\圆形垫圈的绘制.avi
结果文件：案例\09\圆形垫圈.dwg

首先使用直线、圆、矩形、分解、偏移、复制、修剪等命令进行绘制，然后转换相应的线型、图案的填充，最后进行尺寸的标注，从而完成对圆形垫圈的绘制。

专业技能：垫圈的概述

垫圈又称介子、华司，是指垫在被连接件与螺母之间的零件。一般为扁平形的金属环，用来保护被连接件的表面不受螺母擦伤，分散螺母对被连接件的压力。

平垫圈一般用在连接件中一个是软质地的，一个是硬质地较脆的情况，其主要作用是增大接触面积，分散压力，防止把质地软的连接件压坏。

弹簧垫圈的弹簧的基本作用是在螺母拧紧之后给螺母一个力，增大螺母和螺栓之间的摩擦力。材料为65Mn（弹簧钢）、热处理硬度为HRC44～51HRC，经表面氧化处理。

常见垫圈如表9-1所示。

表9-1　常见垫圈

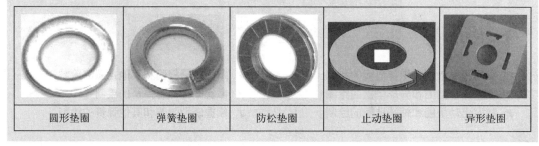

圆形垫圈	弹簧垫圈	防松垫圈	止动垫圈	异形垫圈

1 启动AutoCAD 2014软件，选择"文件 | 打开"菜单命令，将"案例\09\机械模板.dwt"文件打开，再执行"文件 | 另存为"菜单命令，将其另存为"案例\09\圆形垫圈.dwg"文件。

2 在"图层"工具栏的"图层控制"组合框中选择"中心线"图层，使之成为当前图层。执行"直线（L）"命令，绘制长为41mm和高为41mm的相互垂直的基准线，如图9-1所示。

3 切换到"粗实线"图层。执行"圆（C）"命令，捕捉交点，绘制直径为11mm和37mm的同心圆，如图9-2所示。

4 执行"矩形（REC）"命令，绘制37mm×3mm的矩形，使其与上一图形的中点垂直对齐，如图9-3所示。

5 执行"分解（X）"命令，将矩形进行打散操作。执行"偏移（O）"命令，将左侧垂直线段向右偏移13mm、5.5mm和5.5mm，如图9-4所示。

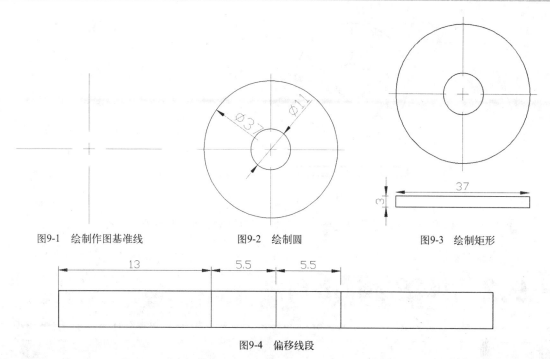

图9-1 绘制作图基准线　　　　　图9-2 绘制圆　　　　　图9-3 绘制矩形

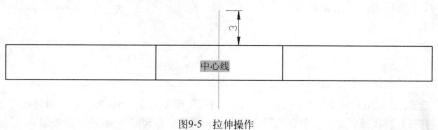

图9-4 偏移线段

6 执行"拉伸（S）"命令，将中间的垂直线段向上、下侧各拉伸3mm；然后将拉伸的垂直线段转换为"中心线"，效果如图9-5所示。

图9-5 拉伸操作

7 执行"复制（CO）"命令，将矩形向右水平复制50mm，如图9-6所示。

8 切换到"剖面线"图层。执行"图案填充（H）"命令，选择样例为"ANSI 31"，比例为0.5，在指定位置进行图案填充操作，效果如图9-7所示。

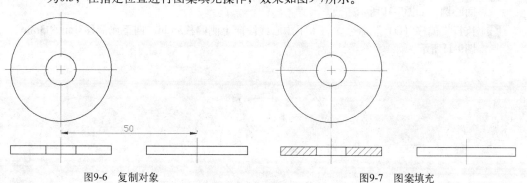

图9-6 复制对象　　　　　　　　　　图9-7 图案填充

9 切换到"尺寸与公差"图层。对图形分别执行"线性标注（DLI）"、"半径标注（DRA）"、"直径标注（DDI）"、"编辑标注（ED）"命令，最终结果如图9-8所示。

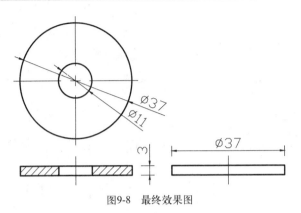

图9-8 最终效果图

10 至此，该图形对象已经绘制完毕，按Ctrl+S组合键对文件进行保存。

9.2 弹簧垫圈的绘制

视频文件：视频\09\弹簧垫圈的绘制.avi
结果文件：案例\09\弹簧垫圈.dwg

首先使用直线、圆、矩形、分解、偏移、修剪、删除等命令进行绘制，最后进行尺寸的标注，从而完成对弹簧垫圈的绘制。

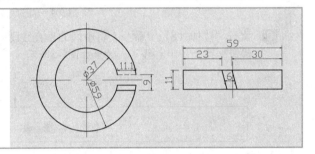

1 启动AutoCAD 2014软件，选择"文件｜打开"菜单命令，将"案例\09\机械模板.dwt"文件打开，再执行"文件｜另存为"菜单命令，将其另存为"案例\09\弹簧垫圈.dwg"文件。

2 在"图层"工具栏的"图层控制"组合框中选择"中心线"图层，使之成为当前图层。执行"直线（L）"命令，绘制长为66mm和高为66mm的相互垂直的基准线，如图9-9所示。

3 切换到"粗实线"图层。执行"圆（C）"命令，捕捉交点，绘制直径为37mm和59mm的同心圆，如图9-10所示。

4 执行"偏移（O）"命令，将水平中心线段向上侧偏移3mm，向下侧偏移3mm和3mm，如图9-11所示。

图9-9 绘制作图基准线　　　　图9-10 绘制圆　　　　图9-11 偏移线段

5 执行"修剪（TR）"命令，修剪掉多余的线条，结果如图9-12所示。

6 将修剪后的水平线段转换为相应的线型，效果如图9-13所示。

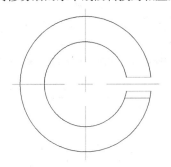

图9-12 修剪多余的线条

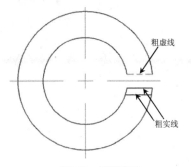

图9-13 转换线型

7 执行"矩形（REC）"命令，绘制59mm×11mm的矩形，使其与上一图形的中点水平对齐，如图9-14所示。

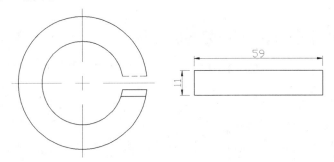

图9-14 绘制矩形

8 执行"分解（X）"命令，将矩形进行打散操作。

9 切换到"中心线"图层。执行"直线（L）"命令，捕捉矩形的水平中点，绘制高为20mm的垂直线段，如图9-15所示。

10 执行"偏移（O）"命令，将左侧的垂直线段向右各偏移23mm、3mm、3mm和3mm，如图9-16所示。

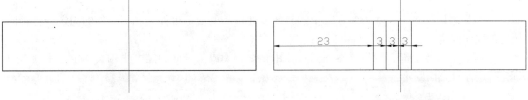

图9-15 绘制垂直线段

图9-16 偏移线段

11 执行"直线（L）"命令，捕捉端点，绘制斜线段，如图9-17所示。

12 执行"删除（E）"命令，删除多余的线段，如图9-18所示。

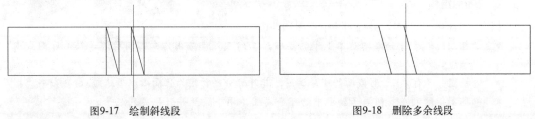

图9-17 绘制斜线段

图9-18 删除多余线段

13 切换到"尺寸与公差"图层。对图形分别执行"线性标注（DLI）"、"半径标注（DRA）"、"直径标注（DDI）"、"编辑标注（ED）"命令，最终结果如图9-19示。

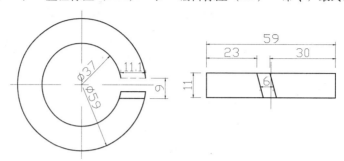

图9-19　最终效果图

14 至此，该图形对象已经绘制完毕，按Ctrl+S组合键对文件进行保存。

9.3 弹性挡圈的绘制

视频文件：视频\09\弹性挡圈的绘制.avi
结果文件：案例\09\弹性挡圈.dwg

　　首先使用直线、圆、矩形、偏移、修剪等命令进行绘制，然后进行图案的填充，最后进行尺寸的标注，从而完成对弹性挡圈的绘制。

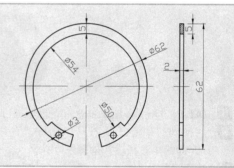

专业技能：挡圈的作用及结构

　　挡圈是紧固在轴上，防止装在轴上的其他零件窜动的圈形机件。轴上零件的固定分为轴向固定和周向固定。

　　轴向固定的方法有：轴肩或轴环固定、用轴端挡圈或圆锥面固定、用轴套固定、用圆螺母固定、用弹性挡圈固定。

　　1. 挡圈的作用

　　主要是起到轴向固定的作用，其中，圆锥面加挡圈固定有较高的定心度。滚动轴承的挡圈就相当于一个活动的挡边，是用来挡滚子用的，方便安装。

　　2. 挡圈的结构

　　挡圈的结构有平挡圈、斜挡圈、中挡圈和挡边。

◆　平挡圈：一个可分离的基本上平的垫圈，其内或外部分用作向心圆柱滚子轴承外圈或内圈挡边。

◆　斜挡圈：具有"L"形截面的可分离圈，其外部分的作用为作向心滚子球轴承的内挡边。

◆　中挡圈：两列或多列滚子轴承中的可分离圈，用于隔开并引导各列滚子。

◆ 挡边：平行于滚动方向并突出滚道表面的窄凸肩，用于支撑和引导滚动体，并使其保持在轴承内。

挡圈一般分为锁紧挡圈、弹性挡圈、轴端挡圈、开口挡圈及其他挡圈等。常见挡圈如表9-2所示。

表9-2　常见挡圈

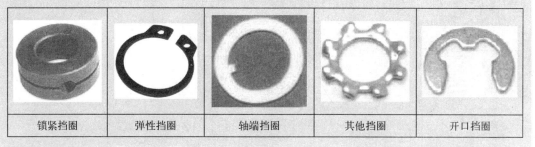

锁紧挡圈	弹性挡圈	轴端挡圈	其他挡圈	开口挡圈

1 启动AutoCAD 2014软件，选择"文件｜打开"菜单命令，将"案例\09\机械模板.dwt"文件打开，再执行"文件｜另存为"菜单命令，将其另存为"案例\09\弹性挡圈.dwg"文件。

2 在"图层"工具栏的"图层控制"组合框中选择"中心线"图层，使之成为当前图层。执行"直线（L）"命令，绘制长为68mm和高为68mm的相互垂直的基准线，如图9-20所示。

3 切换到"粗实线"图层。执行"圆（C）"命令，捕捉交点，绘制半径为25mm、27mm和31mm的同心圆，如图9-21所示。

图9-20　绘制作图基准线　　　　　　　　图9-21　绘制圆

4 执行"偏移（O）"命令，将垂直中心线段向左、右侧各偏移6.5mm、8mm、17.5mm和19mm，如图9-22所示。

5 执行"直线（L）"命令，捕捉端点，在A、B、C、D处绘制斜线段，如图9-23所示。

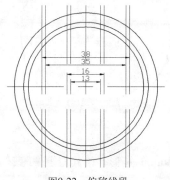 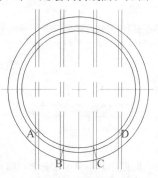

图9-22　偏移线段　　　　　　　　　　图9-23　绘制斜线段

6 执行"修剪（TR）"命令，修剪掉多余的线条，结果如图9-24所示。

7 执行"偏移（O）"命令，将上一步修剪得到的圆弧向外分别偏移3mm，垂直中心线段向
左、右侧分别偏移14mm，如图9-25所示。

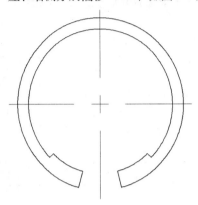

图9-24 修剪多余的线条

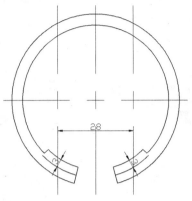

图9-25 偏移线段

8 执行"圆（C）"命令，捕捉交点，绘制直径为3mm的圆，如图9-26所示。

9 执行"修剪（TR）"命令，修剪掉多余的线段，结果如图9-27所示。

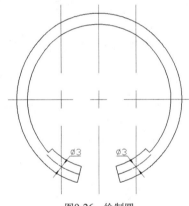

图9-26 绘制圆

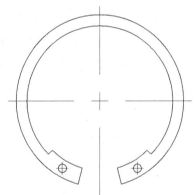

图9-27 修剪多余的线段

10 执行"移动（M）"命令，将内圆向下移动1mm，如图9-28所示。

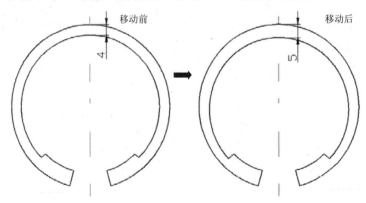

图9-28 移动圆对象

11 执行"矩形（REC）"命令，绘制2mm×62mm的矩形，使其与上一图形水平对齐，如
图9-29所示。

12 执行"直线（L）"命令，绘制水平投影线，如图9-30所示。

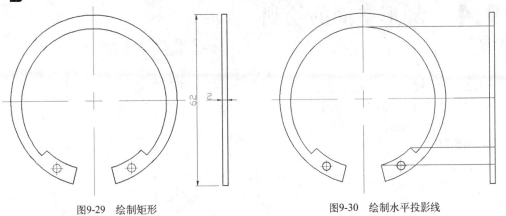

图9-29　绘制矩形　　　　　　　　　　　　图9-30　绘制水平投影线

13 执行"修剪（TR）"命令，修剪掉多余的线段，结果如图9-31所示。

14 切换到"剖面线"图层。执行"图案填充（H）"命令，选择样例为"ANSI 31"，比例为0.2，在指定位置进行图案填充操作，效果如图9-32所示。

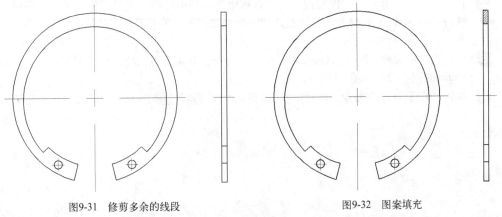

图9-31　修剪多余的线段　　　　　　　　　图9-32　图案填充

15 切换到"尺寸与公差"图层。对图形分别执行"线性标注（DLI）"、"半径标注（DRA）"、"直径标注（DDI）"、"编辑标注（ED）"命令，最终结果如图9-33所示。

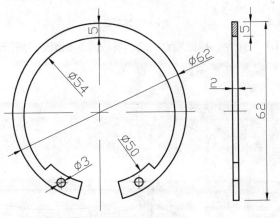

图9-33　最终效果图

16 至此，该图形对象已经绘制完毕，按Ctrl+S组合键对文件进行保存。

视频文件：视频\09\异形垫圈的绘制.avi
结果文件：案例\09\异形垫圈.dwg

9.4 异形垫圈的绘制

首先使用直线、圆、矩形、偏移、修剪等命令进行绘制，然后进行图案的填充，最后进行尺寸的标注，从而完成对异形垫圈的绘制。

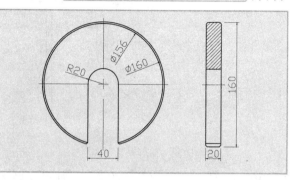

1 启动AutoCAD 2014软件，选择"文件｜打开"菜单命令，将"案例\09\机械模板.dwt"文件打开，再执行"文件｜另存为"菜单命令，将其另存为"案例\09\异形垫圈.dwg"文件。

2 在"图层"工具栏的"图层控制"组合框中选择"中心线"图层，使之成为当前图层。执行"直线（L）"命令，绘制长为170mm和高170mm的相互垂直的基准线，如图9-34所示。

3 切换到"粗实线"图层。执行"圆（C）"命令，捕捉交点，绘制半径为20mm、78mm和80mm的同心圆，如图9-35所示。

4 执行"偏移（O）"命令，将垂直中心线段向左、右侧各偏移20mm和22mm，如图9-36所示。

图9-34 绘制作图基准线　　　　图9-35 绘制圆　　　　图9-36 偏移线段

5 执行"直线（L）"命令，捕捉端点，绘制斜线段，如图9-37所示。

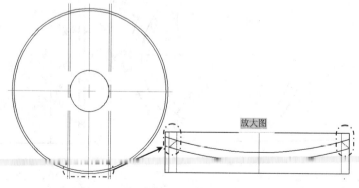

图9-37 绘制斜线段

6 执行"修剪(TR)"命令,修剪掉多余的线条;再将修剪的垂直线段转换为"粗实线",结果如图9-38所示。

7 执行"矩形(REC)"命令,绘制倒角距离为2mm×2mm的20mm×160mm的矩形,使其与上一图形水平对齐,如图9-39所示。

图9-38 修剪多余的线条

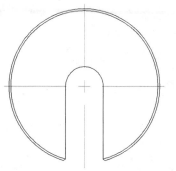
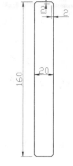

图9-39 绘制矩形

8 执行"直线(L)"命令,绘制水平投影线,如图9-40所示。

9 执行"修剪(TR)"命令,修剪掉多余的线段,结果如图9-41所示。

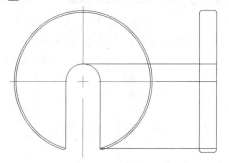

图9-40 绘制水平投影线

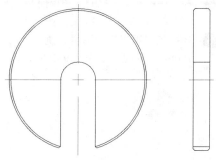

图9-41 修剪多余的线段

10 切换到"剖面线"图层。执行"图案填充(H)"命令,选择样例为"ANSI 31",比例为1,在指定位置进行图案填充操作,效果如图9-42所示。

11 切换到"尺寸与公差"图层。对图形分别执行"线性标注(DLI)"、"半径标注(DRA)"、"直径标注(DDI)"、"编辑标注(ED)"命令,最终结果如图9-43所示。

图9-42 图案填充

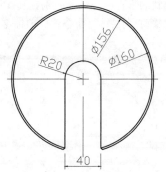
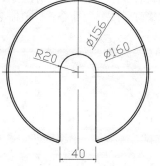

图9-43 最终效果图

12 至此,该图形对象已经绘制完毕,按Ctrl+S组合键对文件进行保存。

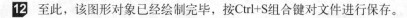

首先使用直线、圆、复制、旋转、修剪、偏移、矩形、分解等命令进行绘制，然后进行图案的填充，最后进行尺寸的标注，从而完成对止动垫圈的绘制。

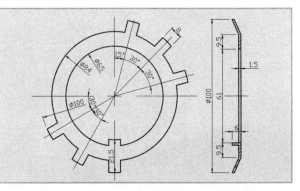

1 启动AutoCAD 2014软件，选择"文件｜打开"菜单命令，将"案例\09\机械模板.dwt"文件打开，再执行"文件｜另存为"菜单命令，将其另存为"案例\09\止动垫圈.dwg"文件。

2 在"图层"工具栏的"图层控制"组合框中选择"中心线"图层，使之成为当前图层。执行"直线（L）"命令，绘制长为110mm和高为110mm的相互垂直的基准线，如图9-44所示。

3 切换到"粗实线"图层。执行"圆（C）"命令，捕捉交点，绘制直径为65mm、84mm和100mm的同心圆，如图9-45所示。

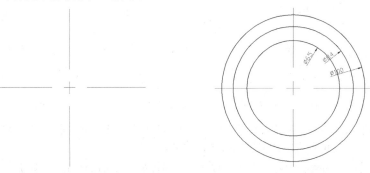

图9-44 绘制作图基准线　　　　　　　　　　　图9-45 绘制圆

4 执行"复制（CO）"命令，将垂直中心线段复制3份；再执行"旋转（RO）"命令，将复制得到的垂直中心线段分别旋转-15°、-45°和-75°，结果如图9-46所示。

5 执行"修剪（TR）"命令，修剪掉多余的斜线条，结果如图9-47所示。

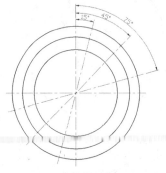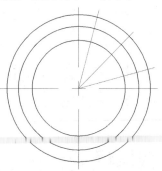

图9-46 复制和旋转线段　　　　　　　　　　　图9-47 修剪多余的线段

6 执行"偏移（O）"命令，将3条斜线段分别向左、右侧各偏移4mm，如图9-48所示。

7 执行"修剪（TR）"命令，修剪掉多余的线条，结果如图9-49所示。

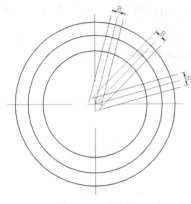
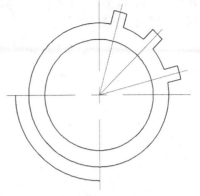

图9-48 偏移线条　　　　　　　　　　　　图9-49 修剪多余的线条

8 执行"复制（CO）"命令，将垂直中心线段复制两份；再执行"旋转（RO）"命令，将复制得到的垂直中心线段分别旋转-30°和-60°，如图9-50所示。

9 执行"修剪（TR）"命令，修剪掉多余的线条，结果如图9-51所示。

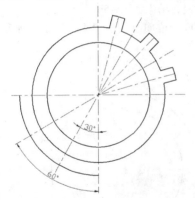
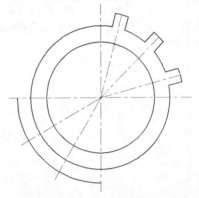

图9-50 复制和旋转线条　　　　　　　　　　图9-51 修剪多余的线条

10 执行"偏移（O）"命令，将旋转得到的斜线段分别向左、右侧各偏移4mm，结果如图9-52所示。

11 执行"修剪（TR）"命令，修剪掉多余的线段，结果如图9-53所示。

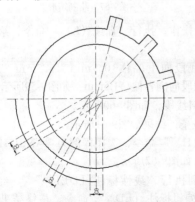
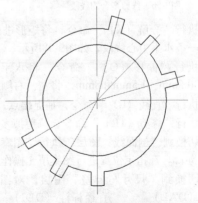

图9-52 偏移线条　　　　　　　　　　　　图9-53 修剪多余的斜线条

第6章

第7章

第8章

第9章

第10章

239

⑫ 执行"复制（CO）"命令，将底侧垂直线段处的圆弧段向上进行距离为21.5mm的复制操作，如图9-54所示。

⑬ 执行"延伸（EX）"命令，将底侧圆弧处的垂直线段向上一步复制的圆弧进行延伸操作，如图9-55所示。

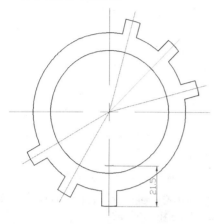
图9-54 复制圆弧

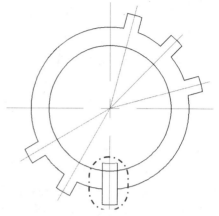
图9-55 延伸垂直线段

⑭ 执行"修剪（TR）"命令，修剪掉多余的线段，结果如图9-56所示。

⑮ 执行"矩形（REC）"命令，绘制6mm×100mm的矩形，使其与上一图形水平对齐，如图9-57所示。

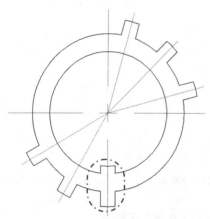
图9-56 修剪多余的线段

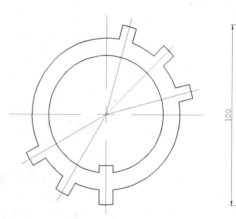
图9-57 绘制矩形

⑯ 执行"分解（X）"命令，将矩形进行打散操作。执行"直线（L）"命令，给矩形绘制一条水平中心线段，如图9-58所示。

⑰ 执行"偏移（O）"命令，将水平中心线段向上偏移30.5mm和9.5mm，向下偏移30.5mm、1.5mm和8mm，将左、右侧垂直线段向内各偏移1.5mm，如图9-59所示。

⑱ 执行"直线（L）"命令，捕捉端点，绘制斜线段，如图9-60所示。

⑲ 执行"修剪（TR）"命令，修剪掉多余的线条，结果如图9-61所示。

⑳ 切换到"剖面线"图层。执行"图案填充（H）"命令，选择样例为"ANSI 31"，比例为0.5，在指定位置进行图案填充操作，效果如图9-62所示。

㉑ 切换到"尺寸与公差"图层。对图形分别执行"线性标注（DLI）"、"对齐标注（DAL）"、"直径标注（DDI）"、"编辑标注（ED）"命令，最终结果如图9-63所示。

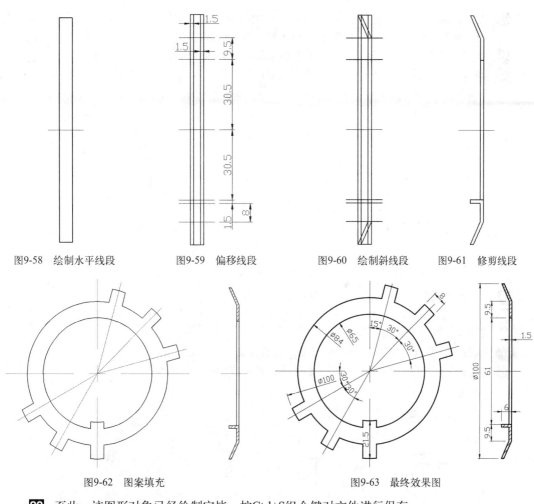

图9-58 绘制水平线段　　图9-59 偏移线段　　图9-60 绘制斜线段　　图9-61 修剪线段

图9-62 图案填充　　　　　　　　图9-63 最终效果图

22 至此，该图形对象已经绘制完毕，按Ctrl+S组合键对文件进行保存。

9.6 轴端挡圈的绘制

视频文件：视频\09\轴端挡圈的绘制.avi
结果文件：案例\09\轴端挡圈.dwg

首先使用直线、圆、矩形、修剪、偏移等命令进行绘制，然后进行图案的填充，最后进行尺寸的标注，从而完成对轴端挡圈的绘制。

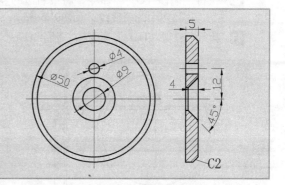

1 启动AutoCAD 2014软件，选择"文件 | 打开"菜单命令，将"案例\09\机械模板.dwt"文件打开，再执行"文件 | 另存为"菜单命令，将其另存为"案例\09\轴端挡圈.dwg"文件。

2. 在"图层"工具栏的"图层控制"组合框中选择"中心线"图层，使之成为当前图层。执行"直线（L）"命令，绘制长为55mm和高为55mm的相互垂直的基准线，如图9-64所示。

3. 执行"偏移（O）"命令，将水平中心线段向上偏移12mm，如图9-65所示。

4. 切换到"粗实线"图层。执行"圆（C）"命令，捕捉相应的交点，分别绘制直径为4.2mm、9mm、17mm、46mm、50mm的圆，如图9-66所示。

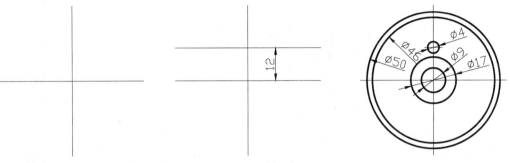

图9-64　绘制作图基准线　　　　图9-65　偏移线段　　　　图9-66　绘制圆

5. 执行"复制（CO）"命令，将中心线复制到右边。

6. 执行"偏移（O）"命令，将竖直中心线向左偏移5mm，再将水平中心线向上、下各偏移25mm，并转换为粗实线，结果如图9-67所示。

7. 执行"修剪（TR）"命令，修剪掉多余的线条。

8. 执行"倒斜角（CHA）"命令，将右边的两个直角进行2mm*45°的倒斜角处理，如图9-68所示。

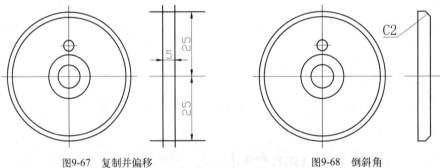

图9-67　复制并偏移　　　　　　　　　　图9-68　倒斜角

9. 执行"直线（L）"命令，从左边的视图引出水平投影线。

10. 执行"偏移（O）"命令，将最右边的竖直实线向左偏移4mm；再执行"直线（L）"命令，连接图中的斜线段，如图9-69所示。

11. 执行"修剪（TR）"命令和"删除（E）"命令，修剪并删除掉多余的线条，如图9-70所示。

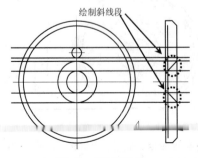
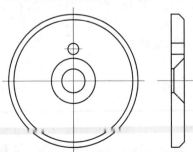

图9-69　绘制构造线　　　　　　　　　　图9-70　修剪

12 切换到"剖面线"图层。执行"图案填充（H）"命令，选择样例为"ANSI 31"，比例为0.5，在指定位置进行图案填充操作，效果如图9-71所示。

13 切换到"尺寸与公差"图层。对图形分别执行"线性标注（DLI）"、"对齐标注（DAL）"、"直径标注（DDI）"、"编辑标注（ED）"命令，最终结果如图9-72所示。

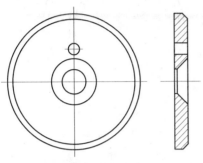

图9-71　图案填充

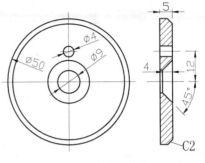

图9-72　最终效果图

14 至此，该图形对象已经绘制完毕，按Ctrl+S组合键对文件进行保存。

9.7　锁紧挡圈的绘制

视频文件：视频\09\锁紧挡圈的绘制.avi
结果文件：案例\09\锁紧挡圈.dwg

首先使用直线、圆、复制、旋转、修剪、偏移、倒角等命令进行绘制，然后转换相应的线型、进行图案的填充，最后进行尺寸的标注，从而完成对锁紧挡圈的绘制。

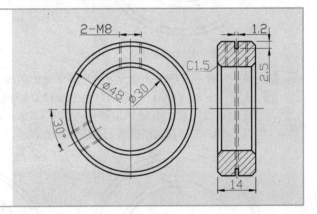

1 启动AutoCAD 2014软件，选择"文件｜打开"菜单命令，将"案例\09\机械模板.dwt"文件打开，再执行"文件｜另存为"菜单命令，将其另存为"案例\09\锁紧挡圈.dwg"文件。

2 在"图层"工具栏的"图层控制"组合框中选择"中心线"图层，使之成为当前图层。执行"直线（L）"命令，绘制长为50mm和高为50mm的相互垂直的基准线，如图9-73所示。

3 切换到"粗实线"图层。执行"圆（C）"命令，捕捉交点，绘制直径为30 mm、33mm、45mm和48mm的同心圆，如图9-74所示。

4 执行"构造线（XL）"命令，以中心点为放置点，绘制一条角度为30°的构造线；如图9-75所示。

5 执行"偏移（O）"命令，将30°构造线和竖直中心线分别向两边各偏移3.4mm、4mm，并转换为虚线，如图9-76所示。

第6章
第7章
第8章
第9章
第10章

243

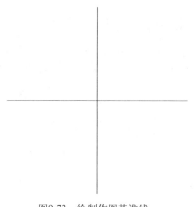

图9-73　绘制作图基准线

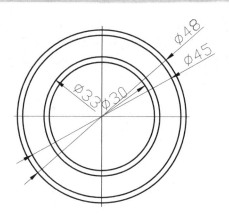

图9-74　绘制圆

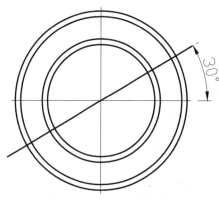

图9-75　绘制构造线

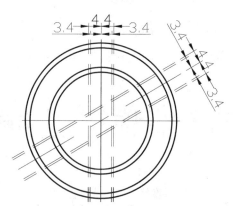

图9-76　偏移线段

6 执行"修剪（TR）"命令，修剪掉多余的斜线条，结果如图9-77所示。

7 执行"复制（CO）"命令，将中心线复制到右边；再执行"偏移（O）"命令，将竖直中心线向左、右分别偏移7mm和0.6mm，再将水平中心线向上、下各偏移24mm和21.5mm，并转换为粗实线，如图9-78所示。

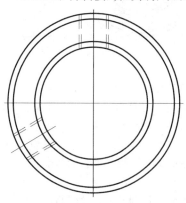

图9-77　修剪多余的线条

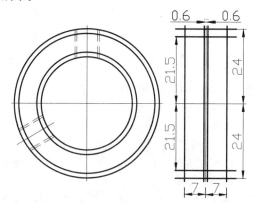

图9-78　偏移线段

8 执行"直线（L）"命令，从左图中直径为30mm的圆的上下两象限点引出两条水平线。

9 执行"复制（CO）"命令，将左边图中上面的1条虚线复制到右边图中，如图9-79所示。

10 执行"倒角（CHA）"命令，设置倒角距离均为1.5mm，如图9-80所示对相应的直角进行倒角操作；再执行"修剪（TR）"命令，修剪掉多余的斜线条。

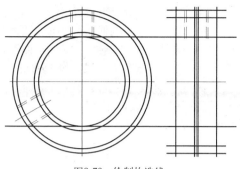

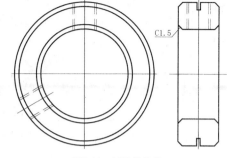

图9-79 绘制构造线　　　　　　　　　图9-80 倒角并修剪

11 执行"直线（L）"命令，在内圈倒角处做竖直线段连接，并转换为虚线；在宽度为1.2mm的槽之间做直线连接，结果如图9-81所示。

12 切换到"剖面线"图层。执行"图案填充（H）"命令，选择样例为"ANSI 31"，比例为0.5，在指定位置进行图案填充操作，效果如图9-82所示。

13 切换到"尺寸与公差"图层。对图形分别执行"线性标注（DLI）"、"对齐标注（DAL）"、"直径标注（DDI）"、"角度标注（DAN）"、"编辑标注（ED）"命令，最终结果如图9-83所示。

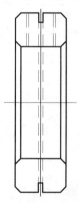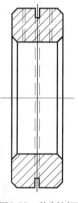

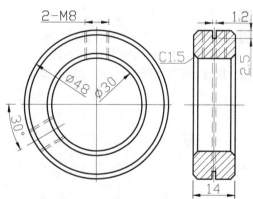

图9-81 绘制线段　　图9-82 绘制剖面　　　　　　图9-83 最终效果

14 至此，该图形对象已经绘制完毕，按Ctrl+S组合键对文件进行保存。

9.8 其他挡圈的绘制

视频文件：视频\09\其它挡圈的绘制.avi
结果文件：案例\09\其它挡圈.dwg

首先使用直线、复制、旋转、偏移、修剪、圆、圆角等命令进行绘制，最后进行尺寸的标注，从而完成对其他挡圈的绘制。

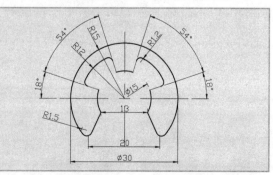

1 启动AutoCAD 2014软件，选择"文件 | 打开"菜单命令，将"案例\09\机械模板.dwt"文件
打开，再执行"文件 | 另存为"菜单命令，将其另存为"案例\09\其他挡圈.dwg"文件。

2 在"图层"工具栏的"图层控制"组合框中选择"中心线"图层，使之成为当前图层。执
行"直线（L）"命令，绘制长为36mm和高为36mm的相互垂直的基准线，如图9-84所示。

3 执行"复制（CO）"命令，将水平中心线段复制4份；再执行"旋转（RO）"命令，将
复制的水平中心线段分别旋转18°、54°、-18°和-54°，如图9-85所示。

4 执行"修剪（TR）"命令，修剪掉多余的线条，结果如图9-86所示。

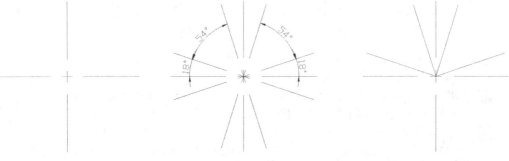

图9-84　绘制作图基准线　　　　图9-85　复制和旋转线段　　　　图9-86　修剪多余的线段

5 执行"偏移（O）"命令，将垂直中心线段向左、右侧各偏移6.5mm和10mm，如图9-87所示。

6 切换到"粗实线"图层。执行"圆（C）"命令，捕捉交点，绘制直径为15mm、24mm和
30mm的同心圆，如图9-88所示。

7 执行"修剪（TR）"命令，修剪掉多余的斜线条，结果如图9-89所示。

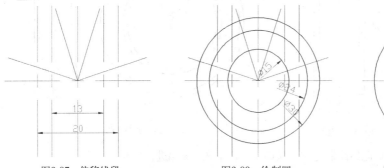

图9-87　偏移线段　　　　　　　图9-88　绘制圆　　　　　　　图9-89　修剪多余的线条

8 执行"直线（L）"命令，捕捉端点，绘制斜线段，如图9-90所示。

9 执行"修剪（TR）"命令，修剪掉多余的斜线条，结果如图9-91所示。

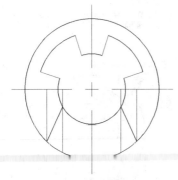 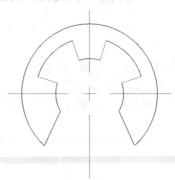

图9-90　绘制斜线段　　　　　　　图9-91　修剪多余的线条

10 执行"圆角（F）"命令，对图形分别进行半径为1.2mm和1.5mm的圆角操作，结果如图9-92所示。

11 切换到"尺寸与公差"图层。对图形分别执行"线性标注（DLI）"、"对齐标注（DAL）"、"直径标注（DDI）"、"角度标注（DAN）"、"编辑标注（ED）"命令，最终结果如图9-93所示。

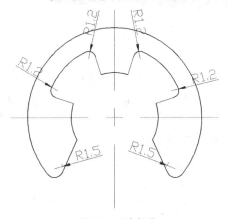

图9-92　圆角操作

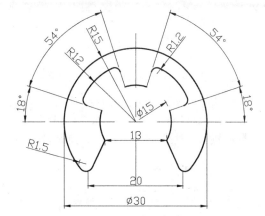

图9-93　最终效果图

12 至此，该图形对象已经绘制完毕，按Ctrl+S组合键对文件进行保存。

9.9　圆柱螺旋弹簧的绘制

视频文件：视频\09\圆柱螺旋弹簧的绘制.avi
结果文件：案例\09\圆柱螺旋弹簧.dwg

首先使用直线、圆、偏移、修剪、镜像、圆弧等命令进行绘制，然后进行图案的填充，最后进行尺寸的标注，从而完成对圆柱螺旋弹簧的绘制。

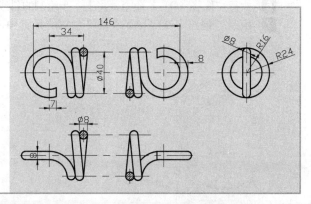

1 启动AutoCAD 2014软件，选择"文件｜打开"菜单命令，将"案例\09\机械模板.dwt"文件打开，再执行"文件｜另存为"菜单命令，将其另存为"案例\09\圆柱螺旋弹簧.dwg"文件。

2 在"图层"工具栏的"图层控制"组合框中选择"中心线"图层，使之成为当前图层。执行"直线（L）"命令，绘制长为86mm和高为54mm的相互垂直的基准线，垂直线段与水平线段左端点相距为29mm，如图9-94所示。

3 切换到"粗实线"图层。执行"圆（C）"命令，捕捉相应的交点，绘制直径为200mm、212mm、238mm和250mm的同心圆，如图9-95所示。

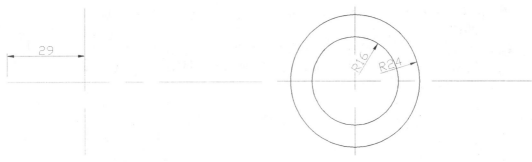

图9-94 绘制作图基准线　　　　　　　　　　　　图9-95 绘制圆

4 执行"偏移（O）"命令，将水平中心线段向上、下侧各偏移20mm，垂直线段向右侧分别偏移16mm和2mm，如图9-96所示。

5 执行"直线（L）"命令，捕捉端点，绘制斜线段，如图9-97所示。

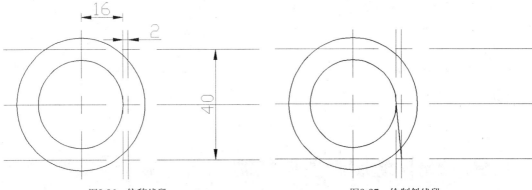

图9-96 偏移线段　　　　　　　　　　　　图9-97 绘制斜线段

6 执行"偏移（O）"命令，将上一步绘制的斜线段向右偏移8mm和8mm，如图9-98所示。

7 执行"偏移（O）"命令，将左侧的垂直中心线段向右偏移30mm和8mm，如图9-99所示。

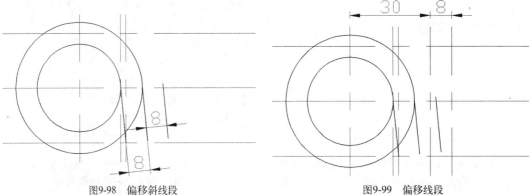

图9-98 偏移斜线段　　　　　　　　　　　　图9-99 偏移线段

8 执行"延伸（EX）"命令，将斜线段向下水平线段进行延伸操作；再执行"直线（L）"，捕捉端点，绘制斜线段，如图9-100所示。

9 执行"修剪（TR）"命令，修剪掉多余的斜线条，结果如图9-101所示。

10 执行"圆（C）"命令，捕捉交点，绘制直径为8mm的圆，如图9-102所示。

11 执行"修剪（TR）"命令，修剪掉多余的斜线条，结果如图9-103所示。

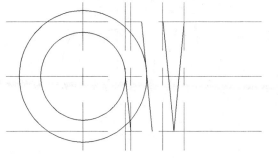

图9-100 延伸线段

图9-101 修剪多余的线段

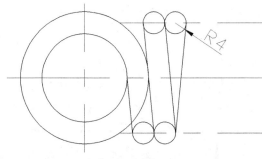

图9-102 绘制圆

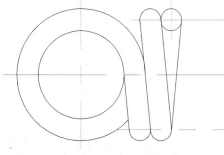

图9-103 修剪多余的线段

12 执行"偏移（O）"命令，将垂直中心线段向右偏移7mm，如图9-104所示。

13 执行"修剪（TR）"命令，修剪掉多余的斜线条，结果如图9-105所示。

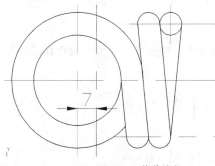

图9-104 偏移线段

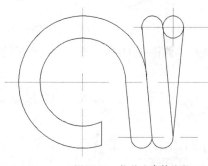

图9-105 修剪多余的线段

14 执行"镜像（MI）"命令，将图形向右侧进行镜像复制操作，结果如图9-106所示。

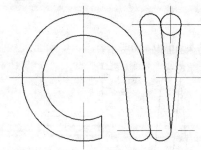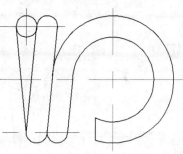

图9-106 镜像操作

15 执行"镜像（MI）"命令，将上一步右侧镜像复制的对象再以水平中心线为基准，进行镜像操作，结果如图9-107所示。

图9-107　镜像操作

16 执行"复制（CO）"命令，将图形向下进行距离为70mm的复制操作，结果如图9-108所示。

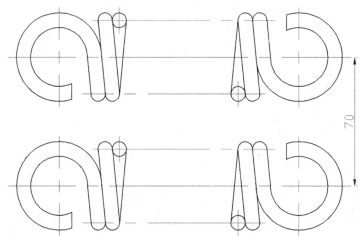

图9-108　复制对象

17 执行"偏移（O）"命令，对复制后的图形，将水平中心线向下、下侧各偏移4mm，如图9-109所示。

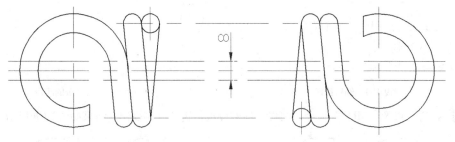

图9-109　偏移线段

18 执行"修剪（TR）"命令，修剪掉多余的线条，结果如图9-110所示。

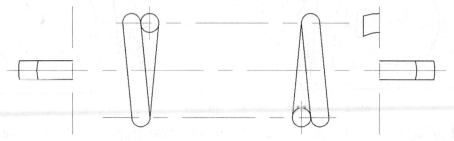

图9-110　修剪多余的线段

19 执行"直线（L）"命令，绘制线段，如图9-111所示。

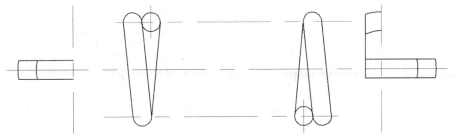

图9-111 绘制垂直线段

20 执行"修剪（TR）"命令，修剪掉多余的线条，结果如图9-112所示。

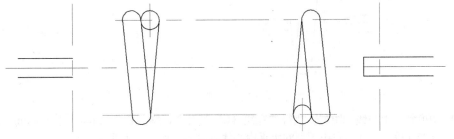

图9-112 修剪多余的线段

21 执行"圆弧（A）"命令，绘制半径为4mm的圆弧段，如图9-113所示。

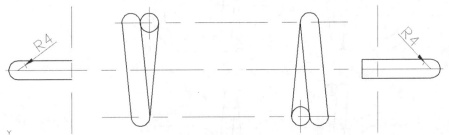

图9-113 绘制圆弧

22 执行"圆（C）"命令，绘制直径为36mm和52mm的圆，使其上象限点与水平线段对齐，如图9-114所示。

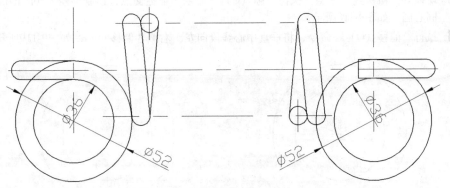

图9-114 绘制圆

23 执行"修剪（TR）"命令，修剪掉多余的线条，结果如图9-115所示。

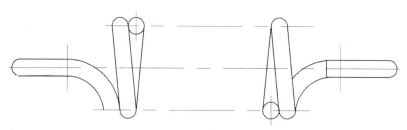

图9-115 修剪多余的线段

24 执行"圆弧(A)"命令，绘制半径为4mm的圆弧段，如图9-116所示。

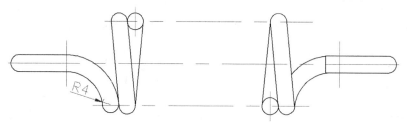

图9-116 绘制圆弧

25 切换到"中心线"图层。执行"直线(L)"命令，绘制长为58mm、高为58mm的互相垂直的线段，使其与左边图形的水平中心线段对齐，如图9-117所示。

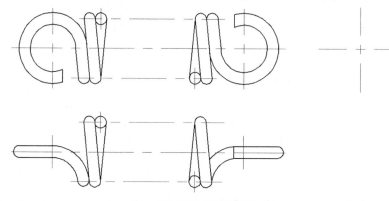

图9-117 绘制基准线

26 切换到"粗实线"图层。执行"圆(C)"命令，捕捉交点，绘制半径为16mm和24mm的同心圆，如图9-118所示。

27 执行"偏移(O)"命令，将垂直中心线段向左、右侧各偏移4mm，如图9-119所示。

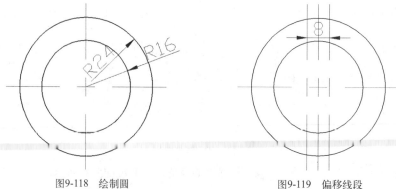

图9-118 绘制圆　　　　　　　　　　　图9-119 偏移线段

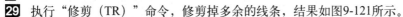

28 执行"圆（C）"命令，绘制半径为4mm的圆，如图9-120所示。

29 执行"修剪（TR）"命令，修剪掉多余的线条，结果如图9-121所示。

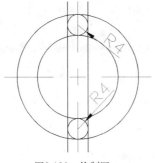
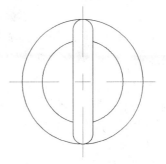

图9-120 绘制圆　　　　　　　图9-121 修剪多余的线段

30 切换到"剖面线"图层。执行"图案填充（H）"命令，选择样例为"ANSI 31"，比例为0.5，在指定位置进行图案填充操作，效果如图9-122所示。

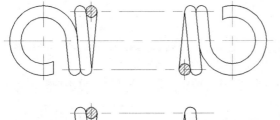
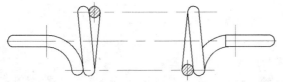

图9-122 图案填充

31 切换到"尺寸与公差"图层。对图形分别执行"线性标注（DLI）"、"对齐标注（DAL）"、"直径标注（DDI）"、"角度标注（DAN）"、"编辑标注（ED）"命令，最终结果如图9-123所示。

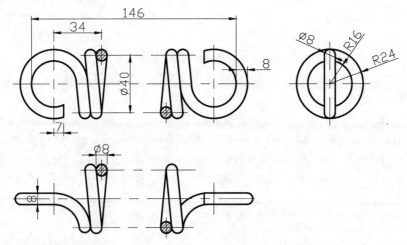

图9-123 最终效果图

32 至此，该图形对象已经绘制完毕，按Ctrl+S组合键对文件进行保存。

专业技能：弹簧概述

弹簧是一种利用弹性来工作的机械零件，一般用弹簧钢制成。弹簧的种类复杂多样，按形状分，主要有螺旋弹簧、涡卷弹簧、板弹簧等。

1. 主要功能

◆ 控制机械的运动，如内燃机中的阀门弹簧、离合器中的控制弹簧等。

◆ 吸收振动和冲击能量，如汽车、火车车厢下的缓冲弹簧、联轴器中的吸振弹簧等。

◆ 储蓄及输出能量作为动力，如钟表弹簧、枪械中的弹簧等。

◆ 用作测力元件，如测力器、弹簧秤等。

弹簧的载荷与变形之比称为弹簧刚度，刚度越大，则弹簧越硬。

弹簧是机械和电子行业中广泛使用的一种弹性元件，弹簧在受载时能产生较大的弹性变形，把机械功或动能转化为变形能，而卸载后弹簧的变形消失并回复原状，将变形能转化为机械功或动能。

2. 碟形弹簧的特点

刚度大，缓冲吸振能力强，能以小变形承受大载荷，适合于轴向空间要求小的场合。

具有变刚度特性，这种弹簧具有很广范围的非线性特性。

用同样的碟形弹簧采用不同的组合方式，能使弹簧特性在很大范围内变化。可采用对合、叠合的组合方式，也可采用复合不同厚度，不同片数等的组合方式。

当叠合时，相对于同一变形，弹簧数越多则载荷越大。

缺点：载荷偏差难以保证。

与圆柱螺旋弹簧相比，碟形弹簧具有以下特点。

负载变形特性曲线呈非线性关系。

碟形弹簧成薄片形，易于形成组合件，可实行积木式装配与更换，因而给维修带来方便。

带径向槽碟簧具有零刚度特性。这种特性可以运用在某变形范围内要求弹簧力基本保持稳定的场合。

碟簧吸振性能不低于圆柱螺旋弹簧，当采用叠合组合时，由于碟簧片之间的摩擦而具有较大的阻尼，消散冲击能量。

弹簧的分类

◆ 按受力性质：可分为拉伸弹簧、压缩弹簧、扭转弹簧和弯曲弹簧。

◆ 按形状：可分为碟形弹簧、环形弹簧、板弹簧、螺旋弹簧、截锥涡卷弹簧以及扭杆弹簧等。

◆ 按制作过程可以分为冷卷弹簧和热卷弹簧。

普通圆柱弹簧由于制造简单，且可根据受载情况制成各种型式，结构简单，故应用最广。弹簧的制造材料一般来说应具有高的弹性极限、疲劳极限、冲击韧性及良好的热处理性能等，常用的有碳素弹簧钢、合金弹簧钢、不锈弹簧钢以及铜合金、镍合金和橡胶等。弹簧的制造方法有冷卷法和热卷法。弹簧丝直径小于8毫米的一般用冷卷法，大于8mm的用热卷法。有些弹簧在制成后还要进行强压或喷丸处理，可提高弹簧的承载能力。常见弹簧如表9-3所示。

表9-3 常见弹簧

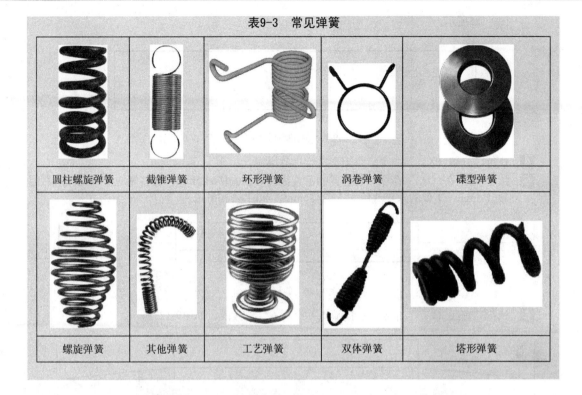

| 圆柱螺旋弹簧 | 截锥弹簧 | 环形弹簧 | 涡卷弹簧 | 碟型弹簧 |
| 螺旋弹簧 | 其他弹簧 | 工艺弹簧 | 双体弹簧 | 塔形弹簧 |

9.10 碟型弹簧的绘制

> 视频文件：视频\09\碟型弹簧的绘制.avi
> 结果文件：案例\09\碟型弹簧.dwg

首先使用矩形、分解、直线、偏移、修剪等命令进行绘制，然后进行图案的填充，最后进行尺寸的标注，从而完成对碟型弹簧的绘制。

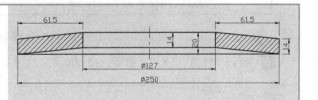

1 启动AutoCAD 2014软件，选择"文件｜打开"菜单命令，将"案例\09\机械模板.dwt"文件打开，再执行"文件｜另存为"菜单命令，将其另存为"案例\09\碟型弹簧.dwg"文件。

2 在"图层"工具栏的"图层控制"组合框中选择"粗实线"图层，使之成为当前图层。执行"矩形（REC）"命令，绘制127mm×20mm的矩形，如图9-124所示。

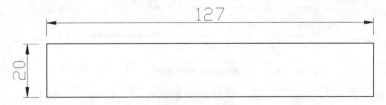

图9-124 绘制矩形

3 切换到"中心线"图层。执行"直线（L）"命令，绘制高为30mm的垂直中心线段，如

图9-125所示。

图9-125　绘制垂直线段

4 执行"分解（X）"命令，将矩形进行打散操作。

5 执行"偏移（O）"命令，将左侧的垂直线段向左偏移64.5mm，将右侧的垂直线段向右偏移61.5mm，下侧的水平线段向上偏移6mm，如图9-126所示。

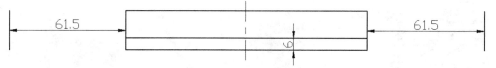

图9-126　偏移线段

6 执行"直线（L）"命令，捕捉端点，绘制直、斜线段，如图9-127所示。

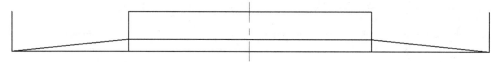

图9-127　绘制线段

7 执行"偏移（O）"命令，将上一步绘制的斜线段向上方偏移14mm，如图9-128所示。

图9-128　偏移线段

8 执行"修剪（TR）"命令，修剪掉多余的线条，结果如图9-129所示。

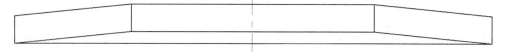

图9-129　修剪多余的线段

9 切换到"剖面线"图层。执行"图案填充（H）"命令，选择样例为"ANSI 31"，比例为1，在指定位置进行图案填充操作，效果如图9-130所示。

图9-130　图案填充

10 切换到"尺寸与公差"图层，对图形分别执行"线性标注（DLI）"、"对齐标注（DAL）"、"直径标注（DDI）"、"角度标注（DAN）"、"编辑标注（ED）"命令，最终结果如图9-131所示。

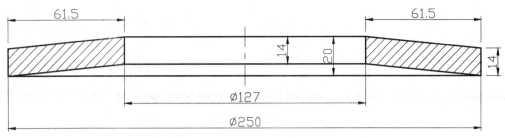

图9-131 最终效果图

11 至此，该图形对象已经绘制完毕，按Ctrl+S组合键对文件进行保存。

9.11 其他弹簧的绘制

视频文件：视频\09\其它弹簧的绘制.avi
结果文件：案例\09\其它弹簧.dwg

首先使用直线、圆、偏移、修剪、复制、旋转、镜像、删除等命令进行绘制，然后进行图案的填充，最后进行尺寸的标注，从而完成对其他弹簧的绘制。

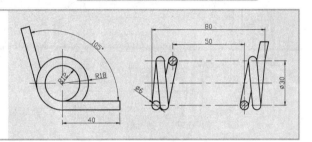

1 启动AutoCAD 2014软件，选择"文件｜打开"菜单命令，将"案例\09\机械模板.dwt"文件打开，再执行"文件｜另存为"菜单命令，将其另存为"案例\09\其他弹簧.dwg"文件。

2 在"图层"工具栏的"图层控制"组合框中选择"中心线"图层，使之成为当前图层。执行"直线（L）"命令，绘制长为46mm、高为46mm的相互垂直的基准线，如图9-132所示。

3 切换到"粗实线"图层。执行"圆（C）"命令，捕捉交点，绘制半径分别为12mm和18mm的同心圆，如图9-133所示。

4 执行"偏移（O）"命令，将垂直中心线段向右偏移40mm，如图9-134所示。

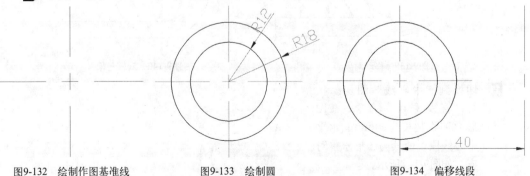

图9-132 绘制作图基准线　　　图9-133 绘制圆　　　图9-134 偏移线段

5 执行"直线（L）"命令，捕捉端点，绘制直线段，如图9-135所示。

6 执行"修剪（TR）"命令，修剪掉多余的线条，结果如图9-136所示。

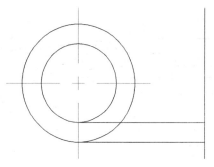

图9-135　绘制直线段

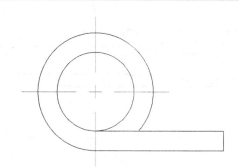

图9-136　修剪多余的线段

7 执行"复制（CO）"命令，将上一步修剪的线段向下复制一份，如图9-137所示。

8 执行"旋转（RO）"命令，将复制得到的图形对象旋转105°，如图9-138所示。

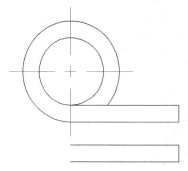

图9-137　复制对象

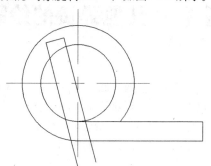

图9-138　旋转对象

9 执行"移动（M）"命令，将旋转得到的图形对象移动到左侧圆的切点上，如图9-139所示。

10 执行"修剪（TR）"命令，修剪掉多余的线段，结果如图9-140所示。

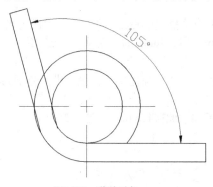

图9-139　移动对象

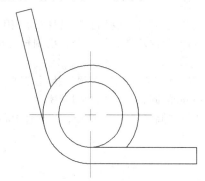

图9-140　旋转对象

11 切换到"中心线"图层。执行"直线（L）"命令，在图形右侧绘制长为90mm的水平中心线段，使其与图形水平对齐，如图9-141所示。

12 执行"偏移（O）"命令，将水平中心线段向上、下侧各偏移15mm，如图9-142所示。

图9-141　绘制水平线段

13 切换到"粗实线"图层。执行"直线（L）"命令，绘制一条垂直线段；再执行"偏移（O）"命令，将垂直线段向右分别偏移5mm、3mm和12mm，如图9-143所示。

图9-142 偏移线段　　　　　　　　　　　图9-143 绘制和偏移垂直线段

14 执行"直线（L）"命令，捕捉端点，绘制斜线段；再执行"偏移（O）"命令，将斜线段向右侧偏移20mm，结果如图9-144所示。

15 执行"删除（E）"命令，删除多余的垂直线段，结果如图9-145所示。

图9-144 绘制和偏移垂直线段　　　　　　图9-145 删除多余的垂直线段

16 执行"圆（C）"命令，绘制半径为3mm的圆，如图9-146所示。

17 执行"直线（L）"命令，捕捉端点，绘制斜线段，如图9-147所示。

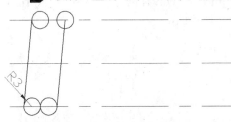

图9-146 绘制圆　　　　　　　　　　　　图9-147 绘制斜线段

18 执行"修剪（TR）"命令，修剪掉多余的线段，结果如图9-148所示。

19 执行"镜像（MI）"命令，将图形向右侧进行镜像复制操作，结果如图9-149所示。

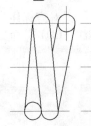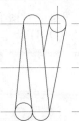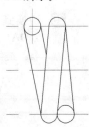

图9-148 修剪多余的线段　　　　　　　　图9-149 镜像操作

20 再执行"镜像（MI）"命令，将复制得到的图形，以中间水平线为基线，向下侧再进行镜像复制操作，删除源对象，结果如图9-150所示。

21 执行"偏移（O）"命令，将最上侧的水平线段向上偏移13mm，如图9-151所示。

22 执行"直线（L）"命令，绘制一条垂直线段；执行"偏移（O）"命令，将垂直线段向左偏移2.3mm；再执行"直线（L）"命令，捕捉端点，绘制一条斜线段；再执行"偏移

（O）"命令，将斜线段向左偏移6mm，结果如图9-152所示。

23 执行"修剪（TR）"命令，修剪掉多余的线段，结果如图9-153所示。

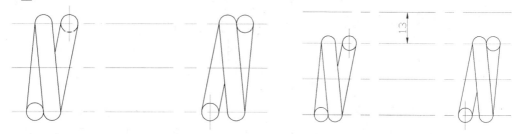

图9-150　镜像操作　　　　　　　　　　　　　　图9-151　偏移线段

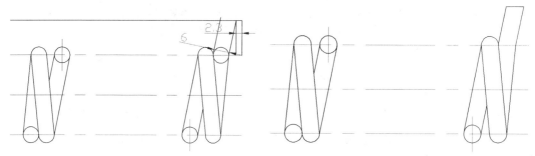

图9-152　绘制和偏移线段　　　　　　　　　　　图9-153　修剪掉多余的线段

24 切换到"剖面线"图层。执行"图案填充（H）"命令，选择样例为"ANSI 31"，比例为0.5，在指定位置进行图案填充操作，效果如图9-154所示。

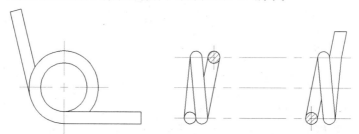

图9-154　图案填充

25 切换到"尺寸与公差"图层。对图形分别执行"线性标注（DLI）"、"对齐标注（DAL）"、"直径标注（DDI）"、"角度标注（DAN）"、"编辑标注（ED）"命令，最终结果如图9-155示。

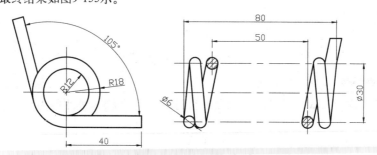

图9-155　最终效果图

26 至此，该图形对象已经绘制完毕，按Ctrl+S组合键对文件进行保存。

第10章
减速器和减速机的
绘制

　　减速器是原动机和工作机之间的独立的闭式传动装置，用来降低转速和增大转矩，以满足工作需要。在某些场合也用来增速，此时称为增速器。减速机是通过机械传动装置来降低电机（马达）转速，而变频器是通过改变交流电频率以达到电机（马达）速度调节的目的。

　　本章讲解减速器和减速机的基础知识和零件图的绘制方法，教读者使用AutoCAD软件绘制不同类型的零件图，巩固专业知识，掌握软件中各类工具的灵活应用。

主要内容

- ✓ 掌握ZD型圆柱齿轮减速器的绘制
- ✓ 掌握涡轮减速机的绘制
- ✓ 掌握摆线针式形轮减速机的绘制

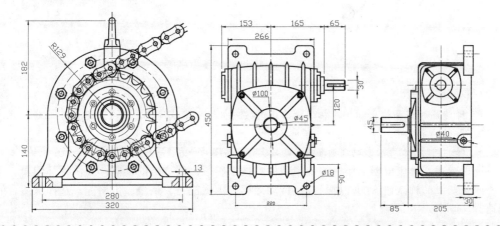

10.1 ZD型圆柱齿轮减速器的绘制

视频文件：视频\10\ZD型圆柱齿轮减速器.avi
结果文件：案例\10\ZD型圆柱齿轮减速器.dwg

　　首先使用直线、圆、偏移、圆角、修剪、矩形、分解、倒角、延伸等命令进行绘制，然后转换相应的线型、图案的填充，最后进行尺寸的标注，从而完成对ZD型圆柱齿轮减速器的绘制。

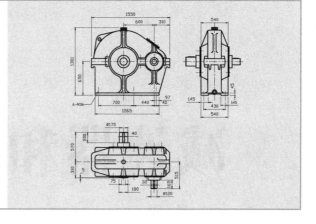

专业技能：减速器概述

　　减速器是一种动力传达机构，利用齿轮的速度转换器，将马达的回转数减速到所要的回转数，并得到圈套转矩的机构。

　　减速器主要由传动零件（齿轮或蜗杆）、轴、轴承、箱体及其附件所组成。其基本结构有三大部分：齿轮、轴及轴承组合和箱体、减速器附件，具体如图10-1所示。

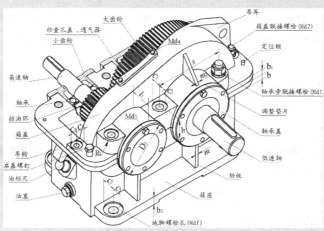

图10-1　减速器结构图

1. 减速器的作用

◆ 降速同时提高输出扭矩，扭矩输出比例按电机输出乘减速比，但要注意，不能超出减速器的额定扭矩。

◆ 降速同时降低了负载的惯量，惯量的减少为减速比的平方（一般电机都有一个惯量数值）。

　　选用减速器时应根据工作机的选用条件、技术参数、动力机的性能、经济性等因素，比较不同类型、品种减速器的外廓尺寸、传动效率、承载能力、质量、价格等，选择最适合的减速器。

2. 减速器的分类

- ◆ 按齿轮传动和蜗杆传动组成，通常分为6类：齿轮减速器、蜗杆－齿轮减速器、行星齿轮减速器、摆线针轮减速器和谐波齿轮减速器。
- ◆ 按工作机的载荷，通常分为3类：均匀载荷、中等冲击载荷和强冲击载荷。

3. 常见减速器对比

- ◆ ZD型减速器：单级渐开线圆柱齿轮减速器，ZDH是单级圆弧圆柱齿轮减速器，ZDSH是单级双圆弧圆柱齿轮减速器，它们主要用于矿山、冶金、水泥、建筑、化工轻工等各种机械设备的减速传动，高速轴转速不超过1500r/min，齿轮圆周速度不大于18m/s，工作环境温度为-40~+40℃，可正反转运行。
- ◆ 蜗轮蜗杆减速机：具有反向自锁功能，可以有较大的减速比，输入轴和输出轴不在同一轴线上，也不在同一平面上。但是一般体积较大，传动效率不高，精度不高。
- ◆ 谐波减速器：谐波传动是利用柔性元件可控的弹性变形来传递运动和动力的，体积较大、精度很高；但缺点是柔轮寿命有限、不耐冲击，刚性与金属件相比较差。输入的转速不能太高。
- ◆ 行星减速器：结构比较紧凑，回程间隙小、精度较高，使用寿命很长，额定输出扭矩可以做得很大。但价格略贵。

减速器对比如表10-1所示。

表10－1 减速器性能比较

	蜗轮蜗杆减速器	谐波减速器	行星减速器
体积	大	小	小
背隙	低	高	高
刚性	高	中	低
寿命	中	短	长
效率	低	高	高
输入转速	3000以下	2000以下	2000以下

最常见的减速器，如表10－2所示。

表10－2 常见减速器

圆柱齿轮减速器	蜗杆减速器	法兰型减速器	Valley 减速器
冷却塔专用减速器	立式磨减速器	齿轮减速器	变浆减速器

1 启动AutoCAD 2014软件，选择"文件｜打开"菜单命令，将"案例\10\机械模板.dwt"文件打开，再执行"文件｜另存为"菜单命令，将其另存为"案例\10\ZD型圆柱齿轮减速器.dwg"文件。

2 在"图层"工具栏的"图层控制"组合框中选择"中心线"图层，使之成为当前图层。执行"直线（L）"命令，绘制长为1550mm、高为1350mm的互相垂直的线段，图10-2所示。

3 执行"偏移（O）"命令，将垂直线段向右侧分别偏移308mm、332mm、332mm、268mm，图10-3所示。

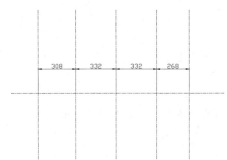

图10-2　绘制作图基准线　　　　　　　　　图10-3　偏移线段

4 切换到"粗实线"图层，执行"圆（C）"命令，分别绘制直径为144mm、240mm、540mm、600mm、1200mm的圆，图10-4所示。

5 执行"偏移（O）"命令，将最右边的竖直线段向右分别偏移103.5mm、206.5mm，图10-5所示。

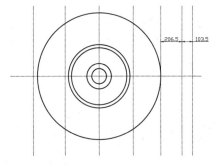

图10-4　绘制圆　　　　　　　　　　　　图10-5　偏移线段

6 执行"圆（C）"命令，捕捉相应的交点，分别绘制直径为346mm、384mm和500mm的圆，图10-6所示。

7 执行"偏移（O）"命令，将水平中心线段向上、下各偏移48mm、60mm、72mm，再将水平线段向下偏移120mm，结果图10-7所示。

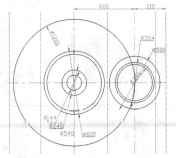
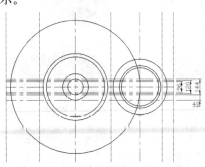

图10-6　绘制圆　　　　　　　　　　　　图10-7　偏移线段

8 执行"修剪（TR）"命令，修剪掉多余的线条，效果图10-8所示。

9 执行"偏移（O）"命令，将左侧的垂直线段向右偏移32mm和246mm，右侧的垂直线段向左偏移84mm，水平中心线段向下偏移605mm和45mm，图10-9所示。

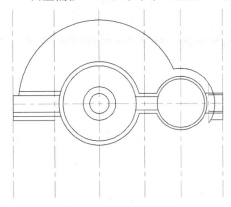

图10-8　修剪多余的线段

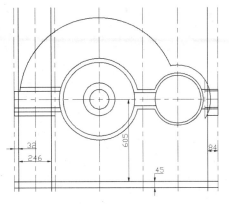

图10-9　偏移线段

10 执行"修剪（TR）"命令，修剪掉多余的线段，结果图10-10所示。

11 执行"圆（C）"命令，捕捉交点，绘制直径为92mm和154mm的同心圆，图10-11所示。

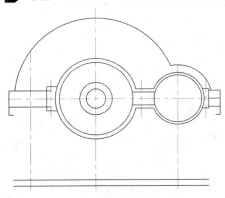

图10-10　修剪多余的线段

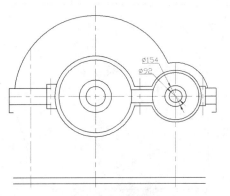

图10-11　绘制圆

12 执行"偏移（O）"命令，以大圆位置的垂直线段为基准，向左侧偏移500mm和68mm，向右侧偏移200mm、440mm和57mm，图10-12所示。

13 执行"修剪（TR）"命令，修剪掉多余的线条，结果如图10-13所示。

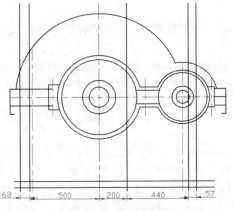

图10-12　偏移线段

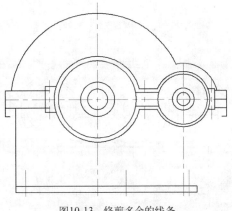

图10-13　修剪多余的线条

14 执行"圆（C）"命令，绘制半径为20mm的圆，使其左、右象限点与水平线段对齐，如图10-14所示。

15 执行"直线（L）"命令，绘制与右侧小圆相切的斜线段，如图10-15所示。

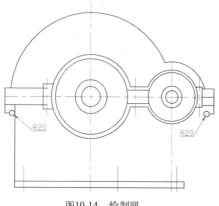

图10-14　绘制圆

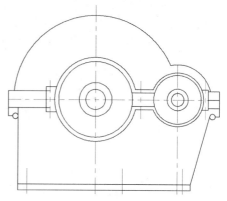

图10-15　绘制斜线段

16 执行"修剪（TR）"命令，修剪掉多余的线条，结果如图10-16所示。

17 执行"直线（L）"命令，绘制相切于最上侧两个圆弧的斜线段，如图10-17所示。

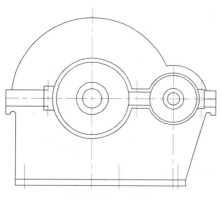

图10-16　修剪多余的线段

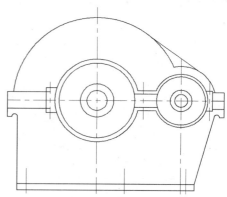

图10-17　绘制斜线段

18 执行"修剪（TR）"命令，修剪掉多余的线段，结果如图10-18所示。

19 执行"偏移（O）"命令，将右侧的圆对象的垂直中心线段向左偏移142mm，向右偏移102mm，结果如图10-19所示。

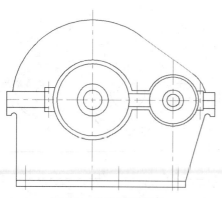

图10-18　修剪多余的线段

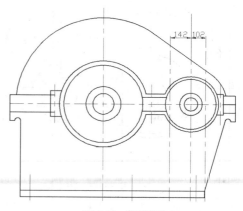

图10-19　偏移线段

20 执行"偏移（O）"命令，将圆上方的斜线段向外偏移15mm和15mm，如图10-20所示。

21 执行"修剪（TR）"命令，修剪掉多余的线条，结果如图10-21所示。

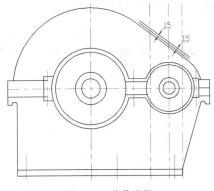

图10-20　偏移线段

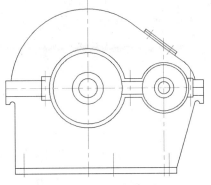

图10-21　修剪多余的线段

22 执行"偏移（O）"命令，将较长的两根垂直线段分别向左、右侧偏移24mm和48mm，如图10-22所示。

23 执行"偏移（O）"命令，将下侧倒数第2根水平线段向上偏移170mm，如图10-23所示。

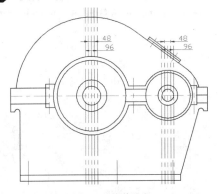

图10-22　偏移线段

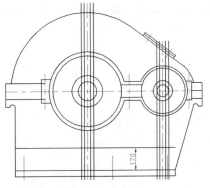

图10-23　偏移线段

24 执行"修剪（TR）"命令，修剪掉多余的线段，结果如图10-24所示。

25 执行"圆角（F）"命令，对①处的左、右侧分别进行半径为30mm和40mm的圆角操作；对②处的左、右侧分别进行半径为36mm和72mm的圆角操作；对③处的左、右侧分别进行半径为36mm和96mm的圆角操作；对④处的左、右侧分别进行半径为48mm和96mm的圆角操作，结果如图10-25所示。

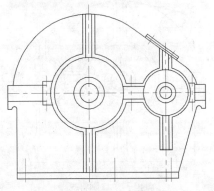

图10-24　修剪多余的线段

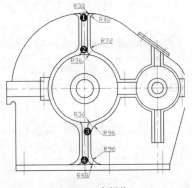

图10-25　圆角操作

26 执行"圆角（F）"命令，在⑤~⑦处左、右两侧分别进行半径为29mm和58mm的圆角操作，结果如图10-26所示。

27 执行"偏移（O）"命令，将水平中心线段向上偏移429mm，垂直线段向左偏移480.5mm，如图10-27所示。

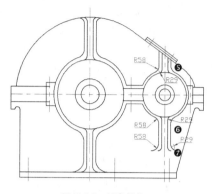

图10-26　圆角操作

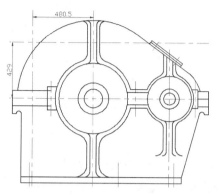

图10-27　偏移线段

28 执行"圆（C）"命令，捕捉交点，绘制半径为30mm的圆，如图10-28所示。

29 执行"偏移（O）"命令，将水平线段向上偏移397mm，垂直线段向左偏移427mm，如图10-29所示。

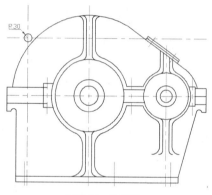

图10-28　绘制圆

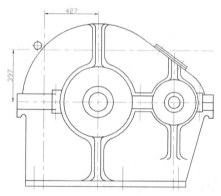

图10-29　偏移线段

30 执行"圆（C）"命令，捕捉交点，绘制半径为120mm的圆，如图10-30所示。

31 执行"直线（L）"命令，绘制相切于圆的斜线段，如图10-31所示。

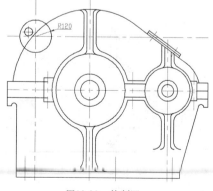

图10-30　绘制圆

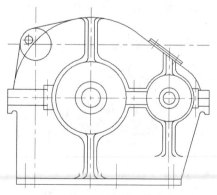

图10-31　绘制斜线段

32　执行"修剪（TR）"命令，修剪掉多余的线段，结果如图10-32所示。

33　执行"偏移（O）"命令，将水平线段向上偏移615mm；再执行"矩形（REC）"命令，
绘制120mm×36mm的矩形，使其与偏移水平线段对齐，如图10-33所示。

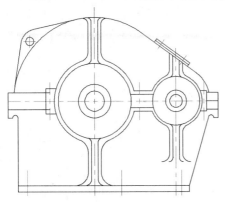

图10-32　修剪多余的线段　　　　　　　　　　　　图10-33　偏移线段和绘制矩形

34　执行"分解（X）"命令，将矩形进行打散操作。再执行"偏移（O）"命令，将矩形上
侧的水平线段向下偏移6mm；然后执行"倒角（CHA）"命令，将矩形上侧的对角进行
6mm×6mm的倒角操作，结果如图10-34所示。

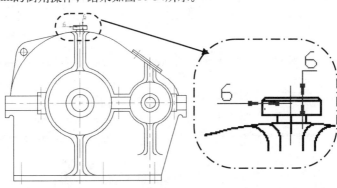

图10-34　偏移线段和倒角操作

35　执行"矩形（REC）"命令，绘制1550mm×580mm的矩形，使其与前面图形的下侧对
齐，如图10-35所示。

36　执行"分解（X）"命令，将矩形进行打散操作。执行"偏移（O）"命令，将左侧的垂
直线段向右偏移640mm和600mm，如图10-36所示。

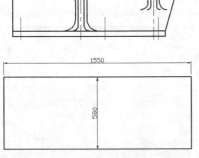

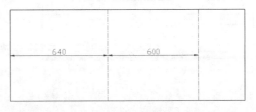

图10-35　绘制矩形　　　　　　　　　　　　　　　图10-36　偏移线段

37 执行"矩形（REC）"命令，绘制240mm×80mm、170mm×200mm、240mm×60mm和120mm×165mm的矩形，如图10-37所示。

38 切换到"中心线"图层。执行"直线（L）"命令，绘制长为1850mm的水平中心线段，如图10-38所示。

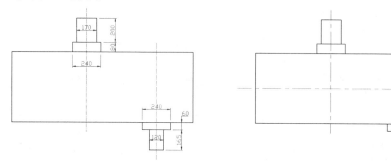

图10-37　绘制矩形　　　　　　　　　　　　　　图10-38　绘制水平线段

39 执行"偏移（O）"命令，将矩形左侧的垂直线段向右偏移72mm、263mm和151mm，右侧的垂直线段向左偏移70mm和172mm；将水平中心线段分别向上、下侧各偏移36mm、135mm、270mm和280mm，如图10-39所示。

40 执行"修剪（TR）"命令，修剪掉多余的线条，结果如图10-40所示。

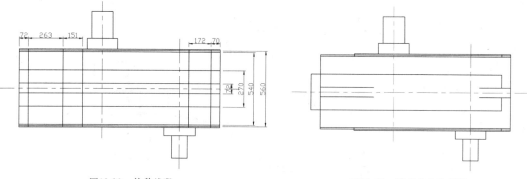

图10-39　偏移线段　　　　　　　　　　　　　　图10-40　修剪多余的线段

41 执行"拉伸（S）"命令，将左侧的短垂直线段向上、下分别拉伸33mm；再执行"直线（L）"命令，绘制斜线段，如图10-41所示。

42 执行"圆角（F）"命令，对A、B处进行半径为30mm的圆角操作，对C、D处进行半径为36mm的圆角操作，在①～⑥处进行半径为60mm的圆角操作，结果如图10-42所示。

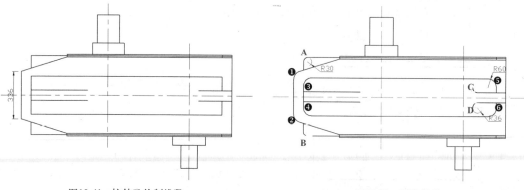

图10-41　拉伸及绘制线段　　　　　　　　　　　图10-42　圆角操作

43 执行"偏移（O）"命令，将左侧最长的垂直线段向左、右侧各偏移28mm、48mm、207mm和305mm，如图10-43所示。

44 执行"直线（L）"命令，绘制斜线段，如图10-44所示。

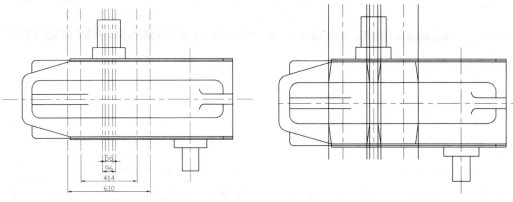

图10-43　偏移线段　　　　　　　　　　　　　　　图10-44　绘制斜线段

45 执行"修剪（TR）"命令，修剪掉多余的线段，结果如图10-45所示。

46 执行"圆弧（A）"命令，绘制半径为20mm的圆弧，如图10-46所示。

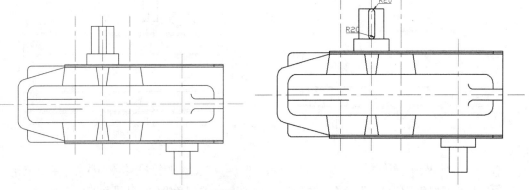

图10-45　修剪多余的线段　　　　　　　　　　　　图10-46　绘制圆弧

47 执行"圆（C）"命令，捕捉交点，绘制半径为36mm的圆；再执行"圆角（F）"命令，在A、B、C、D处进行半径为30mm的圆角操作，结果如图10-47所示。

48 执行"偏移（O）"命令，将右侧的长垂直线段向左、右侧各偏移19mm、38mm、149mm和199mm，结果如图10-48所示。

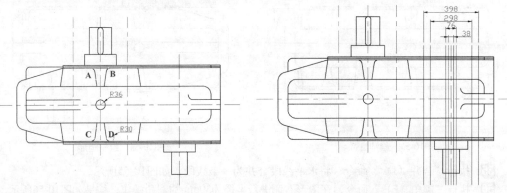

图10-47　绘制圆和圆角操作　　　　　　　　　　　图10-48　偏移线段

49 执行"直线（L）"命令，绘制斜线段，结果如图10-49所示。

50 执行"修剪（TR）"命令，修剪掉多余的线条，结果如图10-50所示。

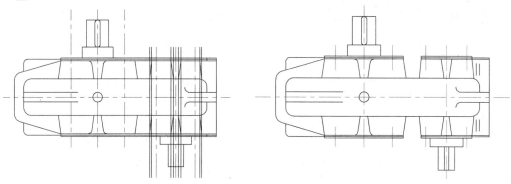

图10-49　绘制斜线段　　　　　　　　　　　　图10-50　修剪多余的线段

51 执行"圆角（F）"命令，在A、B、C、D处进行半径为30mm的圆角操作，如图10-51所示。

52 执行"圆弧（A）"命令，绘制半径为16mm的圆弧，如图10-52所示。

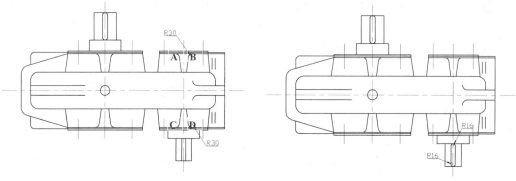

图10-51　圆角操作　　　　　　　　　　　　　图10-52　绘制圆弧

53 执行"倒角（CHA）"命令，进行100mm×95mm的倒角操作，结果如图10-53所示。

54 执行"矩形（REC）"命令，绘制180mm×15mm、75mm×5mm的矩形，使水平中点与垂直中心线段对齐，结果如图10-54所示。

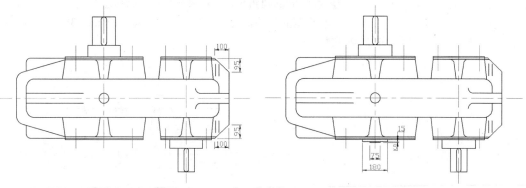

图10-53　绘制圆弧　　　　　　　　　　　　　图10-54　绘制矩形

55 执行"合并（J）"命令，将水平线段合并为一条线段，如图10-55所示。

56 执行"圆角（F）"命令，在图形右侧进行半径为30mm的圆角操作，结果如图10-56所示。

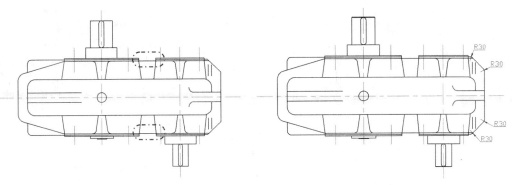

图10-55 合并线段   图10-56 圆角操作

57 切换到"中心线"图层。执行"直线（L）"命令，绘制长为1185mm的水平线段，如图10-57所示。

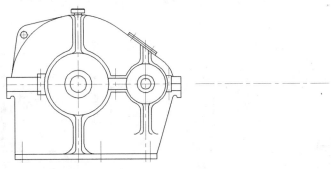

图10-57 绘制水平线段

58 切换到"粗实线"图层。执行"矩形（REC）"命令，分别绘制200mm×170mm、80mm×240mm、580mm×572mm、60mm×240mm、165mm×120mm的矩形，使其中点水平对齐，如图10-58所示。

59 继续执行"矩形（REC）"命令，绘制128mm×8.5mm和93mm×6.5mm的矩形，如图10-59所示。

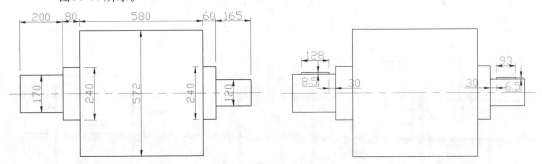

图10-58 绘制矩形   图10-59 绘制矩形

60 执行"分解（X）"命令，将矩形进行打散操作。

61 执行"偏移（O）"命令，将左侧第1个矩形的左垂直线段向右偏移4mm，将右侧第1个矩形的右垂直线段向左偏移4mm，将中间矩形的上、下水平线段向上、下各偏移64mm，左、右侧垂直线段向中点分别偏移10mm和10mm，结果如图10-60所示。

62 执行"倒角（CHA）"命令，对A、B、C、D处进行4mm×4mm的倒角操作，结果如图10-61所示。

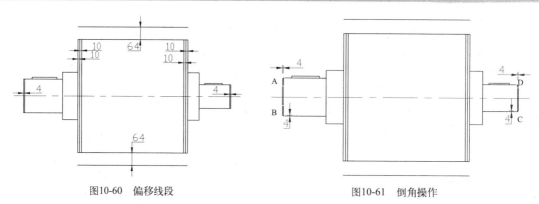

图10-60　偏移线段　　　　　　　　　图10-61　倒角操作

63 切换到"中心线"图层。执行"直线（L）"命令，绘制高为1500mm的垂直中心线段，如图10-62所示。

64 切换到"粗实线"图层。执行"矩形（REC）"命令，绘制450mm×210mm的矩形，如图10-63所示。

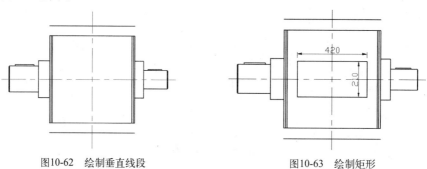

图10-62　绘制垂直线段　　　　　　　　　图10-63　绘制矩形

65 执行"分解（X）"命令，将上一步绘制的矩形进行打散操作；执行"偏移（O）"命令，将矩形的上、下侧的水平线段向中点位置偏移45mm；将水平中心线段向上偏移180mm和366mm，将垂直中心线段向左、右侧各偏移30mm、60mm和135mm，如图10-64所示。

66 执行"修剪（TR）"命令，修剪掉多余的线条，结果如图10-65所示。

67 执行"直线（L）"命令，绘制斜线段，如图10-66所示。

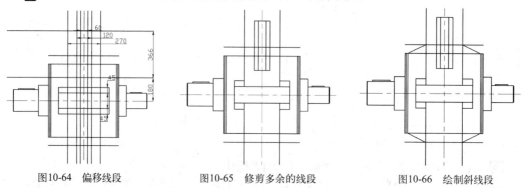

图10-64　偏移线段　　　　图10-65　修剪多余的线段　　　　图10-66　绘制斜线段

68 执行"修剪（TR）"命令，修剪掉多余的线条，结果如图10-67所示。

69 执行"圆角（F）"命令，对①~⑧点进行半径为30mm的圆角操作，结果如图10-68所示。

70 执行"偏移（O）"命令，将水平中心线段向上偏移606mm，向下偏移589mm、16mm和45mm，如图10-69所示。

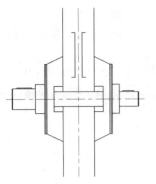

图10-67 修剪多余的线段

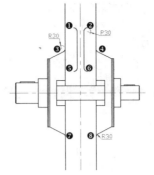

图10-68 圆角操作

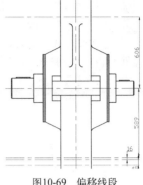

图10-69 偏移线段

71 执行"修剪（TR）"命令，修剪掉多余的线条，结果如图10-70所示。

72 执行"偏移（O）"命令，将图形下部分较长的垂直线段向左、右侧各偏移135mm，将最下侧的水平线段向上偏移25mm；再执行"直线（L）"命令，捕捉端点，绘制斜线段，如图10-71所示。

73 执行"延伸（EX）"命令，将图形底端的水平线段向左、右偏移产生的垂直线段进行延伸操作；再执行"圆（C）"命令，捕捉交点，绘制直径为54mm和90mm的圆，如图10-72所示。

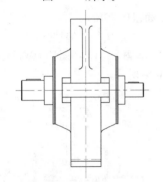

图10-70 修剪多余的线段

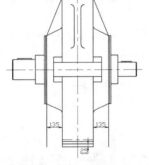

图10-71 偏移和绘制线段

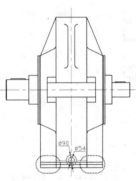

图10-72 延伸线段并绘制圆

74 执行"修剪（TR）"命令，修剪掉多余的线条，结果如图10-73所示。

75 执行"圆（C）"命令，绘制半径为360mm的圆，使圆左、右象限点与A、B点重合，如图10-74所示。

76 执行"修剪（TR）"命令，修剪掉多余的线条，结果如图10-75所示。

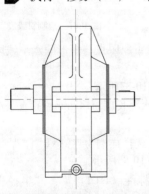

图10-73 修剪多余的线段

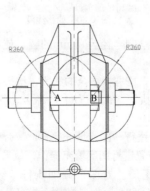

图10-74 绘制圆

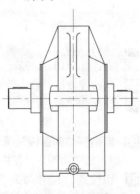

图10-75 修剪线段

77 执行"圆角（F）"命令，进行半径50mm和60mm的圆角操作，如图10-76所示。

78 执行"矩形（REC）"命令，绘制58mm×16mm、120mm×36mm的矩形，使其与垂直中心线段对齐，结果如图10-77所示。

79 执行"分解（X）"命令，将上一步绘制的矩形进行打散操作；执行"偏移（O）"命令，将最上侧矩形的顶端水平线段向下偏移6mm；再执行"倒角（CHA）"命令，在矩形的左上角、右上角进行6mm×6mm的倒角操作，如图10-78所示。

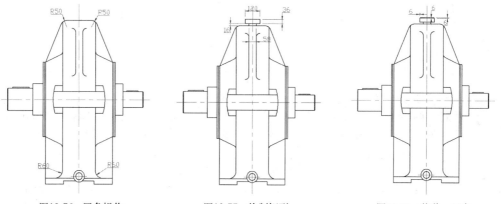

图10-76 圆角操作　　　　图10-77 绘制矩形　　　　图10-78 偏移、倒角

80 执行"矩形（REC）"命令，绘制226mm×90mm的矩形，如图10-79所示。

81 执行"分解（X）"命令，将上一步绘制的矩形进行打散操作；执行"偏移（O）"命令，将矩形的左、右侧垂直线段向中心位置各偏移8mm、27mm和8mm，如图10-80所示。

82 执行"直线（L）"命令，捕捉端点，绘制斜线段，如图10-81所示。

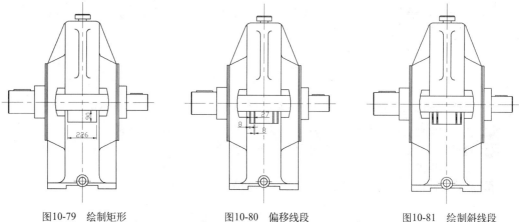

图10-79 绘制矩形　　　　图10-80 偏移线段　　　　图10-81 绘制斜线段

83 执行"圆（C）"命令，绘制半径为15mm的圆，使圆的下象限点与矩形的水平线段对齐，如图10-82所示。

84 执行"修剪（TR）"命令，修剪掉多余的线段，结果如图10-83所示。

85 切换到"中心线"图层。执行"直线（L）"命令，绘制水平长度为145mm、垂直长度为145mm的线段，结果如图10-84所示。

86 切换到"剖面线"图层。执行"图案填充（H）"命令，选择样例为"LINE"，比例为3，角度为90°，在指定位置进行图案填充操作，效果如图10-85所示。

87 切换到"尺寸与公差"图层。对图形分别执行"线性标注（DLI）"、"半径标注（DRA）"、"直径标注（DDI）"、"编辑标注（ED）"命令，最终结果如图10-86所示。

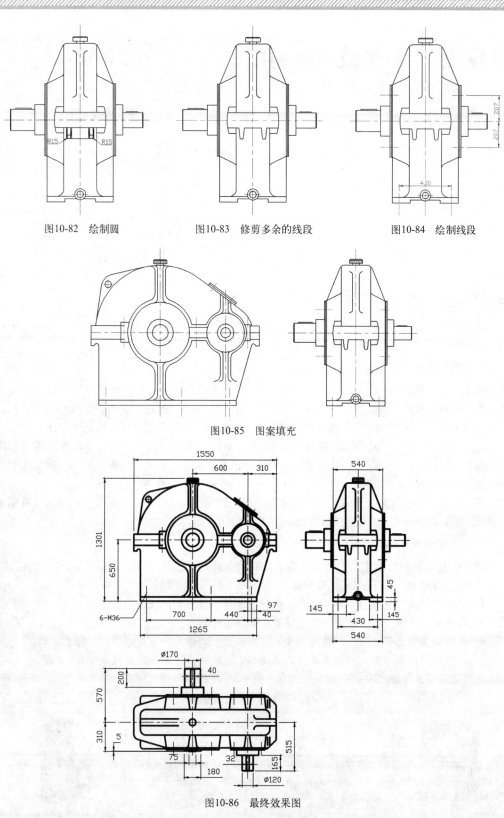

图10-82 绘制圆   图10-83 修剪多余的线段   图10-84 绘制线段

图10-85 图案填充

图10-86 最终效果图

88 至此，该图形对象已经绘制完毕，按Ctrl+S组合键对文件进行保存。

10.2 涡轮减速机的绘制

视频文件:视频\10\涡轮减速机.avi
结果文件:案例\10\涡轮减速机.dwg

　　首先使用直线、圆、偏移、圆角、修剪、矩形、分解、倒角、镜像、旋转、复制等命令进行绘制,然后转换相应的线型,最后进行尺寸的标注,从而完成对涡轮减速机的绘制。

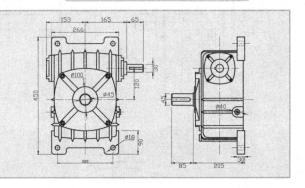

专业技能:减速机的概述

　　减速机是一种动力传达机构,利用齿轮的速度转换器,将电机(马达)的回转数减速到所要的回转数,并得到较大转矩的机构。

1.减速机的工作原理

　　减速机一般用于低转速大扭矩的传动设备,把电动机、内燃机或其他高速运转的动力通过减速机输入轴上的齿数少的齿轮啮合输出轴上的大齿轮,来达到减速的目的,普通的减速机也会有几对相同原理的齿轮来协同达到理想的减速效果,大小齿轮的齿数之比,就是传动比。

　　在目前用于传递动力与运动的机构中,减速机的应用范围相当广泛。几乎在各式机械的传动系统中都可以见到它的踪迹,从交通工具船舶、汽车、机车,建筑用的重型机具,机械工业所用的加工机具及自动化生产设备,到日常生活中常见的家电、钟表等。其应用从大动力的传输工作,到小负荷、精确的角度传输,都可以见到减速机的应用,且在工业应用上,减速机具有减速及增加转矩的功能。因此广泛应用于速度与扭矩的转换设备中。

2.减速机的分类

　　减速机是一种相对精密的机械,使用它的目的是降低转速,增加转矩。它的种类繁多,型号各异,不同种类的减速机有不同的用途。

- ◆　按照传动类型可分为齿轮减速器、蜗杆减速器和行星齿轮减速器。
- ◆　按照传动级数不同可分为单级减速器和多级减速器。
- ◆　按照齿轮形状可分为圆柱齿轮减速器、圆锥齿轮减速器和圆锥-圆柱齿轮减速器。
- ◆　按照传动的布置形式可分为展开式减速器、分流式减速器和同轴式减速器。

最常见的减速器如表10-3所示。

图10-3　常见减速机

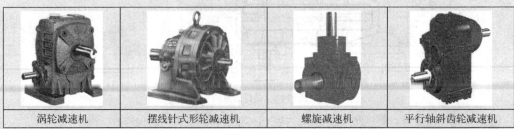

| 涡轮减速机 | 摆线针式形轮减速机 | 螺旋减速机 | 平行轴斜齿轮减速机 |

1 启动AutoCAD 2014软件，选择"文件｜打开"菜单命令，将"案例\10\机械模板.dwt"文件打开，再执行"文件｜另存为"菜单命令，将其另存为"案例\10\涡轮减速机.dwg"文件。

2 在"图层"工具栏的"图层控制"组合框中选择"粗实线"图层，使之成为当前图层。

3 执行"矩形（REC）"命令，绘制133mm×240mm的矩形，如图10-87所示。

4 执行"分解（X）"命令，将矩形进行打散操作。

5 执行"圆（C）"命令，捕捉交点，绘制直径为41mm、45mm和100mm的同心圆，如图10-88所示。

6 执行"修剪（TR）"命令，修剪掉多余的线条，结果如图10-89所示。

图10-87 绘制矩形

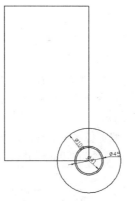

图10-88 绘制圆

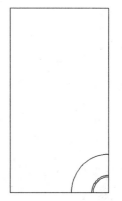

图10-89 修剪多余的线段

7 执行"复制（CO）"命令，将右侧的垂直线段复制一份；再执行"旋转（RO）"命令，将复制的垂直线段旋转45°，如图10-90所示。

8 执行"偏移（O）"命令，将斜线段向左、右侧各偏移10mm，将右侧的垂直线段向左偏移90mm，左侧的垂直线段向右偏移10mm，将底端的水平线段向上偏移90mm和30mm，如图10-91所示。

9 执行"圆（C）"命令，绘制半径为253mm的圆，使其上象限点与A点重合，绘制半径226mm的圆，使其左象限点与B点（水平中点）重合，如图10-92所示。

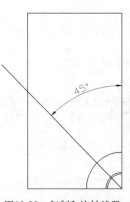

图10-90 复制和旋转线段

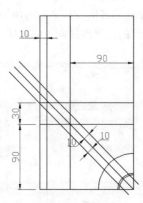

图10-91 偏移线段

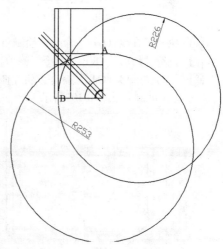

图10-92 绘制圆

10 执行"修剪（TR）"命令，修剪掉多余的线段，结果如图10-93所示。

11 执行"圆（C）"命令，捕捉交点，绘制半径为5mm和8mm的同心圆，如图10-94所示。

12 执行"修剪（TR）"命令，修剪掉多余的线段；并转换部分线型为"中心线"，结果如图10-95所示。

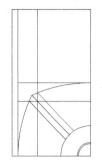
图10-93 修剪多余的线段

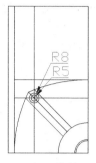
图10-94 绘制圆

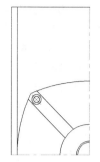
图10-95 修剪多余的线段

13 执行"偏移（O）"命令，将左侧的垂直线段向左偏移10mm和10mm，并向右偏移28mm、10mm、40mm、10mm、40mm和5mm，将底端的水平线段向上偏移70mm、110mm、11mm，如图10-96所示。

14 执行"修剪（TR）"命令，修剪掉多余的线段，结果如图10-97所示。

15 执行"圆（C）"命令，绘制半径为890mm的圆；再执行"修剪（TR）"命令，修剪掉多余的线段，结果如图10-98所示。

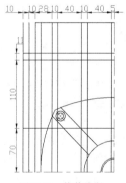
图10-96 偏移线段

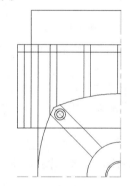
图10-97 修剪线段

图10-98 圆、修剪

16 执行"直线（L）"命令，绘制斜线段，如图10-99所示。

17 执行"修剪（TR）"命令，修剪掉多余的线段，结果如图10-100所示。

18 执行"偏移（O）"命令，将左侧较短的水平线段向上偏移10mm、10mm、60mm、10mm和10mm，如图10-101所示。

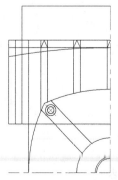
图10-99 绘制斜线段

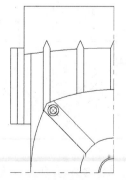
图10-100 修剪多余的线段

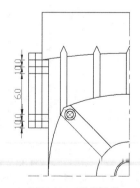
图10-101 偏移线段

19 执行"修剪（TR）"命令，修剪掉多余的线段，结果如图10-102所示。

20 执行"偏移（O）"命令，将左侧较长的垂直线段向右偏移23mm和35mm，将顶端的水平线段向下偏移25mm，如图10-103所示。

21 执行"修剪（TR）"命令，修剪掉多余的线段，结果如图10-104所示。

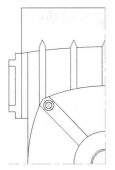
图10-102 修剪多余的线段

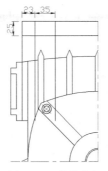
图10-103 偏移线段

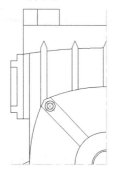
图10-104 修剪线段

22 执行"圆（C）"命令，捕捉交点，绘制半径为9mm的圆，如图10-105所示。

23 执行"圆角（F）"命令，分别进行半径为8mm和10mm的圆角操作，如图10-106所示。

24 执行"镜像（MI）"命令，将图形对象向右侧进行镜像复制操作，结果如图10-107所示。

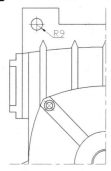
图10-105 绘制圆

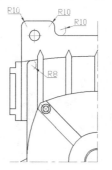
图10-106 圆角操作

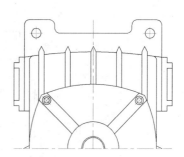
图10-107 镜像操作

25 执行"镜像（MI）"命令，将图形对象向下进行镜像复制操作，结果如图10-108所示。

26 执行"矩形（REC）"命令，绘制12mm×50mm、65mm×30mm、55mm×8mm的矩形，使其水平中点对齐，如图10-109所示。

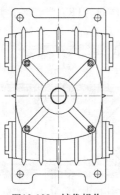
图10-108 镜像操作

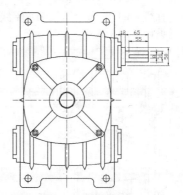
图10-109 绘制矩形

27 执行"分解（X）"命令，将矩形进行打散操作。执行"偏移（O）"命令，将右侧的垂直线段向左偏移2mm；再执行"倒角（CHA）"命令，在右侧的矩形的右上角、右下角进行2mm×2mm的倒角操作，如图10-110所示。

28 执行"偏移（O）"命令，将水平中心线段向上偏移120mm，结果如图10-111所示。

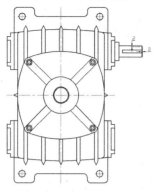 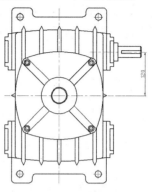

图10-110 偏移线段和倒角操作　　　　　图10-111 偏移线段

29 执行"修剪（TR）"和"删除（E）"命令，修剪和删除掉多余的线条，结果如图10-112所示。

30 执行"偏移（O）"命令，将水平中心线段向下偏移48mm；再执行"矩形（REC）"命令，绘制12mm×40mm的矩形，使矩形与偏移得到的水平线段中点对齐，如图10-113所示。

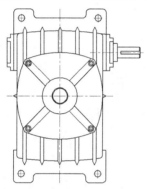 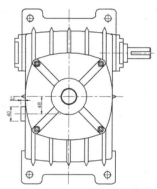

图10-112 修剪和删除线段　　　　　图10-113 偏移线段和绘制矩形

31 执行"复制（CO）"命令，将水平中心线段左侧的三角形状图形向下进行距离为48mm的复制操作，如图10-114所示。

32 执行"直线（L）"命令，绘制水平线段；再执行"修剪（TR）"命令，修剪掉多余的线条，结果如图10-115所示。

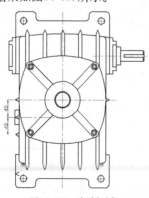 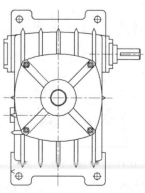

图10-114 复制对象　　　　　图10-115 修剪线段

33 执行"镜像（MI）"命令，将左侧框选的对象向右侧进行镜像复制操作，如图10-116所示。

34 执行"修剪（TR）"命令，修剪掉多余的线条，结果如图10-117所示。

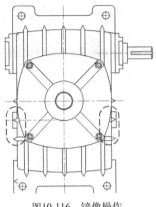

图10-116 镜像操作

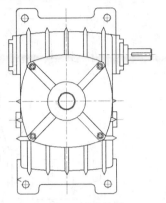

图10-117 修剪线段

35 执行"矩形（REC）"命令，绘制5mm×14mm、5mm×20mm的矩形，使矩形左侧的中点与点A、B重合，如图10-118所示。

36 执行"复制（CO）"命令，框选如图10-119所示的图形对象，进行水平复制操作；再执行"比例缩放（SC）"命令，将复制得到的图形缩放0.5倍。

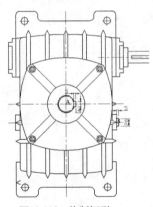

图10-118 绘制矩形

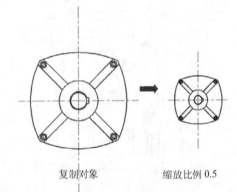

复制对象　　　　　　缩放比例 0.5

图10-119 复制、缩放

37 执行"删除（E）"命令，删除掉多余的圆，如图10-120所示。

38 执行"圆（C）"命令，捕捉交点，绘制直径为30mm和70mm的同心圆，如图10-121所示。

39 执行"矩形（REC）"命令，绘制4mm×8mm的矩形，使矩形的右中点与小圆的左象限点重合；再执行"修剪（TR）"命令，修剪掉多余的线条，结果如图10-122所示。

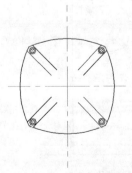

图10-120 删除圆对象

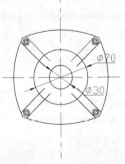

图10-121 绘制圆

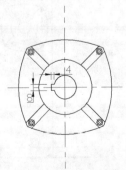

图10-122 修剪线段

40 切换到"中心线"图层。执行"直线（L）"命令，绘制长为342mm的水平线段，如图10-123所示。

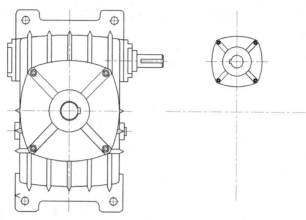

图10-123　绘制水平中心线段

41 执行"偏移（O）"命令，将垂直中心线段向左侧偏移73mm，向右侧偏移94mm，将长的水平中心线段向上偏移215mm和25mm，向下偏移48mm、137mm和25mm，如图10-124所示。

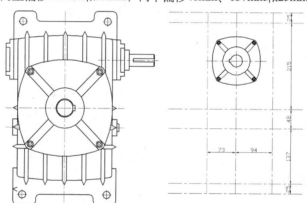

图10-124　偏移线段

42 将A、B、C、D线段转换为"粗实线"，效果如图10-125所示。

43 执行"矩形（REC）"命令，绘制30mm×90mm的矩形；再执行"移动（M）"命令，将矩形向外移动6mm，结果如图10-126所示。

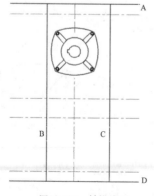

图10-125　转换线型

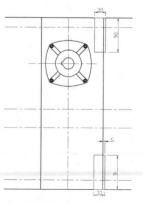

图10-126　移动矩形

44 执行"修剪（TR）"命令，修剪多余的线条，结果如图10-127所示。

45 执行"分解（X）"命令，将矩形进行打散操作。再执行"偏移（O）"命令，将顶端矩形上侧的水平线段向下偏移16mm和18mm，底端矩形下侧的水平线段向上偏移16mm和18mm；将偏移得到的水平线段转换为"粗虚线"，结果如图10-128所示。

46 执行"偏移（O）"命令，将水平中心线段向上偏移180mm、4mm和4mm，向下偏移146mm、4mm、4mm和6mm，将左侧的最长的垂直线段向右偏移7mm，如图10-129所示。

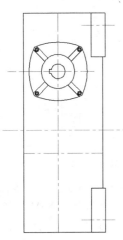 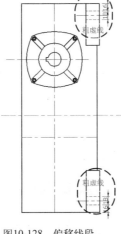 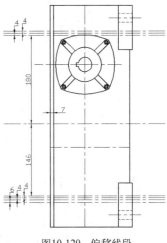

图10-127 修剪线段　　　　图10-128 偏移线段　　　　图10-129 偏移线段

47 执行"修剪（TR）"命令，修剪多余的线条，结果如图10-130所示。

48 执行"圆角（F）"命令，在图形的左上角、左下角分别进行半径为15mm和20mm的圆角操作，如图10-131所示。

49 执行"矩形（REC）"命令，绘制8mm×25mm、85mm×45mm、5mm×52mm、4mm×100mm、23mm×240mm的矩形，与垂直线段对齐，如图10-132所示。

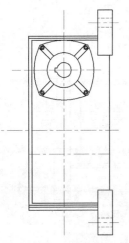 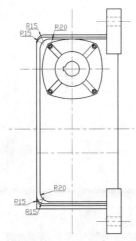 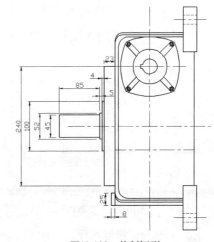

图10-130 修剪的线段　　　　图10-131 圆角操作　　　　图10-132 绘制矩形

50 执行"矩形（REC）"命令，绘制74mm×14mm、15mm×160mm的矩形，如图10-133所示。

51 执行"分解（X）"命令，将矩形进行打散操作。执行"圆（C）"命令，绘制半径为7mm的圆；再执行"偏移（O）"命令，将左侧的垂直线段向右偏移2mm，将中间较高矩形的左侧垂直线段向右偏移15mm，将上、下侧水平线段向水平中心线段的位置偏移16mm和4mm，如图10-134所示。

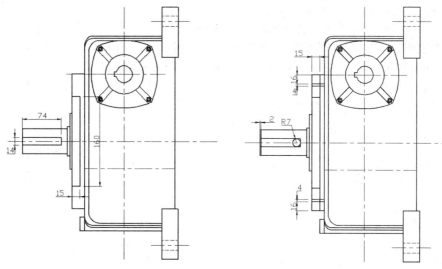

图10-133　绘制矩形　　　　　　　　　图10-134　绘制圆和偏移线段

52 执行"倒角（CHA）"命令，对左侧矩形的左上、下角进行2mm×2mm的倒角操作；再执行"直线（L）"命令，绘制斜线段；然后执行"修剪（TR）"命令，修剪掉多余的线段，结果如图10-135所示。

53 执行"偏移（O）"命令，将中间最长的水平中心线段向上、下各偏移5mm，下端较长的水平中心线段向下偏移5mm和20mm，将右侧的垂直线段向左偏移24mm和20mm，如图10-136所示。

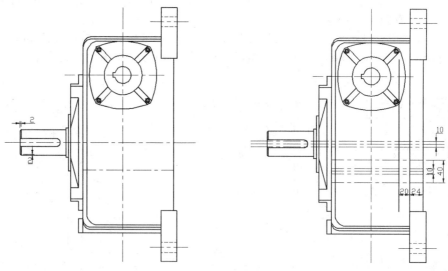

图10-135　倒角和修剪线段　　　　　　　图10-136　偏移线段

54 再执行"修剪（TR）"命令，修剪掉多余的线段，结果如图10-137所示。

55 执行"圆（C）"命令，捕捉交点，绘制直径为9mm、20mm和40mm的同心圆；再执行"直线（L）"命令，绘制斜线段，如图10-138所示。

56 执行"修剪（TR）"命令，修剪掉多余的线段，结果如图10-139所示。

57 执行"复制（CO）"命令，框选图形，向下进行距离为105mm的复制操作，如图10-140所示。

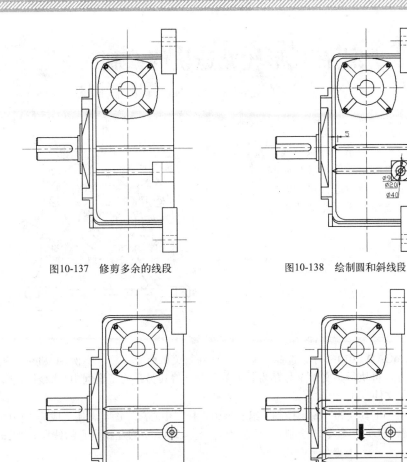

图10-137　修剪多余的线段　　　　　　　图10-138　绘制圆和斜线段

图10-139　修剪多余的线段　　　　　　　图10-140　复制操作

58 切换到"尺寸与公差"图层。对图形分别执行"线性标注（DLI）"、"半径标注（DRA）"、"直径标注（DDI）"、"编辑标注（ED）"命令，最终结果如图10-141所示。

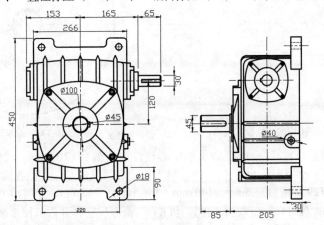

图10-141　最终效果图

59 至此，该图形对象已经绘制完毕，按Ctrl+S组合键对文件进行保存。

视频文件：视频\10\摆线针式形轮减速机.avi
结果文件：案例\10\摆线针式形轮减速机.dwg

首先使用直线、圆、修剪、偏移、复制、旋转、阵列、圆角、样条曲线、分解等命令进行绘制，然后转换相应的线型、图案的填充，最后进行尺寸的标注，从而完成对摆线针式形轮减速机的绘制。

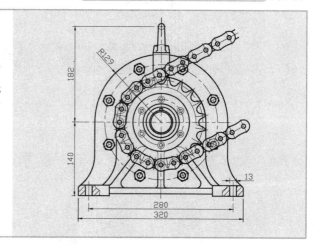

1 启动AutoCAD 2014软件，选择"文件 | 打开"菜单命令，将"案例\10\机械模板.dwt"文件打开，再执行"文件 | 另存为"菜单命令，将其另存为"案例\10\摆线针式形轮减速机.dwg"文件。

2 在"图层"工具栏的"图层控制"组合框中选择"中心线"图层，使之成为当前图层。执行"直线（L）"命令，绘制长为270mm、高为270mm的互相垂直的线段，如图10-142所示。

3 切换到"粗实线"图层。执行"圆（C）"命令，捕捉交点，绘制直径为40mm、45mm、135mm、258mm的同心圆，将直径为135mm的圆转换为虚线图层，如图10-143所示。

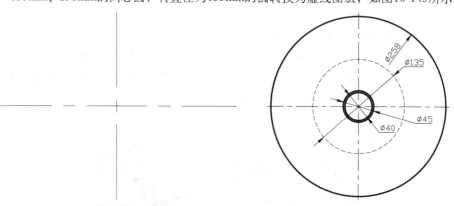

图10-142 绘制基线　　　　　　　　　　图10-143 绘制圆

4 执行"偏移（O）"命令，将水平中心线段向下偏移120 mm、125 mm、136 mm、140mm，向上偏移26 mm、72 mm；将垂直中心线段向左、右侧各偏移3 mm、13 mm、100 mm、129 mm、133.5mm、140 mm、146.5mm、160 mm，如图10-144所示。

5 执行"延伸（EX）"命令和"修剪（TR）"命令，延伸并修剪掉多余的线条，将相关线条置换为"粗实线"，如图10-145所示。

6 执行"倒圆角（F）"命令，对图中A处进行半径为3mm的圆角处理，如图10-146所示。

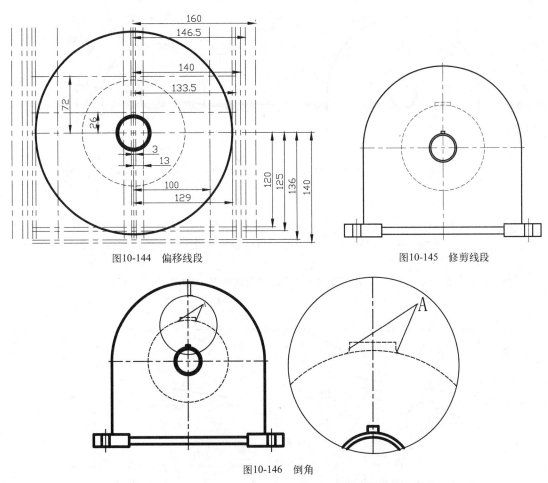

图10-144 偏移线段

图10-145 修剪线段

图10-146 倒角

7 执行"倒圆角（F）"命令，对图中B处进行半径为6mm的圆角处理，结果如图10-147所示。

8 执行"倒圆角（F）"命令，对图中C处进行半径为72mm的圆角处理，结果如图10-148所示。

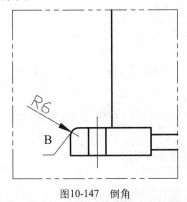

图10-147 倒角

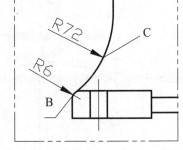

图10-148 倒角

9 重复7)、8)步骤，对右边进行倒角操作，结果如图10-149所示。

10 执行"构造线（XL）"命令，以圆中心为放置点，绘制一条角度为9°的构造线，执行"圆（C）"命令，绘制直径为162mm、147mm的圆，如图10-150所示。

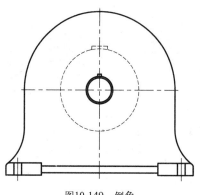

图10-149　倒角　　　　　　　　　　　　　图10-150　圆、构造线

11　执行"圆（C）"命令，在直径为162mm的圆与水平中心线的交点做直径为16mm的圆，执行"构造线（XL）"命令，在直径为16mm圆的左上切点处做一条角度为29°的构造线，如图10-151所示。

12　执行"修剪（TR）"命令，延伸并修剪掉多余的线条，如图10-152所示。

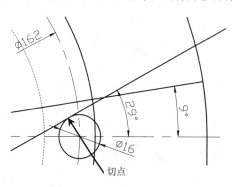
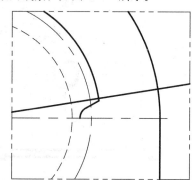

图10-151　绘制圆和构造线　　　　　　　　　图10-152　修剪

13　执行"镜像（MI）"命令，将线段以角度为9°的构造线为镜像轴线镜像到上面去，结果如图10-153所示。

14　执行"修剪（TR）"命令，修剪掉多余的线条，并将9°的线条转换为中心线，如图10-154所示。

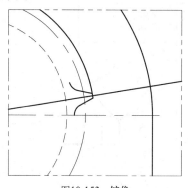
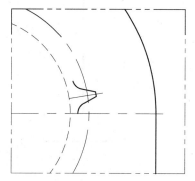

图10-153　镜像　　　　　　　　　　　　　图10-154　修剪

15　执行"阵列（AR）"命令，绕圆中心进行阵列，阵列个数为20个；再执行"打散（X）"命令，将阵列图形打散，结果如图10-155所示。

16　执行"偏移（O）"命令，将水平中心线向下偏移6mm，结果如图10-156所示。

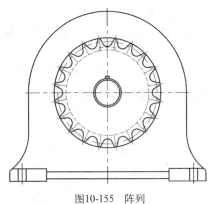

图10-155　阵列

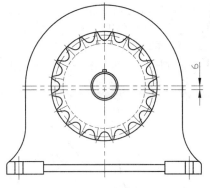

图10-156　偏移线段

17 执行"圆角（F）"命令，在图中以半径为6mm进行圆角操作；再执行"修剪（TR）"命令，修剪掉多余的线条，并转换为虚线图层，如图10-157所示。

18 执行"镜像（MI）"命令，将圆角镜像到垂直中心线左侧。

19 执行"圆（C）"命令，绘制直径为58mm、70mm、110mm、173.5mm的圆；再执行"构造线（XL）"命令，从圆心绘制一条角度为53°的构造线，如图10-158所示。

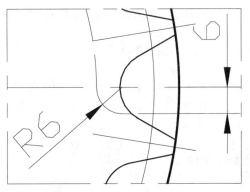

图10-157　倒圆角并修剪

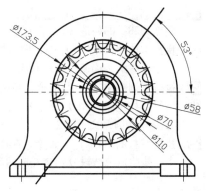

图10-158　绘制圆和构造线

20 执行"偏移（O）"命令，将53°构造线向两侧各偏移6mm，再将竖直中心线左、右各偏移6mm、86.75mm，且转换成粗实线，如图10-159所示。

21 执行"倒圆角（F）"命令，分别进行R6mm、R9mm、R10mm、R16mm的倒圆角操作；再执行"复制（CO）"命令，将左边的R72mm圆弧段复制到上一步偏移的86.75mm线段处，并执行"修剪（TR）"命令，修剪掉多余的线段，结果如图10-160所示。

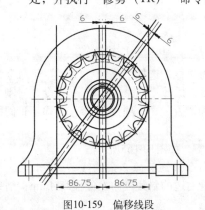

图10-159　偏移线段

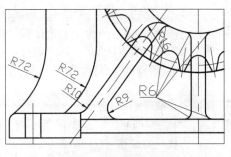

图10-160　倒圆角并修剪

22 执行"样条曲线（SPL）"命令，绘制样条曲线，结果如图10-161所示。

23 执行"镜像（MI）"命令，将绘制的线段镜像到右边。执行"修剪（TR）"命令，修剪掉多余的线段。

24 切换到"剖面线"图层。执行"图案填充（H）"命令，选择样例为"ANSI 31"，比例为2，在指定位置进行图案填充操作，结果如图10-162所示。

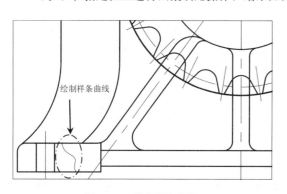

绘制样条曲线

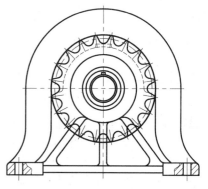

图10-161　绘制样条曲线　　　　　　　　　　　　　　图10-162　镜像

25 切换到"中心线"图层。执行"构造线（XL）"命令，在图形外面的任意地方绘制一条角度为28°的构造线。

26 执行"偏移（O）"命令，向下偏移162mm，执行"打断（BR）"命令和"删除（E）"命令，将两条构造线各打断成两段后，将其中一条删除。

27 执行"倒圆角（F）"命令，将两条线段以半径为81mm进行圆角操作，如图10-163所示。

28 执行"构造线（XL）"命令，以R81mm圆心为放置点，绘制一条角度为72°的构造线，与R81mm圆弧交于D点。

29 执行"打断（BR）"命令，在D点打断，执行"合并（J）"命令，以D点为间隔点，将上一步绘制的线段分别合并成两条线。如图10-164所示。

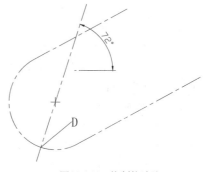

图10-163　偏移并倒圆角　　　　　　　　　　　　　　图10-164　绘制构造线

30 执行"阵列（AR）"命令，选择72°斜线段为目标，选择"路径（PA）"子命令，选择下边的线段靠近D点那一端为起点，阵列图形，执行"特性（MO）"命令，对刚才阵列的图形进行修改，修改为：①填充整个路径为"否"，②项数为"5"，③项目间距为"50.8"。

31 执行"分解（X）"命令，将刚才阵列的图形分解，如图10-165所示。

32 执行"修剪（TR）"命令和"删除（E）"命令，修剪掉多余的线条，使E点成为端点；再执行"偏移（O）"命令，将阵列结果最右边的斜线段向左偏移25.4mm，结果如图10-166所示。

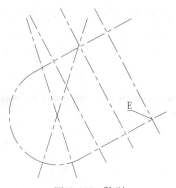

图10-165　阵列

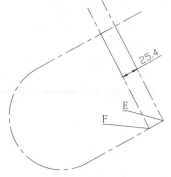

图10-166　修剪线段

33 切换到"粗实线"图层。执行"圆（C）"命令，在E、F点绘制直径为8mm、24mm的圆，调整中心线，如图10-167所示。

34 执行"倒圆角（F）"命令，对两个外圆进行半径为58mm的圆角操作；再执行"修剪（TR）"命令，修剪掉多余的线条，如图10-168所示。

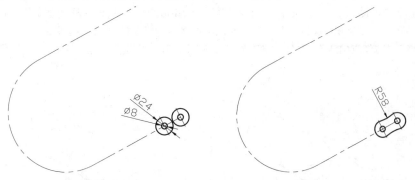

图10-167　绘制圆　　　　　　　　　　　　　　　图10-168　倒圆角

35 执行"合并（J）"命令，将中心线合并为一条直线，执行"阵列（AR）"命令，选择最右边的圆及圆弧为目标，选择"路径（PA）"子命令，选择下边的线段靠近E点那一端为起点，阵列图形，执行"特性（MO）"命令，对刚才阵列的图形进行修改，修改为：①填充整个路径为"否"，②项数为"14"，③项目间距为"50.8"，执行"分解（X）"命令，将刚才阵列的图形分解。如图10-169所示。

36 以G点附近为操作区域，执行"偏移（O）"命令，将异形中心线向两边各偏移8mm，执行"修剪（TR）"命令，如图10-170所示。

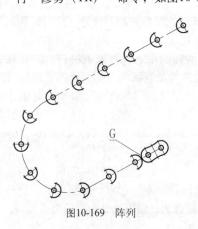

图10-169　阵列

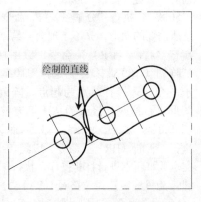

绘制的直线

图10-170　偏移并修剪

第6章

第7章

第8章

第9章

第10章

293

37 执行"构造线（XL）"命令，以上一步修剪的两条线段的中点为放置点，做一条构造线，结果如图10-171所示。

38 执行"圆（C）"命令，以异形中心线和斜度构造线的交点为圆心，绘制一个直径为62mm的圆，如图10-172所示。

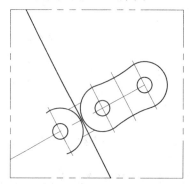

图10-171 绘制构造线

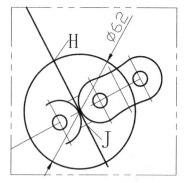

图10-172 绘制圆

39 执行"移动（M）"命令，选择直径为62mm的圆，从H点移动到J点，执行"修剪（TR）"命令和"删除（E）"命令，修剪删除掉多余的线条，结果如图10-173所示。

40 执行"镜像（MI）"命令，将圆弧段镜像到异形中心线的上方，结果如图10-174所示。

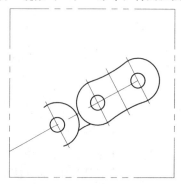

图10-173 修剪多余线条

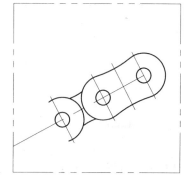

图10-174 镜像

41 执行"打断（BR）"命令，以R58mm圆弧的中心线和异形中心线的交点处作为打断点进行打断操作，执行"阵列（AR）"命令，选择两条R28mm的圆弧为目标，选择"路径（PA）"子命令，选择打断点为起点，阵列图形，执行"特性（MO）"命令，对刚才阵列的图形进行修改，修改为：①填充整个路径为"否"，②项数为"14"，③项目间距为"50.8"，执行"分解（X）"命令，将刚才阵列的图形分解。注意：此时阵列的图形不是所需要的图形，先不予理会，结果如图10-175所示。

42 执行"打断（BR）"命令，以图10-167所示的圆的中心为打断点进行打断操作，执行"阵列（AR）"命令，选择图10-168所示左边的圆及圆弧为目标，选择"路径（PA）"子命令，选择打断点为起点，阵列图形，执行"特性（MO）"命令，对刚才阵列的图形进行修改，修改为：①填充整个路径为"否"，②项数为"14"，③项目间距为"50.8"，执行"分解（X）"命令，将刚才阵列的图形分解。结果如图10-176所示。

43 执行"打断（BR）"命令，以图10-172所示中的两条R31mm圆弧的中心线与异形中心线的交点为打断点进行打断操作，执行"阵列（AR）"命令，选择图10-174所示中两条R31mm圆弧为目标，选择"路径（PA）"子命令，选择打断点为起点，阵列图形，执行"特性（MO）"命令，对刚才阵列的图形进行修改，修改为：①填充整个路径为"否"，②项数为"14"，③项目间距为"50.8"，执行"分解（X）"命令，将刚才阵列的图形分解。注意：此时阵列的图形不是所需要的图形，先不予理会，如图10-177所示。

44 执行"直线（L）"命令，将两个圆之间用直线段连接起来，如图10-178所示。

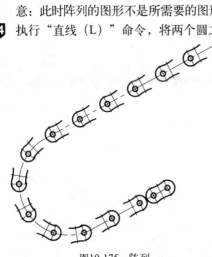

图10-175　阵列

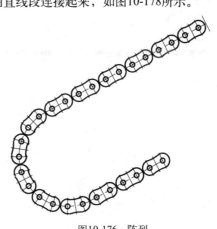

图10-176　阵列

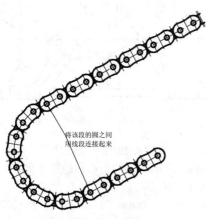

图10-177　阵列

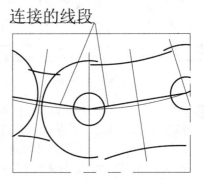

连接的线段

图10-178　绘制直线

45 执行"移动（M）"命令，将R58mm和R31mm的圆弧及中心线，以中心线中点为起点复制到图10-178所示中所绘制的直线的中点，执行"延伸（E）"命令，执行"修剪（TR）"命令，执行"删除（E）"命令，修剪删除掉多余的线条，如图10-179所示。全局如图10-180所示。

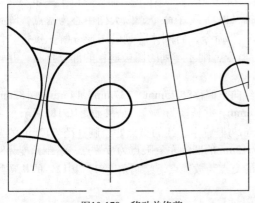

图10-179　移动并修剪

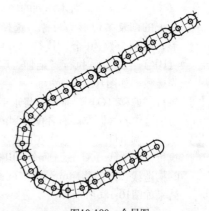

图10-180　全局图

46　执行"移动（M）"命令，将刚才绘制的图形，从异形中心线的圆心移动到以前绘制的图形的中心线交点处，执行"打断（BR）"命令、"延伸（E）"命令、"修剪（TR）"命令和"删除（E）"命令，修剪删除掉多余的线条，并将被隐藏的线条转换为虚线，如图10-181所示。

47　执行"圆（C）"命令，以十字中心线交点为圆心，绘制直径为87mm、219mm的圆，执行"构造线（XL）"命令，以十字中心线交点为放置点，绘制角度为23°的构造线，并转换为中心线，如图10-182所示。

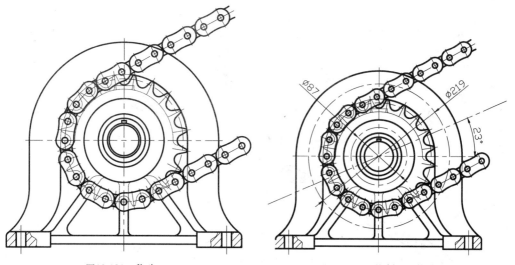

图10-181　移动　　　　　　　　　　　　图10-182　绘制圆和构造线

48　执行"圆（C）"命令，在直径为87mm的圆与竖直中心线的交点处绘制直径为7mm、13mm的圆，执行"多边形（POL）"命令，以刚才的交点为中心点绘制一个正六边形，内接于直径为7mm的圆，并转换为虚线。执行"圆（C）"命令，在角度为23°构造线和直径为219mm的圆的交点处绘制直径为10.2mm、12mm、20mm的圆，执行"多边形（POL）"命令，以刚才的交点为中心点绘制一个正六边形，外切于直径为20mm的圆，执行"打断（BR）"命令，将直径为12mm的圆打断3/4，形成螺纹标识，并转换为细实线，如图10-183所示。

49　执行"阵列（AR）"命令，以上一步竖直中心线上的圆及多边形为目标，选择"极轴（PO）"子命令，以大图中心为基点，阵列图形，阵列个数为6个，执行"分解（X）"命令，将刚才阵列的图形分解。执行"阵列（AR）"命令，以上一步23°构造线上的圆及多边形为目标，选择"极轴（PO）"子命令，以大图中心为基点，阵列图形，阵列个数为8个，执行"分解（X）"命令，将刚才阵列的图形分解。执行"打断（BR）"命令，执行"延伸（EX）"命令，刚才阵列的图被遮住的部分打断，并转换为虚线，如图10-184所示。

50　执行"偏移（O）"命令，将水平中心线向上偏移86.75mm、137mm、145mm、182mm，将竖直中心线向左、右各偏移14mm、16mm，并转换为实线。结果如图10-185所示。

51　执行"圆（C）"命令，在偏移为182mm与竖直中心线的交点处绘制直径为12mm的圆，执行"构造线（XL）"命令，以直径为12mm的圆的左象限点为放置点，绘制角度为88°的构造线，以偏移14mm和145mm的线的交点为放置点，绘制角度81°和12°的构造线，结果如图10-186所示。

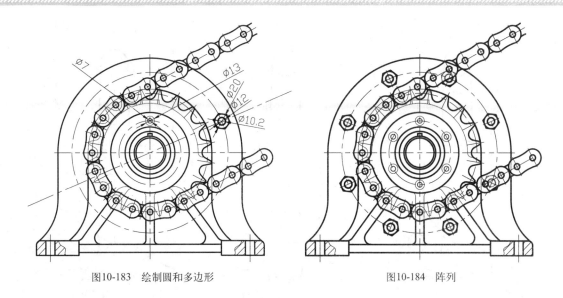

图10-183 绘制圆和多边形   图10-184 阵列

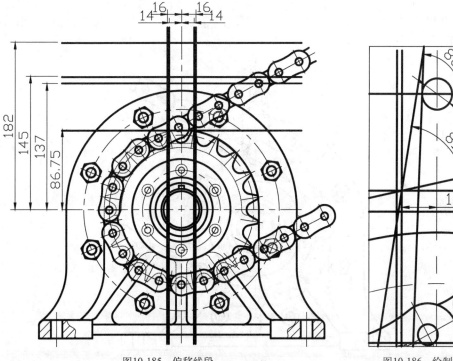

图10-185 偏移线段   图10-186 绘制构造线

52 执行"镜像（MI）"命令，将刚才绘制的斜线段镜像到右边，执行"修剪（TR）"命令，执行"删除（E）"命令，修剪删除掉多余的线条，如图10-187所示。

53 执行"直线（L）"命令，连接K所示两点，执行"偏移（O）"命令，将J所示线段向下偏移2mm，执行"倒斜角（CHA）"命令，倒距离为2mm的斜角，执行"修剪（TR）"命令，执行"删除（E）"命令，修剪删除掉多余的线条，结果如图10-188所示。

54 执行"倒圆角（R）"命令，在两处R6mm进行圆角操作，执行"打断（BR）"命令，将不可见的线段打断，将不可见线段转换为虚线，结果如图10-189所示。

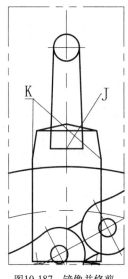

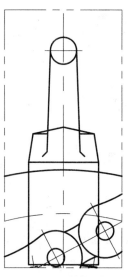

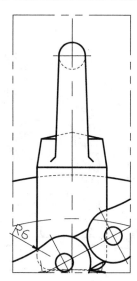

图10-187　镜像并修剪　　　　　图10-188　倒斜角和修剪　　　　　图10-189　倒圆角剪

55 切换到"尺寸与公差"图层。对图形分别执行"线性标注（DLI）"、"半径标注（DRA）"、"直径标注（DDI）"、"编辑标注（ED）"命令，最终结果如图10-190所示。

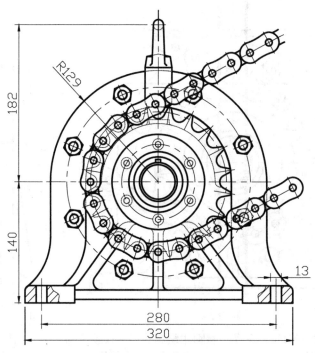

图10-190　最终效果图

56 至此，该图形对象已经绘制完毕，按Ctrl+S组合键对文件进行保存。

第11章

操作件、紧固件和组合件的绘制

操作件，在机械中方便对零件进行操作、控制；紧固件，也称为标准件，将两个或两个以上的零件（或构件）紧固连接成为一个整体，紧固件包括：螺栓、螺柱、螺钉、螺母、垫圈、销；组合件是将操作件和紧固件组合而成，更加方便对零件的操作及紧固。

本章讲解操作件、紧固件和组合件的基础知识和零件图的绘制方法，教读者使用AutoCAD软件绘制不同类型的零件图，巩固专业知识，掌握软件中各类工具的灵活应用。

主要内容

✓ 了解操作件和紧固件的概述

✓ 掌握手柄和把手的绘制

✓ 掌握螺栓和平垫圈组合件的绘制

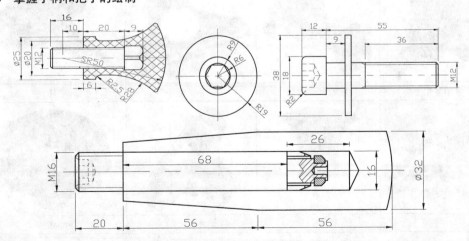

11.1 手柄的绘制

视频文件:视频\11\手柄的绘制.avi
结果文件:案例\11\手柄.dwg

　　首先使用直线、矩形、分解、圆、偏移、修剪、倒角、圆角等命令进行绘制,然后转换相应的线型、图案的填充,最后进行尺寸的标注,从而完成对手柄的绘制。

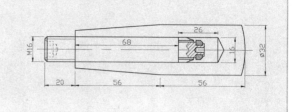

专业技能:操作件的概述

　　操作件起到调位紧定的作用,包括有手柄、手柄、把手、拉手等,主要适用范围:用于机械行业的配套,广泛适合陶瓷机械、化工机械、木工机械、塑料机械、汽配行业、纺织机械、建筑机械、不锈钢机械及纸类制品机械行业的配套使用。

　　常见操作件中的手柄如表11-1所示。

表11-1　常见的手柄

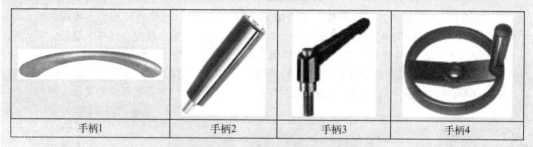

| 手柄1 | 手柄2 | 手柄3 | 手柄4 |

　　常见操作件中的把手如表11-2所示。

表11-2　常见的把手

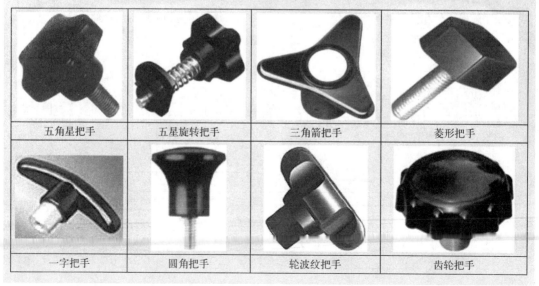

| 五角星把手 | 五星旋转把手 | 三角箭把手 | 菱形把手 |
| 一字把手 | 圆角把手 | 轮波纹把手 | 齿轮把手 |

1 启动AutoCAD 2014软件，选择"文件│打开"菜单命令，将"案例\11\机械模板.dwt"文件打开，再执行"文件│另存为"菜单命令，将其另存为"案例\11\手柄.dwg"文件。

2 在"图层"工具栏的"图层控制"组合框中选择"粗实线"图层，使之成为当前图层。执行"矩形（REC）"命令，绘制20mm×16mm、112mm×32mm的矩形，使矩形的中点水平对齐，如图11-1所示。

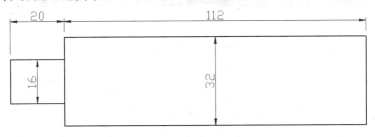

图11-1　绘制矩形

3 切换到"中心线"图层。执行"直线（L）"命令，绘制长为142mm的水平中心线段，如图11-2所示。

图11-2　绘制水平线段

4 切换到"粗实线"图层。执行"矩形（REC）"命令，绘制68mm×16mm、26mm×16mm的矩形，与其他矩形水平中点对齐，如图11-3所示。

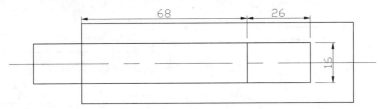

图11-3 绘制矩形

5 执行"分解（X）"命令，将矩形进行打散操作；执行"偏移（O）"命令，将左侧的矩形的上、下水平线段向水平中心线段分别偏移1.5mm，左侧的垂直线段向右偏移1.5mm；将右侧的大矩形的垂直线段向左偏移14mm和42mm，上、下侧的水平线段向水平中心线段分别偏移4mm，如图11-4所示。

图11-4　偏移线段

6 执行"直线（L）"命令，捕捉端点，绘制斜线段，如图11-5所示。

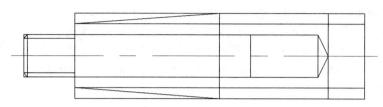

图11-5　绘制斜线段

7 执行"修剪（TR）"命令，修剪掉多余的线段；并将线段A、B转换为"细实线"，结果如图11-6所示。

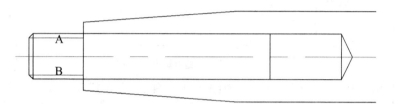

图11-6　修剪多余的线段

8 执行"圆（C）"命令，绘制半径为56mm的圆，使圆的右象限点与右侧矩形的垂直线段中点重合，如图11-7所示。

9 执行"修剪（TR）"命令，修剪掉多余的线段，结果如图11-8所示。

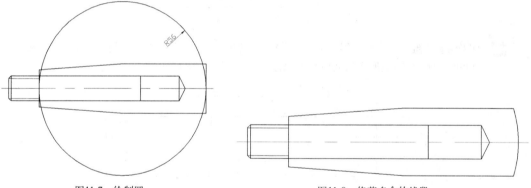

图11-7　绘制圆　　　　　　　　　　　　　图11-8　修剪多余的线段

10 执行"矩形（REC）"命令，绘制4mm×10mm、2mm×7mm、1mm×7mm的矩形，使其水平对齐，如图11-9所示。

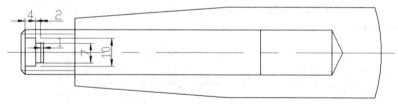

图11-9　绘制矩形

11 执行"分解（X）"命令，将上一步绘制的矩形进行打散操作；执行"偏移（O）"命令，将4mm×10mm的矩形上、下侧水平线段向水平中心线段位置各偏移4.5mm；将细实线对象向水平中心线段位置分别偏移0.5mm；再执行"直线（L）"命令，捕捉端点，绘制斜线段，如图11-10所示。

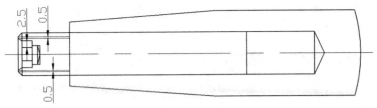

图11-10　偏移和绘制线段

12 执行"修剪（TR）"命令，修剪掉多余的线段；并将框选中的线段转换为"粗虚线"，如图11-11所示。

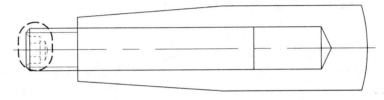

图11-11　修剪多余的线段

13 执行"偏移（O）"命令，将垂直线段向右偏移5mm、2.5mm、2.5mm、0.5mm、1mm、4.5mm和1mm，如图11-12所示。

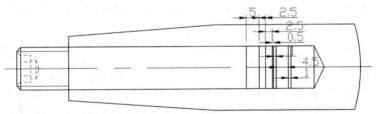

图11-12　偏移线段

14 执行"偏移（O）"命令，将中间的水平线段向上、下侧各偏移1.5mm、2.5mm、4mm、5mm和5.5mm，如图11-13所示。

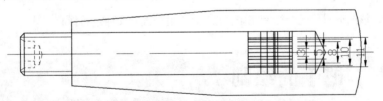

图11-13　偏移线段

15 执行"直线（L）"命令，绘制斜线段；再执行"修剪（TR）"命令，修剪掉多余的线段，结果如图11-14所示。

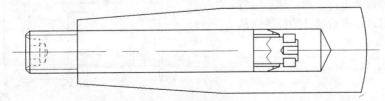

图11-14　绘制和修剪线段

16 执行"倒角（CHA）"命令，对A和B处进行1.5mm×1.5mm的倒角操作；再执行"圆角

（F）"命令，对C和D处进行半径为1mm的圆角操作，结果如图11-15所示。

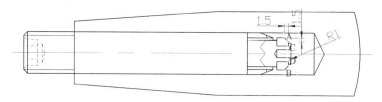

图11-15　倒角和圆角操作

17 切换到"剖面线"图层。执行"图案填充（H）"命令，选择相应的样例、比例、角度，在指定位置进行图案填充操作，效果如图11-16所示。

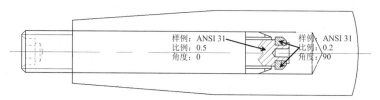

图11-16　图案填充

18 切换到"尺寸与公差"图层。对图形分别执行"线性标注（DLI）"、"半径标注（DRA）"、"直径标注（DDI）"、"编辑标注（ED）"命令，最终结果如图11-17所示。

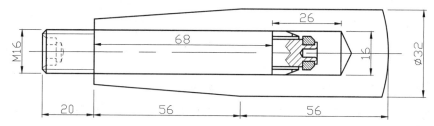

图11-17　最终效果图

19 至此，该图形对象已经绘制完毕，按Ctrl+S组合键对文件进行保存。

11.2　把手的绘制

视频文件：视频\11\把手的绘制.avi
结果文件：案例\11\把手.dwg

　　首先使用直线、圆、偏移、修剪、倒角、圆角等命令进行绘制，然后进行图案的填充，最后进行尺寸的标注，从而完成对手柄的绘制。

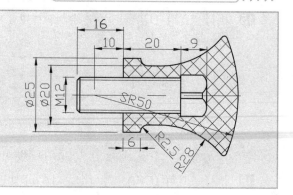

1 启动AutoCAD 2014软件，选择"文件｜打开"菜单命令，将"案例\11\机械模板.dwt"文件打开，再执行"文件｜另存为"菜单命令，将其另存为"案例\11\手柄.dwg"文件。

2 在"图层"工具栏的"图层控制"组合框中选择"中心线"图层，使之成为当前图层。执行"直线（L）"命令，绘制竖直、水平两条中心线，如图11-18所示。

3 执行"偏移（O）"命令，将竖直中心线向左偏移10mm、16mm，向右偏移6mm、13mm，将水平中心线向上偏移6mm、10mm、12.5mm。并转换为粗实线，如图11-19所示。

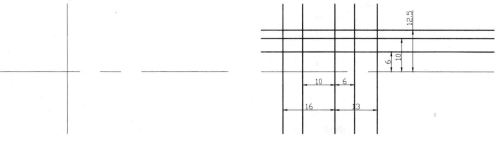

图11-18　绘制中心线　　　　　　　　　图11-19　偏移线段

4 切换到"粗实线"图层。执行"圆（C）"命令，以左偏移10mm和水平中心线交点为圆心绘制直径为100mm的圆，以右偏移13mm和水平中心线的交点为圆心绘制直径为56mm的圆，如图11-20所示。

5 执行"移动（M）"命令，将直径为56mm的圆向上移动38mm，如图11-21所示。

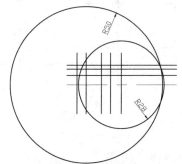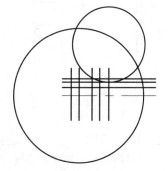

图11-20　绘制圆　　　　　　　　　　　图11-21　移动圆

6 执行"修剪（TR）"命令和"删除（E）"命令，修剪删除掉多余的线段；再执行"圆角（F）"命令，分别以半径为1mm和半径为2.5mm进行圆角操作，结果如图11-22所示。

7 执行"偏移（O）"命令，将竖直中心线向右偏移20mm、27.5mm、29mm，将水平中心线向上偏移1mm、5.1 mm、7 mm，将偏移5.1mm的线段转换为细实线，其余转换为粗实线，如图11-23所示。

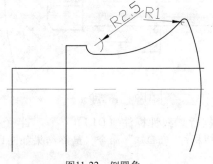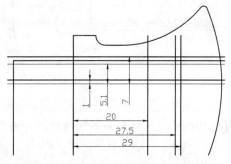

图11-22　倒圆角　　　　　　　　　　　图11-23　偏移线段

8 执行"修剪（TR）"命令，修剪掉多余的线段。

9 执行"倒斜角（CHA）"命令，对左直角进行距离均为1mm的倒角处理；结果如图11-24 所示。

10 执行"圆（C）"命令，使用下面的"三点（3P）"子命令，绘制如图11-25所示的圆。

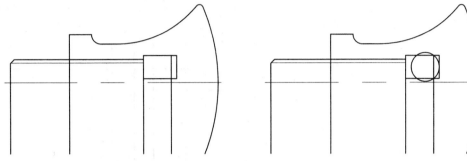

图11-24 修剪多余的线段   图11-25 绘制圆

11 执行"修剪（TR）"命令，修剪掉多余的线段，如图11-26所示。

12 执行"镜像（MI）"命令，将图形镜像到下方，结果如图11-27所示。

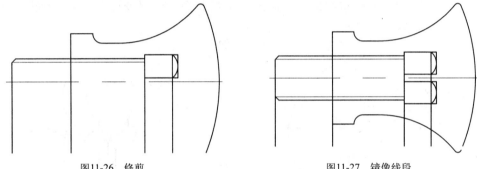

图11-26 修剪   图11-27 镜像线段

13 执行"修剪（TR）"命令，修剪掉多余的线段，如图11-28所示。

14 执行"直线（L）"命令，连接左侧倒角端点绘制垂直线段。

15 切换到"剖面线"图层。执行"图案填充（H）"命令，选择样例"ANSI 37"，比例为 1，在指定位置进行图案填充操作，如图11-29所示。

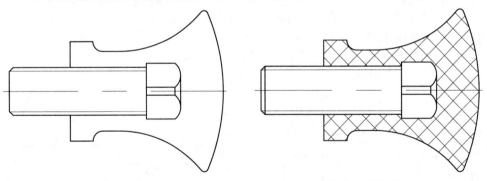

图11-28 修剪   图11-29 图案填充

16 切换到"尺寸与公差"图层。对图形分别执行"线性标注（DLI）"、"半径标注 （DRA）"、"直径标注（DDI）"、"编辑标注（ED）"命令，最终结果如图11-30 所示。

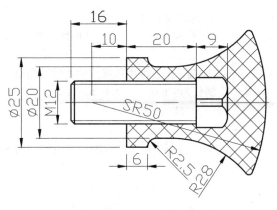

图11-30 最终效果图

17 至此，该图形对象已经绘制完毕，按Ctrl+S组合键对文件进行保存。

11.3 螺栓和平垫圈组合件的绘制

视频文件：视频\11\螺栓和平垫圈组合件的绘制.avi
结果文件：案例\11\螺栓和平垫圈组合件.dwg

首先使用直线、圆、矩形、分解、修剪、偏移、倒角、圆角等命令进行绘制，然后转换相应的线型，最后进行尺寸的标注，从而完成对螺栓或螺钉和平垫圈组合件的绘制。

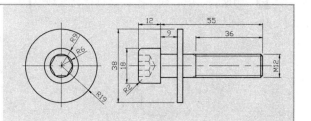

专业技能：紧固件概述

紧固件是作为紧固连接之用且应用极为广泛的一类机械零件。在各种机械、设备、车辆、船舶、铁路、桥梁、建筑、结构、工具、仪器、仪表和日用品等上面都可以看到各式各样的紧固件。

紧固件的特点是品种规格繁多，性能用途各异，而且标准化、系列化、通用化的程度也极高。因此也有人把已有国家标准的一类紧固件称为标准紧固件，或简称为标准件。紧固件包括：螺栓、螺柱、螺钉、螺母、垫圈、销等，常见的紧固件如表11-3所示。

表11-3 常见紧固件

| 紧固件1 | 紧固件2 | 紧固件3 | 紧固件4 | 紧固件5 |

1 启动AutoCAD 2014软件，选择"文件 | 打开"菜单命令，将"案例\11\机械模板.dwt"文件打开，再执行"文件 | 另存为"菜单命令，将其另存为"案例\11\螺栓和平垫圈组合件.dwg"文件。

2 在"图层"工具栏的"图层控制"组合框中选择"中心线"图层，使之成为当前图层。执行"直线（L）"命令，绘制长为48mm、高为48mm的互相垂直的线段，如图11-31所示。

3 切换到"粗实线"图层。执行"圆（C）"命令，分别绘制半径为6mm、9mm和19mm的圆，如图11-32所示。

4 执行"多边形（POL）"命令，绘制半径为6mm的正六边形，如图11-33所示。

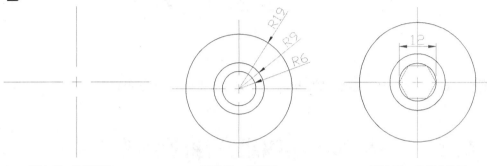

图11-31　绘制基线　　　　　　图11-32　绘制圆　　　　　　图11-33　绘制多边形

5 切换到"中心线"图层。执行"直线（L）"命令，绘制长为77mm的水平中心线段，如图11-34所示。

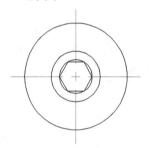

图11-34　绘制水平线段

6 切换到"粗实线"图层。执行"矩形（REC）"命令，绘制12mm×18mm、3mm×37mm、55mm×12mm的矩形，并使矩形水平对齐，如图11-35所示。

7 执行"圆角（F）"命令，进行半径为2mm的圆角操作；再执行"倒角（CHA）"命令，进行1mm×1mm的倒角操作，如图11-36所示。

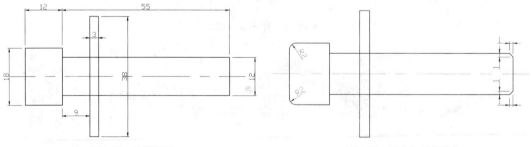

图11-35　绘制矩形　　　　　　　　　图11-36　圆角和倒角操作

8 执行"分解（X）"命令，将矩形进行打散操作；再执行"偏移（O）"命令，将右侧矩形的右垂直线段向左依次偏移1mm、35mm、2mm，上、下水平线段向水平中心线段位置各偏移1mm，如图11-37所示。

9 执行"直线（L）"命令，绘制斜线段；再执行"修剪（TR）"命令，修剪掉多余的线段；将部分线段转换为"细实线"，结果如图11-38所示。

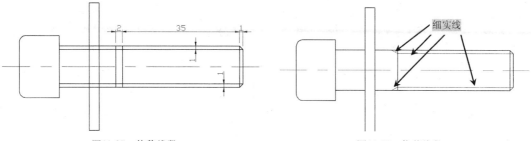

图11-37　偏移线段　　　　　　　　　　图11-38　修剪线段

10 执行"偏移（O）"命令，将左端的矩形上、下水平线段向水平中心线段位置各偏移4mm和3mm，将右侧的垂直线段向左偏移3mm和3mm，如图11-39所示。

11 执行"直线（L）"命令，捕捉端点，绘制斜线段，如图11-40所示。

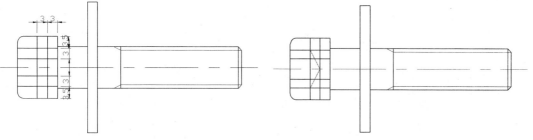

图11-39　偏移线段　　　　　　　　　　图11-40　绘制斜线段

12 执行"修剪（TR）"命令，修剪掉多余的线段，如图11-41所示。

13 执行"圆（C）"命令，绘制半径为3mm和4mm的圆，如图11-42所示。

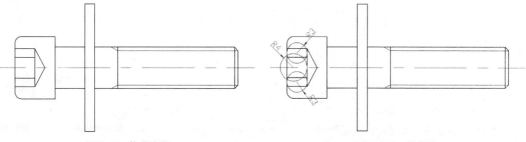

图11-41　修剪线段　　　　　　　　　　图11-42　绘制圆

14 执行"修剪（TR）"命令，修剪掉多余的线段；再将其转换为"粗虚线"，效果如图11-43所示。

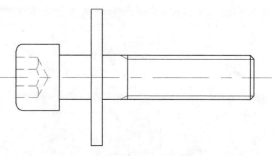

图11-43　修剪多余的线段

⑮ 切换到"尺寸与公差"图层。对图形分别执行"线性标注（DLI）"、"半径标注（DRA）"、"直径标注（DDI）"、"编辑标注（ED）"命令，最终结果如图11-44所示。

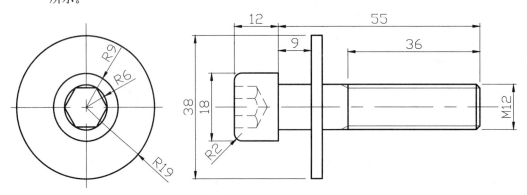

图11-44 最终效果图

⑯ 至此，该图形对象已经绘制完毕，按Ctrl+S组合键对文件进行保存。

第12章
模具零件的绘制

　　模具零件指的是模具行业专有的用于冲压模具、塑胶模具或FA自动化设备上的金属零件的总称。模具零件包括：冲针、冲头、导柱、导套、顶针、司筒、钢珠套、独立导柱、自润滑板、自润滑导套、无给油导套、无给油滑板和导柱组件等。

　　本章讲解模具的概念、模具的分类及模具结构的组成，教读者使用AutoCAD软件绘制模具零件图，巩固专业知识，掌握软件中各类工具的灵活应用。

主要内容

- ✓ 掌握螺丝和冲头的绘制
- ✓ 掌握销和导柱的绘制
- ✓ 掌握套筒和模柄的绘制
- ✓ 掌握镶块的绘制

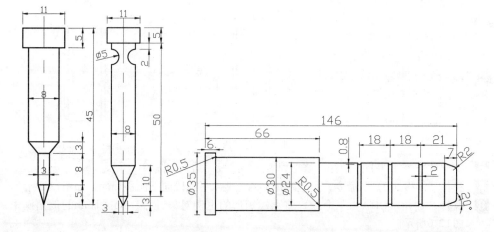

12.1 螺丝的绘制

视频文件：视频\12\螺丝的绘制.avi
结果文件：案例\12\螺丝.dwg

首先使用直线、矩形、分解、偏移、修剪、倒角等命令进行绘制，然后转换相应的线型，最后进行尺寸的标注，从而完成对螺丝的绘制。

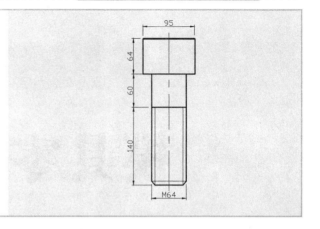

1 启动AutoCAD 2014软件，选择"文件 | 打开"菜单命令，将"案例\12\机械模板.dwt"文件打开，再执行"文件 | 另存为"菜单命令，将其另存为"案例\12\螺丝.dwg"文件。

2 在"图层"工具栏的"图层控制"组合框中选择"中心线"图层，使之成为当前图层。执行"直线（L）"命令，绘制高为284mm的垂直线段。

3 切换到"粗实线"图层。执行"矩形（REC）"命令，绘制96mm×64mm、64mm×200mm的矩形，使其中点垂直对齐，如图12-1所示。

4 执行"分解（X）"命令，将矩形进行打散操作。执行"偏移（O）"命令，将下端矩形的下侧水平线段向上偏移7mm和133mm，将左、右侧的垂直线段向垂直中心线段位置分别偏移6mm，如图12-2所示。

5 执行"倒角（CHA）"命令，将矩形下端的对角进行7mm×6mm的倒角操作，如图12-3所示。

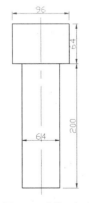

图12-1 直线、矩形

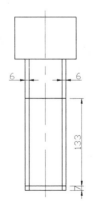

图12-2 偏移线段

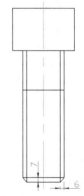

图12-3 倒角操作

6 执行"修剪（TR）"命令，修剪掉多余的线段，结果如图12-4所示。

7 执行"偏移（O）"命令，将上端矩形的上侧水平线段向下偏移1mm，如图12-5所示。

8 执行"倒角（CHA）"命令，将上端矩形的上侧对象进行1mm×1mm的倒角操作，如图12-6所示。

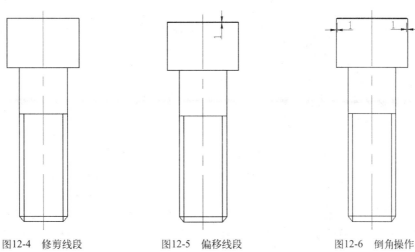

图12-4 修剪线段　　　　　图12-5 偏移线段　　　　　图12-6 倒角操作

9 将图12-7中的A、B、C线段转换为"细实线"，如图12-7所示。

10 切换到"尺寸与公差"图层。对图形分别执行"线性标注（DLI）"、"编辑标注（ED）"命令，最终结果如图12-8所示。

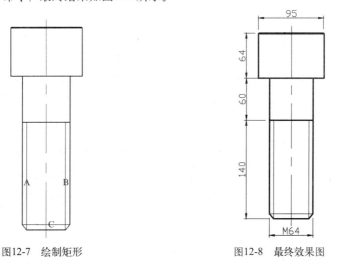

图12-7 绘制矩形　　　　　　　图12-8 最终效果图

11 至此，该图形对象已经绘制完毕，按Ctrl+S组合键对文件进行保存。

专业技能：模具的概述

在工业生产中，用各种压力机和装在压力机上的专用工具，通过压力把金属或非金属材料制出所需形状的零件或制品，这种专用工具统称为模具。

模具可分为铸造模具、锻造模具、压铸模具、冲压模等非塑胶模具，以及塑胶模具。按照模具的材料可分为塑胶模具及非塑胶模具。

(1)非塑胶模具有：铸造模、锻造模、冲压模和压铸模等。

◆ 铸造模——水龙头、生铁平台。

◆ 锻造模——汽车零配件。

◆ 冲压模——计算机面板。

◆ 压铸模——超合金，汽缸体。

(2)塑胶模具根据生产工艺和生产产品的不同,有如下分类。

◆ 注射成型模——电视机外壳、键盘按钮（应用最普遍）。
◆ 吹气模——饮料瓶。
◆ 压缩成型模——电木开关、科学瓷碗碟。
◆ 转移成型模——集成电路制品。
◆ 挤压成型模——胶水管、塑胶袋。
◆ 热成型模——透明成型包装外壳。
◆ 旋转成型模——软胶洋娃娃玩具。

注射成型是塑料加工中最普遍采用的方法。该方法适用于全部热塑性塑料和部分热固性塑料,制得的塑料制品数量之大是其他成型方法望尘莫及的,作为注射成型加工的主要工具之一的注塑模具,在质量精度、制造周期以及注射成型过程中的生产效率等方面的水平高低,直接影响着产品的质量、产量、成本及产品的更新,同时也决定着企业在市场竞争中的反应能力和速度。

12.2 冲头的绘制

视频文件: 视频\12\冲头的绘制.avi
结果文件: 案例\12\冲头.dwg

首先使用直线、矩形、分解、偏移、删除等命令进行绘制,然后转换相应的线型,最后进行尺寸的标注,从而完成对冲头的绘制。

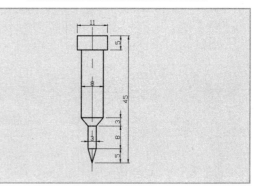

1 启动AutoCAD 2014软件,选择"文件｜打开"菜单命令,将"案例\12\机械模板.dwt"文件打开,再执行"文件｜另存为"菜单命令,将其另存为"案例\12\冲头.dwg"文件。

2 在"图层"工具栏的"图层控制"组合框中选择"中心线"图层,使之成为当前图层。执行"直线（L）"命令,绘制高为51mm的垂直线段;切换到"粗实线"图层。执行"矩形（REC）"命令,绘制11mm×5mm、8mm×24mm的矩形,使其中点垂直对齐,如图12-9所示。

3 执行"矩形（REC）"命令,在上一步绘制的矩形底端距离3mm处绘制3mm×8mm的矩形,如图12-10所示。

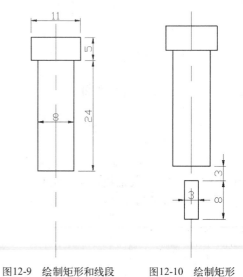

图12-9 绘制矩形和线段 图12-10 绘制矩形

4 执行"分解（X）"命令，将矩形进行打散操作。

5 执行"偏移（O）"命令，将上一步绘制矩形的下侧水平线段向下偏移5mm，如图12-11所示。

6 执行"直线（L）"命令，捕捉端点，绘制斜线段；再执行"删除（E）"命令，删除掉多余的线段，结果如图12-12所示。

7 切换到"尺寸与公差"图层。对图形分别执行"线性标注（DLI）"、"编辑标注（ED）"命令，最终结果如图12-13所示。

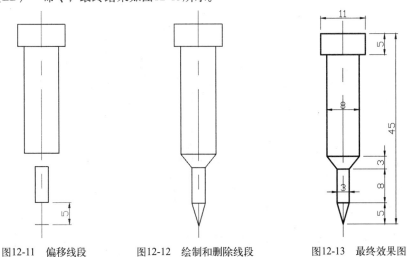

图12-11　偏移线段　　　图12-12　绘制和删除线段　　　图12-13　最终效果图

8 至此，该图形对象已经绘制完毕，按Ctrl+S组合键对文件进行保存。

12.3　销的绘制

视频文件：视频\12\销的绘制.avi
结果文件：案例\12\销.dwg

首先使用直线、矩形、分解、偏移、圆、修剪、删除等命令进行绘制，再进行尺寸的标注，从而完成对销的绘制。

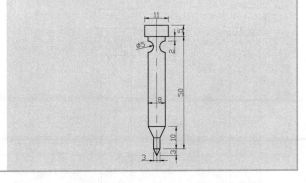

1 启动AutoCAD 2014软件，选择"文件 | 打开"菜单命令，将"案例\12\机械模板.dwt"文件打开，再执行"文件 | 另存为"菜单命令，将其另存为"案例\12\销.dwg"文件。

2 在"图层"工具栏的"图层控制"组合框中选择"中心线"图层，使之成为当前图层。执行"直线（L）"命令，绘制高为51mm的垂直线段；切换到"粗实线"图层。执行"矩形（REC）"命令，绘制11mm×5mm、8mm×40mm的矩形，使其垂直对齐，如图12-14所示。

3 执行"矩形（REC）"命令，在上一步绘制矩形的底端距离5mm处绘制3mm×5mm的矩形，如图12-15所示。

4 执行"分解（X）"命令，将矩形进行打散操作。执行"偏移（O）"命令，将第二个矩形的上侧水平线段向下偏移2mm和5mm，将第三个矩形的底侧水平线段向下偏移3mm，如图12-16所示。

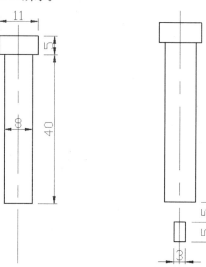
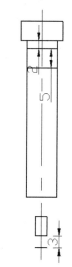

图12-14　绘制矩形和线段　　　图12-15　绘制矩形　　　图12-16　偏移线段

5 执行"直线（L）"命令，捕捉端点，绘制斜线段，如图12-17所示。

6 执行"圆（C）"命令，绘制半径为5mm的圆，使圆的上、下象限点与偏移水平线段对齐，如图12-18所示。

7 执行"修剪（TR）"和"删除（E）"命令，修剪和删除掉多余的线段，结果如图12-19所示。

8 切换到"尺寸与公差"图层。对图形分别执行"线性标注（DLI）"、"半径标注（DRA）"、"编辑标注（ED）"命令，最终结果如图12-20所示。

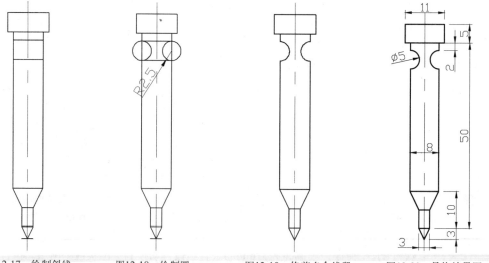

图12-17　绘制斜线　　　图12-18　绘制圆　　　图12-19　修剪多余线段　　　图12-20　最终效果图

9 至此，该图形对象已经绘制完毕，按Ctrl+S组合键对文件进行保存。

专业技能：模具结构的组成

模具结构是由定模（母模）、动模（公模）、顶出、导向、冷却、流道和支撑七个部分组成，如图12-21、图12-22所示。

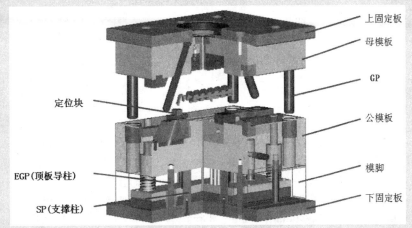

图12-21 塑胶结构的组成

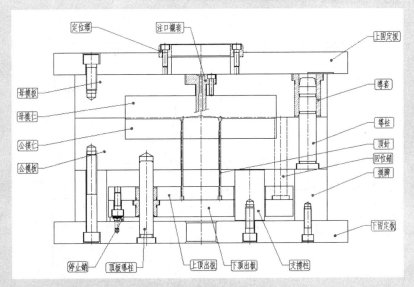

图12-22 模具结构平面图

模具结构的部分机械类零件效果如表12-1所示。

表12-1 部分机械类零件效果

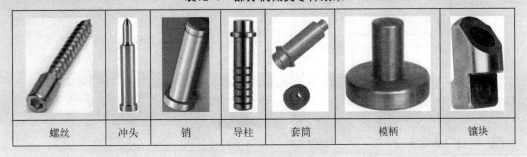

螺丝	冲头	销	导柱	套筒	模柄	镶块

12.4 导柱的绘制

视频文件：视频\12\导柱的绘制.avi
结果文件：案例\12\导柱.dwg

首先使用直线、偏移、圆、修剪、倒角等命令进行绘制，再进行尺寸的标注，从而完成对导柱的绘制。

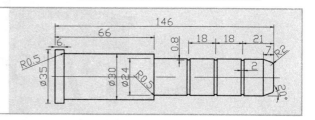

1 启动AutoCAD 2014软件，选择"文件｜打开"菜单命令，将"案例\12\机械模板.dwt"文件打开，再执行"文件｜另存为"菜单命令，将其另存为"案例\12\导柱.dwg"文件。

2 在"图层"工具栏的"图层控制"组合框中选择"中心线"图层，使之成为当前图层。

3 执行"构造线（XL）"命令，绘制水平、竖直两条构造线，执行"偏移（O）"命令，将竖直中心线向右偏移6mm、66mm、88mm、139mm、146mm，将水平中心线向上偏移12mm、15mm、17.5mm，并转换为粗实线，如图12-23所示。

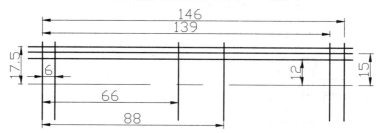

图12-23 绘制中心线并偏移线段

4 执行"修剪（TR）"命令，将多余的线条修剪掉，如图12-24所示。

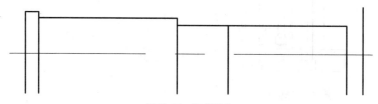

图12-24 修剪线条

5 在"图层"工具栏的"图层控制"组合框中选择"中心线"图层，使之成为当前图层。执行"构造线（XL）"命令，在右上直角点处做一个角度为-20°的构造线，如图12-25所示。

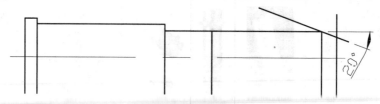

图12-25 绘制构造线

6 执行"修剪（TR）"命令，修剪删除掉多余的线段；执行"圆角（F）"命令，如图12-26

所示对图形进行半径为0.5mm和半径为2mm的圆角操作。

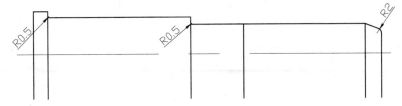

图12-26 圆角操作

7 执行"镜像（MI）"命令，将上面的图形以水平中心线镜像到下面；再执行"修剪（TR）"命令，修剪删除掉多余的线段，如图12-27所示。

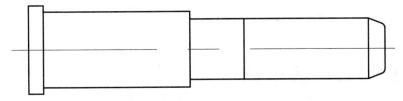

图12-27 镜像并修剪

8 执行"偏移（O）"命令，将第3步中偏移的88mm线向右偏移2mm、18mm、20mm、36mm、38mm，将上面的粗实线向下偏移0.8mm，如图12-28所示。

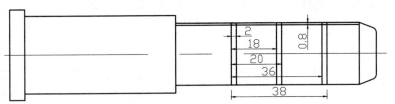

图12-28 偏移线段

9 执行"圆（C）"命令，选择"3点（3P）"子命令，分别捕捉点绘制圆；再执行"修剪（TR）"命令，将多余的线条及圆弧修剪掉，结果如图12-29所示。

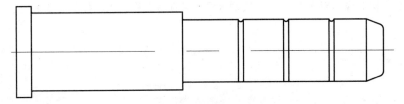

图12-29 圆、修剪命令

10 执行"镜像（MI）"命令，将3个圆以水平中心线镜像到下面；再执行"修剪（TR）"命令，修剪掉多余的线条，如图12-30所示。

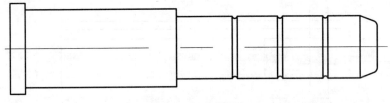

图12-30 镜像并修剪

11 切换到"尺寸与公差"图层。对图形分别执行"线性标注（DLI）"、"直径标注（DDI）"、"编辑标注（ED）"命令，最终结果如图12-31所示。

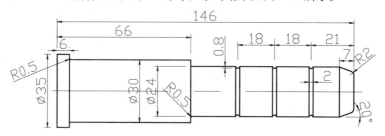

图12-31　最终效果图

12 至此，该图形对象已经绘制完毕，按Ctrl+S组合键对文件进行保存。

12.5　套筒的绘制

视频文件：视频\12\套筒的绘制.avi
结果文件：案例\12\套筒.dwg

首先使用直线、偏移等命令进行绘制，转换相应的线型，再进行尺寸的标注，从而完成对套筒的绘制。

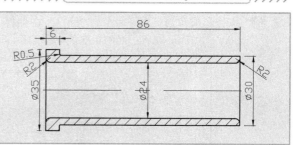

1 启动AutoCAD 2014软件，选择"文件｜打开"菜单命令，将"案例\12\机械模板.dwt"文件打开，再执行"文件｜另存为"菜单命令，将其另存为"案例\12\套筒.dwg"文件。

2 在"图层"工具栏的"图层控制"组合框中选择"中心线"图层，使之成为当前图层。

3 执行"构造线（XL）"命令，绘制水平、竖直两条构造线，如图12-32所示。

图12-32　绘制垂直线段

4 执行"偏移（O）"命令，将竖直中心线向右偏移6mm、86 mm，再将水平中心线向上偏移12mm、15 mm、17.5 mm，并转换为粗实线，如图12-33所示。

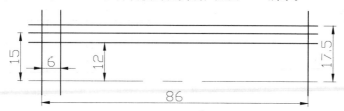

图12-33　偏移线段

5 执行"修剪（TR）"命令，修剪掉多余的线条，如图12-34所示。

图12-34 修剪线段

6 执行"圆角（F）"命令，如图12-35所示进行相应的圆角操作。

图12-35 倒圆角

7 执行"镜像（MI）"命令，将图形镜像到下面；再执行"修剪（TR）"命令，修剪掉多余的线条，如图12-36所示。

8 切换到"剖面线"图层。执行"图案填充（H）"命令，选择样例"ANSI 31"，比例为1，在指定位置进行图案填充操作，如图12-37所示。

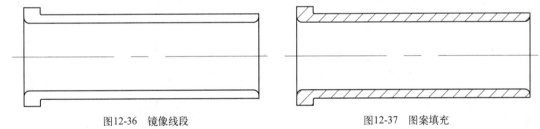

图12-36 镜像线段　　　　　　　　图12-37 图案填充

9 切换到"尺寸与公差"图层。对图形分别执行"线性标注（DLI）"、"编辑标注（ED）"命令，最终结果如图12-38所示。

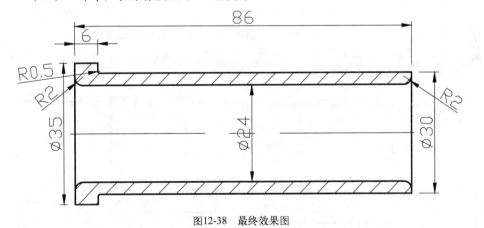

图12-38 最终效果图

10 至此，该图形对象已经绘制完毕，按Ctrl+S组合键对文件进行保存。

12.6 模柄的绘制

视频文件：视频\12\模柄的绘制.avi
结果文件：案例\12\模柄.dwg

首先使用直线、矩形、分解、偏移、修剪等命令进行绘制，再进行尺寸的标注，从而完成对模柄的绘制。

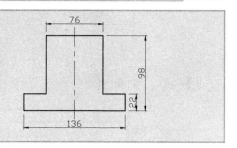

1. 启动AutoCAD 2014软件，选择"文件｜打开"菜单命令，将"案例\12\机械模板.dwt"文件打开，再执行"文件｜另存为"菜单命令，将其另存为"案例\12\模柄.dwg"文件。

2. 在"图层"工具栏的"图层控制"组合框中选择"中心线"图层，使之成为当前图层。执行"直线（L）"命令，绘制高为120mm的垂直线段，如图12-39所示。

3. 切换到"粗实线"图层。执行"矩形（REC）"命令，绘制136mm×98mm的矩形，使其垂直对齐，如图12-40所示。

4. 执行"分解（X）"命令，将矩形进行打散操作。执行"偏移（O）"命令，将下侧的水平线段向上偏移22mm，左、右侧的垂直线段向垂直中心线段位置各偏移30mm，如图12-41所示。

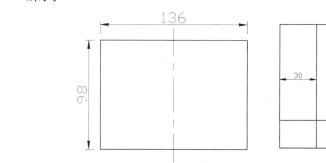

图12-39 绘制垂直线段　　　　图12-40 绘制矩形　　　　图12-41 绘制垂直线段

5. 执行"修剪（TR）"命令，修剪掉多余的线段，结果如图12-42所示。

6. 切换到"尺寸与公差"图层。对图形分别执行"线性标注（DLI）"、"编辑标注（ED）"命令，最终结果如图12-43所示。

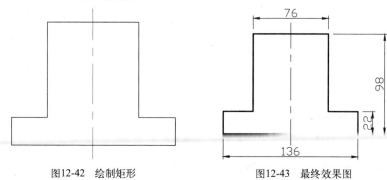

图12-42 绘制矩形　　　　　　图12-43 最终效果图

7 至此，该图形对象已经绘制完毕，按Ctrl+S组合键对文件进行保存。

12.7 镶块的绘制

视频文件：视频\12\镶块的绘制.avi
结果文件：案例\12\镶块.dwg

首先使用直线、矩形、分解、偏移、修剪等命令进行绘制，再进行尺寸的标注，从而完成对镶块的绘制。

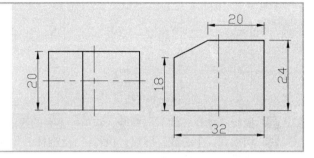

1 启动AutoCAD 2014软件，选择"文件｜打开"菜单命令，将"案例\12\机械模板.dwt"文件打开，再执行"文件｜另存为"菜单命令，将其另存为"案例\12\镶块.dwg"文件。

2 在"图层"工具栏的"图层控制"组合框中选择"中心线"图层，使之成为当前图层。执行"直线（L）"命令，绘制长为40mm、高为28mm的互相垂直的基准线，如图12-44所示。

3 切换到"粗实线"图层。执行"矩形（REC）"命令，绘制32mm×20mm的矩形；再执行"直线（L）"命令，在矩形的水平线段12mm处，绘制高为20mm的垂直线段，如图12-45所示。

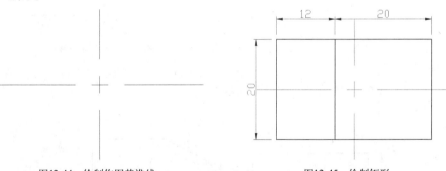

图12-44 绘制作图基准线   图12-45 绘制矩形

4 执行"矩形（REC）"命令，绘制32mm×24mm的矩形，与左侧图形的底端水平对齐，如图12-46所示。

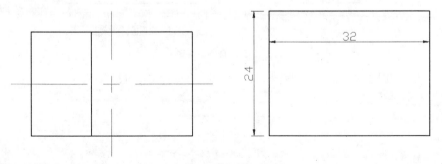

图12-46 绘制矩形

5 执行"分解（X）"命令，将矩形进行打散操作。执行"偏移（O）"命令，将上侧的水平线段向下偏移6mm，右侧的垂直线段向左偏移20mm，如图12-47所示。

6 执行"直线（L）"命令，捕捉端点，绘制斜线段，如图12-48所示。

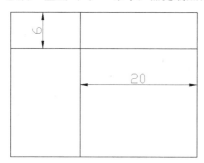

图12-47　偏移线段　　　　　　　　　图12-48　绘制斜线段

7 执行"修剪（TR）"命令，修剪掉多余的线段，结果如图12-49所示。

8 切换到"中心线"图层。执行"直线（L）"命令，在图形的中点绘制高为32mm的垂直线段，如图12-50所示。

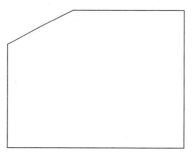
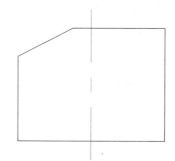

图12-49　修剪多余的线段　　　　　　　图12-50　绘制垂直线段

9 切换到"尺寸与公差"图层。对图形分别执行"线性标注（DLI）"、"编辑标注（ED）"命令，最终结果如图12-51所示。

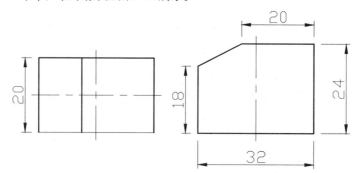

图12-51　最终效果图

10 至此，该图形对象已经绘制完毕，按Ctrl+S组合键对文件进行保存。

第13章

机械零件轴测图的 绘制

用平行投影法，将物体连同确定该物体的直角坐标系，一起沿不平行于任一坐标平面的方向投射到一个投影面上，所得到的图形称为轴测图。由于轴测图是用平行投影法得到的，因此，空间相互平行的直线，它们的轴测投影互相平行；三维中凡是与坐标轴平行的直线，在其轴测图中也必与轴测互相平行；三维中两平行线段或同一直线上的两线段长度之比，在轴测图上保持不变。

主要内容

✓ 掌握轴测图的绘制方法和技巧 ✓ 掌握轴测图中直线、平行线、圆和圆弧的绘制方法
✓ 掌握轴测图样板文件的创建方法 ✓ 掌握螺纹及剖视图的轴测图绘制方法

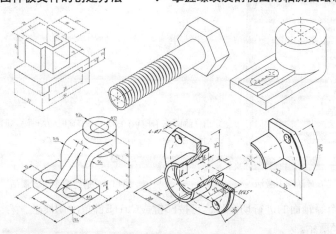

13.1 轴测图的绘制方法和技巧

轴测图是反映物体的三维形状和二维图形的，它富有立体感，能帮人们更快捷、更清楚地认识产品的结构。绘制一个零件的轴测图是在二维平面图中完成的相对于三维图形更简洁的方法。

13.1.1 轴测图的分类和视图

轴测图分为正轴测图和斜轴测图，如图13-1所示。一个实体的轴测投影只有三个可见平面，为了便于绘图，应将这三个面作为画线、找点等操作的基准平面，并称它们为轴测平面，根据其位置的不同，分别称为左轴测面、右轴测面和顶轴测面。当激活轴测模式之后，就可以分别在这三个面之间进行切换。如一个长方体在轴测图中的可见边与水平线夹角分别是30°、90°和120°，如图13-2所示。

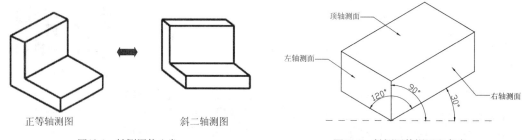

图13-1 轴测图的分类   图13-2 轴测图的视图和角度

13.1.2 轴测投影模式

在AutoCAD环境中，要绘制轴测图形，首先应激活轴测模式才能进行绘制。选择"工具｜草图设置"菜单命令，打开"草图设置"对话框，在"捕捉和栅格"选项卡中选择"等轴测捕捉"单选项，然后单击"确定"按钮，即可激活轴测模式，如图13-3所示。

用户也可以在命令行中输入"snap"，再根据命令行的提示选择"样式（S）"选项，再选择"等轴测（I）"选项，最后输入垂直间距为1，如图13-4所示。

指定捕捉间距或 [开(ON)/关(OFF)/纵横向间距(A)/样式(S)/类型(T)] <10.0000>: s ❶
输入捕捉栅格类型 [标准(S)/等轴测(I)] <S>: i ❷
指定垂直间距 <10.0000>: 1 ❸

图13-3 在"草图设置"对话框中激活   图13-4 通过命令方式激活

另外，在对三个等轴面的进行切换时，可按F5键或Ctrl+E键依次切换上、右、左三个面，鼠标指针的形状如图13-5所示。

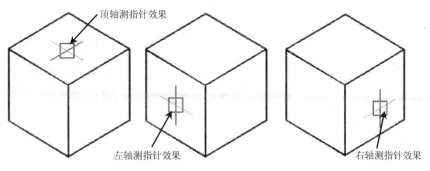

图13-5 轴测图下的鼠标指针效果

13.1.3 在轴测投影模式下画直线

当用户通过坐标的方式来绘制直线时，可按以下方法来绘制。

1）与X轴平行的线，极坐标角度应输入30°，如@50<30。

2）与Y轴平行的线，极坐标角度应输入150°，如@50<150。

3）与Z轴平行的线，极坐标角度应输入90°，如@50<90。

4）所有不与轴测轴平行的线，则必须先找出直线上的两个点，然后连线。

也可以打开正交状态进行画线，即可以通过正交在水平与垂直间进行切换而绘制出来。

例如，在激活轴测状态下，打开"正交"模式，绘制一个长度为10mm的正方体，用户可通过以下方法来绘制。

1 首先在"草图设置"对话框的"捕捉与栅格"选项卡下选择"等轴测捕捉"单选项，激活轴测模式，再按F8键启动正交模式，则当前为左轴测面。

2 执行"直线（L）"命令，根据命令行的提示绘制如图13-6所示的左侧面。

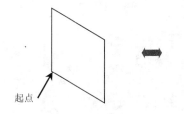

起点

命令: LINE	执行"直线"命令
指定第一点:	指定起点
指定下一点或 [放弃(U)]: **10**	水平向右移动鼠标，并输入10
指定下一点或 [放弃(U)]: **10**	垂直向上移动鼠标，并输入10
指定下一点或 [闭合(C)/放弃(U)]: **10**	水平向左移动鼠标，并输入10
指定下一点或 [闭合(C)/放弃(U)]: **c**	选择"闭合(C)"项闭合线段

图13-6 绘制左侧面

3 按F5键切换至顶轴测面，执行"直线（L）"命令，根据命令行的提示绘制如图13-7所示的顶侧面。

4 按F5键切换至右轴测面，执行"直线（L）"命令，根据命令行的提示绘制如图13-8所示的右侧面。

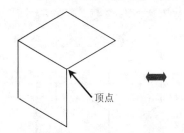

顶点

命令: LINE	执行"直线"命令
指定第一点:	指定顶点
指定下一点或 [放弃(U)]: **10**	水平向右移动鼠标，并输入10
指定下一点或 [放弃(U)]: **10**	水平向左移动鼠标，并输入10
指定下一点或 [闭合(C)/放弃(U)]: **10**	垂直向下移动鼠标，并输入10
指定下一点或 [闭合(C)/放弃(U)]:	按回车键结束

图13-7 绘制顶侧面

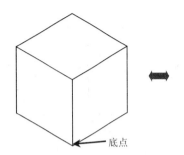

命令: LINE	执行"直线"命令
指定第一点:	指定底点
指定下一点或 [放弃(U)]: **10**	水平向右移动鼠标，并输入 10
指定下一点或 [放弃(U)]: **10**	垂直向上移动鼠标，并输入 10
指定下一点或 [闭合(C)/放弃(U)]:	按回车键结束

图13-8 绘制右侧面

13.1.4 定位轴测图中的实体

要在轴测图中定位其他已知图元，必须打开自动追踪中的角度增量并设定角度为30°，这样才能从已知对象开始沿30°、90°或150°方向追踪，如图13-9所示。

例如，要在上例中的正方形右面定一个长度为4mm的正方形，首先按F5键切换至右轴测面，再执行"直线（L）"命令，捕捉右面的左底角点，开始绘制小正方形，如图13-10所示。

例如，要在顶面绘制一个直径为4mm的圆，首先按F5键切换至顶轴测面，再执行"椭圆（EL）"命令，在命令行中选择"等轴测圆（I）"选项，捕捉对角线交叉点，作为椭圆的圆心点，再输入半径为2mm，如图13-11所示。

图13-9 设置增量角

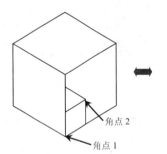

命令: LINE	执行"直线"命令
指定第一点:	捕捉右面左底角点1
指定下一点或 [放弃(U)]: 4	水平向右移动鼠标，并输入 4
指定下一点或 [放弃(U)]: 4	垂直向上移动鼠标，并输入 4
指定下一点或 [闭合(C)/放弃(U)]:4	水平向左移动鼠标，并输入 4
指定下一点或 [闭合(C)/放弃(U)]:	按回车键结束
命令: LINE	再执行"直线"命令
指定第一点:	捕捉右面右顶角点2
指定下一点: <等轴测平面 左视>	按 F5 键切换到左轴测面
指定下一点或 [闭合(C)/放弃(U)]:4	水平向左移动鼠标，并输入 4
指定下一点或 [闭合(C)/放弃(U)]:	按回车键结束

图13-10 绘制的小正方形

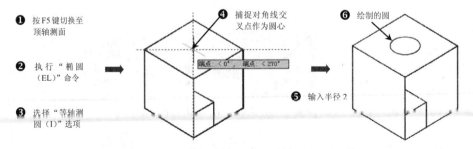

❶ 按F5键切换至顶轴测面

❷ 执行"椭圆（EL）"命令

❸ 选择"等轴测圆（I）"选项

❹ 捕捉对角线交叉点作为圆心

❺ 输入半径 2

❻ 绘制的圆

图13-11 绘制的圆

13.1.5　在轴测面内画平行线

在轴测面内绘制平行线时，不能直接执行"偏移（OFFSET）"命令，因为偏移命令中的偏移距离是两线之间的垂直距离，而沿30°方向之间的距离却不等于垂直距离。

为了避免操作出错，在轴测面内画平行线时，一般采用"复制（COPY）"命令或"偏移（OFFSET）"命令中的"通过（T）"选项；也可以结合自动捕捉、自动追踪及正交状态来绘制，这样可以保证所绘制的直线与轴测轴的方向一致。

例如，将如图13-12所示的a效果绘制成b和c的效果，可以直接用"复制（COPY）"命令的方式完成。

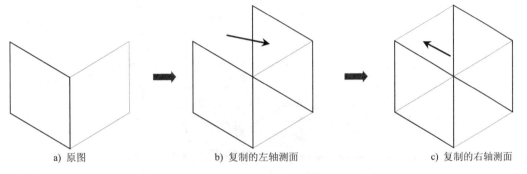

a）原图　　　　　　　b）复制的左轴测面　　　　　　　c）复制的右轴测面

图13-12　复制轴测图对象

 用户在复制轴测图面中的对象时，应按F5键切换到相应的轴测面，并移动鼠标来指定移动的方向。

13.1.6　圆的轴测投影

圆的轴测投影是椭圆，当圆位于不同的轴测面时，投影椭圆长、短轴的位置是不相同的。

首先激活轴测图模式，按F5键选定画圆的投影面，执行"椭圆（EL）"命令，在提示命令行中选择"等轴测圆（I）"选项，再指定圆心点，最后指定椭圆的半径即可。

 绘制圆之前一定要利用面转换工具，切换到与圆所在的平面对应的轴测面，这样才能使椭圆看起来像是在轴测面内，否则将显示不正确。

在轴测图中，经常要画线与线间的圆滑过渡，如倒圆角，此时过渡圆弧也得变为椭圆弧。方法是：在相应的位置上画一个完整的椭圆，然后使用修剪工具剪除多余的线段，如图13-13所示。

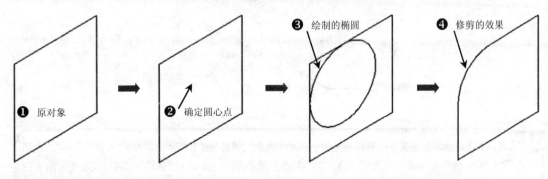

❶ 原对象　　　　❷ 确定圆心点　　　　❸ 绘制的椭圆　　　　❹ 修剪的效果

图13-13　轴测图中的圆滑过渡效果

13.1.7 在轴测图中书写文本

为了使某个轴测面中的文本看起来像是在该轴测面内，必须根据各轴测面的位置特点将文字倾斜某个角度值，使它们的外观与轴测图协调起来，否则立体感不强。

1. 文字倾斜角度设置

执行"格式｜文字样式"菜单命令，弹出"文字样式"对话框，在"倾斜角度"文本框中根据轴测图的不同轴测面来分别设置不同的倾斜角度即可，然后单击"应用"按钮，如图13-14所示。

图13-14 设置文本的倾斜角度

 TIP
最好的办法是新建两个倾斜角分别为30°和-30°的文字样式。

2. 在轴测面上各文本的倾斜规律

1）在左轴测面上，文本需采用-30°倾斜角，同时旋转-30°角。

2）在右轴测面上，文本需采用30°倾斜角，同时旋转30°角。

3）在顶轴测面上，平行于x轴时，文本需采用-30°倾斜角，旋转角为30°；平行于y轴时需采用30°倾斜角，旋转角为-30°，如图13-15所示。

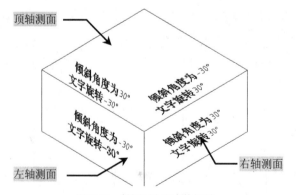

图13-15 轴测面上文本的倾斜

 TIP
文字的倾斜角与文字的旋转角是两个不同的概念，倾斜角是在水平方向左倾斜-90°～0或向右倾斜0～90°的角度，而旋转角是以文字起点为原点进行0～360°的旋转的角度，文字是在所在的轴测面内旋转。

13.1.8 在轴测图中尺寸的标注

为了让某个轴测面内的尺寸标注看起来像是在这个轴测面中，就需要将尺寸线、尺寸界线倾斜一个角度，使它们与相应的轴测平行。同时，标注文本也必须设置成倾斜某一角度的形式，才能使用文本的外观具有立体感。

1. 设置尺寸标注的字体及标注样式

正等轴测图中的线性尺寸的尺寸界线应平行于轴测轴（正等轴测图的坐标轴简称为轴测轴，如图13-16所示），而AutoCAD中用线性标注命令在任何图上标注的尺寸线都是水平或竖直的，所以在标注轴测图尺寸时，除竖直尺寸线外，需要使用"对齐标注"命令。为了符合视觉效果，还需要对尺寸界线和尺寸数字的方向进行调整，如图13-17所示，使尺寸线与尺寸界线不垂直，尺寸数字的方向与尺寸界线的方向一致，且尺寸数字与尺寸线、尺寸界线应在一个平面内。

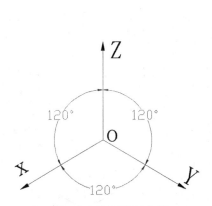

图13-16　等轴测图坐标轴

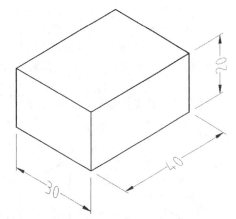

图13-17　等轴测图的尺寸标注

通过对正等轴测图的尺寸标注进行分析，得到了在等轴测图中标注平行于轴测面的线性尺寸，尺寸的文字样式倾斜方向具有以下规律：

1）在XOY轴测面上，当尺寸界线平行于X轴时，文字样式倾角为30°；当尺寸界线平行于Y轴时，文字样式倾角为-30°。

2）在YOZ轴测面上，当尺寸界线平行于Y轴时，文字样式倾角为30°；当尺寸界线平行于Z轴时，文字样式倾角为-30°。

3）在XOY轴测面上，当尺寸界线平行于X轴时，文字样式倾角为-30°；当尺寸界线平行于Z轴时，文字样式倾角为30°。

由以上规律可以看出，各轴测面内的尺寸中，文字样式的倾斜分为30°或-30°两种情况，因此，在轴测图尺寸标注前，应首先建立倾角分别为30°或-30°的两种文字样式，应用合适的文字样式控制尺寸数字的倾斜角度，就能保证尺寸线、尺寸界线和尺寸数值看起来是在一个平面内。

执行"格式 | 文字样式"菜单命令，弹出"文字样式"对话框。首先新建文字样式"样式30"，并设置字体为"gbeitc"，倾斜角度为30°；同样，再新建文字样式"样式-30"，并设置字体为"gbeitc"，倾斜角度为-30°，如图13-18所示。

2. 调整尺寸界线与尺寸线的夹角

如图13-19所示可知，图中尺寸界线与尺寸线均倾斜，需要通过倾斜命令来完成，当尺寸界线与X轴平行时，倾斜角度为30°；当尺寸界线与Y轴平行时，倾斜角度为-30°；当尺寸界线与Z轴平行时，倾斜角度为90°。

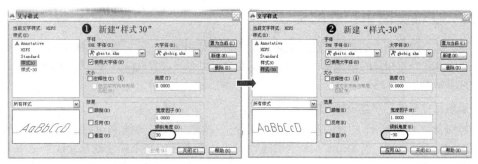

图13-18　新建两种文字样式

3. 正等轴测图尺寸标注步骤

1 对齐标注。在"尺寸标注"工具栏中单击"对齐标注"按钮，对图形进行对齐标注操作，此时不必选择什么文字样式，如图13-19所示。

2 倾斜尺寸。在"尺寸标注"工具栏中单击"编辑尺寸"按钮，根据命令行提示选择"倾斜（O）"选项，分别将尺寸为20的倾斜30°，将尺寸为30的倾斜90°，将尺寸为40的倾斜-30°，即可得到如图13-20所示的结果。

3 修改标注文字样式。将尺寸分别为20、30和40的标注样式中的"文字样式"修改为"样式-30"，从而完成规范的等轴测图的尺寸标注，如图13-21所示。

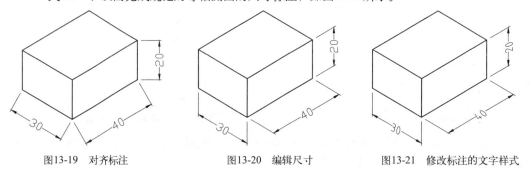

图13-19　对齐标注　　　　　图13-20　编辑尺寸　　　　　图13-21　修改标注的文字样式

4. 圆和圆弧的正等轴测图尺寸标注

由于圆和圆弧的等轴测图为椭圆和椭圆弧，不能直接用"尺寸标注"命令完成标注，可采用先画圆，然后标注圆的直径或半径，再修改尺寸数值来处理，达到标注椭圆的直径或椭圆弧的半径的目的。

带半圆弧形体的等轴测图尺寸标注方法如下。

1）根据前面的方法，对图形进行长、宽、高的尺寸标注。

2）以椭圆的中心为圆心，以适当半径画辅助圆，与椭圆弧相交于O。

3）标注圆的半径，箭头指向交点O，并将辅助圆删除。

选择半径标注对象，在"特性"面板中修改尺寸文字"R10"，如图13-22所示。

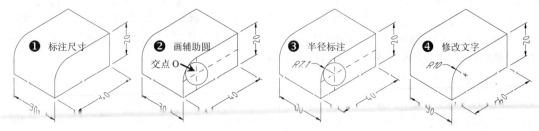

图13-22　标注椭圆弧半径

13.2 轴测图样板文件的创建

視频文件：视频\13\轴测图样板文件的创建.avi
结果文件：案例\13\轴测图样板文件.dwg

首先打开"机械样板.dwt"文件，将其另存为新的"轴测图样板文件.dwt"文件，再根据轴测图的要求设置捕捉类型为"等轴测"方式，然后设置两种文字样式"倾斜30d"和"倾斜-30d"，设置两种标注样式"倾斜30d"和"倾斜-30d"即可。具体操作步骤如下。

1 正常启动AutoCAD 2014软件，执行"文件 | 打开"菜单命令，打开"案例\13\机械样板.dwt"文件，执行"文件 | 另存为"菜单命令，将其另存为"案例\13\轴测图样板文件.dwt"文件。

2 执行"工具 | 草图设置"菜单命令，打开"草图设置"对话框，切换到"捕捉与栅格"选项卡，在"捕捉类型"选项区中选择"等轴测捕捉"单选项，如图13-23所示。

3 切换到"极轴追踪"选项卡，设置增量角为30，并勾选"启用极轴追踪"复选框，然后单击"确定"按钮，如图13-24所示。

图13-23 设置"等轴测捕捉"   图13-24 设置增量角

4 执行"格式 | 文字样式"菜单命令，弹出"文字样式"对话框，单击"新建"按钮，弹出"新建文字样式"对话框，在"样式名"文字框中输入"倾斜30d"，单击"确定"按钮，返回"文字样式"对话框，设置中、西文字体均为"gbeitc"，设置倾斜角度为30，然后单击"应用"按钮，如图13-25所示。

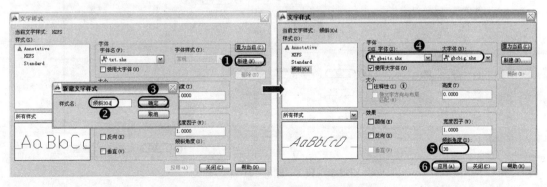

图13-25 设置"倾斜30d"文字样式

⑤ 同样，在"文字样式"对话框中再设置"倾斜-30d"的文字样式，如图13-26所示。

图13-26 设置"倾斜-30d"文字样式

⑥ 执行"格式｜标注样式"菜单命令，弹出"标注样式管理器"对话框，单击"新建"按钮，弹出"创建新标注样式"对话框，在"新样式名"文本框中输入"倾斜30d"，再单击"继续"按钮，弹出"新建标注样式：倾斜30d"对话框，切换到"文字"选项卡，在"文字样式"下拉列表框中选择"倾斜30d"文字样式，其他的设置不变，然后单击"确定"按钮，如图13-27所示。

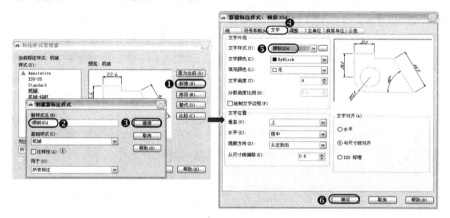

图13-27 设置"倾斜30d"标注样式

⑦ 按照同样的方法，在"标注样式管理器"对话框中再设置"倾斜-30d"标注样式，如图13-28所示。

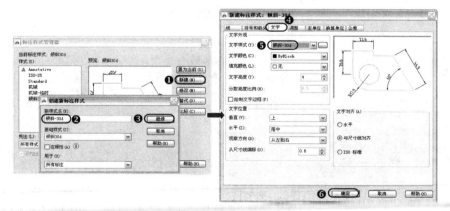

图13-28 设置"倾斜-30d"标注样式

⑧ 至此，轴测图的样式文件已经制作完成，按Ctrl+S键对文件进行保存。

13.3　轴测图中直线的绘制实例

视频文件：视频\13\轴测图中直线的绘制.avi
结果文件：案例\13\轴测图中直线的绘制.dwg

首先打开"轴测图样板文件.dwt"文件，将其另存为新的"轴测图中直线的绘制.dwg"文件，再根据轴测图的要求分别绘制左轴测图、顶轴测图、右轴测图，并执行"修剪（TR）"命令，将多余的线段进行修剪操作，如图13-29所示。

1. 正常启动AutoCAD 2014软件，执行"文件｜打开"菜单命令，打开"案例\13\轴测图样板文件.dwt"文件，再执行"文件｜另存为"菜单命令，将其另存为"案例\13\轴测图中直线的绘制.dwg"文件。

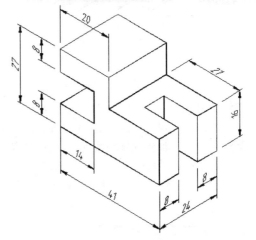

图13-29　轴测图中直线的绘制效果

2. 将"粗实线"图层设置为当前图层，按F5键切换至左轴测图（鼠标指针呈 状），按F8键切换到"正交"模式，执行"直线（L）"命令，按照下列顺序进行绘制：捕捉起点→指向右，输入41→指向上，输入16→指向左，输入21→指向上，输入11→指向左，输入20→指向下，输入8→指向右，输入14→指向下，输入11→指向左，输入14→指向下，按C键进行闭合，其绘制的效果如图13-30所示。

3. 按F5键切换到顶轴测图 ，执行"直线（L）"命令，按照下列顺序进行绘制：捕捉起点→指向右，输入8→指向左，输入14→指向右，输入8→指向左，输入14→指向右，输入8→指向左，输入21→指向左，输入24→按回车键结束，其绘制的效果如图13-31所示。

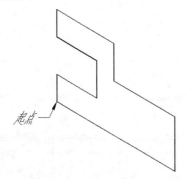

图13-30　绘制左轴测图

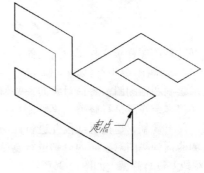

图13-31　绘制顶轴测图

4. 再执行"直线（L）"命令，按照下列顺序进行绘制：捕捉起点→指向右，输入24→指向左，输入20→指向左，输入24→按回车键结束，其绘制的效果如图13-32所示。

5. 按F5键切换到右轴测图 ，执行"直线（L）"命令，按照下列顺序进行绘制：捕捉起点1→指向右，输入24→指向上，输入16→按回车键结束；同样，捕捉起点2→指向下，输入11→按回车键结束，其绘制的效果如图13-33所示。

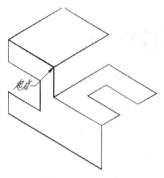

图13-32 绘制顶轴测图

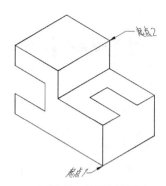

图13-33 绘制右轴测图

6 再执行"直线（L）"命令，捕捉相应的交点，绘制右轴测图的垂直线段，长度为16mm，绘制的效果如图13-34所示。

7 按F5键切换到顶轴测图☒，执行"直线（L）"命令，捕捉相应的交点，绘制直线段，然后执行"修剪（TR）"命令，将多余的线段进行修剪，如图13-35所示。

8 至此，该轴测图形对象已经绘制完成，按Ctrl+S键对文件进行保存。

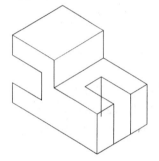

图13-34 绘制右轴测的垂直线段

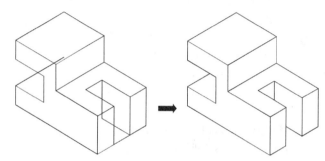

图13-35 绘制顶轴测图并修剪

13.4 轴测图中平行线的绘制实例

视频文件：视频\13\轴测图中平行线的绘制.avi
结果文件：案例\13\轴测图中平行线的绘制.dwg

首先打开"轴测图样板文件.dwt"文件，再将其另存为新的"轴测图中平行线的绘制.dwg"文件，根据要求绘制右轴测图，将该对象向左复制，连接直线段并将多余线段进行修剪，再绘制顶轴测图，将该对象向上复制，连接直线段并进行修剪，然后将最上侧的顶轴测图对象向内分别进行复制，然后连接直线段并进行修剪，如图13-36所示。

1 正常启动AutoCAD 2014软件，执行"文件｜打开"菜单命令，打开"案例\13\轴测图样板文件.dwt"文件，再执行"文件｜另存为"菜单命令，将其另存为"案例\13\轴测图中平行线的绘制.dwg"文件。

2 将"粗实线"图层设置为当前图层，按

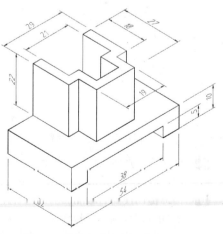

图13-36 轴测图中平行线的绘制效果

F5键切换至右轴测图（鼠标指针呈 ⟋⟍ 状），按F8键切换到"正交"模式，执行"直线（L）"命令，按照下列顺序进行绘制：指定起点→指向右，输入54→指向下，输入10→指向左，输入8→指向上，输入5→指向左，输入38→指向下，输入5→指向左，输入8→指向上，按C键进行闭合，如图13-37所示。

3 按F5键切换至左轴测图 ⟋⟍，执行"复制（CO）"命令，将绘制的右轴测图向左复制，复制的距离为32mm，如图13-38所示。

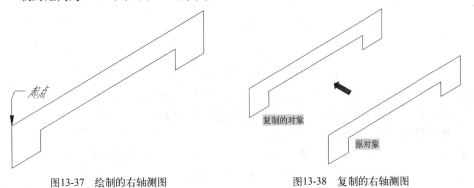

图13-37　绘制的右轴测图　　　　　　　　图13-38　复制的右轴测图

4 执行"直线（L）"命令，分别捕捉相应的交点，连接直线段，然后执行"修剪（TR）"命令，将多余的线段进行修剪，如图13-39所示。

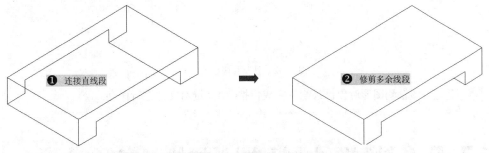

图13-39　连接直线段并修剪

5 按F5键切换至顶轴测图 ⟋⟍，执行"直线（L）"命令，按照下列顺序进行绘制：指定起点→指向右下，输入18→指向右上，输入5→指向右下，输入9→指向右上，输入19→指向左上，输入9→指向右上，输入5→指向左上，输入18→指向左下，按C键进行闭合，再执行"移动（M）"命令，将绘制的顶轴测图对象移动到指定的位置，其中点对齐，如图13-40所示。

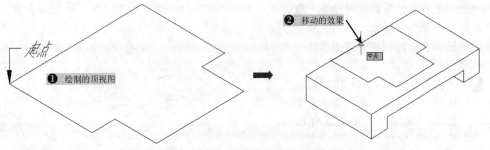

图13-40　绘制的顶轴测图并移动

6 执行"复制（CO）"命令，将上侧的顶轴测图垂直向上复制，复制的距离为22mm，再执行"直线（L）"命令，捕捉相应的交点，连接直线段，然后执行"修剪（TR）"命令，将多余的线段进行修剪，如图13-41所示。

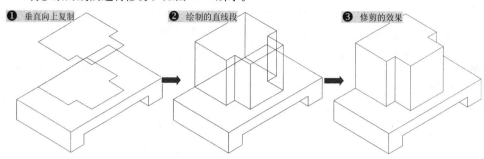

❶ 垂直向上复制　　　❷ 绘制的直线段　　　❸ 修剪的效果

图13-41　绘制的顶轴测图并移动

7 执行"复制（CO）"命令，将最上面的顶轴测对象分别向内4mm进行复制，再执行"直线（L）"命令，捕捉相应的交点，绘制直线段，然后执行"修剪（TR）"命令，将多余的线段进行修剪，如图13-42所示。

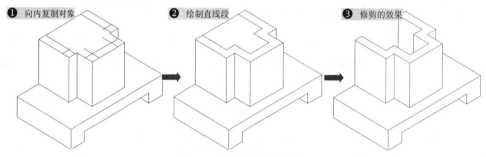

❶ 向内复制对象　　　❷ 绘制直线段　　　❸ 修剪的效果

图13-42　复制并修剪的效果

8 至此，该轴测图形对象已经绘制完成，按Ctrl+S键对文件进行保存。

13.5　轴测图中圆和圆弧的绘制实例

视频文件：视频\13\轴测图中圆和圆弧的绘制.avi
结果文件：案例\13\轴测图中圆和圆弧的绘制.dwg

首先打开"轴测图样板文件.dwt"文件，将其另存为新的"轴测图中圆和圆弧的绘制.dwg"文件，再根据要求绘制下侧的底座轴测图对象，绘制折弯轴测对象，绘制圆柱筒的轴测图对象，然后分别移至相应的位置，并进行相应的修剪操作，如图13-43所示。

1 正常启动AutoCAD 2014软件，执行"文件｜打开"菜单命令，打开"案例\13\轴测图样板文件.dwt"文件，再执行"文件｜另存为"菜单命令，将其另存为"案例\13\轴测图中圆和圆弧的绘制.dwg"文件。

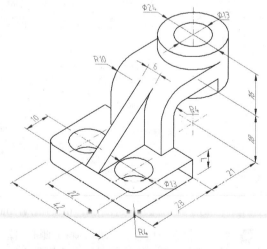

图13-43　轴测图中圆和圆弧的绘制效果

2 将"粗实线"图层置为当前图层，按F5键切换至顶轴测图 ⬚⃢，按F8键切换到"正交"模式，执行"直线（L）"命令，绘制42mm×28mm的矩形，再执行"复制（CO）"命令，将指定的线段向内4mm进行复制，将复制的线段转换为"中心线"图层，如图13-44所示。

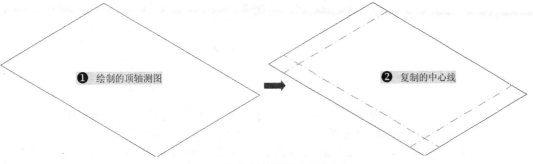

❶ 绘制的顶轴测图　　❷ 复制的中心线

图13-44　绘制顶轴测图并复制中心线

3 执行"椭圆（EL）"命令，选择"等轴测图（I）"选项，并指定中心线的交点为圆心点，绘制半径为4mm的两个圆，然后执行"修剪（TR）"命令，将多余的线段和圆弧进行修剪，从而进行圆角操作，如图13-45所示。

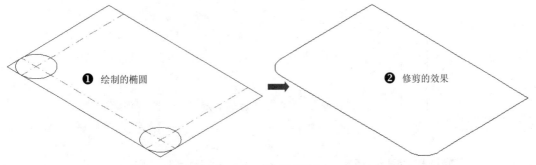

❶ 绘制的椭圆　　❷ 修剪的效果

图13-45　进行圆角操作

4 执行"复制（CO）"命令，将指定的线段向内10mm进行复制，且将复制的对象转换为中心线对象，再执行"椭圆（EL）"命令，选择"等轴测圆（I）"选项，指定中心线的交点作为圆心点，绘制半径为6.5mm的两个圆，如图13-46所示。

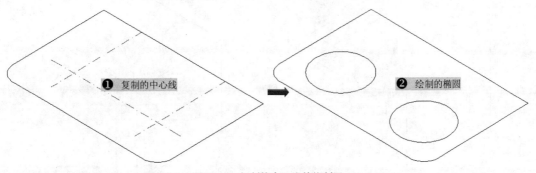

❶ 复制的中心线　　❷ 绘制的椭圆

图13-46　复制的中心线并绘制圆

5 按F5键切换至右轴测图 ⬚⃢，执行"复制（CO）"命令，将绘制的对象垂直向上复制，复制的距离为7mm，再执行"直线（L）"命令，连接相应的直线段，然后执行"修剪（TR）"命令，将多余的圆弧和直线段进行修剪，如图13-47所示。

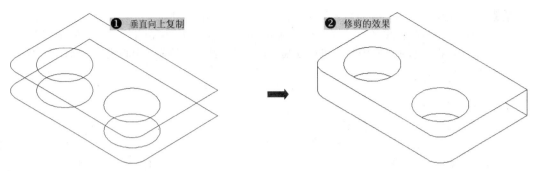

① 垂直向上复制　　② 修剪的效果

图13-47　复制对象并修剪

6 按F5键切换至右轴测图 ，执行"直线（L）"命令，按照下列顺序进行绘制：指定起点→指向上，输入22→指向右，输入27→指向下，输入6→指向左，输入21→指向下，输入16→按C键闭合，从而绘制右轴测图效果，如图13-48所示。

7 按F5键切换至左轴测图 ，执行"复制（CO）"命令，将绘制的右轴测图对象向左侧24mm进行复制，如图13-49所示。

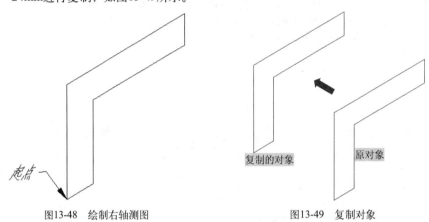

起点

复制的对象　　原对象

图13-48　绘制右轴测图　　　　　　　　图13-49　复制对象

8 按F5键切换至顶轴测图 ，执行"直线（L）"命令，捕捉相应的交点进行连接，然后执行"修剪（TR）"命令，将多余的线段进行修剪，如图13-50所示。

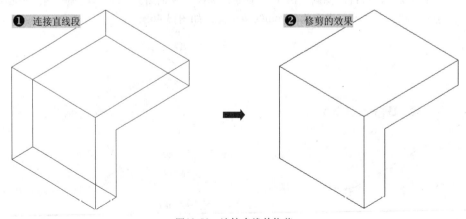

① 连接直线段　　② 修剪的效果

图13-50　连接直线并修剪

9 按F5键切换至右轴测图 ，再执行"复制（CO）"命令，将指定的线段进行距离为4mm的复制操作，且将复制的对象转换为"中心线"图层，再执行"椭圆（EL）"命

令，选择"等轴测圆（I）"选项，再捕捉中心点的交点，绘制半径为4mm，10mm的等轴
测圆，如图13-51所示。

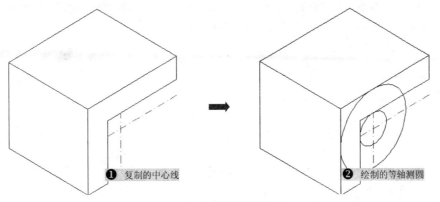

图13-51 绘制的等轴测圆

10 按F5键切换至左轴测图 ，执行"复制（CO）"命令，绘制半径为10mm的等轴测圆，
并向左复制，复制的距离为24mm，然后执行"修剪（TR）"命令，将多余的圆弧和直线
段进行修剪，如图13-52所示。

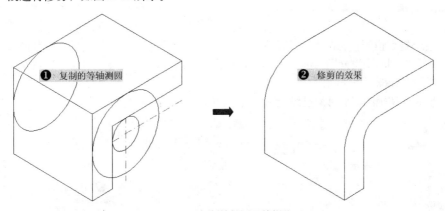

图13-52 复制等轴测圆并修剪

11 按F5键切换至顶轴测图 ，执行"椭圆（EL）"命令，选择"等轴测圆（I）"选
项，再捕捉指定的交点，并输入半径为12mm；按F5键切换至右轴测图 ，执行"复制
（CO）"命令，选择等轴测圆垂直向上复制5mm，垂直向下复制11mm；然后执行"修剪
（TR）"和"直线（L）"命令，将多余的圆弧和直线段进行修剪，如图13-53所示。

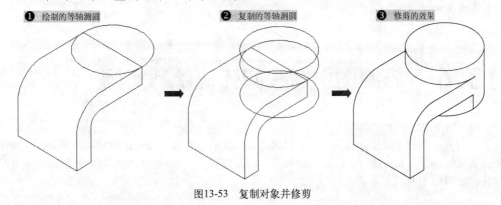

图13-53 复制对象并修剪

⓬ 按F5键切换至左轴测图 ⬦，执行"复制（CO）"命令，将指定的中心线向左侧复制6mm，执行"移动（M）"命令，将前面绘制的对象移至指定的中点位置，执行"椭圆（EL）"命令，在指定的位置绘制直径为13mm的等轴测圆对象，再执行"修剪（TR）"命令，将多余的线段进行修剪，如图13-54所示。

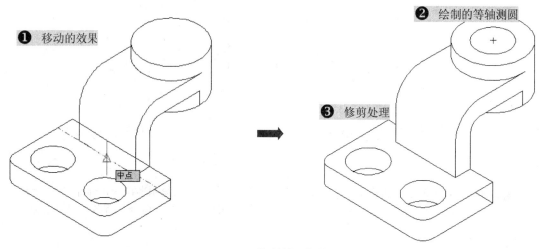

❶ 移动的效果

❷ 绘制的等轴测圆

❸ 修剪处理

中点

图13-54　移动并修剪操作

⓭ 按F5键切换至顶轴测图 ⬠，执行"复制（CO）"命令，将指定的直线和圆弧向左侧复制，复制的距离分别为8mm和6mm，执行"直线（L）"命令，捕捉相应的交点，绘制直线段，如图13-55所示。

⓮ 至此，该轴测图形对象已经绘制完成，按Ctrl+S键对文件进行保存。

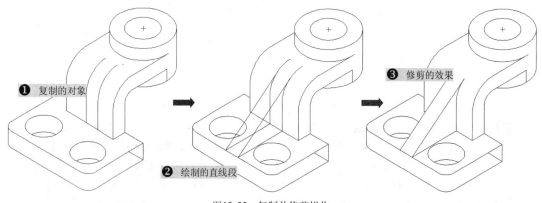

❶ 复制的对象

❷ 绘制的直线段

❸ 修剪的效果

图13-55　复制并修剪操作

13.6 轴测图中圆和圆弧的绘制实例

视频文件：视频\13\根据二维视图绘制轴测图.avi
结果文件：案例\13\根据二维视图绘制轴测图.dwg

首先打开"轴测平面图.dwg"文件，将其另存为新的"根据二维视图绘制轴测图.dwg"文件，再根据要求绘制两个长方体效果以及键槽效果，绘制圆管筒效果，然后移至相应的位置，并进行修剪操作，如图13-56所示。

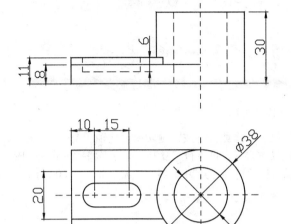

图13-56 根据二维视图绘制轴测图

1 正常启动AutoCAD 2014软件，执行"文件｜打开"菜单命令，打开"案例\13\轴测平面图.dwg"文件，如图13-57所示。再执行"文件｜另存为"菜单命令，将其另存为"案例\13\根据二维视图绘制轴测图.dwg"文件。

2 将"粗实线"图层置为当前图层，按F5键切换至顶轴测图，按F8键切换到"正交"模式，执行"直线（L）"命令，绘制38mm×56mm的矩形，再执行"复制（CO）"命令，按F5键切换至右轴测图，将绘制的对象垂直向上复制，复制的距离为8mm，再执行"直线（L）"命令来连接直线段，从而绘制长方体对象，如图13-58所示。

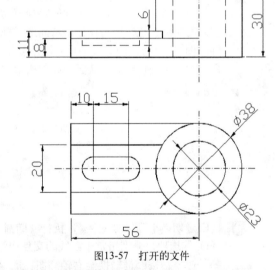

图13-57 打开的文件

3 按上一步同样的方法，绘制20mm×56mm×3mm的小长方体对象，然后执行"移动（M）"命令，将绘制的小方长体移至相应的中点位置，如图13-59所示。

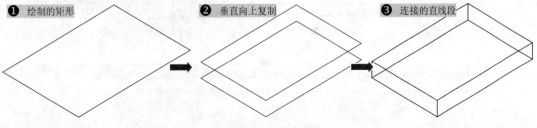

❶ 绘制的矩形　　❷ 垂直向上复制　　❸ 连接的直线段

图13-58 绘制的长方体

图13-59　绘制的小长方体

4 执行"修剪（TR）"命令，将多余的线段进行修剪，再按F5键切换至顶轴测图 ⊠，执行"直线（L）"命令，过相应中点绘制辅助中心线，再执行"复制"命令，将指定的直线段水平向右复制10mm和15mm，且将复制的直线段转换为"中心线"对象，如图13-60所示。

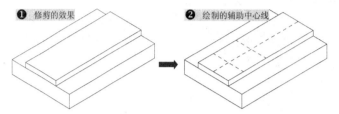

图13-60　修剪并绘制辅助中心线

5 执行"椭圆（EL）"命令，根据命令行提示选择"等轴测圆（I）"选项，分别指定中心线的交点作为圆心点，输入圆的半径值为5mm；再执行"直线"、"修剪"等命令，连接相应的交点，进行修剪操作，从而形成椭圆效果；再执行"复制"命令，按F5键转换至右轴测图 ⬦，将该椭圆效果垂直向下复制，复制的距离为6mm；再执行"修剪"命令，将多余的对象进行修剪，从而形成键槽效果，如图13-61所示。

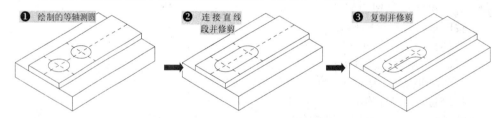

图13-61　绘制的键槽效果

6 按F5键切换至顶轴测图 ⊠，执行"椭圆（EL）"命令，根据命令行提示选择"等轴测圆（I）"选项，分别指定中心线的交点作为圆心点，输入圆的半径值为19mm；再执行"复制"命令，按F5键转换至右轴测图 ⬦，将该等轴测圆对象垂直向上复制，复制的距离分别为8mm、3mm和19mm，如图13-62所示。

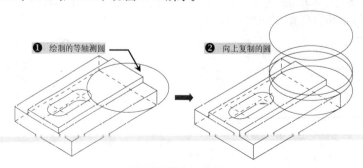

图13-62　绘制等轴测圆并向上复制

7 执行"直线（L）"命令，捕捉相应的交点，连接直线段，再执行"修剪（TR）"命令，将多余的圆弧和直线段进行修剪，如图13-63所示。

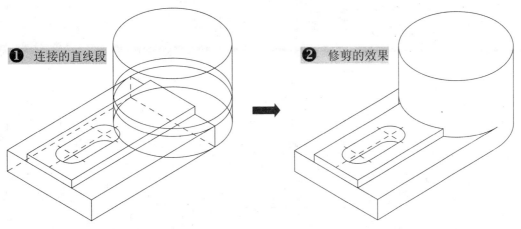

图13-63 连接直线段并修剪

8 执行"直线（L）"命令，过上侧等轴测圆的中心点绘制三条互相垂直的中心线，再执行"椭圆（EL）"命令，绘制直径为23mm的等轴测圆对象，从而完成整个图的等轴测图效果，如图13-64所示。

9 至此，该轴测图形对象已经绘制完成，按Ctrl+S键对文件进行保存。

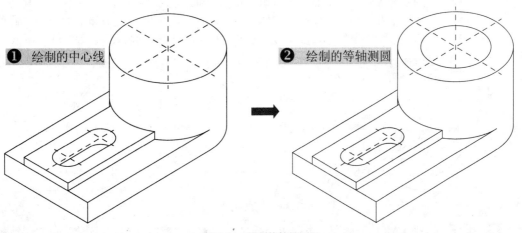

图13-64 绘制的等轴测圆

13.7 绘制螺纹等轴测图

视频文件：视频\13\螺纹等轴测图的绘制.avi
结果文件：案例\13\螺纹等轴测图.dwg

首先打开"螺纹平面图.dwg"文件，将其另存为新的"螺纹等轴测图.dwg"文件，再绘制两个同心的等轴测圆对象，将小等轴测圆对象向右移动1mm，然后将多余的圆弧进行修剪，完成一个螺线对象，再执行阵列命令，将该螺丝对象阵列20次，完成整个螺纹的绘制，再在右侧绘制六角螺帽对象，如图13-65所示。

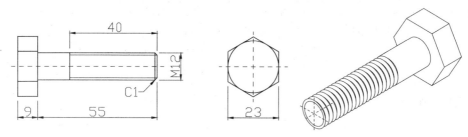

图13-65 螺纹等轴测图效果

1 正常启动AutoCAD 2014软件，执行"文件｜打开"菜单命令，打开"案例\13\螺纹平面图.dwg"文件，如图13-66所示。再执行"文件｜另存为"菜单命令，将其另存为"案例\13\螺纹等轴测图.dwg"文件。

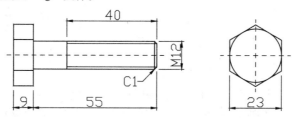

图13-66 打开的文件

2 将"粗实线"图层置为当前图层，执行"椭圆（EL）"命令，并选择"等轴测圆（I）"选项，分别绘制等轴测圆的直径为12mm和10mm的同心轴测圆对象；再执行"移动"（M），将直径为10mm的等轴测圆对象向右移动，移动的距离为1mm；再执行"修剪（TR）"命令，将多余的圆弧进行修剪，从而完成牙底圆和牙顶圆效果，如图13-67所示。

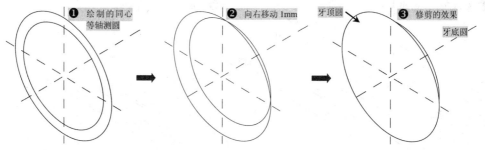

图13-67 绘制的圆

3 执行"阵列（AR）"命令，根据命令行提示，选择"矩形（R）"选项，设置"计数（C）"选项，再设置行数为1，列数为20，列间距为30，如图13-68所示。

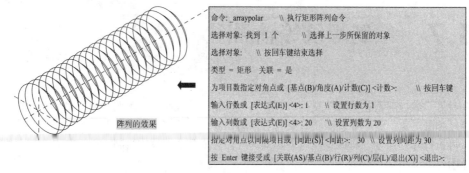

图13-68 阵列操作

4 执行"修剪（TR）"命令，将多余的圆弧对象进行修剪操作；再执行"复制（CO）"命令，将指定的辅助中心线向右侧进行复制，复制的距离为55mm，如图13-69所示。

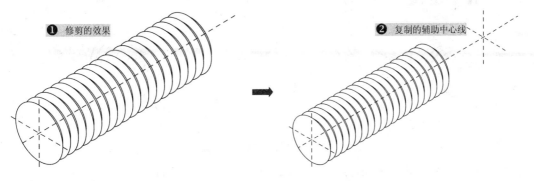

❶ 修剪的效果　　　　❷ 复制的辅助中心线

图13-69　修剪圆弧并复制辅助中心线

5 执行"椭圆（EL）"命令，选择"等轴测圆（I）"选项，指定复制的辅助中心线的交点为圆心点，绘制直径分别为12mm和26.6mm的两个同心等轴测圆对象，再执行"复制（CO）"命令，将指定的辅助中心线分别向两侧各复制13.3mm和11.5mm，如图13-70所示。

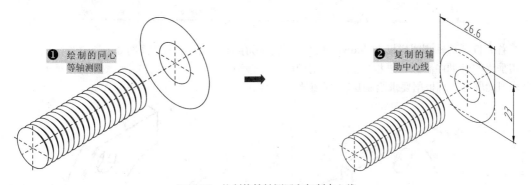

❶ 绘制的同心等轴测圆　　　　❷ 复制的辅助中心线

图13-70　绘制的等轴测圆和复制中心线

6 执行"多段线（PL）"命令，捕捉相应的交点，连接多段线，然后将多余的圆弧及直线段进行修剪和删除；再执行"复制（CO）"命令，将绘制的闭合多段线对象向右复制，复制的距离为9mm，如图13-71所示。

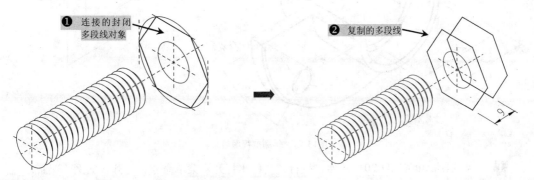

❶ 连接的封闭多段线对象　　　　❷ 复制的多段线

图13-71　连接的多段线并复制

7 执行"直线（L）"命令，捕捉相应的交点，进行连接；再执行"修剪（TR）"命令，将多余的圆弧及圆弧进行修剪，再执行"椭圆（EL）"命令，在螺纹左端绘制直径为10mm的等轴测圆对象，如图13-72所示。

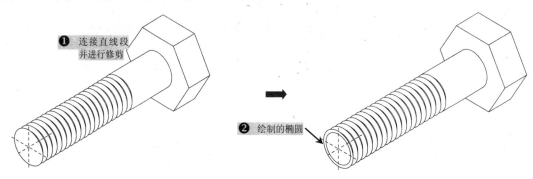

图13-72　连接并修剪的直线段

8 至此，该轴测图形对象已经绘制完成，按Ctrl+S键对文件进行保存。

13.8　绘制轴测剖视图

视频文件：视频\13\轴测剖视图的绘制.avi
结果文件：案例\13\轴测剖视图.dwg

　　首先打开"轴测图样板文件.dwt"文件，将其另存为新的"轴测剖视图.dwg"文件，绘制三条互相垂直的辅助中心线，再根据要求绘制相应的等轴测圆对象，并按照3/4效果进行修剪处理，并进行图案填充；再根据要求绘制1/4剖视图效果，如图13-73所示。

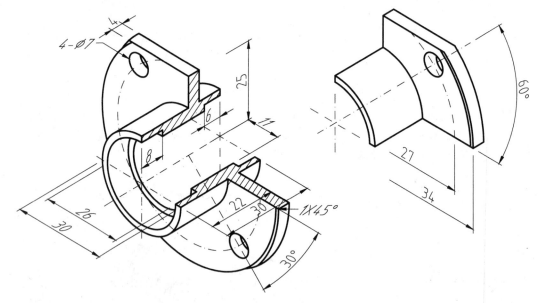

图13-73　轴测剖视图效果

1 正常启动AutoCAD 2014软件，执行"文件｜打开"菜单命令，打开"案例\13\轴测图样板文件.dwt"文件；冉执行"文件｜另存为"菜单命令，将其另存为"案例\13\轴测剖视图.dwg"文件。

2 将"中心线"图层置为当前图层，绘制互相垂直的三条辅助中心线对象。

3 将"粗实线"图层置为当前图层，执行"椭圆（EL）"命令，并选择"等轴测圆（I）"

选项，捕捉中心线的交点作为圆心点，绘制直径为30mm和26mm的两个同心等轴测圆；再执行"复制（O）"命令，按F5键切换到右轴测图，将直径为30mm的圆对象向右复制22mm；再执行"直线"、"修剪"命令，将多余的对象进行修剪操作，如图13-74所示。

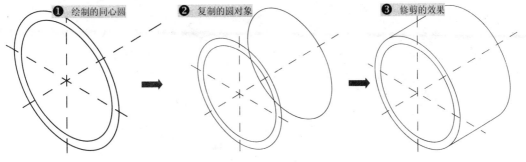

❶ 绘制的同心圆　❷ 复制的圆对象　❸ 修剪的效果

图13-74　绘制的圆并修剪

4 执行"直线（L）"命令，捕捉相应的交点，绘制直线段；再执行"修剪（TR）"命令，将多余的线段进行修剪操作，如图13-75所示。

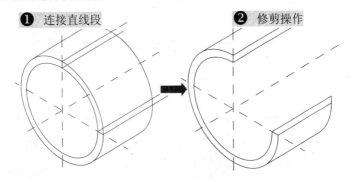

❶ 连接直线段　❷ 修剪操作

图13-75　连接直线段并修剪

5 执行"复制（CO）"命令，将辅助中心线向右复制8mm；再执行"椭圆（EL）"命令，以复制中心线的交点为圆心，绘制直径分别为22mm和26mm的同心等轴测圆；再执行"直线"和"修剪"命令，连接直线段，并将多余的线段进行修剪，如图13-76所示。

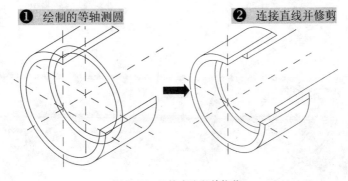

❶ 绘制的等轴测圆　❷ 连接直线并修剪

图13-76　连接直线段并修剪

6 执行"复制（CO）"命令，将左端的辅助中心线向右复制22mm，将右侧复制的水平辅助线向上复制25mm；执行"椭圆（EL）"命令，以复制中心线的交点为圆心，绘制直径为68mm的等轴测圆，然后执行"直线"和"修剪"命令，连接相应的直线段并进行修剪操作，如图13-77所示。

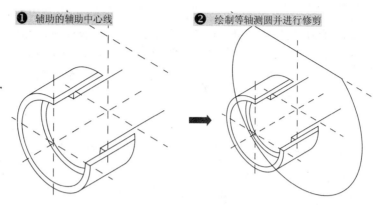

图13-77 复制等轴测圆并修剪

7 执行"复制（CO）"命令，将右端绘制的椭圆和直线段向左侧复制4mm，再以复制椭圆的圆心点作为圆心点，分别绘制直径为66mm和54mm的同心等轴测圆对象，且将直径为54mm的椭圆转换为"中心线"图层；再执行"修剪"命令，将多余的圆弧进行修剪，如图13-78所示。

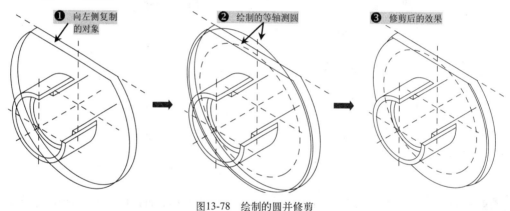

图13-78 绘制的圆并修剪

8 执行"直线"和"修剪"命令，连接相应的直线段并进行修剪，如图13-79所示。

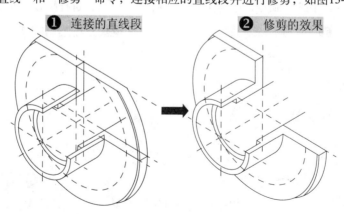

图13-79 连接直线段并修剪

9 执行"复制（CO）"命令，将左侧的直径分别为30mm和20mm的两个椭圆对象，以及互相垂直的中心线向右侧复制30mm，再执行"直线"和"修剪"命令，连接相应的直线段并进行修剪，如图13-80所示。

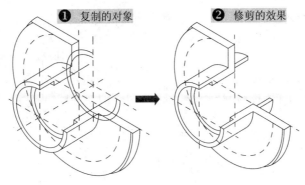

图13-80　复制并修剪操作

10 执行"直线（L）"命令，分别以右侧绘制垂直线段或水平线段，再执行"复制（CO）"命令，将其分别向左侧复制6mm；再执行"直线"和"修剪"命令，连接相应的直线段并进行修剪；然后执行"图案填充（BH）"命令，对其按照"ANSI 31"图案进行填充，如图13-81所示。

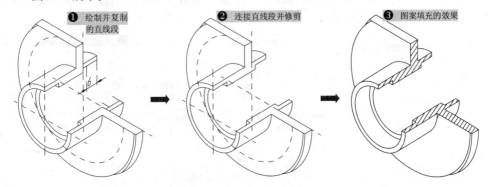

图13-81　连接直线并填充图案

11 执行"复制（CO）"命令，将最右侧的辅助中心线向左侧复制12mm；再执行"构造线（XL）"命令，选择"角度（A）"选项，输入构造线角度为-60，从而绘制与水平线夹角为30°的构造线，然后执行"修剪"命令，将多余的线段进行修剪，如图13-82所示。

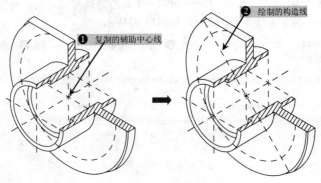

图13-82　复制中心线并绘制构造线

12 执行"椭圆（EL）"命令，以辅助构造线与直径为54mm的椭圆的交点作为圆心点，绘制直径为7mm的等轴测圆；再执行"复制（CO）"命令，将刚绘制的椭圆向右复制4mm，再执行"修剪"命令，将多余的圆弧进行修剪，从而形成圆孔效果；执行"复制（CO）"命令，将绘制的圆孔轮廓复制到另一个交点位置，如图13-83所示。

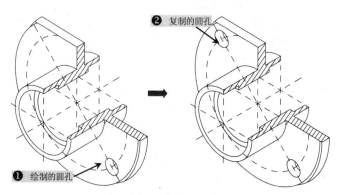

图13-83 绘制并复制的圆孔

13 执行"直线（L）"命令，在图形的右上侧绘制互相垂直的三条辅助中心线；执行"椭圆（EL）"命令，以左轴测图方式绘制直径分别为30mm和26mm的两个同心等轴测圆；执行"直线"和"修剪"命令，连接相应的直线段并进行修剪；再执行"复制（CO）"命令，将直径为30mm的椭圆弧对象向右侧复制18mm；再执行"直线"命令，连接相应的直线段，如图13-84所示。

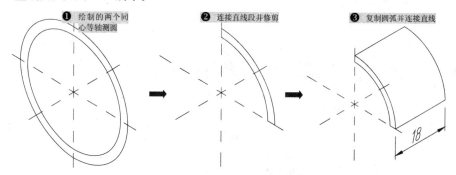

图13-84 绘制椭圆并修剪

14 执行"复制（CO）"命令，将左侧的辅助中心线向右复制18mm；再将水平辅助中心线向上复制25mm；再执行"椭圆（EL）"命令，以其复制辅助中心线的交点作为圆心点，分别绘制直径为54mm、66mm和68mm的三个同心等轴测圆对象；再执行直线、修剪等命令，连接相应的直线段并进行修剪，如图13-85所示。

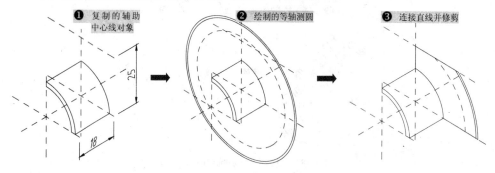

图13-85 绘制椭圆并修剪

15 执行"复制（CO）"命令，将指定的对象向右侧复制4mm；执行"直线"和"修剪"命令，连接直线段并进行修剪；执行"椭圆（EL）"命令，以指定的中心线的交点作为圆心点，绘制直径为7mm的圆孔效果，从而完成剖视图的1/4效果，如图13-86所示。

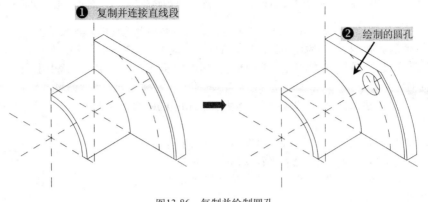

图13-86 复制并绘制圆孔

16 至此，该轴测剖视图形对象已经绘制完成，其整体效果如图13-87所示，按Ctrl+S键对文件进行保存。

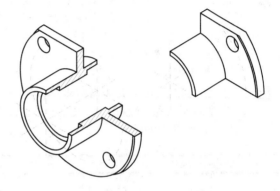

图13-87 绘制完成的轴测剖视图

13.9 轴测图的尺寸标注

视频文件：视频\13\轴测图的尺寸标注.avi
结果文件：案例\13\轴测图的尺寸标注.dwg

首先打开"无尺寸标注的轴测图.dwg"文件，将其另存为新的"轴测图的尺寸标注.dwg"文件，将"尺寸标注"图层设置为当前图层，并设置尺寸和文字的当前样式，根据要求对其进行对齐标注，然后分别对指定的标注对象进行倾斜操作，并改变标注的样式，如图13-88所示。

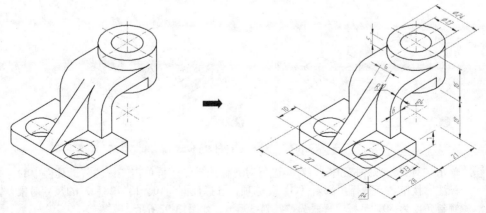

图13-88 轴测图的尺寸标注效果

提示：在轴测图上进行尺寸标注时，应按照国标（GB4458.3-84）中的如下规定进行标注。

a) 轴测图的线性尺寸一般应沿轴测轴方向标注，尺寸数值为机件的基本尺寸。

b) 尺寸线必须和所标注的线段平行；尺寸界线一般应平行于某一轴测轴；尺寸数字应按相应的轴测图形标注在尺寸线的上方。当在图形中出现数字字头向下时，应用引出线引出标注，并将数字按水平位置书写。

c) 标注角度的尺寸时，尺寸线应画成与坐标平面相应的椭圆弧，角度数字一般写在尺寸线的中断处，字头向上。

d) 标注圆的直径时，尺寸线和尺寸界线应分别平行于圆所在平面内的轴测轴。标注圆弧半径或较小圆的直径时，尺寸线可从（或通过）圆心引出标注，但注写尺寸数字的横线必须平行于轴测轴。

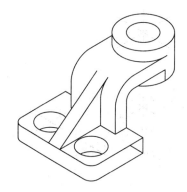

图13-89　打开的文件

1 正常启动AutoCAD 2014软件，执行"文件｜打开"菜单命令，打开"案例\13\无尺寸标注的轴测图.dwg"文件，如图13-89所示。再执行"文件｜另存为"菜单命令，将其另存为"案例\13\轴测图的尺寸标注.dwg"文件。

2 将"尺寸标注"图层置为当前图层，将"倾斜30d"标注样式和"倾斜30d"文字样式也置为当前样式，如图13-90所示。

❶ 当前图层　　　　❷ 当前文字样式　　　❸ 当前尺寸标注样式

图13-90　设置当前尺寸标注环境

3 在"标注"工具栏中单击"对齐"标注按钮，按F8键切换到"正交"模式，再对其进行对齐标注操作；单击"标注"工具栏中的"编辑标注"按钮，选择"倾斜（O）"选项，选择数据为22和42的尺寸对象，再输入倾斜角度为30°，如图13-91所示。

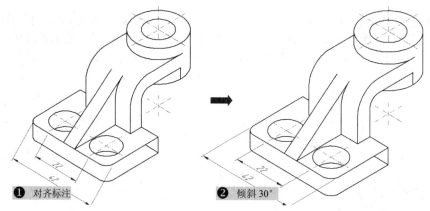

❶ 对齐标注　　　　　❷ 倾斜 30°

图13-91　对齐标注并倾斜30°

4 单击"对齐"标注按钮，对其进行对齐标注操作，再单击"标注"工具栏中的"编辑标注"按钮，选择"倾斜（O）"选项，选择数据为10、13、28和21的尺寸对象，输入倾斜角度为-30，且标注样式为"倾斜-30d"，如图13-92所示。

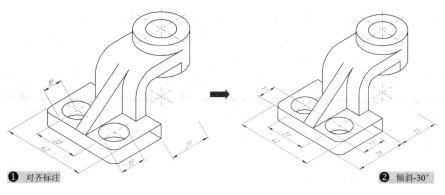

图13-92　对齐标注并倾斜-30°

5 单击"对齐"标注按钮 ✎ ，对其进行对齐标注操作；再单击"标注"工具栏中的"编辑标注"按钮 ✎ ，选择"倾斜（O）"选项，选择数据为13和24的尺寸对象，输入倾斜角度为30；选择数据为5、16和18的尺寸对象，输入倾斜角度为-30；选择数据为7的尺寸对象，输入倾斜角度为30，且标注样式为"倾斜-30d"；选择数据为6的尺寸对象，输入倾斜角度为90，如图13-93所示。

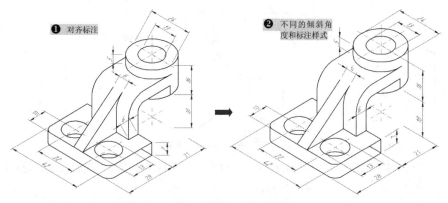

图13-93　对齐标注并倾斜操作

6 执行"圆（C）"命令，捕捉圆角的圆心点，绘制一个与圆角中点相交的圆对象；再单击"标注"工具栏中的"半径"标注按钮 ◎ ，对该圆进行半径标注，标注的半径值为"R2.8"；选择该半径标注数据，按Ctrl+1键打开"特性"面板，在"文字替代"栏中输入实际半径值为"R4"，然后将圆对象删除，如图13-94所示。

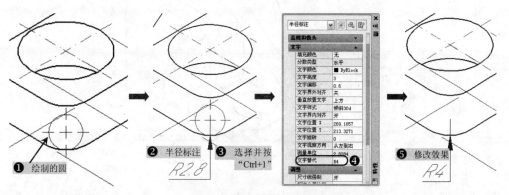

图13-94　轴测圆的半径标注

7 再按照同样的方法，对另一处的圆角进行半径标注，如图13-95、图13- 96所示。

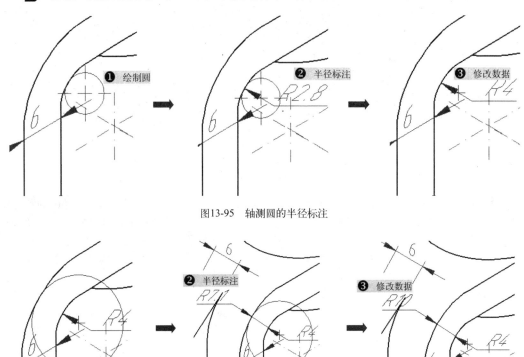

图13-95　轴测圆的半径标注

图13-96　轴测圆的半径标注

8 分别选择标注数据为13和24的尺寸标注对象，在"特性"面板中进行修改，使标注的对象成为直径标注对象，如图13-97所示。

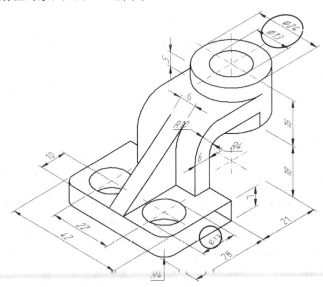

图13-97　标注直径

第14章
机械零件模型图的
绘制

零件模型图，其实就是三维立体图。大致可分为以下几大类：轴套类、盘盖类、叉架类和箱体类等。

通过专业知识的介绍，让读者掌握各类机械零件的主要功能、分类及相关知识。本章精选了几个具有代表性的实例，讲解各类机械零件的基础知识和立体模型的制作方法、技巧。通过平面图形来绘制零件模型图，巩固所学的三维实体知识。

主要内容

✓ 机械零件模型图的概述
✓ 机械零件模型图练习1的绘制
✓ 机械零件模型图练习2的绘制
✓ 机械零件模型图练习3的绘制
✓ 机械零件模型图练习4的绘制
✓ 机械零件模型图练习5的绘制

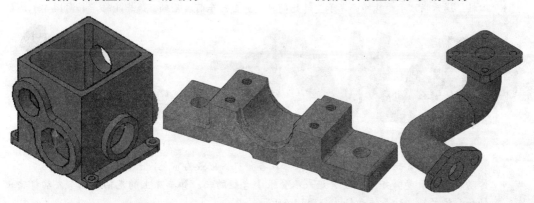

14.1 机械零件模型图的概述

三维图形应用非常广泛，通过AutoCAD 2014提供的强大的三维创建功能，可以创建出形象逼真的立体模型，有助于让用户方便、快捷、灵活地创建三维实体模型。

机械类零件模型大致分为：轴套类、箱体类、叉架类、盘盖类、齿轮类等。

14.1.1 轴套类零件

轴套类零件主要用于支撑传动零部件、传递转矩和承受载荷。它是旋转体零件，其长度大于直径，轴的长径比小于5mm的称为短轴，大于20mm的称为细长轴，大多数轴介于5~20mm之间。

轴用轴承支撑，与轴承配合的轴段称为轴颈。轴颈是轴的装配基准，对尺寸精度、几何形状精度、相互位置精度、表面粗糙度等要求较高，其技术要求一般根据轴的主要功用和工作条件制定。

1. 分类及特点

（1）根据轴线的形状可分为直轴、软轴和曲轴。其特点如下。

◆ 直轴：按外形不同可分为光轴、阶梯轴及一些特殊用途的轴，如凸轮轴、花键轴、齿轮轴及蜗杆轴等，如图14-1所示。

◆ 软轴：主要用于两传动轴线不在同一直线或工作时彼此有相对运动的空间传动，也可用于连续振动的场合，以缓和冲击，如图14-2所示。

图14-1 直轴 　　　　　　　　　　　　图14-2 软轴

◆ 曲轴：是内燃机、曲柄压力机等机器上的专用零件，用以将往复运动转变为旋转运动，或作相反转变，如图14-3所示。

（2）根据所受载荷性质可分为心轴、转轴和传动轴。其特点如下。

◆ 心轴：通常指只承受弯矩而不承受转矩的轴。如自行车前后轮轴、汽车轮轴，如图14-4所示。

图14-3 曲轴 　　　　　　　　　　　　图14-4 心轴

◆ 转轴：既承受弯矩又承受转矩的轴，它在各种机器中最为常见，如图14-5所示。

◆ 传动轴：只承受转矩不承受弯矩或承受很小弯矩的轴。如车床上的光轴、汽车发动机输出轴和后桥的轴，均是传动轴，如图14-6所示。

图14-5　转轴

图14-6　传动轴

2. 技术要求

（1）加工精度

◆ 尺寸精度：轴类零件的尺寸精度主要指轴的直径尺寸精度和轴长尺寸精度。按使用要求，主要轴颈直径尺寸精度通常为IT6~IT9级，精密的轴颈也可达IT5级。轴长尺寸通常规定为公称尺寸，对于阶梯轴的各台阶长度按使用要求可相应给定公差。

◆ 几何精度：轴类零件一般是用两个轴颈支撑在轴承上，这两个轴颈称为支撑轴颈，也是轴的装配基准。除了尺寸精度外，一般还对支撑轴颈的几何精度（圆度、圆柱度）提出要求。对于一般精度的轴颈，几何形状误差应限制在直径公差范围内，要求高时，应在零件图样上另行规定其允许的公差值。

◆ 相互位置精度：轴类零件中的配合轴颈（装配传动件的轴颈）相对于支撑轴颈间的同轴度是其相互位置精度的普遍要求。通常普通精度的轴，配合精度对支撑轴颈的径向圆跳动一般为0.01~0.03mm，高精度轴为0.001~0.005mm。

此外，相互位置精度还有内外圆柱面的同轴度，轴向定位端面与轴心线的垂直度要求等。

（2）表面粗糙度

◆ 根据机械的精密程度及运转速度的高低，轴类零件表面粗糙度要求也不相同。一般情况下，支撑轴颈的表面的粗糙度值为0.63~0.16mm；配合轴颈的表面粗糙度值为2.5~0.63mm。

◆ 套筒类零件是指在回转体零件中的空心薄壁件，是机械加工中常见的一种零件，在各类机器中应用很广，主要起支撑或导向作用。由于功用不同，其形状结构和尺寸有很大的差异，常见的有支撑回转轴的各种形式的轴承圈和轴套；夹具上的钻套和导向套；内燃机上的气缸套、液压系统中的液压缸及电液伺服阀的阀套等，这些都属于套筒类零件。

◆ 套筒类零件的外圆表面多以过盈或过渡配合与机架或箱体孔相配合，起支撑作用。内孔主要起导向作用或支撑作用，常与运动轴、主轴、活塞、滑阀相配合。有些套筒的端面或凸缘端面有定位或承受载荷的作用。

14.1.2　盘盖类零件

各种轮子、法兰盘、轴承盖及圆盘等都属于盘盖类零件，这类零件主要起压紧、密封、支撑、连接、分度及防护等作用。它们的主要部分一般由回转体构成，常带有均匀分布的孔、销孔、肋板及凸台等结构。

主要由端面、外圆、内孔等组成，一般零件直径大于零件的轴向尺寸。这类零件对支撑用的端面需要有较高的平面度、精确的轴向尺寸和两端面的平行度；对转接作用的内孔等，要求与端面互相垂直，且外圆、内孔之间有同轴度要求。

常用的盘盖类零件有：泵盖零件、齿轮零件、手轮零件、圆盖零件和端盖零件等，如图14-7所示。

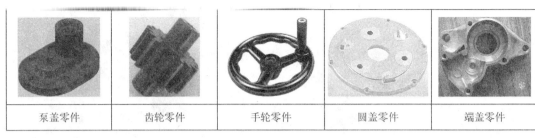

| 泵盖零件 | 齿轮零件 | 手轮零件 | 圆盖零件 | 端盖零件 |

图14-7　常用盘盖类零件

14.1.3　叉架类零件

叉架类零件主要用于支撑传动轴及其他零件，此类零件包括支架、吊架、拨叉、摇臂、连杆及杠杆等，与轴套类零件和盘盖类零件相比，叉架类零件的形状没有一定的规则，且结构一般比较复杂，常带有安装板、支撑板、支撑孔、肋板及夹紧用螺孔等，具有凸台、凹坑、铸（锻）造圆角、拔模斜度等常见结构。

多数的叉架类零件的主体部分可分为工作、固定及连接3大部分。

通常是安装在机器设备的基础件上，装配和支持着其他零件的构件。当叉架上有装配轴类零件用的位置精确孔时，常需要在镗床上镗削。当叉架批量〈等轴测平面左视〉、镗孔位置精度高、孔数多时，镗模是最有效的镗削前对刀用的工艺装备。

常用的叉架类零件如图14-8所示。

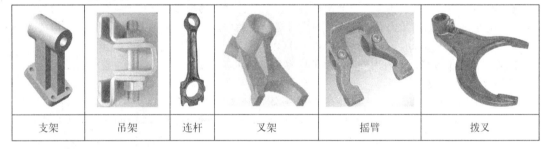

| 支架 | 吊架 | 连杆 | 叉架 | 摇臂 | 拨叉 |

图14-8　常用叉架类零件

14.1.4　箱体类零件

箱体类零件主要用于支撑及包容其他零件。机器或部件的外壳、机座及主体等均属于箱体类零件，此类零件的结构通常较为复杂，一般带有空腔、轴孔、肋板、凸台、沉孔及螺孔等结构。

1. 分类

（1）按箱体的功能进行分类，可分为：

◆ 传动箱体：如减速器、汽车变速箱及机床主轴箱等箱体，主要功能是包容和支撑各传动件及其支撑零件，这类箱体要求有一定的密封性、强度和刚度。

◆ 机壳类箱体：如齿轮泵的泵体、各种液压阀的阀体，主要功能是改变液体流动方向、流量大小或液体压力。这类箱体除具有传动箱体的要求外，还要求能承受箱体内液体的压力。

◆ 支架箱体：如机床的支座、立柱等箱体零件，要求有一定的强度、刚度和精度，这类箱体设计时要特别注意刚度和外观造型。

（2）按箱体的制造方法进行分类，可分为：

◆ 铸造箱体：常用的材料是铸铁，有时也用铸钢、铸铝合金和铸铜等。铸铁箱体的特点是结构形状较复杂，有较好的吸振性和机加工性能，常用于成批生产的中小型箱体。

◆ 焊接箱体：由钢板、型钢和铸钢件焊接而成，结构要求较简单，生产周期较短。焊接箱体适用于单件小批量生产，尤其是大件箱体，采用焊接件可大大降低成本。

◆ 其他箱体：如冲压和注塑箱体，适用于大批量生产的小型、轻载和结构形状简单的箱体。

常见的箱体类零件有：机床主轴箱、机床进给箱、变速箱体、减速箱体、发动机缸体和机座等，如图14-9所示。

座体零件图	固定钳身零件图	轴承底座零件图	泵体零件图
箱体零件图	箱体零件图	底座零件图	箱盖零件图

图14-9 常用箱体类零件

2. 特点

根据箱体类零件的结构形式不同，可分为整体式箱体、分离式箱体。前者是整体铸造、整体加工，加工较困难，但装配精度高；后者可分别制造，便于加工和装配，但增加了装配工作量。各种箱体零件尽管形状各异、尺寸不一，但其结构一般有以下特点。

1）形状复杂。

2）体积较大。

3）壁薄容易变形。

4）有精度要求较高的孔和平面。

14.2 机械零件模型图练习1

视频文件：视频\14\机械零件模型图练习1.avi
结果文件：案例\14\机械零件模型图练习1.dwg

根据平面图形标注的尺寸数据，首先切换到"西南等轴测"视图。使用长方体、直线、圆、差集、删除、面域、拉伸圆柱体等命令进行绘制，切换相应的视觉样式，从而完成对机械零件模型图练习1的绘制。

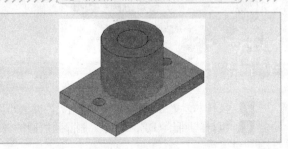

1 启动AutoCAD 2014软件，执行"文件｜打开"菜单命令，打开建立的模板文件"案例\14\练习1.dwg"，即可看到如图14-10所示的平面图形。

2 执行"文件｜另存为"菜单命令，将其另存为"案例\14\机械零件模型图练习1.dwg"文件。

3 将"粗实线"图层设置为当前图层，切换到"西南等轴测"视图。执行"长方体（BOX）"命令，绘制长为40mm、宽为25mm和高为4mm的长方体；然后执行"视图｜视觉样式｜概念"命令，效果如图14-11所示。

4 执行"直线（L）"命令，捕捉中点A、B、C、D，绘制水平线

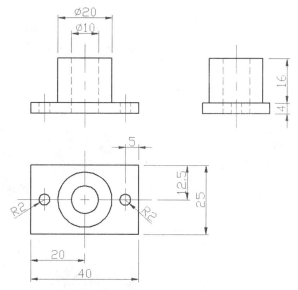

图14-10 平面图形

段；再以绘制水平线段的交点绘制高为16mm的垂直线段，如图14-12所示。

图14-11 绘制长方体

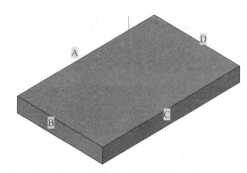

图14-12 绘制线段

5 执行"圆（C）"命令，捕捉交点，绘制直径为10mm和20mm的同心圆，如图14-13所示。

6 执行"面域（REG）"命令，选定上一步绘制的两个圆进行面域操作，如图14-14所示。

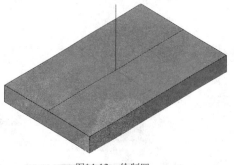

图14-13 绘制圆

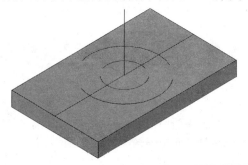

图14-14 面域操作

7 执行"差集（SU）"命令，用大圆减去小圆，结果如图14-15所示。

8 执行"删除（E）"命令，删除绘制圆的辅助线段，如图14-16所示。

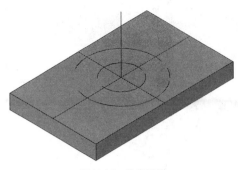

图14-15　差集操作

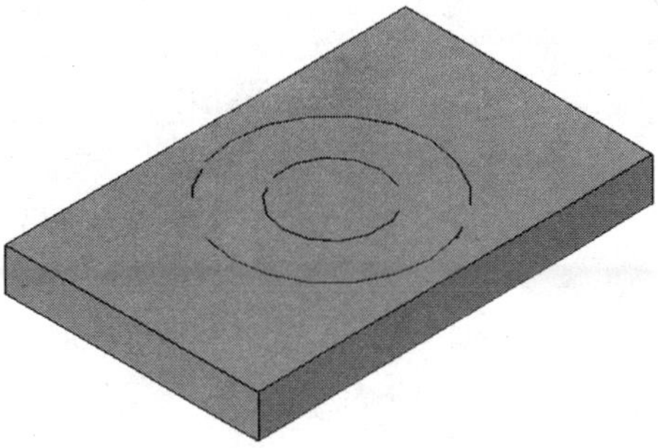

图14-16　删除线段

9 执行"实体拉伸（EXT）"命令，选中圆环，进行高度为16mm的拉伸操作，如图14-17所示。

10 切换到"二维线框"视觉样式。执行"直线（L）"命令，捕捉长方体的中点，绘制水平线段，如图14-18所示。

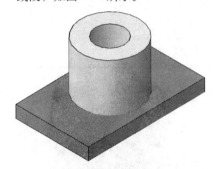

图14-17　拉伸操作

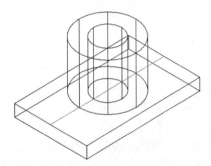

图14-18　绘制线段

提示：为了便于用户观察所创建的图形，用户可将圆柱体设置为其他的颜色。

11 在"实体编辑"工具栏中单击"复制边"按钮🔲，将实体上侧的粗实线边分别向内5mm进行复制操作，结果如图14-19所示。

12 执行"圆柱体（CYL）"命令，捕捉线段的交点，绘制半径为2mm的圆柱体，高度为4mm，如图14-20所示。

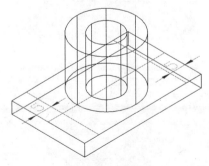

图14-19　复制边

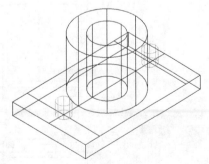

图14-20　绘制圆柱体

13 执行"移动（M）"命令，将上一步绘制的半径为2mm的圆柱体分别向下移动4mm；再执行"删除（E）"命令，删除绘制圆柱体的辅助线段，如图14-21所示。

14 执行"差集（SU）"命令，用长方体减去两个小圆柱体；然后切换到"概念"视觉样式，最终效果如图14-22所示。

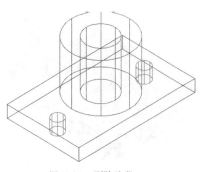

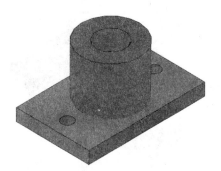

图14-21 删除线段 　　　　　　图14-22 删除线段

15 至此，该图形对象已经绘制完毕，按Ctrl+S组合键对文件进行保存。

14.3 机械零件模型图练习2

视频文件：视频\14\机械零件模型图练习2.avi
结果文件：案例\14\机械零件模型图练习2.dwg

　　根据平面图形标注的尺寸数据，首先切换到"西南等轴"视图。使用矩形、面域、实体拉伸、移动、圆柱体、三维镜像、复制边、直线、差集、并集等命令进行绘制，旋转相应的坐标系，切换相应的视图，从而完成对机械零件模型图练习2的绘制。

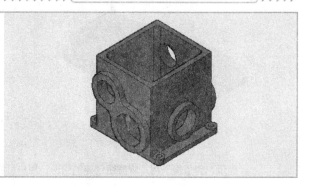

1 启动AutoCAD 2014软件，执行"文件 | 打开"菜单命令，打开建立的模板文件"案例\14\练习2.dwg"，即可看到如图14-23所示的平面图形。

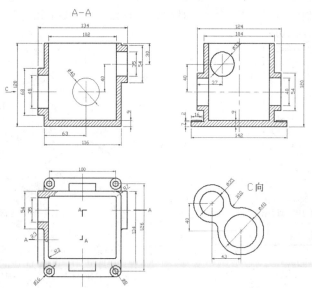

图14-23 平面图形

2 执行"文件｜另存为"菜单命令，将其另存为"案例\14\机械零件模型图练习2.dwg"文件。

3 切换到"前视图"，并将"粗实线"图层设置为当前图层，执行"矩形（REC）"命令，绘制116mm×120mm的矩形，如图14-24所示。

4 执行"面域（REG）"命令，将绘制的矩形进行面域操作，如图14-25所示。

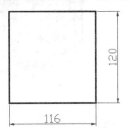

图14-24　绘制的矩形

图14-25　面域操作

5 切换到"西南等轴测视图"，执行"实体拉伸（EXT）"命令，将面域的矩形进行拉伸，拉伸高度为104mm，如图14-26所示。

6 切换到"左视图"。在左视图中绘制如图14-27所示的平面图形。

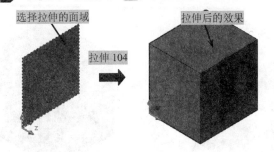

图14-26　拉伸操作

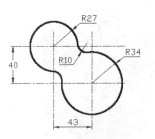

图14-27　绘制的平面图

7 切换到"西南等轴测视图"。执行"面域（REG）"命令，将绘制的平面图形进行面域操作，如图14-28所示。

8 执行"实体拉伸（EXT）"命令，将面域的图形进行拉伸，拉伸高度为9mm，如图14-29所示。

9 按F8键切换到正交模式，然后在主体的粗实线边上绘制互相垂直的两条线段，再对其进行偏移，从而产生交点A，如图14-30所示。

图14-28　面域操作

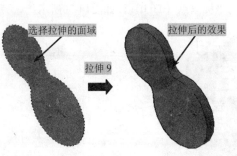

图14-29　拉伸操作

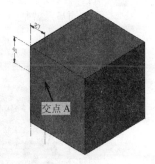

图图14-30　绘制的中心线

10 执行"移动（M）"命令，将视图中刚创建的小实体移动到主体的交点A处，如图14-31所示。

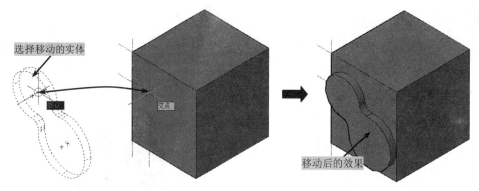

图14-31 移动操作

11 同样，按F8键切换到正交模式，然后在主体的粗实线边上绘制互相垂直的两条线段，再对其进行偏移，从而产生交点B，如图14-32所示。

12 在"UCS"工具栏中单击"Y轴"按钮，将UCS坐标绕Y轴旋转90°，再单击"UCS"工具栏中的"原点"按钮，将UCS坐标原点置于主体的B点处，如图14-33所示。

13 执行"圆柱体（CYL）"命令，以坐标原点为底面圆心，绘制一个底面直径为54mm，高度为9mm的圆柱体，如图14-34所示。

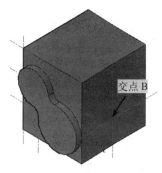

图14-32 绘制的中心线

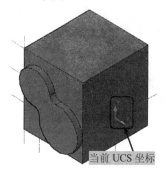

图14-33 当前UCS坐标

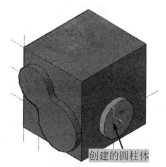

图14-34 创建的圆柱体

提示：为了便于用户观察所创建的图形，可将创建的圆柱体设置为其他的颜色。

14 在"UCS"工具栏中单击"原点"按钮，将UCS坐标原点置于粗实线边的中点处，如图14-35所示。

15 执行"修改｜三维操作｜三维镜像"命令，将创建的圆柱体按照"XY"面进行镜像，其镜像的基点就是UCS的坐标原点（0,0,0），如图14-36所示。

图14-35 当前UCS坐标

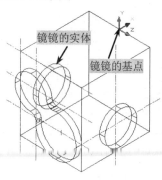

图14-36 镜像的圆柱体

16 同样，在"UCS"工具栏中单击"原点"按钮 ↳ ，将UCS坐标原点置于另一粗实线边的中点处，如图14-37所示。

17 执行"修改│三维操作│三维镜像"命令，将创建的圆柱体按照"XY"面进行镜像，镜像的基点为UCS的坐标原点（0,0,0），如图14-38所示。

18 执行"并集（UNI）"命令，将视图中所创建的全部实体进行并集操作，如图14-39所示。

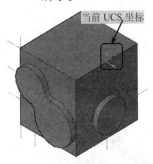

图14-37 当前UCS坐标

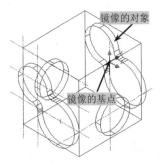

图14-38 镜像的实体

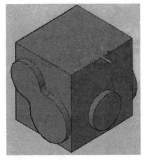

图14-39 并集操作

TIP ▶▶ 此时将不需要的中心线删除掉。

19 在"实体编辑"工具栏中单击"复制边"按钮 📄 ，将实体上侧的粗实线边分别向内7mm进行复制，如图14-40所示。

20 切换到"俯视图" 🔲 状态，执行"直线（L）"命令，依次捕捉交点来绘制直线段；然后执行"圆角（F）"命令，进行半径为7mm的圆角操作，结果如图14-41所示。

21 执行"面域（REG）"命令，将刚绘制的平面图形进行面域操作。

22 切换到"西南等轴测视图"状态 📦 ，执行"实体拉伸（EXT）"命令，将面域的对象进行拉伸操作，拉伸高度为-111mm，如图14-42所示。

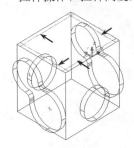

图14-40 复制的边

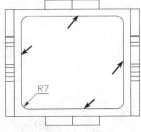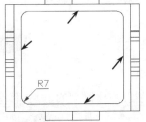

图14-41 绘制的平面图

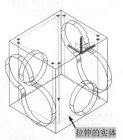

图14-42 拉伸的实体

23 执行"差集（SU）"命令，将拉伸的实体与主体进行差集操作，如图14-43所示。

24 切换到"俯视图" 🔲 状态，在视图中绘制如图14-44所示的平面图形。

25 按照前面的方法，对该平面图形进行面域，然后进行拉伸操作，拉伸高度为7mm，如图14-45所示。

图14-43 差集操作

图14-44 绘制的平面图   图14-45   面域并拉伸操作

26 在"UCS"工具栏中单击"原点"按钮，将UCS坐标原点置于拉伸实体的上侧面，如图14-46所示。

27 执行"圆柱体（CYL）"命令，分别以拉伸实体两端的圆心点作为圆柱体的圆心点，创建两个底面直径为16mm，高度为2mm的圆柱体，如图14-47所示。

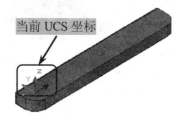

图14-46   当前UCS坐标   图14-47   直径为16的圆柱体

28 参照上一步相同的方法，再次分别创建两个小圆柱体，圆柱体的直径为8mm，高度为12mm，如图14-48所示。

29 参照前面的方法，将直径为16mm的两个圆柱体与主体进行并集操作，再将直径为8mm的两个小圆柱体与主体进行差集操作，如图14-49所示。

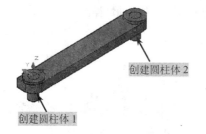

图14-48   直径为8的圆柱体   图14-49   并集与差集操作

30 执行"移动（M）"命令，将视图中刚创建的小实体移动到主体的端点处，如图14-50所示。

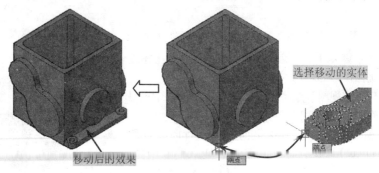

图14-50   移动操作

31 在"UCS"工具栏中单击"原点"按钮 ，将UCS坐标原点置于主体粗实线边的中点上，如图14-51所示。

32 执行"修改｜三维操作｜三维镜像"命令，将移动过来的实体按照"ZX"面进行镜像，镜像的基点为UCS的坐标原点（0,0,0），如图14-52所示。

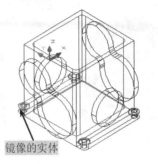

图14-51　当前UCS坐标　　　　　　　　　　图14-52　三维镜像操作

33 执行"并集（UNI）"命令，将两个实体与主体进行并集操作。

34 参照前面的方法，将UCS坐标绕X轴旋转90°，并将其原点置于指定位置的圆心点处，如图14-53所示。

35 执行"圆柱体（CYL）"命令，以UCS坐标原点作为圆柱体的圆心点，创建底面直径为40mm，高度为-140mm的圆柱体，如图14-54所示。

36 执行"差集（SU）"命令，将圆柱体与主体进行差集操作，如图14-55所示。

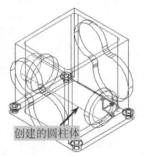

图14-53　当前UCS坐标　　　　　图14-54　创建的圆柱体　　　　　图14-55　差集操作

37 参照前面的方法，将UCS坐标绕Y轴旋转90°，并将原点置于指定位置的圆心点处，如图14-56所示。

38 执行"圆柱体（CYL）"命令，以UCS坐标原点为圆柱体的圆心点，创建底面直径为35mm，高度为140mm的圆柱体，如图14-57所示。

39 执行"差集（SU）"命令，将圆柱体与主体进行差集操作，如图14-58所示。

图14-56　当前UCS坐标　　　　　图14-57　创建的圆柱体　　　　　图14-58　差集操作

40 参照前面的方法，将UCS坐标原点置于指定位置的圆心点处，如图14-59所示。

41 执行"圆柱体（CYL）"命令，以UCS坐标原点作为圆柱体的圆心点，创建底面直径为48mm，高度为140mm的圆柱体，如图14-60所示。

42 执行"差集（SU）"命令，将圆柱体与主体进行差集操作，最终效果如图14-61所示。

当前 UCS 坐标

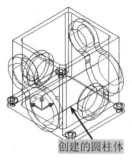

创建的圆柱体

图14-59　当前UCS坐标　　　　　图14-60　创建的圆柱体　　　　　图14-61　最终效果

43 至此，该图形对象已经绘制完毕，按Ctrl+S组合键对其文件进行保存。

14.4　机械零件模型图练习3

视频文件：视频\14\机械零件模型图练习3.avi
结果文件：案例\14\机械零件模型图练习3.dwg

　　根据标注的尺寸数据，首先在俯视图中绘制平面图形。然后切换相应的视图，使用矩形、面域、实体拉伸、移动、圆柱体、三维镜像、复制边、直线、差集、并集命令进行绘制，从而完成对机械零件模型图练习3的绘制。

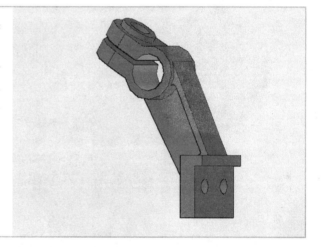

1 启动AutoCAD 2014软件，执行"文件 | 打开"菜单命令，打开建立的模板文件"案例\14\练习3.dwg"，即可看到如图14-62所示的平面图形。

2 执行"文件 | 另存为"菜单命令，将其另存为"案例\14\机械零件模型图练习3.dwg"文件。

3 将"粗实线"图层设置为当前图层，按F8键打开正交模式。

4 执行"直线（L）"命令，按照如图14-63所示绘制图形。

5 执行"面域（REG）"命令，将绘制的平面图形进行面域操作；然后执行"视图 | 视觉样式 | 概念"命令，效果如图14-64所示。

6 切换到"东北等轴测"视图。执行"实体拉伸（EXT）"命令，将指定的面域对象进行拉伸，拉伸高度为41mm，如图14-65所示。

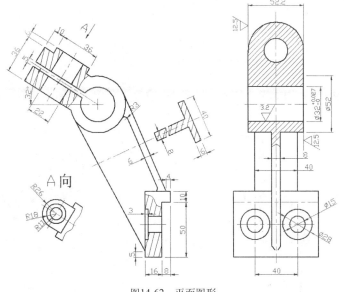

图14-62　平面图形

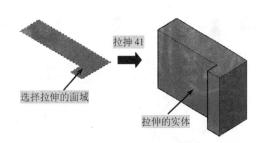

图14-63　绘制图形　　　图14-64　面域操作　　　　　图14-65　拉伸操作

TIP▶▶

拉伸实体时，用户可切换到"东北等轴测视图" ◐，方便于观察。

7 同样，在"俯视图" ▣ 中按照如图14-66所示绘制平面图形。

8 执行"面域（REG）"命令，将绘制的平面图形进行面域操作，如图14-67所示。

9 执行"实体拉伸（EXT）"命令，将指定的面域对象进行拉伸，拉伸高度为4mm，如图14-68所示。

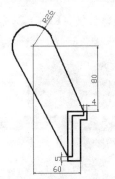

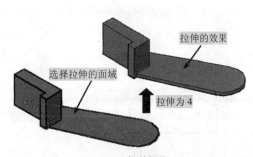

图14-66　绘制图形　　　图14-67　面域操作　　　　　图14-68　拉伸操作

10 切换到"底视图" 📁，在"实体编辑"工具栏中单击"复制边"按钮 📷，将实体指定的边提取出来。

11 执行"偏移（O）"命令，将提取的边向右偏移6mm，然后使用"直线（L）"命令，将其绘制成封闭的图形，结果如图14-69所示。

12 执行"面域（REG）"命令，将绘制的平面图形进行面域操作，如图14-70所示。

13 执行"实体拉伸（EXT）"命令，将指定的面域对象进行拉伸，其拉伸的高度为-20mm，如图14-71所示。

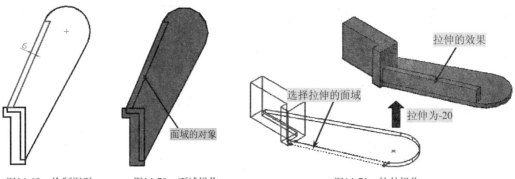

图14-69　绘制图形　　　　图14-70　面域操作　　　　　　　图14-71　拉伸操作

14 切换到"俯视图" 🔲，执行"圆（C）"命令，捕捉圆心点，绘制直径为52mm的圆，如图14-72所示。

15 参照前面的方法，对绘制的圆进行面域操作，然后执行"实体拉伸（EXT）"命令，将面域的圆进行拉伸，拉伸高度为-25mm，如图14-73所示。

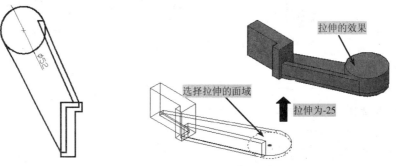

图14-72　绘制图形　　　　　　　图14-73　拉伸操作

16 执行"并集（UNI）"命令，将视图中创建的实体全部进行并集操作。

17 切换到"俯视图" 🔲，按照如图14-74所示绘制平面图。

18 参照前面的方法，对绘制的平面图形进行面域操作，然后执行"实体旋转（REV）"命令，将面域的图形旋转360°，如图14-75所示。

图14-74　绘制图形　　　　　　　图14-75　旋转操作

19 切换到"西南等轴测视图" ，然后在实体的轮边上及过中点绘制两条中心线，再对中心线偏移21mm，将产生交点A，如图14-76所示。

TIP▶▶ 如果用户要在三维模型中进行尺寸标注，首先应确定XY平面与所标注对象的平面相一致，另外，就是确保UCS的坐标原点在所标注平面上。

20 执行"移动（M）"命令，将视图中创建的旋转实体移动到主体的交点A处，如图14-77所示。

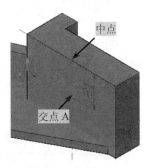

图14-76 绘制图形

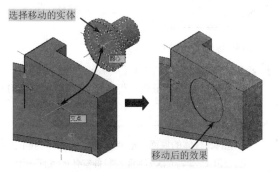

图14-77 移动的旋转体

21 执行"差集（SU）"命令，将移动的旋转体与主体进行差集操作，如图14-78所示。

22 切换到"左视图" 🔲，在"UCS"工具栏中单击"原点"按钮 ↳，将UCS坐标原点置于右下角，如图14-79所示。

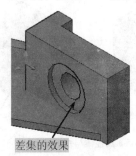

图14-78 差集操作

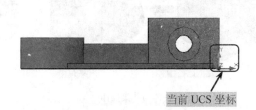

图14-79 当前UCS坐标

23 选择"修改｜三维操作｜三维镜像"命令，将视图中的主体模型按照"ZX"平面进行镜像，镜像原点为(0,0,0)，如图14-80所示。

24 同样，执行"并集（UNI）"命令，将主体与镜像的对象进行并集操作，如图14-81所示。

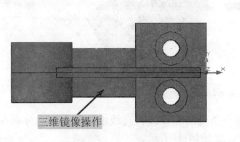

图14-80 三维镜像操作

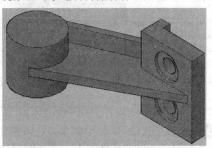

图14-81 并集操作

25 切换到"前视图" ，在视图的空白区域绘制如图14-82所示的平面图形。

26 参照前面的方法，对绘制的平面图进行"面域（REG）"操作，然后执行"实体拉伸（EXT）"命令，将面域的平面图进行拉伸，拉伸高度为36mm，如图14-83所示。

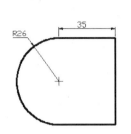

拉伸 36

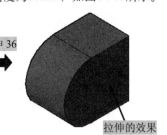

选择拉伸的面域

拉伸的效果

图14-82　绘制平面图

图14-83　拉伸操作

27 执行"圆柱体（CYL）"命令，在拉伸实体上创建一个圆柱体，圆柱体的底面半径为18mm，高度为42mm；然后执行"并集（UNI）"命令，进行并集操作，结果如图14-84所示。

> **TIP** 创建的圆柱体的底面圆心点即为拉伸实体的圆心点，并将UCS坐标的原点置于拉伸实体的圆点上，使UCS坐标的XY平面与拉伸实体的底面一致。

28 同样，执行"圆柱体（CYL）"命令，在组合实体上创建一个圆柱体，圆柱体的底面半径为11mm，高度为45mm；然后执行"差集（SU）"命令，进行差集操作，结果如图14-85所示。

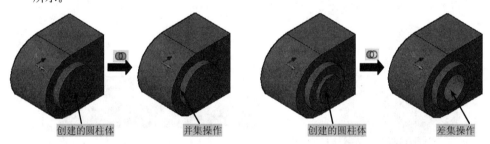

创建的圆柱体

并集操作

创建的圆柱体

差集操作

图14-84　圆柱体与并集操作

图14-85　圆柱体与差集操作

29 切换到"俯视图" 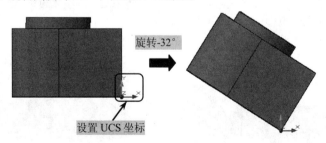，将UCS坐标原点置于刚创建实体的右下角，然后将其实体进行"三维旋转"，旋转角度为-32°，如图14-86所示。

旋转-32°

设置 UCS 坐标

图14-86　三维旋转实体

30 执行"直线（L）"命令，在该圆上绘制一条辅助的直线，直线段的两个端点分别在高度为36mm的圆柱体的上、下两侧圆心点上，如图14-87所示。

31 同样，在主体的中心圆点上绘制一条直线段，如图14-88所示。

TIP ▶▶ 提示：在确定该直线的起点时，可首先过该圆柱体上下两侧的圆心点绘制一条直线段，则该直线的中点即可作为绘制直线段的起点，最后直接在命令行输入"@42<148"。

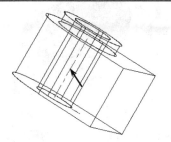

图14-87 绘制的中心线

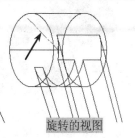

俯视图　　　旋转的视图

图14-88 绘制的中心线

32 执行"移动（M）"命令，将旋转的实体移动到指定的端点处，如图14-89所示。

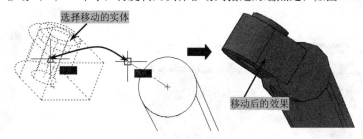

选择移动的实体

移动后的效果

图14-89 移动的旋转体

33 同样，执行"并集（UNI）"命令，将主体与移动的实体对象进行并集操作。

34 切换到"俯视图" ，将UCS坐标原点置于实体的圆心点，如图14-90所示。

35 执行"圆柱体（CYL）"命令，在坐标的原点上创建一个圆柱体，圆柱体的底面半径为18mm，高度为50mm；执行"差集（SU）"命令，进行差集操作，如图14-91所示。

当前 UCS 坐标

图14-90 移动UCS坐标原点

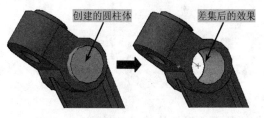

创建的圆柱体　　　差集后的效果

图14-91 差集操作

36 执行"并集（L）"命令，按照如图14-92所示绘制一个封闭的直线矩形区域。

37 参照前面的方法，对绘制的平面图进行面域操作，然后执行"实体拉伸（EXT）"命令，将面域的平面图进行拉伸，拉伸高度为52mm，如图14-93所示。

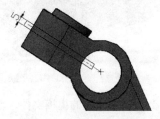

图14-92 绘制的封闭区域

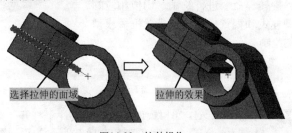

选择拉伸的面域　　　拉伸的效果

图14-93 拉伸操作

38 执行"差集（SU）"命令，将主体与刚拉伸的实体对象进行差集操作，如图14-94所示。

39 执行"圆角（F）"命令，按照如图14-95所示对实体进行半径为3mm的圆角操作。

图14-94　差集操作　　　　　　　　　　图14-95　圆角操作

40 同样，执行"圆角（F）"命令，按照如图14-96所示对实体进行半径为3mm的圆角操作。

41 同样，执行"圆角（F）"命令，对该实体另一侧的相应位置也进行半径为3mm的圆角操作，最终效果如图14-97所示。

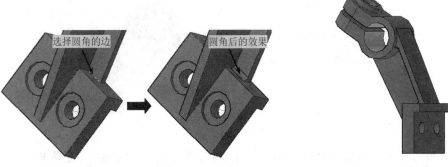

图14-96　圆角操作　　　　　　　　　　　　图14-97　最终效果

42 至此，该图形对象已绘制完毕，按Ctrl+S组合键对文件进行保存。

14.5 机械零件模型图练习4

视频文件：视频\14\机械零件模型图练习4.avi
结果文件：案例\14\机械零件模型图练习4.dwg

根据平面图形标注的尺寸数据，使用构造线、坐标系、多段线、实体拉伸、旋转坐标系、三维镜像、长方体、移动、并集、差集、复制、圆角、（建模）旋转等命令进行绘制，切换相应的视图模式和视觉样式，完成对机械模型图的绘制。

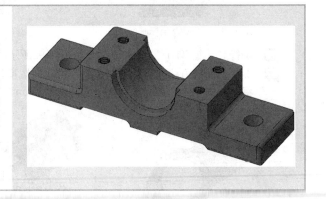

1 启动AutoCAD 2014软件，执行"文件｜打开"菜单命令，打开建立的模板文件"案例\14\练习4.dwg"，即可看到如图14-98所示的平面图形。

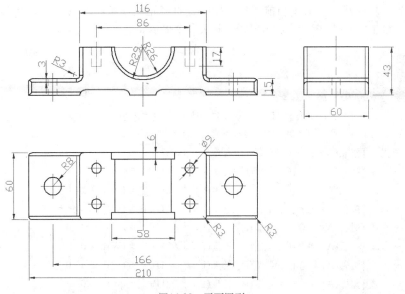

图14-98 平面图形

2 执行"文件｜另存为"菜单命令，将其另存为"案例\14\机械零件模型图练习4.dwg"文件。

3 切换到"中心线"图层。执行"构造线（XL）"命令，绘制两条互相垂直的构造线，如图14-99所示。

4 执行"偏移（O）"命令，将水平构造线向上、下各偏移16mm和30mm；将垂直构造线向左、右各偏移43mm、83mm和105mm，如图14-100所示。

5 执行"视图｜三维视图｜西南等轴测"菜单命令，单击"UCS"工具栏中的"原点"按钮☒；创建如图14-101所示的用户坐标系，相关命令提示如下：

命令: _ucs
当前 UCS 名称: ×世界×
指定 UCS 的原点或 [面(F)/命名(NA)/对象(OB)/上一个(P)/视图(V)/世界(W)/X/Y/Z/Z 轴(ZA)] <世界>: _o
指定新原点 <0,0,0>:

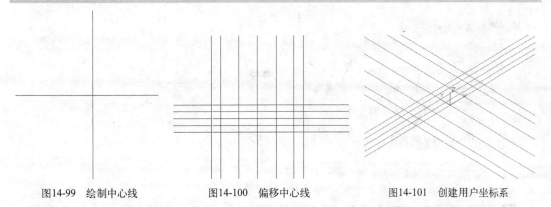

图14-99 绘制中心线   图14-100 偏移中心线   图14-101 创建用户坐标系

6 单击"UCS"工具栏中的"X"按钮☒，或输入UCS命令，将坐标系沿X轴旋转90°，如图14-102所示。

7 设置"粗实线"图层为当前图层，按F8键打开正交模式；再执行"多段线（PL）"命令，绘制如图14-103所示的多段线，相关命令提示如下：

```
命令: PL
指定起点:
当前线宽为 0.0000
指定下一个点或 [圆弧(A)/半宽(H)/长度(L)/放弃(U)/宽度(W)]: @47,0
指定下一个点或 [圆弧(A)/半宽(H)/长度(L)/放弃(U)/宽度(W)]: @0,5
指定下一点或 [圆弧(A)/闭合(C)/半宽(H)/长度(L)/放弃(U)/宽度(W)]: @46,0
指定下一点或 [圆弧(A)/闭合(C)/半宽(H)/长度(L)/放弃(U)/宽度(W)]: @0,-5
指定下一点或 [圆弧(A)/闭合(C)/半宽(H)/长度(L)/放弃(U)/宽度(W)]: @24,0
指定下一点或 [圆弧(A)/闭合(C)/半宽(H)/长度(L)/放弃(U)/宽度(W)]: @0,5
指定下一点或 [圆弧(A)/闭合(C)/半宽(H)/长度(L)/放弃(U)/宽度(W)]: @46,0
指定下一点或 [圆弧(A)/闭合(C)/半宽(H)/长度(L)/放弃(U)/宽度(W)]: @0,-5
指定下一点或 [圆弧(A)/闭合(C)/半宽(H)/长度(L)/放弃(U)/宽度(W)]: @47,0
指定下一点或 [圆弧(A)/闭合(C)/半宽(H)/长度(L)/放弃(U)/宽度(W)]: @0,18
指定下一点或 [圆弧(A)/闭合(C)/半宽(H)/长度(L)/放弃(U)/宽度(W)]: @-210,0
指定下一点或 [圆弧(A)/闭合(C)/半宽(H)/长度(L)/放弃(U)/宽度(W)]: c
```

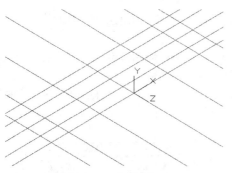

图14-102　旋转坐标系

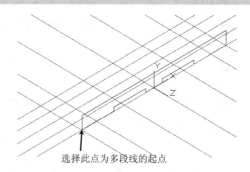

选择此点为多段线的起点

图14-103　绘制多段线

8 关闭"中心线"图层。执行"圆角（F）"命令，对多段线进行半径为5mm的圆角操作，结果如图14-104所示。

选择需要圆角的对象 1~4

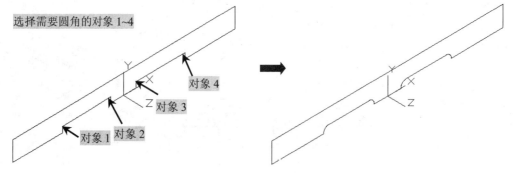

对象 4
对象 3
对象 1　对象 2

图14-104　圆角操作

9 执行"拉伸（EXT）"命令，将多段线拉伸-60mm，如图14-105所示。

10 单击"UCS"工具栏中的"X"按钮，将坐标系沿X轴旋转-90°，如图14-106所示。

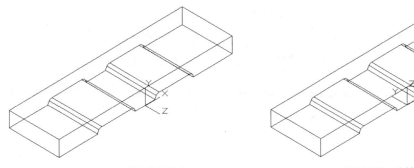

图14-105　创建拉伸实体　　　　　　　　　图14-106　旋转坐标系

11 打开"中心线"图层。执行"圆柱体（CYL）"命令，捕捉交点A，创建底面半径为8mm，高度为18mm的圆柱体1，其命令提示如下，结果如图14-107所示。

```
命令: _cylinder
指定底面的中心点或 [三点(3P)/两点(2P)/切点、切点、半径(T)/椭圆(E)]:
指定底面半径或 [直径(D)]: 8
指定高度或 [两点(2P)/轴端点(A)] <60.0000>: 15
```

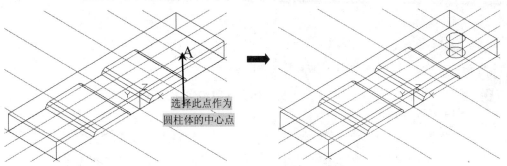

选择此点作为
圆柱体的中心点

图14-107　创建圆柱体1

12 执行"圆柱体（CYL）"命令，创建如图14-108所示的底面半径为10mm，高度为3mm的圆柱体2。

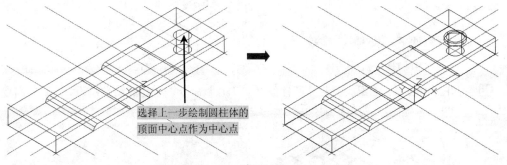

选择上一步绘制圆柱体的
顶面中心点作为中心点

图14-108　创建圆柱体2

13 执行"镜像（MI）"命令，将上一步创建的两个圆柱体镜像复制一个，如图14-109所示。

14 关闭"中心线"图层，执行"差集（SU）"命令，用多段线实体减去两个圆柱体，结果如图14-110所示。

15 执行"长方体（BOX）"命令，创建如图14-111所示的长方体，相关命令提示如下：

命令: BOX
指定第一个角点或 [中心(C)]:
指定其他角点或 [立方体(C)/长度(L)]: @116,60,25

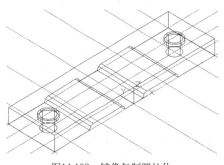

图14-109　镜像复制圆柱体

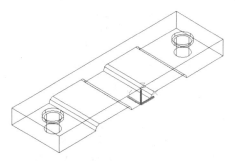

图14-110　差集运算

16 执行"移动(M)"命令，将长方体进行移动操作，相关命令提示如下：

命令：_MOVE
选择对象: 找到 1 个
选择对象:
指定基点或 [位移(D)] <位移>:
指定第二个点或 <使用第一个点作为位移>: @47,0,0

17 执行"并集（UNI）"命令，将长方体和多段线实体的两个对象合并为一个整体，如图14-112所示。

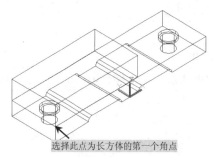

选择此点为长方体的第一个角点

图14-111　创建长方体

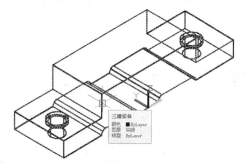

图14-112　并集运算

18 打开"中心线"图层。执行"圆柱体（CYL）"命令，创建底面半径为4.5mm、高度为17mm的圆柱体3，如图14-113所示。

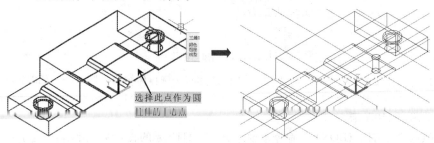

选择此点作为圆柱体的中心点

图14-113　创建圆柱体3

19 将坐标系沿*X*轴旋转90°，结果如图14-114所示。

20 执行"移动（M）"命令，将底面半径为4.5的圆柱体沿Y轴移动26mm，如图14-115所示。

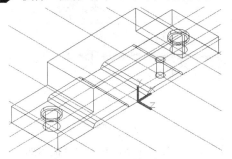

图14-114 旋转坐标系

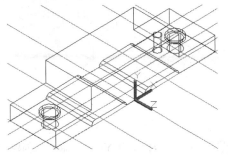

图14-115 移动圆柱体

21 执行"镜像（MI）"命令，镜像复制上一步移动的圆柱体，如图14-116所示。

22 执行"UCS"命令，将坐标系沿X轴旋转-90°，如图14-117所示。

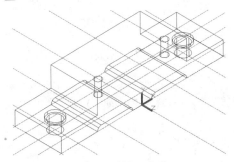

图14-116 镜像圆柱体

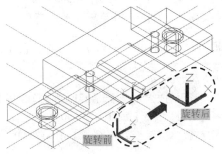

图14-117 旋转坐标系

23 执行"复制（CO）"命令，将底面半径为4.5mm的两个圆柱体沿*Y*轴正方向进行距离为32mm的复制操作，结果如图14-118所示。

24 执行"差集（SU）"命令，用大的实体模型减去四个小圆柱。

25 执行"视图│视觉样式│隐藏"菜单命令，视觉效果如图14-119所示。

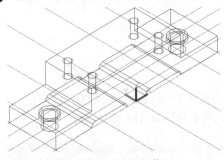

图14-118 复制圆柱体

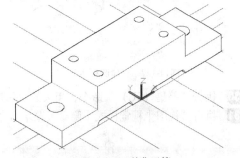

图14-119 差集运算

26 将坐标系沿X轴旋转90°，如图14-120所示。

27 执行"圆柱体（CYL）"菜单命令，创建如图14-121所示的圆柱体，相关命令提示如下：

```
命令: _cylinder
指定底面的中心点或 [三点(3P)/两点(2P)/切点、切点、半径(T)/椭圆(E)]: @0,43,0
指定底面半径或 [直径(D)] <4.5000>: 29
指定高度或 [两点(2P)/轴端点(A)] <17.0000>: -7
```

第11章

第12章

第13章

第14章

第15章

381

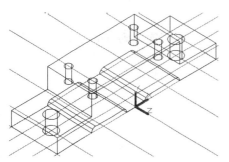

图14-120 旋转坐标系

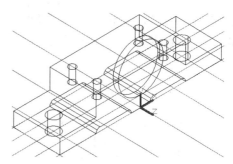

图14-121 创建圆柱体4

28 执行"圆柱体（CYL）"命令，创建如图14-122所示的圆柱体，相关命令提示如下：

命令: _cylinder
指定底面的中心点或 [三点(3P)/两点(2P)/切点、切点、半径(T)/椭圆(E)]: @0,43,-60
指定底面半径或 [直径(D)] <4.5000>: 29
指定高度或 [两点(2P)/轴端点(A)] <17.0000>: 7

29 执行"圆柱体（CYL）"命令，创建如图14-123所示的圆柱体，相关命令提示如下：

命令: _cylinder
指定底面的中心点或 [三点(3P)/两点(2P)/切点、切点、半径(T)/椭圆(E)]: @0,43,-7
指定底面半径或 [直径(D)] <4.5000>: 26
指定高度或 [两点(2P)/轴端点(A)] <17.0000>: -46

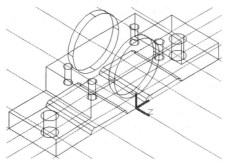

图14-122 创建圆柱体5

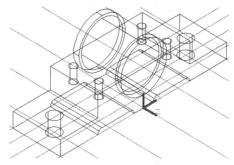

图14-123 创建圆柱体6

30 执行"差集（SU）"命令，用大的实体模型减去3个小圆柱，如图14-124所示。

31 执行"视图｜视觉样式｜隐藏"菜单命令，视觉效果如图14-125所示。

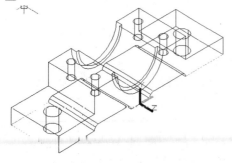

图14-124 差集运算

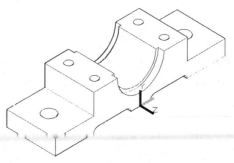

图14-125 隐藏视觉效果

32 执行"视图｜三维视图｜前视图"菜单命令。执行"矩形（REC）"命令，绘制
4.5mm×17mm的矩形，如图14-126所示。

33 执行"直线（L）"命令，绘制如图14-127所示的螺纹，相关命令提示如下：

命令:1
LINE 指定第一点:
指定下一点或 [放弃(U)]: @1,-0.5
指定下一点或 [放弃(U)]: @-1,-0.5
指定下一点或 [放弃(U)]:

34 执行"阵列（AR）"命令，选择"矩形"阵列，其行数为17，列数为1，行间距
为-1mm，如图14-128所示。相关命令提示如下：

命令:_arrayrect
选择对象: 指定对角点: 找到 2 个
选择对象:
类型 = 矩形 关联 = 是
为项目数指定对角点或 [基点(B)/角度(A)/计数(C)] <计数>:
指定对角点以间隔项目或 [间距(S)] <间距>: -1
按 Enter 键接受或 [关联(AS)/基点(B)/行(R)/列(C)/层(L)/退出(X)] <退出>: r
输入 行数 数或 [表达式(E)] <1>: 17
指定 行数 之间的距离或 [总计(T)/表达式(E)] <1.5>: -1
指定 行数 之间的标高增量或 [表达式(E)] <0>:
按 Enter 键接受或 [关联(AS)/基点(B)/行(R)/列(C)/层(L)/退出(X)] <退出>: c
输入 列数 数或 [表达式(E)] <1>: 1
指定 列数 之间的距离或 [总计(T)/表达式(E)] <1.5>:
按 Enter 键接受或 [关联(AS)/基点(B)/行(R)/列(C)/层(L)/退出(X)] <退出>:

35 执行"修剪（TR）"命令，修剪掉多余的线段，结果如图14-129所示。

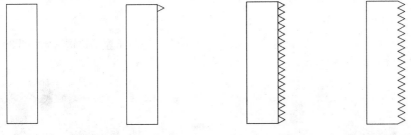

图14-126 绘制矩形   图14-127 绘制螺纹   图14-128 阵列   图14-129 修剪线段

36 执行"合并（J）"命令，将表示螺纹的剖面轮廓线的图形对象转换为封闭的多段线。

37 执行"绘图｜建模｜旋转"菜单命令，将闭合的多段线转换生成螺纹实体，如图14-130所
示，相关命令提示如下：

命令:_revolve
当前线框密度: ISOLINES=4，闭合轮廓创建模式 = 实体
选择要旋转的对象或 [模式(MO)]: _MO 闭合轮廓创建模式 [实体(SO)/曲面(SU)] <实体>: _SO
选择要旋转的对象或 [模式(MO)]: 找到 1 个

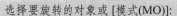
选择要旋转的对象或 [模式(MO)]:

指定轴起点或根据以下选项之一定义轴 [对象(O)/X/Y/Z] <对象>:

指定轴端点:

指定旋转角度或 [起点角度(ST)/反转(R)/表达式(EX)] <360>:

38 执行"视图 | 三维视图 | 西南等轴测"菜单命令。

39 执行"复制（CO）"命令，将生成的螺纹实体复制3份，然后分别与4个螺孔组合。

40 执行"差集（SU）"命令，用大的实体减去4个螺纹实体，如图14-131所示。相关命令提示如下：

命令:_revolve

当前线框密度: ISOLINES=4，闭合轮廓创建模式 = 实体

选择要旋转的对象或 [模式(MO)]:_MO 闭合轮廓创建模式 [实体(SO)/曲面(SU)] <实体>:_SO

选择要旋转的对象或 [模式(MO)]: 找到 1 个

选择要旋转的对象或 [模式(MO)]:

指定轴起点或根据以下选项之一定义轴 [对象(O)/X/Y/Z] <对象>:

指定轴端点:

指定旋转角度或 [起点角度(ST)/反转(R)/表达式(EX)] <360>:

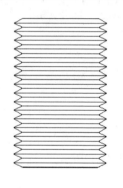

图14-130　绘制螺纹

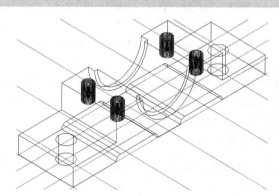

图14-131　差集运算

41 关闭"中心线"图层。执行"圆角（F）"命令，对轴承座的边进行半径为3mm的圆角处理，效果如图14-132所示。

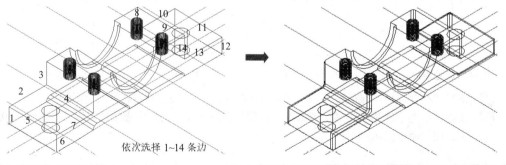

依次选择 1~14 条边

图14-132　圆角操作

42 执行"视图 | 三维视图 | 视点"菜单命令，重新设置图形的观察角度，相关命令提示如下，最终效果如图14-133所示。

命令: _vpoint
当前视图方向: VIEWDIR=-1.0000,-1.0000,1.0000
指定视点或 [旋转(R)] <显示指南针和三轴架>:
235,-437,334
正在重生成模型。

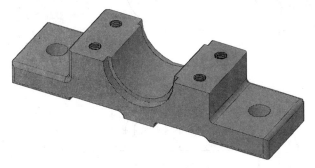

图14-133　最终效果图

㊸ 至此，该图形对象已绘制完毕，按Ctrl+S组合键对文件进行保存。

14.6 机械零件模型图练习5

视频文件：视频\14\机械零件模型图练习5.avi
结果文件：案例\14\机械零件模型图练习5.dwg

根据平面图形标注的尺寸数据，使用矩形、圆、面域、差集、拉伸、修剪、直线、圆角、合并、三维旋转、扫掠等命令进行绘制，切换相应的视图模式和视觉样式，从而完成对机械零件模型图练习5的绘制。

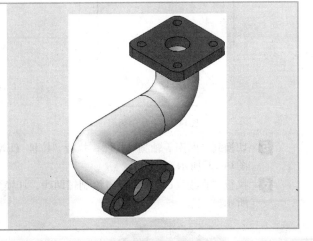

1 启动AutoCAD 2014软件，执行"文件 | 打开"菜单命令，打开建立的模板文件"案例\14\练习5.dwg"，即可看到如图14-134所示的平面图形。

2 执行"文件 | 另存为"菜单命令，将其另存为"案例\14\机械零件模型图练习5.dwg"文件。

3 切换到"粗实线"图层。执行"矩形（REC）"命令，绘制40mm×40mm的半径为5mm的圆角矩形，如图14-135所示。

4 执行"面域（REG）"命令，将圆角矩形进行面域操作；切换到"概念"视觉样式，效果如图14-136所示。

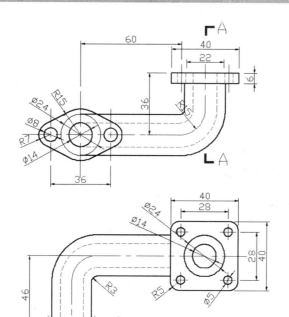

图14-134 平面图形

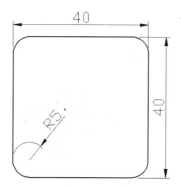

图14-135 绘制矩形

图14-136 面域操作

5 切换到"西南等轴测"视图。执行"拉伸（EXT）"命令，向上进行6mm的拉伸操作，如图14-137所示。

6 执行"直线（L）"命令，绘制辅助线，切换到"二维线框"视觉样式，效果如图14-138所示。

图14-137 拉伸实体

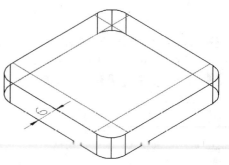

图14-138 绘制辅助线

7 执行"圆柱体（CYL）"命令，捕捉交点，绘制直径为5mm，高6mm的圆柱体，如图14-139所示。

8 执行"移动（M）"命令，将4个圆柱体向下移动6mm，如图14-140所示。

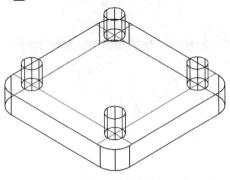

图14-139 绘制圆柱体

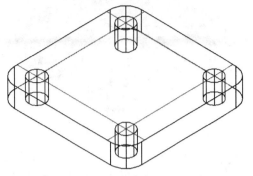

图14-140 移动圆柱体

9 执行"删除（E）"命令，删除不需要的辅助线，如图14-141所示。

10 执行"差集（SU）"命令，用矩形实体减去4个小圆柱体；切换到"概念"视觉样式，结果如图14-142所示。

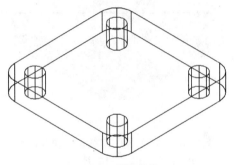

图14-141 删除线段

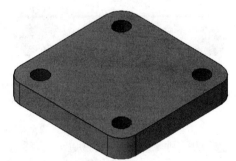

图14-142 差集运算

11 执行"直线（L）"命令，绘制辅助线，切换到"二维线框"视觉样式，如图14-143所示。

12 执行"圆柱体（CYL）"命令，捕捉交点，光标向下，绘制直径为14mm、高为6mm的圆柱体，效果如图14-144所示。

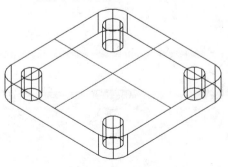

图14-143 绘制线段

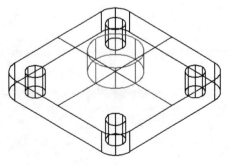

图14-144 绘制圆柱体

13 执行"差集（SU）"命令，用矩形实体减去直径为14mm的圆柱体，切换到"概念"视觉样式，效果如图14-145所示。

14 执行"圆柱体（CYL）"命令，捕捉交点，光标向下，分别绘制直径为14mm和24mm的同心圆柱体，如图14-146所示。

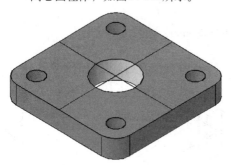

图14-145 差集运算

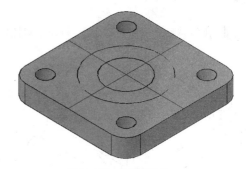

图14-146 绘制圆柱体

15 执行"删除（E）"命令，删除不需要的辅助线，如图14-147所示。

16 执行"差集（SU）"命令，用直径为24mm的圆柱体减去直径为14mm圆柱体，结果如图14-148所示。

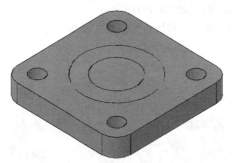

图14-147 删除线段

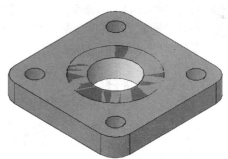

图14-148 差集运算

17 切换到"俯视图"。执行"直线（L）"命令，绘制互相垂直的线段；再执行"偏移（O）"命令，将垂直线段向左、右侧各偏移18mm，结果如图14-149所示。

18 执行"圆（C）"命令，捕捉交点，分别绘制直径为8mm、14mm和30mm的圆，如图14-150所示。

19 执行"设置（SE）"命令，在打开的"草图设置"对话框中，选择"对象捕捉"选项卡的"切点"模式。然后执行"直线（L）"命令，在圆上绘制相切的线段，如图14-151所示。

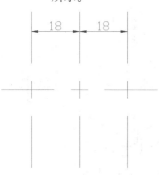

图14-149 绘制和偏移线段

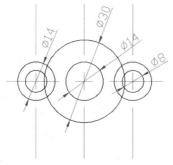

图14-150 绘制圆

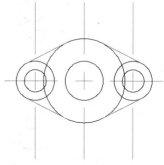

图14-151 绘制切线

20 执行"修剪（TR）"命令，修剪掉多余的线段，结果如图14-152所示。

21 执行"合并（J）"命令，将如图14-153所示的线段合并为一条多段线。

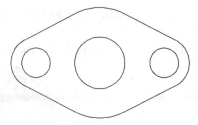

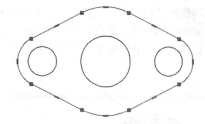

图14-152 修剪多余的线段   图14-153 合并线段

22 切换到"西南等轴测"视图。执行"面域（REG）"命令，将上一步绘制的平面图形进行面域操作，如图14-154所示。

23 执行"差集（SU）"命令，用大的实体减去3个小圆；切换到"概念"视觉样式，结果如图14-155所示。

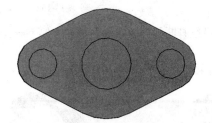

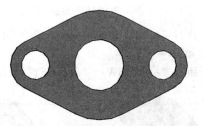

图14-154 面域操作   图14-155 差集运算

24 执行"拉伸（EXT）"命令，将对象拉伸6mm，如图14-156所示。

25 执行"三维旋转（3DR）"命令，将对象沿旋转轴旋转90°，结果如图14-157所示。

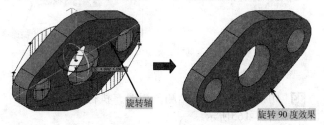

图14-156 拉伸操作   图14-157 旋转操作

26 执行"直线（L）"命令，绘制如图14-158所示的线段。

27 执行"合并（J）"命令，将上一步绘制的3条线段合并为一条多段线；然后执行"圆角（F）"命令，进行半径为15mm的圆角操作，如图14-159所示。

28 执行"移动（M）"命令，将合并的多段线移动到实体的中点，如图14-160所示。

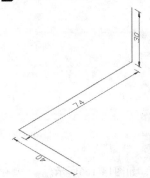

图14-158 绘制线段   图14-159 合并和圆角   图14-160 移动操作

29 切换到"前视图"。执行"圆柱体（CYL）"命令，捕捉交点，绘制半径为12mm，高为6mm的圆柱体，如图14-161所示。

30 切换到"东北等轴测"视图。执行"差集（SU）"命令，结果如图14-162所示。

图14-161　绘制圆柱体　　　　　　　　　　　图14-162　差集运算

31 执行"打断（BR）"命令，将合并的多段线打断为两条线段，从而方便下一步的操作，如图14-163所示。

32 执行"扫掠（SW）"命令，选择截面和路径，结果如图14-164所示。

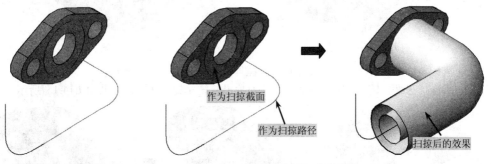

图14-163　打断线段　　　　　　　　　图14-164　扫掠操作

33 切换到"西南等轴测"视图。执行"移动（M）"命令，将对象移动到中点，结果如图14-165所示。

图14-165　移动操作

34 执行"三维旋转（3D R）"命令，将所有对象旋转180°，如图14-166所示。

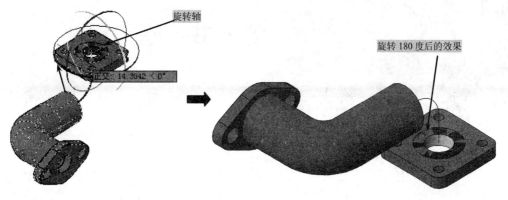

图14-166 旋转操作

35 执行"扫掠（SW）"命令，选择相应的扫掠截面和路径，结果如图14-167所示。

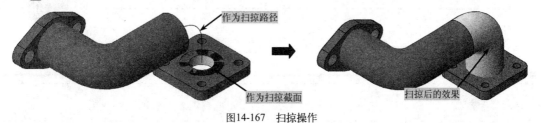

图14-167 扫掠操作

TIP

为了便于用户观察实体，可以将第2次扫掠对象设定为其他的颜色。

36 执行"三维旋转（3D RO）"命令，将所有对象旋转180°，如图14-168所示。

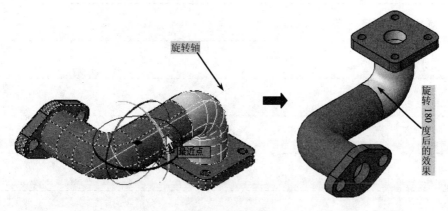

图14-168 旋转操作

37 至此，该图形对象已绘制完毕，按Ctrl+S组合键对文件进行保存。

第
11
章

第
12
章

第
13
章

第
14
章

第
15
章

读·书·笔·记

第15章
机械装配图的绘制

装配图是指导生产的重要技术文件。在工业生产中，无论是新产品的开发，还是对其他产品进行仿造、改制，都要先画出装配图，由装配图画出零件图。制造部门先根据零件图制造零件，然后再根据装配图将零件装配成机器或部件。同时，装配图又是安装、调试、操作和检修机器或部件时不可缺少的标准资料。

主要内容

- ✓ 掌握机械装配图的内容和表示方法
- ✓ 掌握装配图上的尺寸标注和技术要求
- ✓ 掌握装配图中零、部件的序号和明细栏
- ✓ 掌握装配图的绘制方法和步骤
- ✓ 掌握二维图的装配和分解方法
- ✓ 掌握弯曲模具装配图的绘制
- ✓ 掌握机械三维图的装配与分解

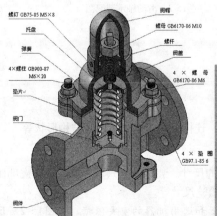

15.1 机械装配图的基础

任何比较复杂的机器设备，都是由若干个部件组成的，而部件又是由许多零件装配而成，如图15-1所示是滑动轴承的轴测图，它是由八个零件组成的。如图15-2所示为该部件的装配图，下面就以滑动轴承为例来学习装配图的基本知识。

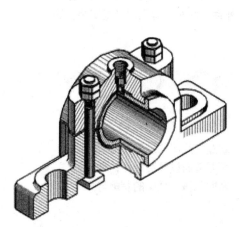

图15-1 滑动轴承轴测图

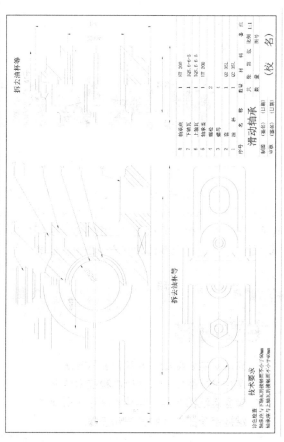

图15-2 滑动轴承装配图

15.1.1 装配图的内容

一张完整的装配图主要包括以下四个方面的内容。

1. 一组视图

用来表达机器或部件的工作原理、零件间的装配关系、连接方式及主要零件的结构形状等。

2. 必要的尺寸

标注出与机器或部件的性能、规格、装配和安装有关的尺寸。装配图上只需要标注机器或部件的性能（规格）尺寸、配合尺寸、安装尺寸、外形尺寸、检验尺寸等。

- ◆ 性能（规格）尺寸在设计时已确定，它是设计机器和选用机器的重要依据，如图15-2所示为滑动轴承的装配图，孔径Φ50H8即为规格尺寸。

- 配合尺寸是指两零件间有配合要求的尺寸，一般要标注出尺寸和配合代号，如滑动轴承中的 $86\frac{H9}{f8}$、$60\frac{F9}{f9}$、$\phi60\frac{H8}{k8}$ 等。
- 安装尺寸是指将机器或部件安装在地基上或其他机器或部件上所需要的尺寸，如滑动轴承中底板的尺寸。
- 外形尺寸是指机器或部件的外形轮廓尺寸，如总高、总宽、总长等。

3. 技术要求

用符号、代号或文字说明装配体在装配、安装、调试等方面应达到的技术指标。

4. 标题栏、零件序号及明细栏

在装配图中，必须对每个零件编号，并在明细栏中依次列出零件的序号、名称、数量、材料等。在标题栏中，写明装配体的名称、图号、绘图比例以及有关人员的签名等。

15.1.2 装配图的表达方法

机件的各种图样画法都适合于部件和机器的装配图的表达。由于装配图所表达的是若干零件所组合的机器或部件，因此，还有以下的规定画法。

1. 装配图的规定画法

（1）两相邻零件的接触表面和配合表面只画一条线，非接触表面（即使间隙很小）也要画成两条线，如图15-3所示。

（2）同一个零件所有视图上的剖面线方向相同、间隔相等，相邻两个或多个零件的剖面线方向相反或方向相同而间隔不相等。其目的是有利于找出同一零件的各个视图，想象其形状和装配关系，如图15-4所示。

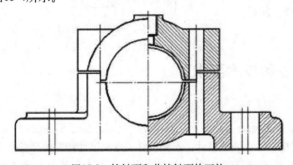

图15-3　接触面和非接触面的画法

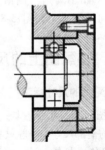

图15-4　装配图中剖面线的画法

（3）对于紧固件以及实心的球、轴、键等零件，若剖切平面通过其对称平面或基本轴线时，这些零件均按不剖绘制。如需要表达这些零件上的孔槽等构造时，可用局部剖视图表示，如图15-5所示。

2. 装配图的特殊表达方法

（1）假想画法

如选择的视图已将大部分零件的形状、结构表达清楚，但仍有少数零件的某些方面还未表达清楚时，可单独画出这些零件的视图或剖视图。当需要表示某些零件的位置或运动范围和极限位置时，可用细双点划线画

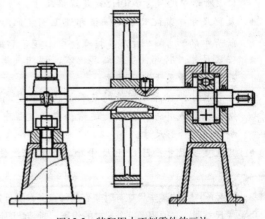

图15-5　装配图中不剖零件的画法

出该零件的轮廓线。假象轮廓的剖面区域内不画剖面线，如图15-6、图15-7所示。

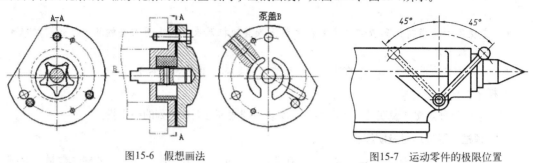

图15-6　假想画法　　　　　　　　　　图15-7　运动零件的极限位置

（2）拆卸画法

当某些零件的图形遮住了其后的需要表达的零件，或在某一视图上不需要画出某些零件时，可拆去某些零件后绘制，也可选择沿零件结合面进行剖切的画法，如图15-2所示的滑动轴承装配图中的俯视图和左视图，是拆去了油杯等零件后绘制的。

（3）简化画法

对于装配图中若干相同的零件和部件组，如螺栓连接等，可详细地画出一组，其余只须用点划线表示其位置即可。对薄的垫片等不易画出的零件，可将其涂黑。零件的工艺结构，如小圆角、倒角、退刀槽、起模斜度等，可不画出，如图15-8所示。

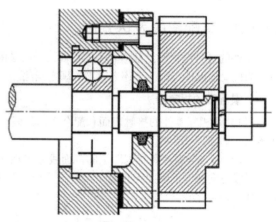

图15-8　装配图中的简化画法

15.1.3　装配图上的尺寸标注和技术要求

1. 装配图的尺寸标注

装配图的作用是表达零、部件的装配关系，因此，其尺寸标注的要求不同于零件图。不需要注出每个零件的全部尺寸，一般只需标注规格尺寸、装配尺寸、安装尺寸、外形尺寸和重要尺寸五类尺寸。

◆ 规格、性能尺寸：说明部件规格或性能的尺寸，它是设计和选用产品时的主要依据，如图15-2所示中的尺寸Φ50H8就是规格尺寸。

◆ 装配尺寸：装配尺寸是保证部件正确装配，并说明配合性质及装配要求的尺寸，如图15-2所示中的$86\frac{H9}{f8}$和$\phi60\frac{H8}{k8}$及连接螺栓中心距等都属于装配尺寸。

◆ 安装尺寸：将部件安装到其他零、部件或基础上所需要的尺寸，如图15-2所示中地脚螺栓孔的尺寸等属于安装尺寸。

◆ 外形尺寸：机器或部件的总长、总宽和总高尺寸，它反映了机器或部件的体积大小，以提供该机器或部件在包装、运输和安装过程中所占空间的大小，如图15-2所示中的236、121和76即是外形尺寸。

◆ 其他重要尺寸：除以上尺寸外，在装配或使用中必须说明的尺寸，如运动零件的位移尺寸等。

TIP　　装配图上的某些尺寸有时兼有几种意义，而且每一张图上也不一定都具有上述五类尺寸。在标注尺寸时，必须明确每个尺寸的作用，对装配图没有意义的结构尺寸不需注出。

2. 装配图的技术要求

不同的机器、部件，其技术要求也不相同。一般来讲，装配图应对机器或部件在装配、试验、调试、检验、使用等方面提出技术指标、措施、性能等方面的要求，或就其中某项提出要求。

技术要求一般注写在明细表的上方或标题栏的左边，也可以另编写技术文件附于图样。

15.1.4　装配图中零、部件的序号和明细栏

装配图中的零件编号和明细栏用于说明每个零件的名称、代号、数量和材料等。标题栏包括部件名称、比例、绘图和设计人员的签名等。

1. 装配图中的零、部件序号

在生产中，为便于图纸管理、生产准备、机器装配和看懂装配图，对装配图上各零、部件都要编注序号和代号。序号是为了看图方便编制的，代号是该零件或部件的图号或国标代号。零、部件图的序号和代号要和明细栏中的序号和代号相一致，不能产生差错。

（1）一般规定

装配图中所有的零、部件都必须编注序号，规格相同的零件只编一个序号，标准化组件如滚动轴承、电动机等，可看作一个整体编注一个序号；同一张装配图中，相同的零、部件编注同样的序号。装配图中零件序号应与明细表中的序号一致。

（2）序号的组成

装配图中的序号一般由指引线（细实线）、圆点（或箭头）横线（或圆圈）和序号数字组成。指引线不要与轮廓线或剖面线等图线平行，指引线之间不允许相交，但指引线允许弯折一次。指引线末端不便画出圆点时，可在指引线末端画出箭头，箭头指向该零件的轮廓线。序号数字比装配图中的尺寸数字大一号或两号。

零、部件序号的编注形式如图15-9所示。

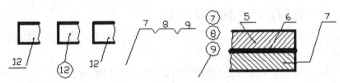

图15-9　零、部件序号的编注形式

2. 明细栏

明细栏是机器或部件中全部零件的详细目录，包括零件的序号、代号、名称、数量、材料等。明细栏应紧接在标题栏的上方并对齐，顺序是由下向上填写，如位置不够，可在标题栏左方继续列表，若零件过多，在图中写不下时，可以另外用纸单独填写。在学校学习期间可以使用如图15-10所示的标题栏和明细表。

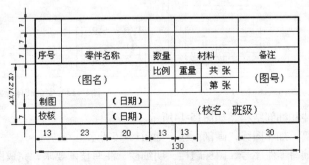

图15-10　标题栏和明细表

15.1.5 装配图的绘制方法和步骤

对已有的部件（或机器）进行测量，并画出其装配图和零件图的过程称为部件（或机器）测绘。在实际生产中，无论是仿制某种先进设备，还是对旧设备进行革新改造或修配，测绘工作总是必不可少的。下面就结合如图15-11所示的安全阀，介绍部件测绘的方法和步骤。

◆ 用户在测绘装配图时，首先要确定表示的方案。

◆ 主视图的选择：符合部件的工作位置；能清楚表达部件的工作原理、主要的装配关系或其结构特征。安全阀的主要装配干线为阀体的竖直轴心线，为了能将内部各零件的装配关系反映出来，主视图采用全剖视图。

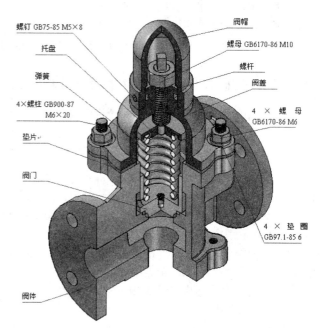

图15-11 安全阀装配体

其他视图的选择：分析主视图尚未表达清楚的装配关系或主要零件的结构形状，选择适当的表达方法表示清楚。考虑到阀体、阀盖、阀帽的外形以及阀体与阀盖间的螺柱连接关系还未表达，左视图可采用局部视图来表达。为了表达阀体与阀盖的安装面形状，可将俯视图画出。

在绘制装配图时，可按照以下5个步骤进行绘制。

1 根据确定的表达方案，部件的大小，视图的数量，选取适当的绘图比例和图幅，画出各视图的主要基准线，如图15-12所示。

2 绘制主体零件和与它直接相关的重要零件，如图15-13所示。

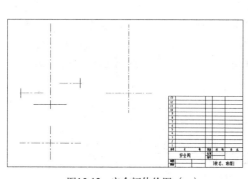

图15-12 安全阀体绘图（一）

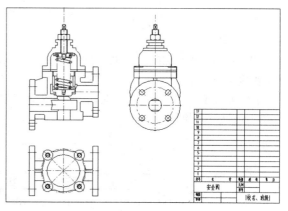

图15-13 安全阀体绘图（二）

3 绘制其他零件和细部结构，如图15-14所示。

4 检查核对底稿，加深图线，画剖面线，如图15-15所示。

5 标注尺寸，编写零件序号，画标题栏、明细栏，注写技术要求，完成图如图15-16所示。

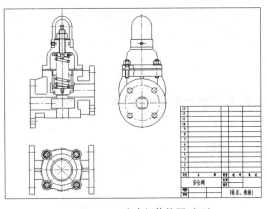

图15-14 安全阀体绘图 (三)

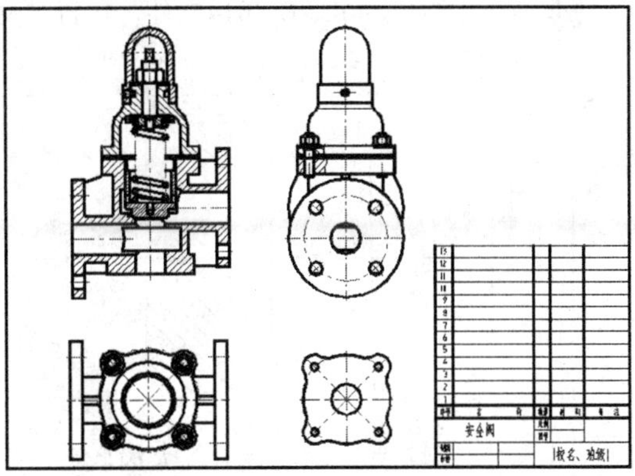

图15-15 安全阀体绘图 (四)

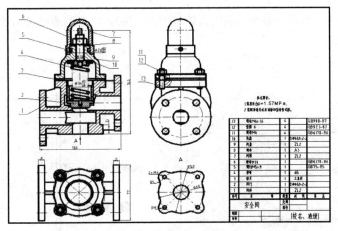

图15-16 安全阀体绘图 (五)

15.2 机械二维图的装配与分解

视频文件: 视频\15\二维图的装配与分解.avi
结果文件: 案例\15\二维图的装配与分解.dwg

首先打开已准备好的"二维装配图素材.dwg"文件，将相应的图形对象保存为不同的图块，再新建一个图形文件，将不同的图块插入到新的视图中，并指定精确的插入基点，再将多余的线段进行修剪，从而完成二维装配图的绘制；再绘制一条水平辅助线，将图块分别插入到水平线上，从而完成二维分解图的创建，如图15-17所示。

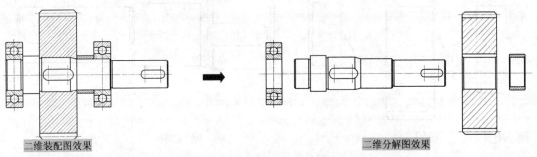

二维装配图效果   二维分解图效果

图15-17 二维图的装配与分解效果

1 正常启动AutoCAD 2014软件，执行"文件 | 打开"菜单命令，打开"案例\15\二维装配图素材.dwg"文件，如图15-18所示。

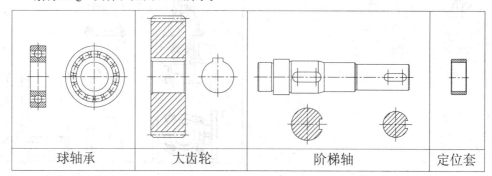

球轴承	大齿轮	阶梯轴	定位套

图15-18　打开的素材文件

2 执行"写块（W）"命令，将大齿轮的剖面图保存为"案例\15\定位套.dwg"文件，如图15-19所示。

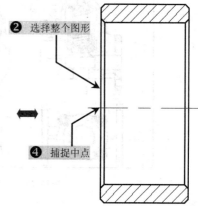

图15-19　保存图块对象

3 分别将指定的图形对象保存为相应的图块，如图15-20所示。

4 至此，图块文件已经创建完成。执行"文件 | 关闭"菜单命令，将"二维装配图素材.dwg"文件关闭。

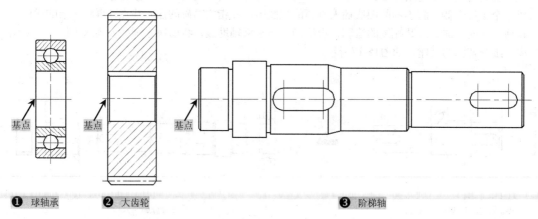

❶ 球轴承　　　❷ 大齿轮　　　❸ 阶梯轴

图15-20　保存其他图块对象

5 执行"文件 | 新建"菜单命令，新建一个空白文件；再执行"文件 | 另存为"菜单命令，将该空白文件保存为"案例\15\二维图的装配与分解.dwg"文件。

6 执行"插入块（I）"命令，首先将"案例\15\阶梯轴.dwg"图块对象插入到当前视图位置，如图15-21所示。

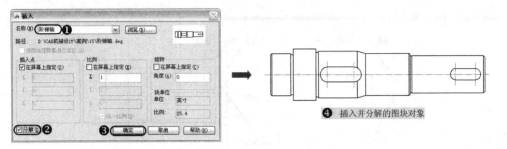

图15-21 插入的"阶梯轴"图块

7 执行"工具 | 快捷选择"菜单命令，打开"快速选择"对话框，设置"图层＝轮廓线"参数，然后单击"确定"按钮，将轮廓线对象全部选中；展开"特性"工具栏上的"颜色控制"列表，将所选择的对象的颜色修改为"洋红"，如图15-22所示。

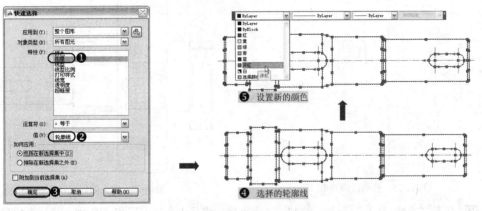

图15-22 选择的轮廓线并设置颜色

8 执行"插入块（I）"命令，将"案例\15\大齿轮.dwg"图块对象插入到当前视图位置，如图15-23所示。

图15-23 插入的"大齿轮"图块

9 同样，插入"案例\15\定位套.dwg"图块对象，再插入"案例\15\球轴承.dwg"图块对象，如图15-24所示。

10 执行"修改"和"删除"命令，以"洋红"颜色的轮廓线作为剪切的边界，对装配后的各

第11章

第12章

第13章

第14章

第15章

零件进行修剪，如图15-25所示。

11 执行"工具 | 快速选择"菜单命令，将"颜色=洋红"的对象全部选中，然后在"特性"
工具栏的"颜色控制"下拉列表框中选择"随层"，完成二维图的装配效果，如图15-26
所示。

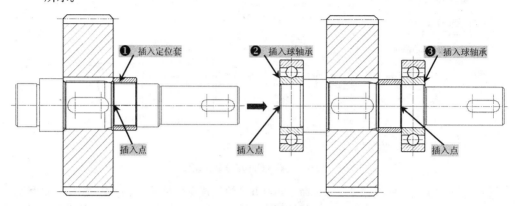

图15-24　插入的"定位套"和"球轴承"图块

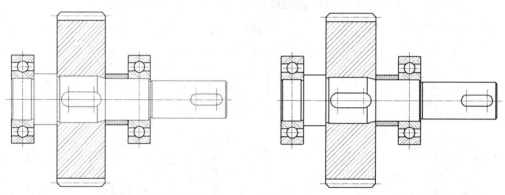

图15-25　修剪后的效果　　　　　　　　　图15-26　完成的装配效果

12 执行"直线（L）"命令，绘制一条水平线，将其中心线设置为"02-中心线"图层效果。

13 执行"插入块（I）"命令，分别将"案例\15"文件夹下面的大齿轮、阶梯轴、球轴承和
定位套图块插入到水平中心线上，从而完成二维装配图的分解效果，如图15-27所示。

14 至此，该二维装配图和分解图已经创建完成，按Ctrl+S键对文件进行保存。

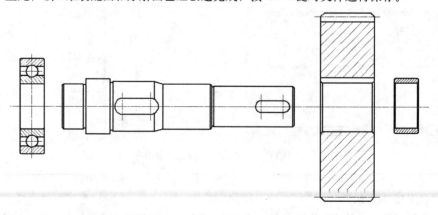

图15-27　二维装配图的分解效果

15.3 弯曲模具装配图的绘制

视频文件：视频\15\弯曲模具装配图的绘制.avi
结果文件：案例\15\弯曲模具装配图.dwg

首先打开已准备好的"弯曲模具装配图素材.dwg"文件，将相应的图形对象保存为不同的图块，再新建一个图形文件，将不同的图块插入到新的视图中，并指定精确的插入基点，再将多余的线段进行修剪，并进行主要尺寸的标注，从而完成弯曲模具的装配，最后绘制图纸标题栏以及表框等，如图15-28所示。

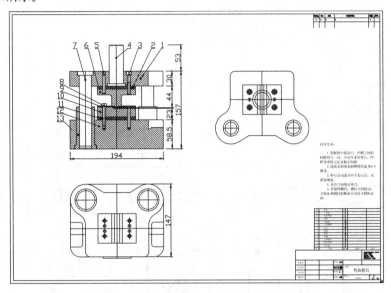

图15-28 弯曲模具装配图的效果

1 正常启动AutoCAD 2014软件，执行"文件丨打开"菜单命令，打开"案例\15\弯曲模具装配图素材.dwg"文件，即事先准备好待保存的图块文件和部分零件尺寸图，如图15-29、图15-30所示。

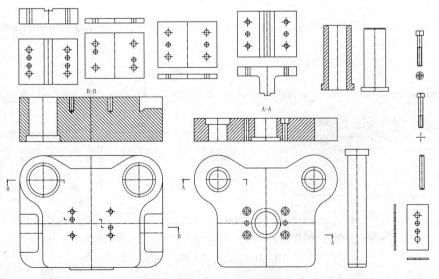

图15-29 待保存的图块文件

第11章 第12章 第13章 第14章 第15章

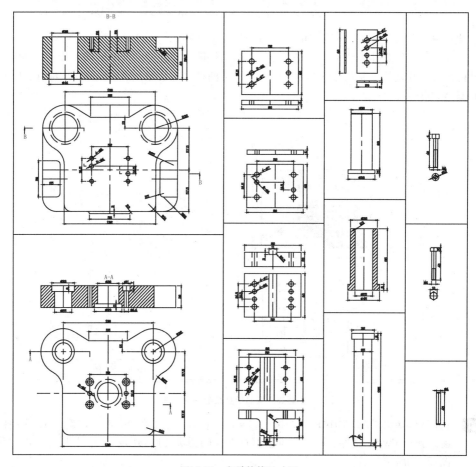

图15-30 各零件的尺寸图

2 将"0"图层置为当前图层，执行"写块（W）"命令，将待保存为图块的图形对象保存为"凸模-1"，如图15-31所示。

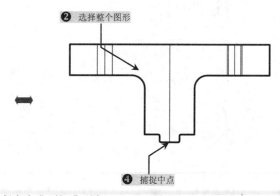

图15-31 保存为"凸模-1"对象

3 同样，将其他的图形对象分别保存为块，如图15-32所示。

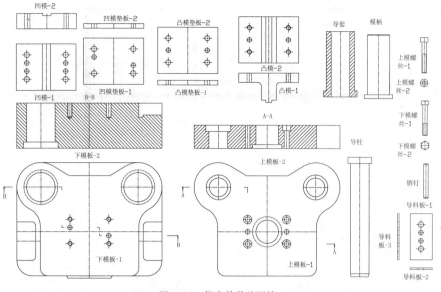

图15-32 保存的其他图块

4 执行"文件｜关闭"菜单命令,将当前打开的素材文件关闭;再执行"文件｜新建"菜单命令,新建"案例\15\弯曲模具装配图.dwg"文件。

5 执行"插入块(I)"命令,将"下模板-1"对象插入到视图的空白位置,并进行打散,如图15-33所示。

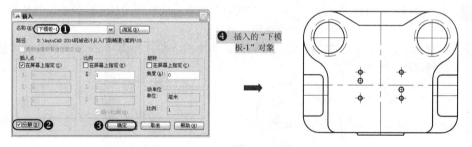

图15-33 插入的"下模板-1"对象

6 同样执行"插入块(I)"命令,将"下模垫板-1"和"凹模-1"对象插入到视图的指定位置,并进行打散,如图15-34所示。

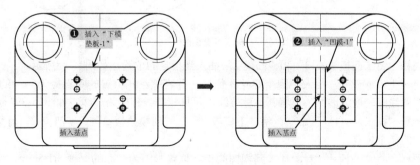

图15-34 插入图块

7 重复命令,将"导料板-1"对象插入到视图中,执行"镜像(MI)"命令,将刚才插入的图镜像到右边,如图15-35所示。

第11章
第12章
第13章
第14章
第15章

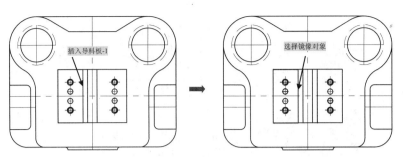

图15-35　插入图块并镜像

8 同样，再将"下模螺丝-2"对象插入到四个螺丝孔位置，并将不可见部分转换为虚线，如图15-36所示。

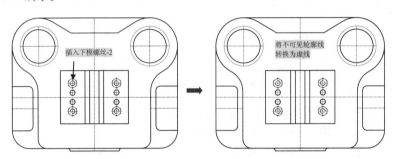

图15-36　插入图块并转换线型

9 执行"插入块（I）"命令，将"上模板-1"对象插入到视图的空白位置；并执行"镜像（MI）"命令，对其进行镜像，且删除源对象。

10 再将直径为11mm和32.4mm的六个圆转换为虚线，将直径为39mm的圆转换为实线，如图15-37所示。

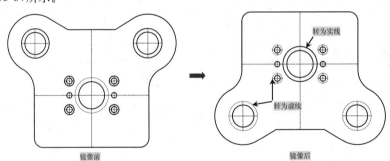

镜像前　　　　　　　　　镜像后

图15-37　插入"上模板-1"并镜像

11 同样，将"凸模垫板-2"和"凸模-2"插入到指定的位置，如图15-38所示。

12 将"上模螺丝-2"插入到四个螺丝孔位置，并将螺丝孔位置的除直径为6mm的3/4圆外的其他线段转换为虚线，再将其他地方的不可见轮廓线转换为虚线，如图15-39所示。

13 执行"插入块（I）"命令，将"下模板-2"、"凹模垫板-2"、"凹模-2"对象插入到视图的指定位置。

14 同样，将"凸模-1"对象插入到视图的指定位置；因为产品的厚度为1.5mm，执行"移动（M）"命令，将"凸模-1"向上移动1.5mm，如图15-40所示。

15 执行"插入块（I）"命令，将"凸模垫板-1"、"上模板-2"和"模柄"对象插入到视图的指定位置；并将相关线段转换为实线，如图15-41所示。

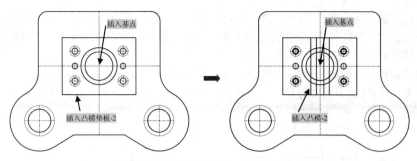

图15-38　插入"凸模垫板-2"和"凸模-2"

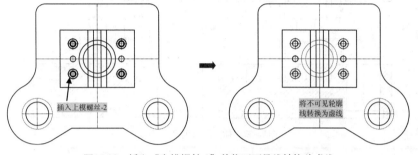

图15-39　插入"上模螺丝-2"并将不可见线转换为虚线

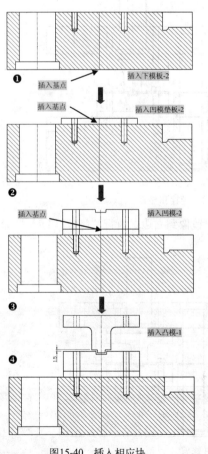

图15-40　插入相应块

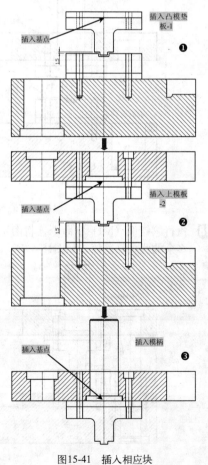

图15-41　插入相应块

16 执行 "插入块 (I)" 命令，将 "导料板-2" 对象插入到指定位置，执行 "镜像 (MI)" 命令，将 "导料板-2" 对象镜像到右边，并把销钉孔的直径改为6mm，并将虚线转换为粗实线，如图15-42所示。

17 将 "销钉" 对象插入到A、D两处；将 "上模螺丝-1" 对象插入到B处；将 "下模螺丝-1" 对象插入到C处；将 "导柱"、"导套" 对象插入到指定位置，如图15-43所示。

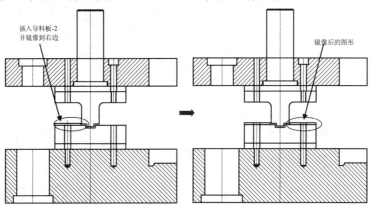

图15-42　插入导料板-2并镜像

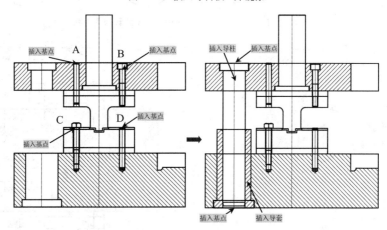

图15-43　插入螺丝、销钉、导柱和导套

18 执行 "镜像 (MI)" 命令，将图示区域对象镜像到右边；执行 "修剪 (TR)" 命令，将多余的线条修剪掉，如图15-44所示。

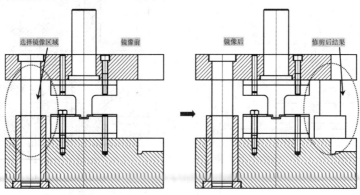

图15-44　镜像并修剪

19 执行"修剪（TR）"命令，将整个图形中需要修剪的线条修剪掉（参照弯曲模具装配图）；在椭圆提示框处绘制一个如图所示的图形，表示产品，如图15-45所示。

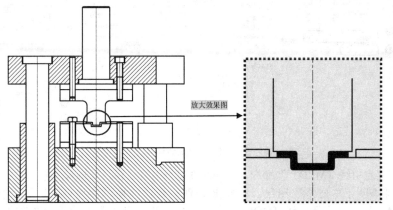

图15-45　修剪多余线条并绘制产品图

20 切换到"剖面线"图层。执行"图案填充（H）"命令，选择图案样式为"ANSI31"，其他参数如图15-46所示。

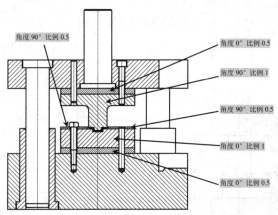

图15-46　图案填充

21 执行"格式｜多重引线样式"菜单命令，选择"新建"选项，新建一个样式，单击"继续"按钮，按照图15-47所示进行操作。

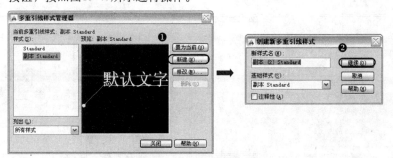

图15-47　新建多重引线样式

22 进入"修改多重引线样式"对话框，切换至"引线格式"选项卡进行设置。

23 再切换至"引线结构"选项卡进行设置。

24 再切换至"内容"选项卡进行设置，如图15-48所示。

引线格式   引线结构   内容

图15-48 修改多重引线样式

25 执行"多重引线（MLD）"命令，对装配图进行引线注释，并输入序号。

26 切换到"尺寸与公差"图层。对图形分别执行"线性标注（DLI）"、"半径标注（DRA）"、"直径标注（DDI）"、"编辑标注（ED）"命令，对图形进行标注，如图15-49所示。

27 执行"直线（L）"命令，绘制一张A1的图框，并绘制右下角的标题栏和明细栏，如图15-50所示。整体图框如图15-51所示。

28 执行"移动（M）"命令，将前面装配的视图移至表框内，如图15-52所示。

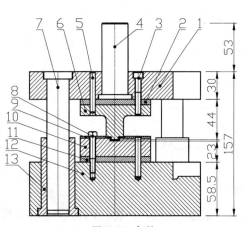

图15-49 标注

13	导套	1		
12	下模板	1		
11	凹模垫板	1		
10	凹模	1		
9	导料板	2		
8	下模螺丝	4		
7	导柱	2		
6	凸模	1		
5	销钉	6		
4	模柄	1		
3	上模螺丝	4		
2	凸模垫板	1		
1	上模板	1		
序号	名称	数量	材质	备注

图15-50 标题栏和明细栏

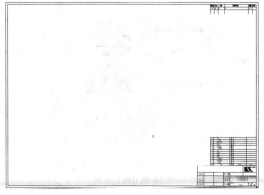

图15-51 整体图框

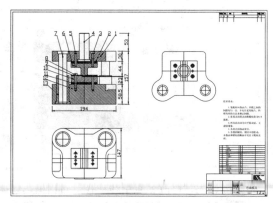

图15-52 最终装配图

29 至此，该弯曲模具装配图已经绘制完毕，按Ctrl+S键对文件进行保存。

15.4 机械三维图的装配与分解

视频文件：视频\15\机械三维图的装配与分解.avi
结果文件：案例\15\机械三维图的装配与分解.dwg

本例通过绘制如图15-53所示的三维机械装配图和分解图，主要对"拉伸"、"圆柱体"、"长方体"、"球体"、"圆环体"、"修补"、"剖切"、"差集"、"并集"、"圆角边"、"倒角边"、"造型"等命令进行操作。

图15-53　三维图的装配与分解效果

1 正常启动AutoCAD 2014软件，将"案例\15\机械模板.dwt"文件打开，再执行"文件｜另存为"菜单命令，将其另存为"案例\15\机械三维图装配.dwg"文件。

2 在"图层"工具栏的"图层控制"组合框中选择"中心线"图层，使之成为当前图层。执行"构造线（XL）"命令，绘制水平、竖直两条中心线。

3 执行"圆（C）"命令，绘制直径为65mm、70mm、75mm、100mm的圆，如图15-54所示。

4 执行"视图｜三维视图｜东北等轴测"菜单命令，切换视图效果，如图15-55所示。

图15-54　绘制圆

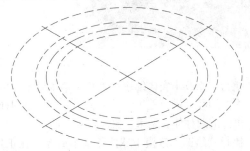

图15-55　转换视角

5 切换到"粗实线"图层，执行"视图｜视觉样式｜灰度"菜单命令。

6 执行"绘图｜建模｜拉伸"菜单命令，选择直径为75mm的圆，向负Z轴拉伸30mm；选择直径为100mm的圆，向负Z轴拉伸30mm，如图15-56所示。

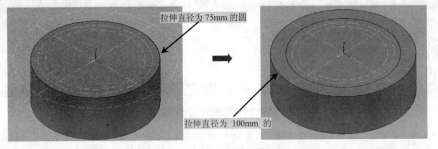

图15-56　绘制圆柱体

411

7 执行"修改｜实体编辑｜差集"菜单命令，单击直径为100mm的圆，使其成为被减实体，按Enter键确认，再单击直径为75mm的圆，使其成为减掉的实体，将实体进行差集。

8 执行"绘图｜建模｜拉伸"菜单命令，单击直径为65mm的圆，向负Z轴拉伸30mm，如图15-57所示。

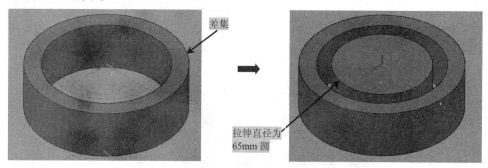

图15-57　差集和拉伸

9 执行"绘图｜建模｜球体"菜单命令，在正Y轴与直径为70mm的圆的交点处绘制一个直径为14mm的球体；执行"移动（M）"命令，将两个圆柱实体向Z轴方向移动15mm；执行"视图｜三维视图｜俯视"菜单命令，切换视觉结果，如图15-58所示。

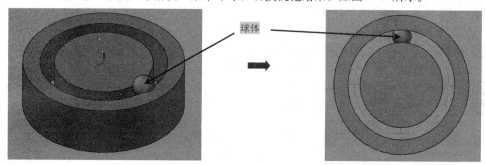

图15-58　绘制球体

10 执行"修改｜实体编辑｜差集"菜单命令，单击球体使其成为被减对象并确认，再单击外面的圆环，进行差集；重复上述命令，以同样的方法单击球体使其成为被减对象，再单击里面的圆柱体，结束差集。

11 执行"绘图｜建模｜球体"菜单命令，在正Y轴与直径为70mm的圆的交点处绘制一个直径为12mm的球体，如图15-59所示。

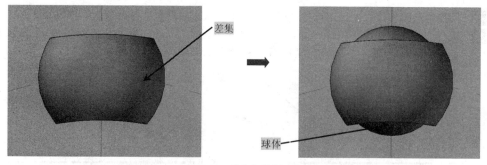

图15-59　差集和绘制球体

12 执行"修改｜实体编辑｜差集"菜单命令，单击先前差集后的半圆球体（直径14mm球体），并确认，再单击上一步绘制的直径为12mm的球体，确认差集。

13　执行"视图｜三维视图｜东北等轴测"菜单命令。执行"修改｜三维操作｜剖切"菜单命令，单击球体，输入"XY"为剖切平面，再选择球体中心，按空格键确定，输入"B"（保留两个侧面），确认剖切，如图15-60所示。

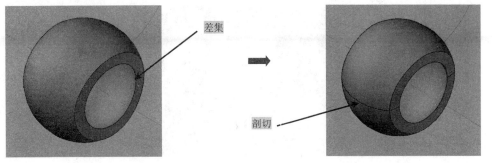

图15-60　差集和剖切

14　执行"视图｜三维视图｜俯视"菜单命令。执行"圆（C）"命令，选择球体圆心，绘制一个直径为13mm的圆；再以十字交点绘制直径为65mm、75mm的圆。

15　执行"阵列（AR）"命令，将直径为13mm的圆绕大圆中心阵列，阵列个数为12个；执行"打散（X）"命令，将阵列图形打散，如图15-61所示。

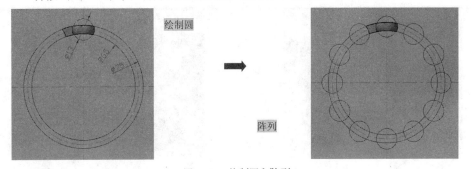

图15-61　绘制圆和阵列

16　执行"图层（LA）"命令，新建一个图层，命名为"1"，将图形中的实体转换到"1"图层，并关闭"1"图层。

17　执行"修剪（TR）"命令和"删除（E）"命令，对图形进行修剪和删除操作。

18　执行"视图｜三维视图｜东北等轴测"菜单命令，转换视图；再执行"绘图｜建模｜拉伸"菜单命令，选择刚才修剪并面域的对象，向负Z轴拉伸1mm，如图15-62所示。

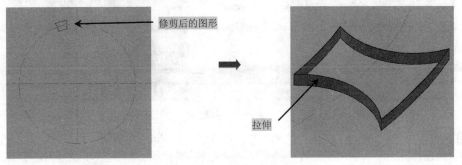

图15-62　修剪和拉伸

19　执行"绘图｜建模｜曲面｜修补"菜单命令，单击上一步拉伸的图形封闭的四条异形边，输入"CON"（连续性），再输入"G0"，按空格键确认。

20 执行"视图｜三维视图｜仰视"菜单命令，转换视图；重复执行"修补"命令，将另一边的孔补上；执行"修改｜曲面编辑｜造型"菜单命令，选择刚才绘制的六个面并确认，将该封闭空间转换为实体，如图15-63所示。

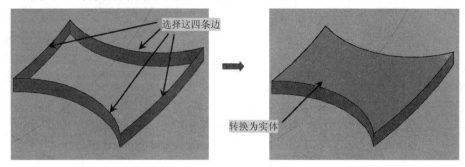

选择这四条边

转换为实体

图15-63　造型

　　提示：在修补时，如果选择不上边，可以将修剪所形成的线条删掉后再选择。

21 执行"复制（CO）"命令，将刚才绘制的实体向Z轴复制一个，距离为1mm；将隐藏的"1"图层打开，如图15-64所示。

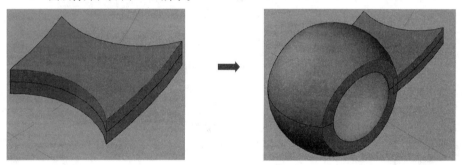

图15-64　复制

22 执行"修改｜实体编辑｜并集"菜单命令，依次单击选择"XY"平面上侧的两个实体，将两个实体求和，如图15-65所示。

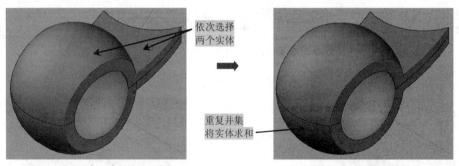

依次选择两个实体

重复并集
将实体求和

图15-65　并集

23 执行"绘图｜建模｜球体"菜单命令，在直径为14mm的球体圆心绘制一个直径为12mm的球体。

24 执行"视图｜三维视图｜俯视"菜单命令，调整视图至俯视。

25 执行"阵列（AR）"命令，选择绘制的3个实体，绕大圆中心点阵列，阵列个数为12个。

26 执行"打散（X）"命令，将阵列图形打散；执行"修改｜实体编辑｜并集"菜单命令，依次单击选择"XY"平面上侧的实体（不包括直径为12mm的球体）并确认，将实体求和；重复执行"并集"命令，依次单击选择"XY"平面下侧的实体（不包括直径为12mm的球体）并确认，将实体求和，如图15-66所示。

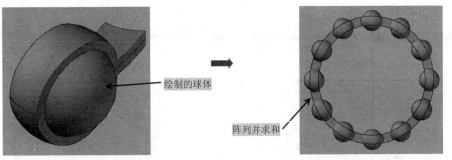

图15-66　绘制球体和并集

27 将刚才绘制的实体转换到"1"图层，关闭"1"图层。

28 执行"圆（C）"命令，绘制直径为45mm、61mm、79mm、95mm的圆；执行"视图│三维视图│东北等轴测"菜单命令，转换视图效果，如图15-67所示。

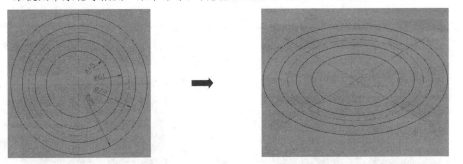

图15-67　绘制圆

29 执行"绘图│建模│拉伸"菜单命令，选择直径为79mm的圆，向负Z轴拉伸25mm；再选择直径为95mm的圆，向负Z轴拉伸25mm。

30 执行"修改│实体编辑│差集"菜单命令，单击直径为95mm的圆，按空格键确认，再单击直径为79mm的圆，将实体进行差集。

31 执行"绘图│建模│拉伸"菜单命令，单击直径为61mm的圆，向负Z轴拉伸25mm，选择直径为45mm的圆，向负Z轴拉伸25mm。

32 执行"修改│实体编辑│差集"菜单命令，单击直径为61mm的圆，按空格键确认，单击直径为45mm的圆，将实体进行差集；执行"移动（M）"命令，将刚才绘制的两个实体向Z轴移动12.5mm，如图15-68所示。

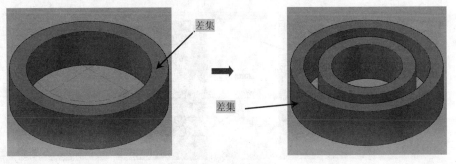

图15-68　绘制圆环

33　执行"绘图│建模│圆环体"菜单命令，选择直径为70mm的圆的圆心，输入指定半径为
　　"35"，指定圆管半径为"6"，绘制一条直径为12mm的圆环；执行"修改│实体编辑│
　　差集"菜单命令，单击选择最外面的实体，按空格键确认，再单击选择刚才绘制的圆环，
　　将实体求差。

34　重复"圆环体"命令，在刚才的位置绘制同样的一个圆环；执行"修改│实体编辑│差
　　集"菜单命令，单击选择最里面的实体，按空格键确认，再单击绘制的圆环，将实体求
　　差，如图15-69所示。

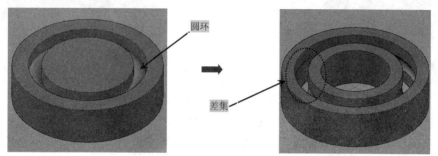

图15-69　差集

35　执行"修改│实体编辑│圆角边"菜单命令，依次选择最外面实体的四条边，选择半径
　　"R"，输入半径为"1"，将四条边以半径1mm进行圆角；重复"圆角边"命令，将里
　　面的实体同样以半径1mm进行圆角；将刚才绘制的图形转换为"1"图层，打开"1"图
　　层，执行"视图│三维视图│俯视"菜单命令；整体效果如图15-70所示。

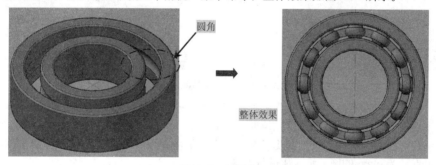

图15-70　倒圆角

36　执行"视图│三维视图│东北等轴测"菜单命令；执行"绘图│建模│圆柱体"菜单命
　　令，选择最上面的圆心，绘制直径为45mm、高为-22mm的圆柱体。

37　关闭"1"图层；执行"视图│三维视图│前视"菜单命令，调整相应的视图；执行"修
　　改│实体编辑│倒角边"菜单命令，将圆柱底面以1.5mm×1.5mm的距离进行倒角，如
　　图15-71所示。

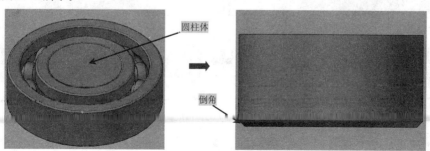

图15-71　绘制圆柱体并倒角

38 执行"视图│三维视图│东北等轴测"菜单命令；执行"绘图│建模│圆柱体"菜单命令，选择最上面的圆心，绘制直径为43mm，高为3mm的圆柱体。

39 依次重复"圆柱体"命令，从下至上分别绘制$\Phi55\times25$、$\Phi48\times3$、$\Phi50\times52$、$\Phi45\times50$、$\Phi39\times2$、$\Phi40\times83$的圆柱体；执行"视图│三维视图│前视"菜单命令；执行"修改│实体编辑│倒角边"菜单命令，选择$\Phi50\times52$、$\Phi45\times50$、$\Phi40\times83$圆柱体最上面的边进行倒角，分别倒角为：$C2.5\times9$、$C1.5$、$C1.5$，如图15-72所示。

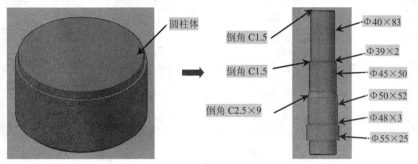

图15-72 绘制多个圆柱体

40 执行"视图│三维视图│东北等轴测"菜单命令，将视图切换至三维视图；再单击"视图选项卡"的"绕Y轴旋转用户坐标"按钮，将坐标以Y轴旋转90°。

41 执行"绘图│建模│圆柱体"菜单命令，以最顶端的圆的圆心为地面中心点，向平行于顶端平面方向拉伸一个$\Phi8\times10$的圆柱体；执行"移动（M）"命令，将刚才绘制的圆柱体向Z方向移动22mm，执行"复制（CO）"命令，将刚才移动的圆柱体向负Y轴复制一个圆柱体，复制距离为23mm；执行"绘图│建模│长方体"菜单命令，输入"QUA（象限点）"，单击$\Phi8\times10$圆柱体端面的一个象限点，重复"QUA"，单击象限点，再重复"QUA"，单击象限点，向负Z轴拉伸10mm，如图15-73所示。

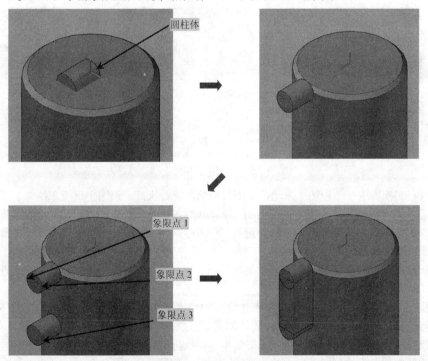

图15-73 绘制圆柱体和长方体

42 执行"修改｜实体编辑｜并集"菜单命令，依次单击选择两个侧面小圆柱体和长方体，将三个实体求和；执行"复制（CO）"命令，将刚才求和的实体向负Y轴方向复制一个，距离为154mm；执行"修改｜实体编辑｜差集"菜单命令，单击选择Φ50×52圆柱体，单击选择刚才复制的实体，将实体求差；执行"移动（M）"命令，将上面的实体向负Y方向移动11mm；再次执行"移动（M）"命令，将其向负Z方向移动5mm，如图15-74所示。

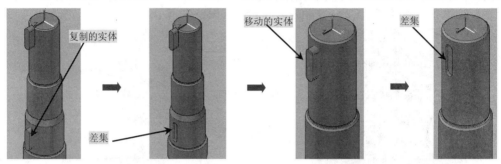

图15-74　绘制键槽

43 执行"修改｜实体编辑｜并集"菜单命令，将这些圆柱体全部求和，形成阶梯轴。

44 重设Z方向为垂直于阶梯轴端面向上的方向，执行"构造线（XL）"命令，于Φ55×25靠近上面的那一段的圆心绘制X、Y两个方向上的两条构造线；执行"图层（LA）"命令，新建一个图层，命名为"2"，将阶梯轴转换为"2"图层，关闭"2"图层；执行"视图｜三维视图｜俯视"菜单命令；执行"圆（C）"命令，分别绘制直径为50mm、165.5mm、177mm、188mm的圆；执行"偏移（O）"命令，将Y轴构造线向右分别偏移为1.5mm、4mm、5mm。再执行"圆弧（A）"命令，绘制圆弧；执行"镜像（MI）"命令，将圆弧镜像到Y中心构造线的左边；执行"修剪（TR）"命令，执行"删除（E）"命令，修剪删除掉多余的线条，如图15-75所示。

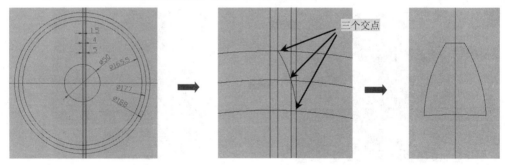

图15-75　绘制圆和圆弧

45 执行"视图｜三维视图｜东北等轴测"菜单命令；执行"绘图｜建模｜拉伸"菜单命令，选择上一步绘制的线段，向Z方向拉伸55mm；执行"绘图｜建模｜曲面｜修补"菜单命令，单击拉伸的图形的四条边，选择"CON"（连续性）、"G0"项，将图形的上、下面进行修补处理。

46 执行"修改｜曲面编辑｜造型"菜单命令，选择刚才绘制6个面并确认，将该封闭空间转换为实体。

47 执行"阵列（AR）"命令，将刚才绘制的实体绕大圆圆心阵列，阵列个数为36个；再执行"打散（X）"命令，将刚才阵列的图形打散。

48 执行"视图｜三维视图｜俯视"菜单命令；执行"构造线（XL）"命令，在直径为50mm的圆右象限点绘制竖直向上的构造线；执行"偏移（O）"命令，将刚才绘制的构造线向右偏移5mm，将水平构造线向上、下各偏移4mm；执行"修剪（TR）"命令，对图形进行修剪，如图15-76所示。

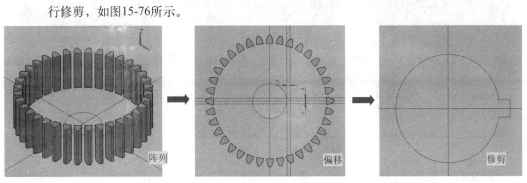

图15-76　阵列和绘制圆

49 执行"视图｜三维视图｜东北等轴测"菜单命令；执行"绘图｜建模｜拉伸"菜单命令，选择上一步绘制的线段，向Z方向拉伸55mm。

50 执行"绘图｜建模｜曲面｜修补"菜单命令，单击拉伸的图形的各条边，选择"CON"（连续性）和"G0"项，将图形上、下面进行修补处理；执行"修改｜曲面编辑｜造型"菜单命令，选择刚才绘制的6个面，将该封闭空间转换为实体。

51 执行"绘图｜建模｜圆柱体"菜单命令，以构造线中心点为底面圆心，向Z轴绘制一个 Φ165.5×55的圆柱体；执行"修改｜实体编辑｜差集"菜单命令，单击选择Φ165.5×55圆柱体，确认后再单击选择最里面的实体，将实体求差。

52 执行"修改｜实体编辑｜并集"菜单命令，选择Φ165.5×55圆柱体和外面的36个实体并确认，将实体求和，如图15-77所示。

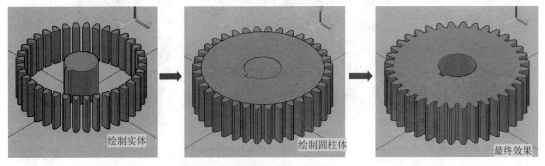

图15-77　差集和并集

53 执行"图层（LA）"命令，新建一个图层，命名为"3"，将齿轮转换为"3"图层，关闭"3"图层，打开"1"图层，执行"移动（M）"命令，将轴承部分全部向上移动3mm；执行"复制（CO）"命令，将轴承部分向上复制一套轴承，复制距离为130mm，并转换为"1"图层；关闭"1"图层，打开"2"图层。

54 设定Z方向为左下方；执行"绘图｜建模｜圆柱体"菜单命令，以前面凹槽下侧圆心为底面中心点，向Z方向拉伸一个Φ8×6的圆柱体；重复"圆柱体"命令，以凹槽上侧面圆心为底面中心点，向Z方向拉伸一个Φ8×6的圆柱体。

55 执行"移动（M）"命令，将下面的圆柱体向上移动2mm，将上面的圆柱体向下移动2mm；执行"绘图｜建模｜长方体"菜单命令，参照以前的步骤，向负Z方向拉伸距离为6mm的长方体。

56 执行"修改｜实体编辑｜并集"菜单命令，依次单击选择圆柱体、长方体、圆柱体，将三个实体求和，如图15-78所示。

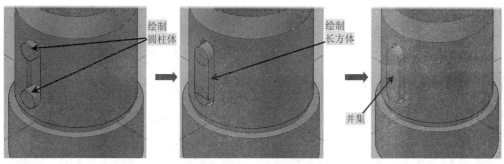

图15-78　绘制键

57 执行"复制（CO）"命令，将刚才绘制的键复制到上面的键槽位置；执行"图层（LA）"命令，新建一个图层，命名为"4"，将刚才绘制的键转换为"4"图层，关闭"4"图层。

58 打开"3"图层，设定Z方向为上方；执行"绘图｜建模｜圆柱体"菜单命令，以齿轮上面的圆心为底面中心点，向Z方向拉伸$\Phi55\times25$、$\Phi45\times25$的两个圆柱体。

59 执行"修改｜实体编辑｜差集"菜单命令，单击选择$\Phi55\times25$圆柱体并确认，单击选择$\Phi45\times25$的圆柱体并确认，将实体求差；如图15-79所示。执行"图层（LA）"命令，新建一个图层，命名为"5"，将刚才绘制的键转换为"5"图层，打开"1"、"2"、"3"、"4"图层，如图15-80所示。

60 执行"复制（CO）"命令，将上面绘制的图形复制一份；执行"移动（M）"命令，将复制出来的图形进行分解，如图15-81所示。

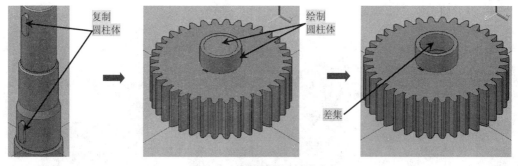

图15-79　复制键和绘制定位套

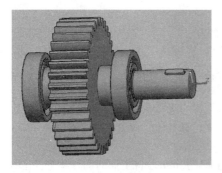

图15-80　最终图

图15-81　分解图

61 至此，该弯曲模具装配图已经绘制完毕，按Ctrl+S键对文件进行保存。